高等职业教育"十二五"规划教材

（数字媒体技术专业核心课程群）

数字影视特效制作基础教程

章臻　徐琦　编著

吴振峰　主审

中国水利水电出版社
www.waterpub.com.cn

内 容 提 要

本书总结了作者多年影视特效制作与教学经验，将艺术与技术、理论与实践有机结合，从数字影视特效应用出发，采用项目导向、任务驱动教学法，讲授和训练噪波特效、调色特效、文字特效、粒子特效、发光特效、抠像与跟踪特效、仿真特效、插件和其他特效的基本制作和应用技能，再通过影视广告、影视片头、电视节目栏目包装等综合应用，进一步熟悉数字影视特效创意与制作流程，旨在培养学生数字影视特效知识、技能和综合应用能力。

本书是国家骨干高等职业院校重点建设项目研究成果之一，适合高职计算机多媒体技术、数字媒体技术、动漫设计与制作、影视动画、电视节目制作、数字出版等专业使用，也可供从事高等职业教育的相关人员阅读、研究参考。

本书配有光盘，提供了教学和实训项目所需的音频、视频、图像等素材和完整视频作品。

图书在版编目（CIP）数据

数字影视特效制作基础教程 / 章臻，徐琦编著. -- 北京：中国水利水电出版社，2014.7
高等职业教育"十二五"规划教材. 数字媒体技术专业核心课程群
ISBN 978-7-5170-2214-5

Ⅰ. ①数… Ⅱ. ①章… ②徐… Ⅲ. ①图象处理软件－高等职业教育－教材 Ⅳ. ①TP391.41

中国版本图书馆CIP数据核字(2014)第141107号

策划编辑：雷顺加　　责任编辑：陈洁　　加工编辑：冯玮　　封面设计：李佳

书　名	高等职业教育"十二五"规划教材（数字媒体技术专业核心课程群）**数字影视特效制作基础教程**
作　者	章臻　徐琦　编著 吴振峰　主审
出版发行	中国水利水电出版社 （北京市海淀区玉渊潭南路1号D座　100038） 网址：www.waterpub.com.cn E-mail: mchannel@263.net（万水） 　　　　sales@waterpub.com.cn 电话：（010）68367658（发行部）、82562819（万水）
经　售	北京科水图书销售中心（零售） 电话：（010）88383994、63202643、68545874 全国各地新华书店和相关出版物销售网点
排　版	北京万水电子信息有限公司
印　刷	北京蓝空印刷厂
规　格	184mm×260mm　16开本　22印张　544千字
版　次	2014年7月第1版　2014年7月第1次印刷
印　数	0001—3000册
定　价	45.00元（赠1CD）

凡购买我社图书，如有缺页、倒页、脱页的，本社发行部负责调换

版权所有·侵权必究

前　　言

随着数字技术的普及发展，数字影视特效正在电视节目包装、台标演绎、影视广告、动画制作、装潢设计、建筑漫游、虚拟仿真、Internet 宽带视频等诸多领域得到广泛应用。为适应影视制作应用的需求，我国许多高等高职院校中的数字媒体及相关专业都开设了"数字影视特效制作"课程。学生们通过本课程的学习和实践，能在影视制作中创建出真实世界不存在的虚拟景象。运用数字影视特效还可以避免演员做危险的表演，减少影视制作成本。

目前，《数字影视特效制作》教材有不少，有些教材将艺术与技术、理论与实践紧密融合，图文并茂、步骤详细，既能当教材使用，又是实战参考手册，但也有的教材还存在着以下方面的差距：一是案例复杂，缺乏基础训练、缺乏举一反三的拓展应用，不便于学生专业能力的逐渐形成；二是没有遵循由浅入深、循序渐进的认知规律，章节上缺乏有序地排列，不便于学生连续学习；三是有的教材缺乏影视特效的基本涵盖，缺乏案例与案例之间的知识衔接，不便于学生融会贯通、学会学好。

作者结合多年数字影视特效教学和制作的经验，在撰写这本教材时，充分考虑到了方便教师由浅入深、循序渐进地进行课堂教学，引导学生举一反三、融会贯通地进行拓展学习，紧紧围绕着学生影视制作能力的逐渐形成编排学习内容，主要特点表现在以下几方面：

（1）注重影视特效的基本应用。影视特效和插件种类很多，如表达式控制、风格化、过渡、绘图、键控、蒙版、模糊与锐化、模拟仿真、扭曲、色彩校正、时间、透视、文字、音频、噪波与颗粒、天空、海洋、山脉、溪流、湖泊、宇宙等，本书的前九章从数字影视特效基础应用出发，将浩瀚的影视特效归类为噪波特效、调色特效、文字特效、粒子特效、发光特效、抠像与跟踪特效、仿真特效、插件和其他特效的基本应用进行介绍，所举案例深入浅出、图文并茂、步骤详细、脉络清晰，便于学生对影视特效制作有一个基本的了解。

（2）注重影视特效的拓展应用。本书的后四章是各类特效的综合拓展应用，通过文字特效、发光特效的综合应用，特效在影视片头、电视节目包装中的综合应用将艺术与技术、理论与实践融为一体，突出特效的拓展应用。本书包括32个典型制作案例，每个案例完成之后都能举一反三，融会贯通于电视节目包装、台标演绎、影视广告、动画制作、装潢设计、建筑漫游、虚拟仿真、Internet 宽带视频的拓展应用中。特别是本书的最后两章，特效在影视片头中的综合应用、特效在电视节目包装中的综合应用，更注重特效的拓展应用，便于学生对影视特效进行综合的训练。

（3）注重影视特效的基础训练。本书从第2章起，开始按数字影视特效种类进行讲述，每章包括3个典型的制作案例，第一个案例从基础知识和基本制作开始，主要在教室通过教师授课的方式，由教师把学生带入到美妙的数字影视特效世界；第二个案例主要在实训室通过学生自主探索、教师辅导的方式进行训练；第三个案例主要在课后通过学生独立思考与探索进行制作。突出"教、学、做"，突出基础训练，突出过程与方法，突出实践应用。

（4）注重影视特效教学的循序渐进。本书将数字影视特效按照工作中的常用概率、制作顺序和难易程度进行归类排列，为各案例设计的知识能力目标、学习要求、案例分析、制作步骤、重点难点、相关知识、综合思考等内容清晰明确。特效与特效、案例与案例之间，始终按照由浅入深、循序渐进、梯度适中的原则进行教学。学生通过完成某一个特效中的案例之后，不仅能系统地掌握该特效的基本特性、设置原理和调整方法，同时还能在该特效的拓展应用中巩固知识、提高技能、拓展见识、积累经验。

  本书由章臻、徐琦编著，吴振峰教授主审。在本书撰写过程中，吴振峰教授对本书的内容定位、模块结构、案例筛选、版式设计等进行了悉心指导和竭诚帮助，为本书的完成倾注了大量的心血，在此表示由衷的感谢。

  本书是国家骨干高等职业院校重点建设专业项目研究成果之一，配有光盘，提供了教学和实训项目所需的音频、视频、图像等素材和完整视频作品。本书适用于高等高职院校计算机多媒体技术、数字媒体技术、动漫设计与制作、影视动画、电视节目制作、数字出版等专业师生使用，也可为正在从事影视后期制作人员阅读参考。

  由于作者水平有限，疏漏之处在所难免，恳请专家和读者批评指正。

编者

2014 年 4 月

目 录

前言
第 1 章 创建数字影视特效制作环境 ……… 1
  1.1 赏析影视特效作品 ……………… 1
  1.2 了解影视特效制作的流程 ……… 3
  1.3 搭建影视特效制作环境 ………… 4
  1.4 认识影视特效制作软件 ………… 6
  习题一 …………………………………… 9
第 2 章 噪波特效应用 ……………………… 10
  2.1 流动的白云制作 ………………… 10
    2.1.1 设置云层的画幅 …………… 11
    2.1.2 创建云彩 …………………… 12
    2.1.3 改变云层的颜色 …………… 14
    2.1.4 改变云层飘动速度 ………… 15
    2.1.5 云彩与外景的合成 ………… 16
  2.2 穿梭的流光制作 ………………… 18
    2.2.1 创建流光的形态 …………… 19
    2.2.2 为流光添加光辉 …………… 20
    2.2.3 让流光流动起来 …………… 21
    2.2.4 穿梭的流光与前景画面合成 … 23
  综合实训：彩色射光制作 ……………… 24
  习题二 …………………………………… 25
第 3 章 调色特效应用 ……………………… 27
  3.1 水墨画制作 ……………………… 27
    3.1.1 选择彩色图片素材 ………… 28
    3.1.2 将彩色图片改变成黑白色 … 29
    3.1.3 查找图像边缘，绘出轮廓线 … 30
    3.1.4 加入模糊特效并调节对比度和亮度 … 31
  3.2 手绘画制作 ……………………… 36
    3.2.1 创建一个与图片大小相似的合成 … 37
    3.2.2 对图片进行描边 …………… 38
    3.2.3 对图像进行色阶调整 ……… 39
    3.2.4 为图像去色 ………………… 40

    3.2.5 对图像施加笔刷效果 ……… 41
    3.2.6 手绘画染色 ………………… 42
  综合实训：去色画制作 ………………… 44
  习题三 …………………………………… 45
第 4 章 文字特效应用 ……………………… 47
  4.1 水波荡漾的文字制作 …………… 47
    4.1.1 输入文字 …………………… 48
    4.1.2 创建蒙版 …………………… 49
    4.1.3 创建蒙版动画 ……………… 49
    4.1.4 创建 Wave World（波浪世界）特效 … 50
    4.1.5 设置 Wave World（波浪）特效参数 … 51
    4.1.6 为波浪文字添加光辉 ……… 53
  4.2 线条波动文字制作 ……………… 58
    4.2.1 输入线条波动文字 ………… 59
    4.2.2 为文字添加辉光特效 ……… 59
    4.2.3 为文字添加波浪特效 ……… 59
    4.2.4 创建波动的线条 …………… 61
    4.2.5 为线条添加辉光特效 ……… 62
    4.2.6 为线条添加波动特效 ……… 62
    4.2.7 为线条和文字设置波动效果 … 63
    4.2.8 让文字逐渐划出 …………… 64
  综合实训：腐蚀噪波文字制作 ………… 67
  习题四 …………………………………… 68
第 5 章 粒子特效应用 ……………………… 70
  5.1 文字流星的制作 ………………… 70
    5.1.1 创建粒子效果 ……………… 71
    5.1.2 将粒子层转为文字 ………… 73
    5.1.3 调整文字粒子坠落速度 …… 74
    5.1.4 为文字粒子施加辉光效果 … 75
    5.1.5 让文字粒子更像流星 ……… 77
  5.2 飞溅的粒子制作 ………………… 83

		5.2.1 输入文字 ·············· 84
		5.2.2 为文字添加粒子特效 ······· 85
		5.2.3 让粒子飞溅起来 ··········· 88
		5.2.4 第二次添加粒子特效 ······· 89
		5.2.5 粒子从左到右飞溅起来 ····· 91
		5.2.6 粒子把文字划出来 ········· 92
		5.2.7 为粒子添加背景 ··········· 92
	综合实训：风吹粒子文字制作 ········· 101
	习题五 ······························· 102
第6章	发光特效应用 ···················· 104
	6.1 光芒主题制作 ······················ 104
		6.1.1 输入文字 ·············· 105
		6.1.2 为文字创建动画 ········· 106
		6.1.3 为文字动画添加光效 ····· 107
		6.1.4 为文字设置光效动画 ····· 107
	6.2 梦幻流动制作 ······················ 111
		6.2.1 创建三维线条遮罩 ······· 111
		6.2.2 为线条遮罩施加 3D 特效 ····· 113
		6.2.3 让线条在画面空间中游动 ····· 115
		6.2.4 为游动的线条添加光效 ····· 116
		6.2.5 为游动的线条添加转场效果 ····· 118
	综合实训：拖尾流光制作 ············· 123
	习题六 ······························· 124
第7章	抠像与跟踪特效应用 ·············· 126
	7.1 单色（蓝屏、绿屏）抠像制作 ····· 126
		7.1.1 创建抠像合成 ··········· 127
		7.1.2 为抠像合成设置渐变效果 ····· 128
		7.1.3 将"抠像层"分割成四段 ····· 129
		7.1.4 为"抠像层"添加"Color Key（色彩键）"特效去掉红色 ······ 130
		7.1.5 为"抠像层"添加"Color Range（色彩范围）"特效去掉绿色 ······ 131
		7.1.6 为"抠像层"添加多次抠像特效去掉黄色 ·················· 133
		7.1.7 为"抠像层"添加多次抠像特效去掉紫色 ·················· 135
	7.2 四点跟踪制作 ······················ 138

		7.2.1 创建一个白色的背景层 ····· 139
		7.2.2 创建一个红色方块的位移动画 ····· 140
		7.2.3 创建一个三维空间 ······· 141
		7.2.4 运用四点跟踪 ··········· 142
		7.2.5 为白色背景层添加渐变效果 ····· 147
		7.2.6 完成四点跟踪制作 ······· 147
	综合实训：复杂背景下的抠像制作 ····· 149
	习题七 ······························· 150
第8章	仿真特效应用 ···················· 152
	8.1 飘落的叶子制作 ···················· 152
		8.1.1 新建合成并导入树叶图片 ····· 153
		8.1.2 对树叶图片施加 Shatter（破碎）特效 ···················· 154
		8.1.3 树叶图片作为蒙版 ······· 154
		8.1.4 设置爆炸特效参数 ······· 155
		8.1.5 控制爆炸的力量、速度和位置等 ····· 156
		8.1.6 让落叶披上金色的余晖 ····· 157
	8.2 空间碎片扫光制作 ·················· 160
		8.2.1 新建渐变合成 ··········· 160
		8.2.2 新建噪波合成 ··········· 162
		8.2.3 设置噪波的关键帧动画 ····· 164
		8.2.4 为噪波上色 ············· 165
		8.2.5 用 Mask 控制噪波的彩色光 ····· 167
		8.2.6 制作粒子打印效果 ······· 170
		8.2.7 彩色光芒与粒子动画结合 ····· 174
		8.2.8 创建光效 ·············· 177
		8.2.9 设置光效关键帧动画 ····· 179
		8.2.10 创建底板关键帧动画 ····· 180
		8.2.11 为动画添加背景 ········· 181
		8.2.12 设置粒子打印效果 ······· 182
	综合实训：叶子气泡制作 ············· 186
	习题八 ······························· 187
第9章	插件和其他特效应用 ·············· 189
	9.1 水下透光制作 ······················ 189
		9.1.1 安装 Psunami 插件 ······· 190
		9.1.2 创建"水下透光"图层 ····· 190
		9.1.3 添加 Psunami 特效 ······· 192

9.1.4	移动摄像机的取景框……194	11.1.1	创建单元图案层……243
9.1.5	让海水更加湛蓝……195	11.1.2	为单元图案层施加单元图案特效…243
9.1.6	改变阳光的照射位置……195	11.1.3	调节单元图案层属性……244
9.1.7	修改海水的波纹……196	11.1.4	为单元图案层设置亮度和对比度…245
9.1.8	让海水更加深邃……198	11.1.5	为单元图案层设置关键帧动画……246
9.1.9	设置水下透光效果……199	11.1.6	为单元图案层施加快速模糊特效…246
9.2	水墨过渡制作……202	11.1.7	为单元图案层施加光效……247
9.2.1	创建噪波动画……203	11.2	描边光效制作……249
9.2.2	再创建新的噪波动画……206	11.2.1	创建噪波特效……250
8.2.3	创建两个新的图片合成……207	11.2.2	创建噪波活动背景……252
9.2.4	水墨过渡制作……209	11.2.3	输入 THE 文字……253
综合实训：流动光效的制作……216		11.2.4	对 THE 文字进行更改……254
习题九……216		11.2.5	为背景层绘制遮罩……256
第 10 章 文字特效综合应用……218		11.2.6	为背景层进行染色……258
10.1	随机运动的色块……218	11.2.7	创建 Vegas 特效……258
10.1.1	输入 6 个大写的英文字母"I"……219	11.2.8	让文字边沿发光……259
10.1.2	放大 6 个大写的英文字母"I"……220	11.2.9	对文字边沿的发光参数进行更改…261
10.1.3	让英文字母"I"随机运动起来……220	11.2.10	对文字边沿的发光参数设置动画·264
10.1.4	调节英文字母"I"随机抖动的快慢……221	综合实训：游动光效制作……266
10.1.5	调节英文字母"I"的粗细……222	第 12 章 特效在影视片头中的综合应用……268
10.1.6	调节英文字母"I"随机透明度……224	12.1	制作地球自转的效果……269
10.1.7	调节英文字母"I"随机颜色……225	12.2	制作激光撞击的效果……274
10.1.8	英文字母"I"随机抖动的替换……227	12.3	创建光工厂的效果……278
10.2	烟飘文字制作……229	12.4	制作浩瀚星空的效果……280
10.2.1	新建 YW 1 合成……229	12.5	最终的合成……285
10.2.2	输入文字……230	第 13 章 特效在电视节目包装中的综合应用……289
10.2.3	新建 YW 2 合成……231	13.1	前期创意……290
10.2.4	创建 Mask 噪波动画……233	13.2	制作思考……290
10.2.5	新建 YW 3 合成……235	13.3	收集画面素材……290
10.2.6	准备创建烟飘文字……236	13.4	制作场景……292
10.2.7	为烟飘文字创建背景……237	13.4.1	场景 1 的制作（制作模拟脚步的跟镜头）……292
10.2.8	创建烟飘文字动画……237	13.4.2	场景 2 的制作（制作人物行走的背影镜头）……301
10.2.9	改变烟飘文字的飘动弧度……238	13.4.3	场景 3 的制作（制作寻访历史深处镜头）……306
综合实训：飞舞组合文字制作……241		13.4.4	场景 4 的制作（制作心灵浪花
第 11 章 发光特效的综合应用……242			
11.1	另类光束的制作……242		

镜头）·· 309
13.4.5　场景 5 的制作（制作街边风景
　　　镜头）·· 313
13.4.6　场景 6 的制作（制作巷角传奇
　　　镜头）·· 317
13.4.7　场景 7 的制作（制作模拟岁月
　　　斑驳镜头）······································ 320
13.4.8　场景 8 的制作（制作丰碑依旧
　　　镜头）·· 324
13.4.9　场景 9 的制作（制作古巷子
　　　镜头）·· 327

13.4.10　场景 10 的制作（制作人物讲诉
　　　　镜头）·· 331
13.4.11　最后场景的制作（制作全片的定
　　　　版主题画面）································ 335
13.5　最终合成和渲染输出································ 339
　13.5.1　最终的合成······································ 339
　13.5.2　渲染输出·· 339

参考文献·· 343

1 创建数字影视特效制作环境

由影视艺术派生的电影电视、频道栏目包装、广告、影视动画除了它们的文学语言、声音语言之外，画面语言是最为直观最不可缺少的。因此，任何一部影视艺术作品在呈现给观众之前都要对画面素材进行收集与加工。画面素材一般来自三个方面：一是运用摄像机的推、拉、摇、移去拍摄真实存在的画面或人工搭建的场景；二是将早期胶片、电视磁带、磁盘等介质中的原存画面，对它们进行数字视频格式转换后再加以利用；三是为避免让演员处于危险的境地、减少制作成本，根据剧情的需要或为了使电影更加扣人心弦，利用计算机数字图形图像技术去加工画面，如人们熟悉的国内外影视片《阿甘正传》《勇敢者游戏》《侏罗纪公园》《泰坦尼克号》《珍珠港》《埃及王子》《阿凡达》《盗梦空间》《功夫》《天下无贼》《可可西里》《唐山大地震》《金陵十三钗》中出现的风雨雷电、山崩地裂、山洪暴发、云雾缭绕、乌云翻滚、雪花纷飞、惊涛骇浪、粒子天光、火焰喷发、桥梁坍塌、火车翻轨、汽车爆炸、硝烟弥漫等惊险的画面，这些惊险画面无论是通过 CG 完成的三维特效还是合成特效，都是数字影视特效。随着计算机图形图像技术的发展，数字影视特效帮助建立了全新的电影语言样式和风格，把原来许多电影表现不了的题材搬上了银幕；数字影视特效为创作者创造了原本没有的人、景、物，复原了庞大的古代建筑，让现代人和历史人物真切对话，数字影视特效为创作者提供了无限的想象空间。今天，从好莱坞大片所创造的梦幻世界到各类电视频道所播出的电视节目再到铺天盖地的二维或三维广告，数字影视特效产生出的"虚拟"视觉效应，无时无刻不在影响着我们的生活，就像音乐、诗歌、绘画、雕塑、建筑、舞蹈、戏剧、影视、动画等各门类艺术一样，数字影视特效已经成为艺术大家庭中的一员了。

1.1 赏析影视特效作品

数字影视合成特效包括"合成"与"特效"两部分内容，这两部分内容水乳交融、缺一不可。下面是从网上下载的一些桂林山水图片，如图 1-1-1 所示。把这些图片素材制作成一本画册，制作画纸的过程就是"特效"，将图片素材叠加在画纸上就是"合成"，再利用数字影视特效中的摄像机技术，使这本画册随着音乐呈现出翻页的效果，就成为"虚拟"的数字影视特效作品了，如图 1-1-2 所示。

图 1-1-1　从网上下载的一些桂林山水图片

图 1-1-2　制成的画册翻页效果

　　下面是在摄影棚内拍摄的舞蹈演员和从网上下载的两张桃花盛开图片，如图 1-1-3 所示。一张作为背景，一张作为前景。把在摄影棚内拍摄的舞蹈演员移植到桃花丛中，其中，将舞蹈演员蓝色背景去掉的抠像过程就是特效，将舞蹈演员移植到桃花丛中的叠加过程就是合成，再利用数字影视特效中的摄像机，让舞蹈演员在桃花中翩翩起舞，看起来很像置身在真实的环境中一样，如图 1-1-4 所示。

图 1-1-3　摄影棚内拍摄的人物视频和从网上下载的两张桃花图片

图 1-1-4　通过抠像特效后的人物与桃花前景和背景的合成效果

1.2 了解影视特效制作的流程

影视特效在电影电视、频道栏目包装、电视广告、音乐电视、微型电影、影视动画中的应用案例在观众的眼球中争奇斗艳，美不胜收。下面引用湖南卫视制作的端午节宣传片包装为例来了解一下影视特效制作的基本流程，如图1-2-1所示。

图 1-2-1 端午节宣传片

（1）确定端午节宣传片包装制作。

端午节是中国人民纪念屈原的传统节日，以围绕才华横溢、遗世独立的楚国大夫屈原而展开。每年农历五月初五，华夏各地都会以各种方式来追怀屈原高洁的情怀。湖南电视台为纪念端午节确定制作端午节宣传片包装。

（2）前期创意构思阶段，确定该片的整体风格、色彩、长度等。

端午节有吃粽子、赛龙舟、挂菖蒲、蒿草、艾叶、薰苍术、白芷，喝雄黄酒的传统习俗。在前期创意时，画面应该考虑包括这些元素。采用中国传统水墨画的风格贯穿全片，以此来纪念离我们远去二千多年的伟大爱国诗人——屈原。

（3）设计分镜头脚本。

分镜头1：龙的出现，中国民众常以龙的传人引以为豪，金色的龙的出现象征着古代民族发展的聚合过程，也象征着民族团结统一的过程。

分镜头2：在中国传统水墨画的撒泼飘逸中，把我们的思绪带到了二千多年前的战国时期楚国。

分镜头3：在这里，我们见到了勤奋好学、胸怀大志、始终关注民众的生存状况和同情民众苦难的伟大爱国诗人——屈原。他铮铮铁骨、威武不屈的站立在我们的眼前。

分镜头4：屈原宁可投江而死，也不能使清白之身蒙受世俗之尘埃，屈原在绝望和悲愤之下怀石头投汨罗江自杀。

分镜头5：屈原自杀后，百姓敬重他、哀悼他。因为他是和危害楚国的小人奋斗到死的。每到他的忌日，百姓就挂起昌蒲剑，喝着雄黄酒，摇着龙船，到处去寻觅诗人，百姓相信爱国诗人是不会死的。屈原的爱国精神，已经在中国人民心中生了根。

分镜头6：用3D文字点题——端午节 我们的节日，用以宣扬和继承屈原的人格精神。

（4）将制作方案与客户进行沟通，确定最终的制作方案。

视频拍摄制作后完成的草稿需要再一次征求客户意见并继续修改。

（5）执行设计好的制作过程。

包括涉及的 3D 制作、实际拍摄、后期特效。合成等，完成金色龙、远古楚国、伟大诗人屈原、屈原投江、百姓摇着龙船、3D 文字字幕等水墨画风格的视频片段制作。

（6）最终合成与渲染输出。

将完成的金色龙、远古楚国、伟大诗人屈原、屈原投江、百姓摇着龙船、3D 文字字幕等视频片段，遵循视听语言的影视艺术规范进行合成；为端午节宣传片包装添加音效、音乐和解说词；最终的渲染输出。

上述的制作流程用流程图概括如下：

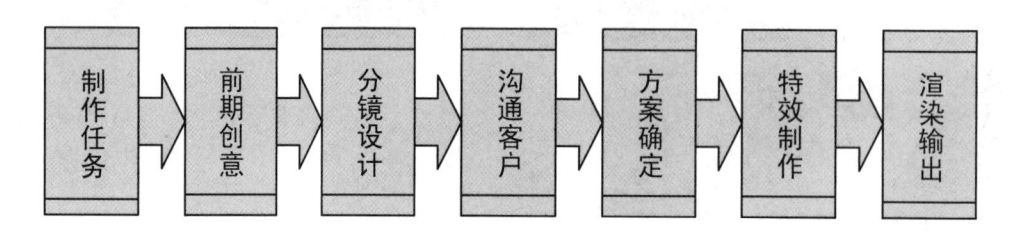

制作任务 → 前期创意 → 分镜设计 → 沟通客户 → 方案确定 → 特效制作 → 渲染输出

以上基本的影视特效制作流程适用于一般宣传片、片头的制作。但流程并不是一成不变的，在实际工作中，常常会依据特殊要求进行适度调整。当遇到特殊情况时，还要依据特殊情况灵活运用。

1.3 搭建影视特效制作环境

数字影视特效的核心任务是创建特效，可以在 SGI 图形图像工作站、超级计算机中去创建特效，如图 1-3-1 所示。

图 1-3-1　SGI 图形图像工作站

也可以由普通的计算机、个人笔记本来完成影视特效制作。

其实，要创建特效，重要的是搭建一个影视特效制作环境，即计算机系统中必要的硬件和制作软件。无论是图形图像工作站、超级计算机还是普通计算机、个人笔记本，在它们的 Windows 或 Mac 操作系统中，硬件和制作软件应相辅相成、相得益彰。

1. 主要硬件环境

计算机主要硬件环境包括：输入设备、输出设备、存储器，整合在 CPU 中的运算器和控制器。基本配置包括：主板、内存、硬盘、固态硬盘、显卡、声卡、光存储、鼠标、键盘、显示器、机箱、电源、音箱等。这些硬件的性能和基本原理可以参见有关计算机原理方面的书籍。下面仅对主要硬件的性能要求推荐如下：

CPU：CPU 是计算机硬件系统中最重要的部件，在数字影视特效制作中，推荐使用 I7 级别以上或同等的 AMD CPU，以提高处理的速度，同时配置 4GB 以上的大内存。

主板：好的 CPU 当然要配好主板和大内存才能发挥它的最大功效，最好采用专业主板，以便发挥其他硬件在满负荷工作尤其在制作高清时的作用，即便是 CPU 为四核，内存为 8G，且显卡为 256MB 的 2G 内存，如果主板小的话，超频能力差，发热问题会随之而来，就不能发挥其他硬件应有的性能，使计算机不能正常工作导致后期制作软件卡死。

硬盘：数字影视特效制作要处理大量的图像和图片，如果不经过压缩，这些文件占硬盘的空间是很大的，一秒钟的高清视频占 142MB 硬盘空间，一分钟就是 8.3GB。一部 90 分钟的高清影片，要占用多少硬盘空间可想而知。当然采集素材一般都是经过压缩的。总的说来，随着高清时代的到来，对硬盘的要求是容量越大越好，速度越快越好。

显卡：数字影视特效随时处理高清图形图像，太低端的显卡达不到良好的效果，最好选择能满足游戏影音要求的高效低能耗的高端显卡。

显示器和监视器：显示器是直接观看影视特效的"眼睛"，用一台高分辨率、大尺寸的显示器来观看最终完成的视频特效是十分必要的。CRT 显示器在色彩、分辨率、画质、带宽和刷新率方面比液晶显示器具有明显优势。画面清晰、色彩真实、图像无扭曲、视觉广阔，在设计上充分考虑了人的视觉构造原理。

声卡：声卡在硬件系统的配置中也是一个很值得考虑的部件，最好不要用主板上的集成声卡。

其他设备：硬件系统配置一个刻录机是必要的，在数字影视特效制作过程中，有一个刻录光驱会显得非常方便。

2. 主要软件环境

数字影视特效制作的软件很多，如 Combustion、Digital Fusion、Shake、Photoshop、After Effects、3ds max、Maya Fusion、Edit、Flame 等。

下面主要认识 Photoshop、After Effects 及 3ds max 图形、视频、三维处理软件。

（1）Photoshop。

Photoshop 是 Adobe 公司推出的最为著名的图形图像处理软件，缩写为 PS。广泛应用在图形、图像、文字、出版等领域。常见的黑白相片修饰、老照片上色；书籍装帧；产品包装设计；广告宣传单、宣传册；视觉创意、网页制作、界面设计；绘制插画；网站静态图片制作；在 3ds max 中添加的场景、绘制的三维贴图等，都是 PS 对图像处理的结果。从功能上看，Photoshop 可分为图像编辑、图像合成、校色调色及特效制作部分，目前最新版本为 Photoshop CS 6。

（2）After Effects。

After Effects 是 Adobe 公司推出的一款专业特效合成软件。After Effects 与其他软件紧密结合，可为电影电视、电视栏目、影视动画、广告、数字媒体、装潢设计、娱乐游戏、工业产品设计、园林景观、建筑漫游、出版、教育等行业制作出无数引人入胜的视觉效果。目前 Adobe 公司推出了支持 64 位多核 Intel 处理器的 After Effects CS6，利用 After Effects CS6，用户可以使用高性能缓存，更快地实现视觉效果。

  After Effects 主要把 Photoshop 绘制的位图、Illustrator 制作的矢量图、3ds max 中创建的三维图像、Flash 建立的二维分层动画、After Effects 自创的三维分层动态图像以及通过摄像机拍摄的静态或动态影像，在综合应用噪波特效、调色特效、文字特效、粒子特效、发光特效、抠像、跟踪特效、仿真特效、插件特效和其他特效中，将这些离散的位图、矢量图、三维图像、二维分层动画合理地整合起来，让所有不存在的自然景象都能以图文并茂、生动活泼的数字静态或数字动态影像形式在荧屏上展现出来，让艺术设计者和影视编导们尝试着技术与艺术的紧密融合，尝试着过去从未尝试过的任何创意和叙事，给人们带来赏心悦目的艺术享受或者是惊心动魄的视觉冲击。

  可以这样讲，只要能想到的，都可以在 After Effects 中完成。

  （3）3ds max。

  3ds max 是 Autodesk 公司开发的基于 PC 平台的三维动画渲染和制作软件，它具有丰富的三维建模、动画、渲染和创建视频特效的能力，完全能满足高质量动画、高端游戏、三维景观的制作需要，广泛应用于影视动画、建筑景观、广告、游戏、科研等领域。3ds max 功能强大、操作简单、扩展性好、效果逼真，支持多处理器的并行运算，目前最高版本是 3ds max 2012。

  3ds max 的材质编辑系统、基于模板的角色搭建系统、强大的建模和纹理制作工具包以及通过 mental ray 提供的无限自由网络渲染，使之在游戏场景、角色建模、建筑动画、会展设计、室内设计、影视动画等方面而享誉世界。3ds max 目前在中国的使用人数大大超过其他三维软件。3ds max 还能够与 After Effects 完美结合，将已经数字化的影视片段、静态图片，以及二维、三维动画片段进行合成与特效处理，人们在电视广告、形象宣传、电视节目、频道栏目、影视动画、音乐剧作品中看到的许多前所未见、充满魅力的视频片段，就是 3ds max 与 After Effects 协同作战的结果。

1.4 认识影视特效制作软件

  近年来，数字影视特效软件在功能上也发展很快，许多非线性编辑软件就带有许多特效功能，比如：我们熟悉的 Adobe Premiere、Vegas Video、Final Cut Pro 等就能完成许多特效的制作，也普遍支持各类特效插件。由于所有的影视特效制作软件都有许多相似的功能和特效，只能把这些特效软件当成工具。无论是片头制作还是栏目包装，创意才是最重要的。因此，在好的创意指引下，至于应用哪一个软件或者让哪几个软件协同作战，最好取决于操作者对某一个软件的熟悉程度，而不能刻意依赖于哪个软件。

  下面主要来认识 After Effects。

  启动 After Effects 后，在整个工作界面中可以看到多个灵活的可自定义的工作窗口，其中，"Project"（项目）窗口、"Comp"（合成）窗口、"Timeline"（时间线）窗口是三个重要的工作窗口，在 After Effects 中的大部分操作都要依靠这三个窗口，如图 1-4-1 所示。

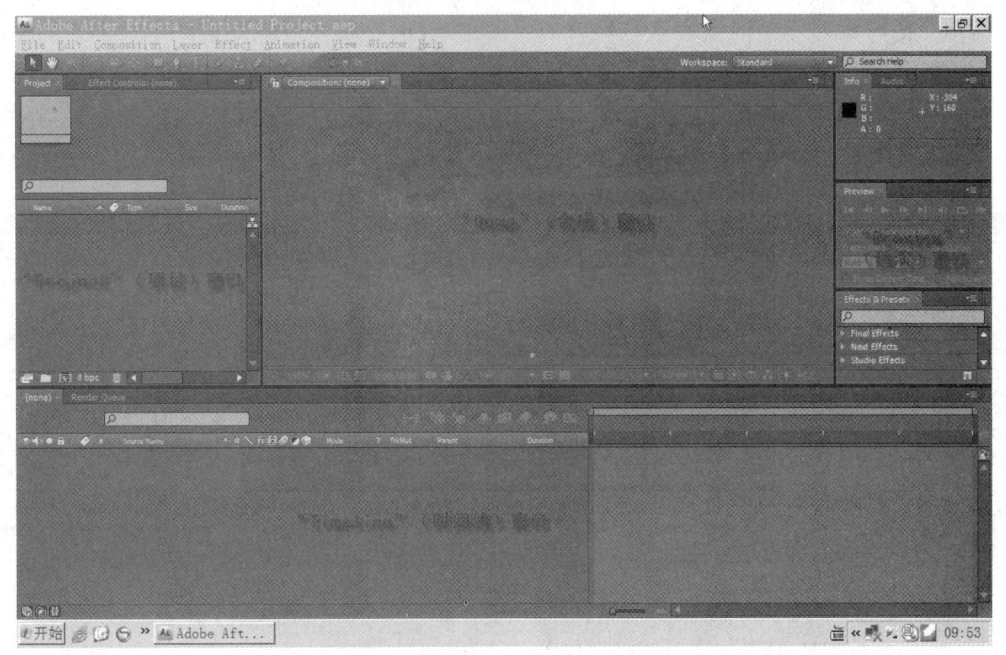

图 1-4-1　After Effects 中的窗口

（1）"Project"（项目）窗口。

"Project"窗口用来导入和管理素材，通常也将"Project"窗口称为项目窗口，如图 1-4-2 所示。在"Project"窗口双击，就会弹出"Import File"（导入素材）对话框，如图 1-4-3 所示。在对话框中找到需要的素材，单击"打开"按钮即可导入素材，导入的素材会立即出现在"Project"窗口中，在特效制作过程中，可随时输入所需要的素材。

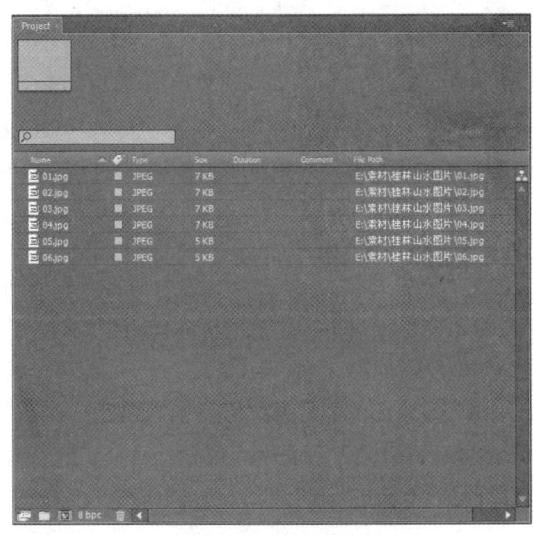

图 1-4-2　项目窗口　　　　　　　　图 1-4-3　素材对话框

（2）"Comp"（合成）窗口。

要进行合成特效制作，首先需要根据画幅的大小、时间长度等建立一个新的合成（Composition）。在 After Effects 主菜单中单击"Composition"，弹出如图 1-4-4 所示的对话框，

7

在对话框中按照特效制作的需要进行设置后，单击"OK"按钮后，即可产生一个新的合成。

在"Project"窗口中选择素材，按住鼠标左键直接将其拖入到"Comp"（合成）窗口中，即可将素材加入到合成窗口，以方便对素材层在特效制作中位移、缩放、旋转、施加特效后影像的显示观看等，如图1-4-5所示。

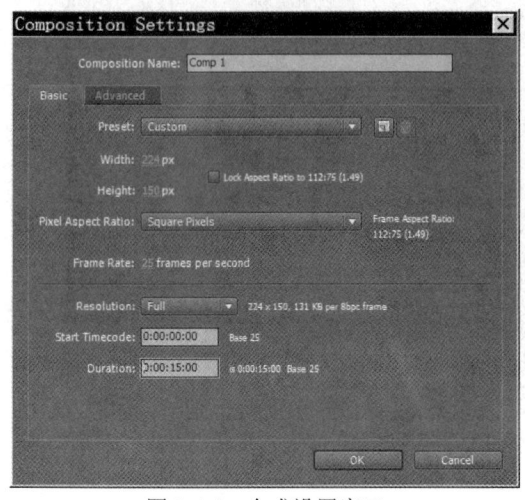

图1-4-4　合成设置窗口　　　　　　　　图1-4-5　合成窗口

（3）"Timeline"（时间线）窗口。

把"Project"窗口中选择的素材拖入到"Comp"（合成）窗口后即可显示为影像，同时，在"Timeline"（时间线）窗口显示为"Layer"（层），如图1-4-6所示。

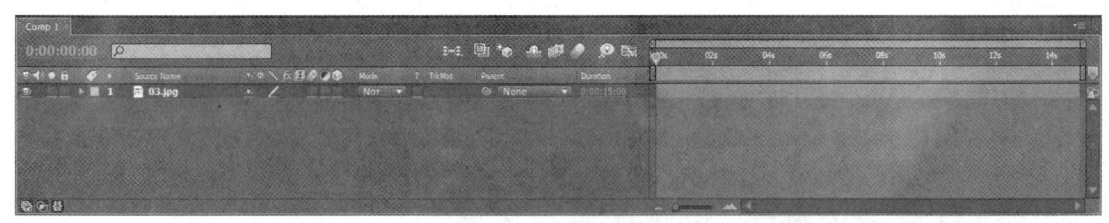

图1-4-6　时间线窗口

"Timeline"（时间线）窗口是以时间为基准对素材层进行操作的，可以调整素材层在"Comp"（合成）窗口中的时间位置、素材长度、叠加方式、合成的渲染、合成的长度以及素材之间的通道填充等内容，"Timeline"（时间线）窗口无论是对素材层填充通道还是施加特效，它几乎包括了After Effects中的一切操作。

需要特别指出的是"Comp"（合成）窗口和"Timeline"（时间线）窗口是两个密不可分的窗口，当一个"Comp"（合成）窗口打开时，一定会同时打开一个与它相对应的"Timeline"（时间线）窗口，在After Effects中完成影视特效的制作，主要在这两个窗口中交互式的进行。

（4）"Preview"（预演）窗口。

"Preview"（预演）窗口用于播放影片。单击"播放/停止"按钮可以播放影片，如图1-4-7所示。

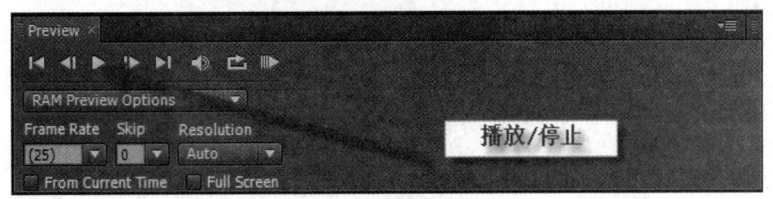

图 1-4-7　预演窗口

习题一

一、思考题

1. 由影视艺术派生的电影电视、频道栏目包装、广告、影视动画除了它们的文学语言、声音语言之外，画面语言是最为直观最为不可缺少的。因此，任何一部影视艺术作品在呈现给观众之前都要对画面素材进行收集与加工。请思考：画面素材除了通过拍摄、数字视频格式转换、图形图像合成得到之外，还可以通过哪些方法获得呢？

2. 数字影视合成特效包括"合成"与"特效"两部分内容，这两部分内容水乳交融、缺一不可。我们通过抠像特效将舞蹈演员背景中的蓝色去掉，叠加在桃花上，让舞蹈演员翩翩起舞在桃花丛中。请思考：还可以继续将这段影视特效画面"合成"到另一背景中去吗？

3. 影视特效在电影电视、频道栏目包装、电视广告、音乐电视、微型电影、影视动画中的应用案例很多。影视特效从前期创意、分镜头设计、确定制作方案、合成与特效制作到最终渲染输出的制作流程基本是相通的。请思考：视频特效完成后为什么还要遵循视听语言的规律去添加音效、音乐和解说词呢？

4. 数字影视特效的创建紧紧依赖于计算机硬件搭建和特效软件制作平台，硬件和制作软件之间相辅相成，制作软件之间协同作战。常用数字影视特效制作软件主要包括 Photoshop、After Effects、3ds max 等图形、视频、三维软件，且这些软件随着计算机硬件技术的发展不断升级。请思考：为什么我们只能把这些软件当工具使用，无论是片头制作还是栏目包装，好的创意才是最重要的呢？

二、问答题

启动 After Effects 后，我们可以看到"Project"（项目）窗口、"Comp"（合成）窗口和"Timeline"（时间线）窗口三个工作窗口，影视"合成"与"特效"制作主要在这三个窗口中完成，请问：

1. 在 After Effects 中的"Project"（项目）窗口主要功能是什么？
2. 在 After Effects 中的"Comp"（项目）窗口主要功能是什么？
3. 在 After Effects 中的"Timeline"（项目）窗口主要功能是什么？

2 噪波特效应用

噪波看上去似乎极其杂乱极其不规则,就像水洒在地上留下的痕迹。但是,在影视动画场景的设计与制作中,却经常需要运用这些不规则的噪波来模拟淅淅的雨滴、纷飞的雪花、漂浮的云彩、闪光的露珠、缭绕的晨雾、四射的光芒等变化万千的自然景象。用噪波特效完成的这些自然景象在影视场景里无论作为特写还是背景,对深化影视动画表现主题,丰富意境、渲染气氛都是不可须臾离的。

本章以制作影视动画场景为项目载体,通过完成流动的白云、穿梭的流光、彩色射光三个案例的制作,引导学生学习分形噪波、色阶、色彩、发光等特效的综合应用技巧,了解噪波特效的基本功能,掌握噪波特效的参数设置方法,提高影视动画场景的拓展应用与制作能力。

【知识能力目标】

（1）了解 Fractal Noise 分形噪波、Levels 色阶、Tint 色彩、Glow 发光等特效的基本特点,掌握它们的参数设置方法。

（2）能利用分形噪波、色阶、色彩、发光等特效制作流动的云、穿梭的流光、彩色射光等特效场景。

（3）能拓展应用噪波特效,提高影视场景的设计与制作能力。

（4）能运用噪波特效知识阅读和分析鉴赏影视特效作品。

2.1 流动的白云制作

"蓝蓝的天上白云飘,白云下面马儿跑……"。这首优美的 MTV 让我们看到了湛蓝的天、雪白的云、飞驰的骏马、远处的敖包,留给我们无尽的诗情画意。其实,在生活中稍微留意就会发现,蓝天白云在诗中、画中、影视广告中处处呈现。学习数字影视特效制作,先从流动的白云做起,不失为捷径之举。

【学习要求】

在"流动的白云"制作中,主要学习 Fractal Noise（分形噪波）特效的变化特性,了解噪波大小、形态等参数变化对流动白云形成的过程,掌握 Levels（色阶）、Tint（色彩）两个调色特效内置参数的设置方法，通过噪波调节、关键帧设置，配合色阶和色彩特效的综合调整来制作天空中流动的白云，以此熟悉噪波特效制作影视场景的一般过程。

【案例分析】

蓝天和白云可以通过拍摄和摄影的方法实现，但拍摄的照片或视频在与电脑绘制的场景合成后很难不留瑕疵，而用电脑单独绘制一张张白云流动的序列图片工作量却很大，利用"Fractal Noise（分形噪波）"特效与"Levels（色阶）"、"Tint（色彩）"两个调色特效搭配运用，能有效克服上述的困境和减低工作强度，快捷高效地完成流动的白云的制作。

"流动的白云"制作过程可按照如下步骤进行：
（1）设置云层的画幅。
（2）创建云彩。
（3）改变云层的颜色。
（4）改变云层的飘动速度。
（5）云彩与外景的合成。

【制作步骤】

2.1.1　设置云层的画幅

云层画幅以像素为单位，尺寸大小与场面调动有关，可依据影视动画剧本的要求而设定。打开 After Effects，在项目窗口面板中新建立一个合成为"Comp 1"。在图像合成设置窗口的预置中，可以看到包括 PAL 电视制式、NTSC 电视制式、宽银幕、标清和高清等各种不同用途的影片画面尺寸应有尽有，便捷方便。预置：网络视频。宽高：320×240（像素）。像素纵横比：正方形像素。帧速率：15 帧。开始时间：0 秒。持续时间：3 秒 01 帧。为云层画幅预先设置的参数如图 2-1-1 所示。

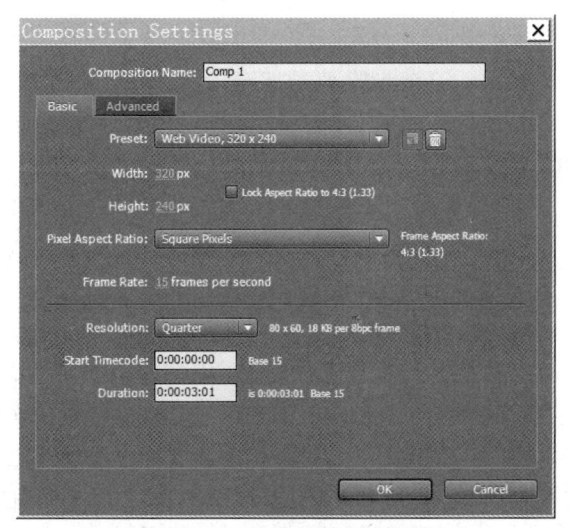

图 2-1-1　云层画幅参数设置

2.1.2 创建云彩

（1）创建云彩的轮廓。

为云层预先设置参数之后，就可以在时间线面板中新建立一个"Solid（固态层）"了。固态层是一种单色层，可在固态层上添加特效、移动缩放等操作，固态层也可以理解为一种媒介层。创建固态层的方法是，在时间线窗口中右击鼠标选择"New（新建）> Solid（固态层）"，然后单击"Effect（效果）> Noise & Grain（噪波）> Fractal Noise（分形噪波）"菜单命令，加入"Fractal Noise（分形噪波）"特效后，默认状态下的画面效果如图2-1-2所示。

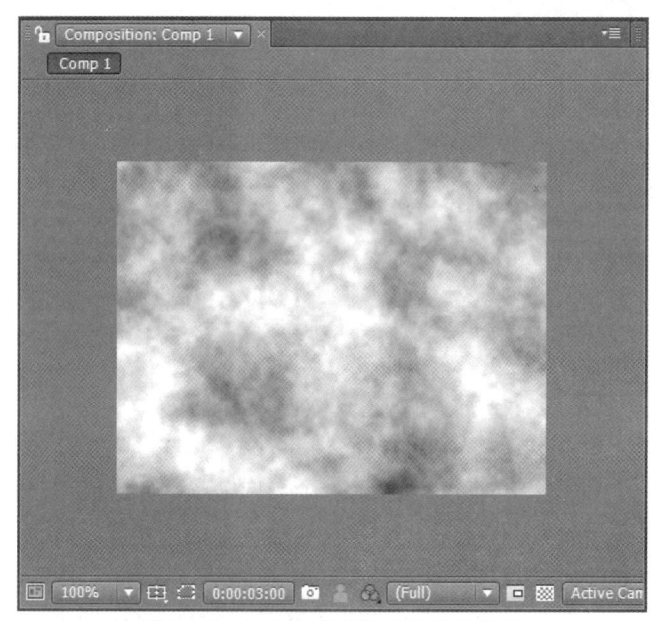

图 2-1-2　加入分形噪波后的默认效果

（2）调节云彩效果。

可以看到，加入"Fractal Noise（分形噪波）"的默认效果后离云层的效果还差得很远，因此，还要通过调节"Fractal Noise（分形噪波）"特效面板中的一些参数，使之逐渐形成云层的效果。将"Fractal Type（分形类型）"设置为"Turbulent Sharp（湍急锐利）"，"Noise Type（噪波类型）"设置为"Spline（曲线）"，展开"Transform（变换）"，取消"Uniform Scaling（统一比例）"的勾选，并将"Scale Width（缩放宽度）"设置为200，再展开"Sub Settings（附加设置）"，将"Sub Scaling（子缩放）"设置为55，如图2-1-3所示。

（3）调整云彩对比度。

在"Fractal Noise（分形噪波）"设置中，取消"Uniform Scaling（统一比例）"的选择，这样就可以对噪波的横向或者是纵向单独进行调整了，在这里如果增大横向的值，也就是将噪波横向进行拉伸。此刻可以看到画面虽然有了云的样子，但根据影视动画场景气氛觉得画面太暗了，应该适当将画面调亮一些。单击"Effect > Color Correction（色彩校正）> Levels"（色阶调整）菜单命令，调整其参数后，画面发生了变化，在"Levels（色阶调整）"设置中调节色阶特效的"Input Black（输入黑色）"的值，以增加画面的黑白对比，如图2-1-4所示。

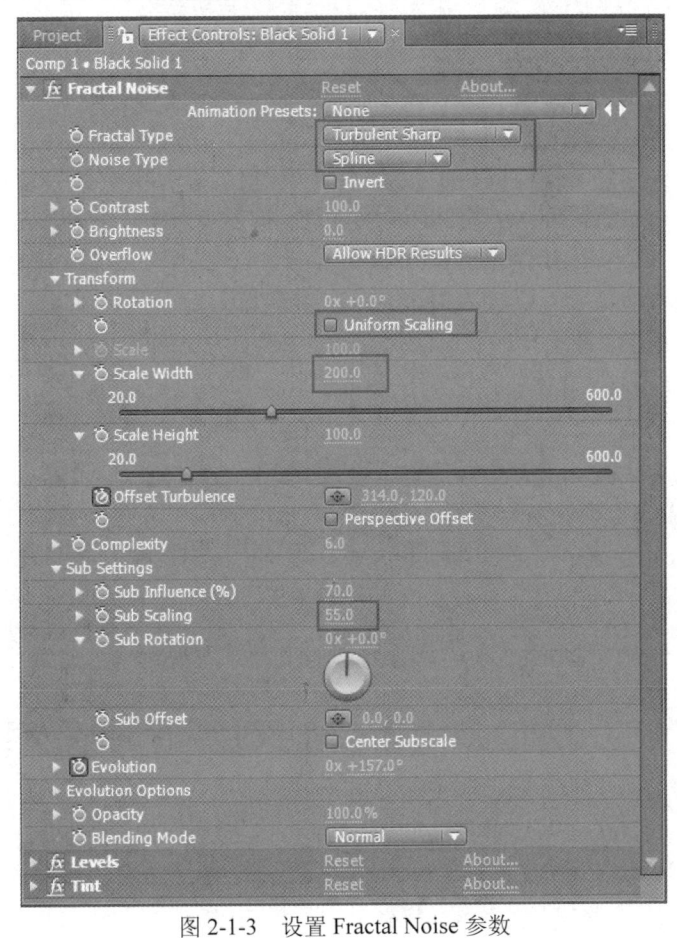

图 2-1-3　设置 Fractal Noise 参数

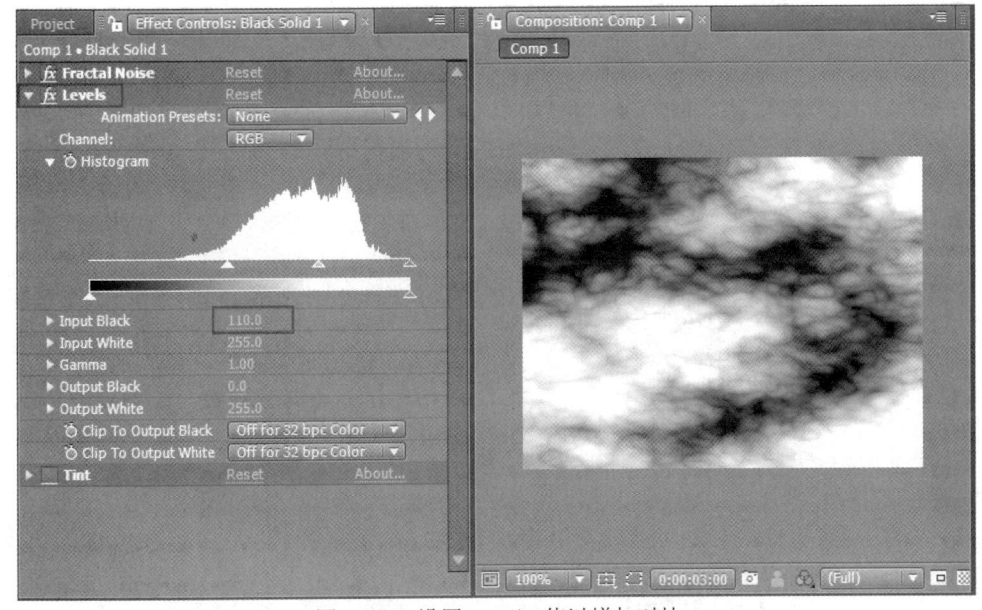

图 2-1-4　设置 Levels 值以增加对比

2.1.3 改变云层的颜色

（1）把画面的整体颜色改变为蓝色。

我们知道，真实的云层环境取决于气象、光线、时辰、甚至季节等变化的诸多因素，且当光线穿过云层时，还存在着十分多变的光线反射、折射和散射，另外，还要结合影视动画场景中所要求的时辰、气氛等因素进行综合考虑。因此，有必要对云层的颜色进行改变。

在这里，影视动画场景需要蓝天白云。为了实现蓝天白云的效果，应该把画面的整体颜色改变为蓝色。在固态层被选择的状态下，单击"Effect> Color Correction（颜色校正）> Tint（色彩）"菜单命令，添加调色特效。调整参数"Map Black To"，将图中黑色部分变为蓝色，如图 2-1-5 所示。

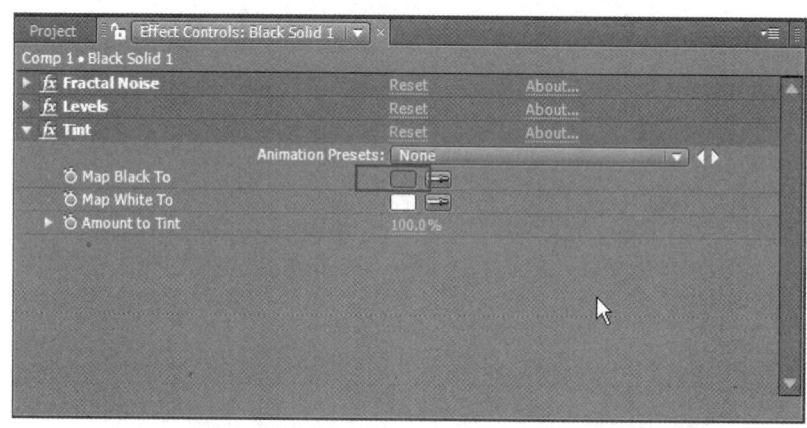

图 2-1-5 设置 Tint 将黑变蓝

（2）调整为蓝色后的画面。

改变"Map Black To"后，蓝天的画面如图 2-1-6 所示。

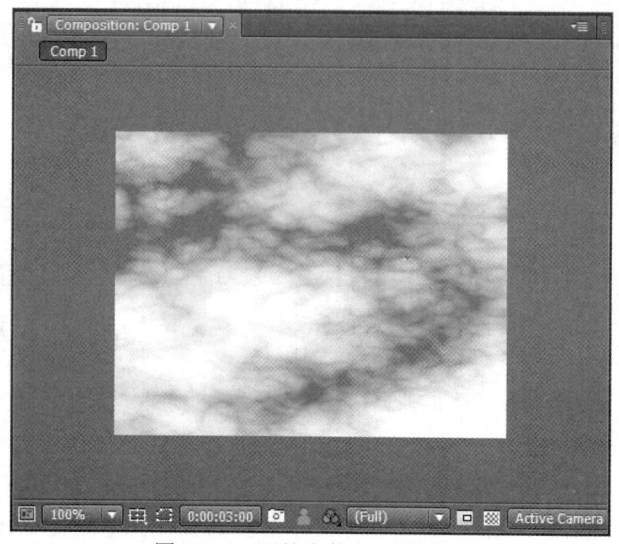

图 2-1-6 调整为蓝色后的画面

还可以结合影视动画场景中所要求的时辰、气氛等因素，将画面中的黑色部分转变为日出、日落或其他颜色。

2.1.4 改变云层飘动速度

（1）设置风速大小。

改变了云层的颜色之后，下面就应该让白云在蓝天中随着风速的大小飘动起来。先将时间标签移动到 0 秒的位置，然后在"特效"面板中展开图层的"Fractal Noise（分形噪波）"特效，按下"Offset Turbulence（偏移湍流）"和"Evolution（演变）"左边的时间码表，为这两个参数分别建立关键帧。调节噪波特效的"Offset Turbulence（偏移湍流）"和"Evolution（演变）"的值，达到控制噪波形态变化的目的。然后在时间线面板中选择图层，按下快捷键 U，会展开只有关键帧的属性，如图 2-1-7 所示。

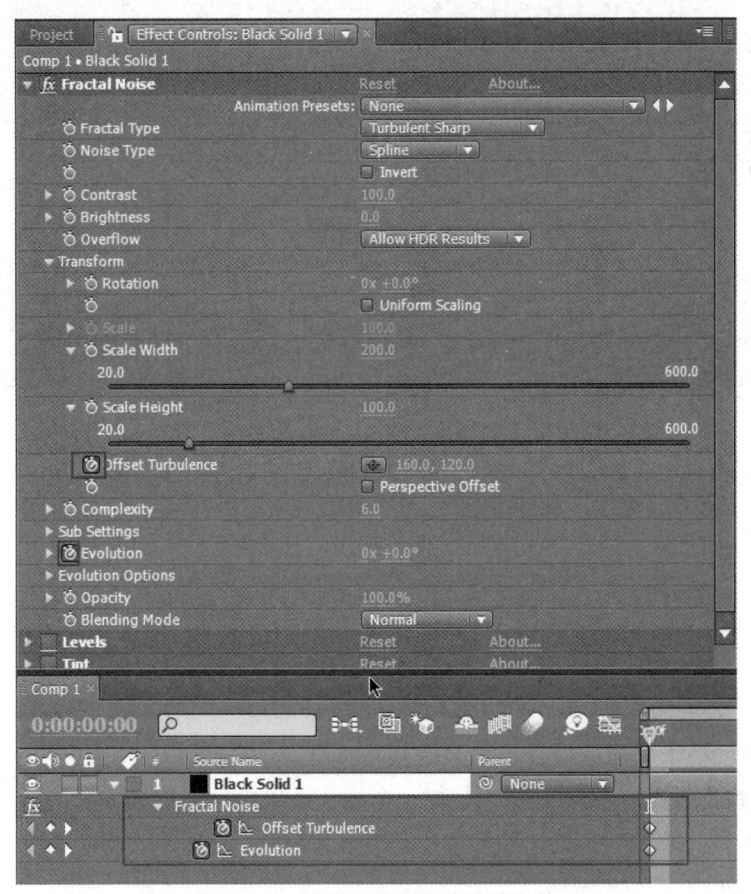

图 2-1-7 设置 0 秒时的关键帧参数

（2）调整云层飘动的速度。

将时间标签移动到 3 秒的位置，在特效面板中对"Fractal Noise（分形噪波）"特效的"Offset Turbulence（偏移湍流）"和"Evolution（演变）"两个参数值进行拖动来调整云层飘动的速度，如图 2-1-8 所示。

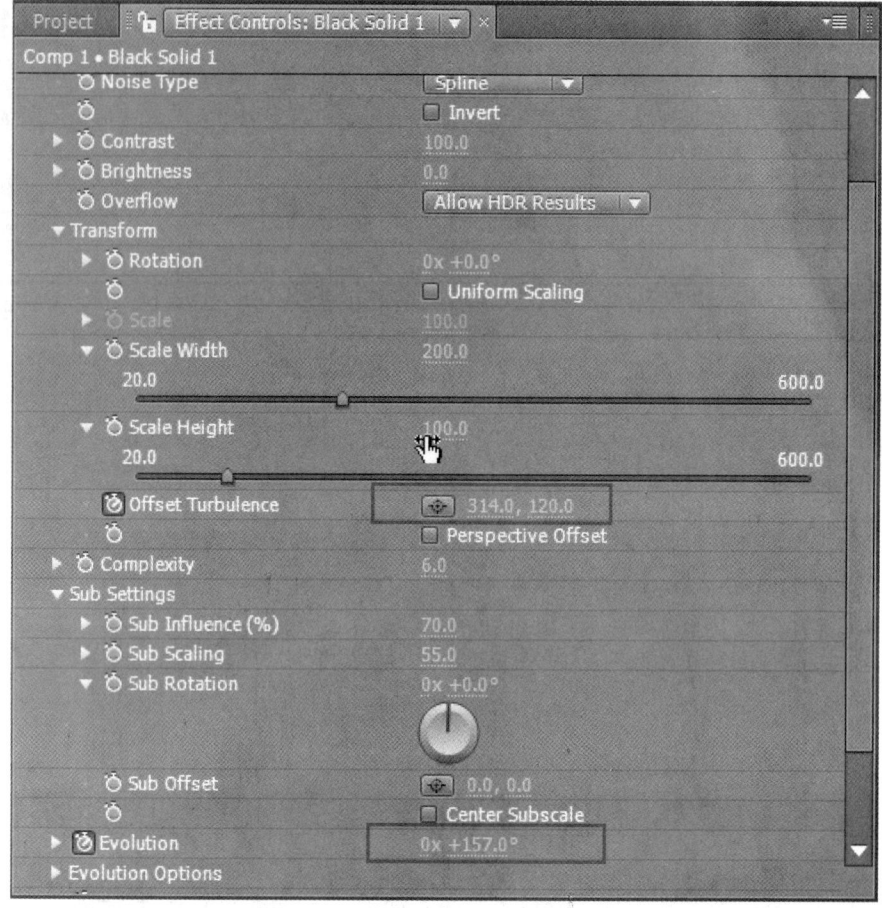

图 2-1-8　设置 3 秒时的关键帧参数

完成设置以后会在 3 秒的位置自动记录"Offset Turbulence（偏移湍流）"和"Evolution（演变）"两个参数变化的关键帧，按下小键盘上的数字键 0 进行预览。可以看到：蓝天中流动的白云。

2.1.5　云彩与外景的合成

云层的制作完成之后，还要根据影视动画剧本的要求，与外景和人物进行合成。合成是影视制作中常用的技术，简单说就是把多个镜头组合在一个画面中，如最上一个镜头是前景，中间镜头是人物，最下一个镜头是蓝天，每一个镜头可以单独拍摄或制作完成，通过合成将这三个镜头组合在一个画面中，最后完成流动的白云制作。下面是带 Alpha 通道的场景图片与云层合成的效果，如图 2-1-9 所示。

流动的白云制作步骤小结：

（1）建立合成并添加"Solid（固态层）"。

（2）为"Solid（固态层）"添加"Fractal Noise"特效并调节其参数。

（3）为画面整体染色。

（4）为"Fractal Noise"的参数设置关键帧，制作云的流动动画。

图 2-1-9　完成的云层与场景合成

【重点难点】

Fractal Noise（分形噪波）、Levels（色阶调整）、Tint（染色）等特效参数的设置与协调应用。

【相关知识】

（1）Fractal Noise（分形噪波）特效选项具体说明如下：

Fractal Noise（分形噪波）用于创建一些自然界中很复杂的噪波纹理，以及一些很复杂的有机类结构，比如可以拿该纹理模拟腐蚀的金属、岩石表面、火山岩浆、流动的水等。

Fractal Type：选择使用该特效的分形类型。

Noise Type：设置分形噪波类型。Block 为最低级，往上依次增加，Spline（样条）为最高级，噪点平的光滑度最高，但是渲染的时间最长。

Contrast：设置分形噪波的对比度。

Brightness：设置分形噪波的亮度。

Overflow：设置分形噪波的溢出方式。

Transform：设置分形噪波的旋转、位移、缩放等属性。

Rotation：旋转分形噪点的纹理。

Scale：缩放分形噪点的纹理，可以分别沿宽和长两个方向进行缩放。

Offset Turbulence：可以沿左右或上下方向平移纹理。

Complexity：设置分形噪点的复杂度。

Sub Settings：设置一些分形噪点的子属性。

Sub Influence：设置噪点纹理的清晰度。

Sub Scaling：设置噪点纹理的次级缩放。

Sub Rotation：设置噪点纹理的次级旋转。

Sub Offset：设置噪点纹理的次级平移。

Evolution：设置分形噪波的变化度。

Evolution Option：设置一些分形噪点变化度的属性，比如随机种子数，扩展圈数等。

Opacity：设置该噪点的不透明度。

Transfer Mode：指定该噪点纹理和原始素材的混合方式。

Color Correction（色彩校正）：集中了强大的图像效果修改特效，对最终输出的影片具有重要的影响作用。

（2）Levels（色阶调整）特效选项具体说明如下：
Levels（色阶调整）特效用于精细调节图像的灰度。
Input Black：设置输入图像黑色值的极限值。
Output Black：设置输出图像黑色值的极限值。
Gamma：设置灰度系统 Gamma 曲线值。
Output White：设置输出图像白色值的极限值。
Input White：设置输入图像白色值的极限值。
Clip to Output Black：减轻 Output Black 效果。
Clip to Output White：减轻 Output White 效果。
（3）Tint（色彩）特效选项具体说明如下：
Tint（色彩）特效用来调整图像的颜色信息，在最亮像素和最暗像素之间确定配合度，最终产生一种混合效果。
Map Black to：将黑色映射到某种颜色。
Map White to：将白色映射到某种颜色。

2.2 穿梭的流光制作

在影视动画制作中，利用噪波特效和发光特效的结合完成穿梭的流光，能极大刺激人们的眼球，让观众一看就能留下深刻的印象。特别是在影视片头或频道包装制作中，绚烂多彩的流光特效，对观众的视觉造成强大冲击，有效地突出所要表达的主题。

【学习要求】

在"穿梭的流光"制作中，主要学习 Fractal Noise（分形噪波）特效的变化特性，了解噪波大小、形态等参数变化对穿梭流光画面带来的影响，同时，掌握与之配合使用的 Levels（色阶）、Glow（发光）两个特效的参数设置技术，通过"噪波变化"关键帧的设置与 Levels（色阶）、Glow（发光）特效的配合制作，要求掌握穿梭流光的制作技能，提高噪波特效在影视动画场景中的应用水准。

【案例分析】

无论是媒体视频包装还是影视特效设计，视觉效果的完美表现，永远都是制作者追求的永恒主题。穿梭的流光虽然是一种虚幻的不落于实在的形体特效画面，但却为许多观众偏爱。这让我们想起流金岁月、紫金剧场、梦幻西游等栏目中的绚烂光彩。穿梭的流光跨越时空的极限，拓宽了人们的视野。

"穿梭的流光"制作过程可按照如下步骤进行：
（1）创建流光的形态（造型部分）。
（2）为流光添加光辉（发光部分）。
（3）让流光流动起来（运动部分）。
（4）穿梭的流光与前景画面合成。

【制作步骤】

2.2.1 创建流光的形态

(1) 设置 Web 视频格式。

为穿梭的流光创建一个新的合成，可以根据视频画面的需要设置参数。在这里，为节省硬盘空间可以把图像合成设置窗口中的画面尺寸预置为 Web 视频格式（320×240 像素）。因为画面尺寸设置越大，渲染输出后的视频所占计算机硬盘空间就越大。就拿 Web 视频格式与 PALD1/DV 格式（720×576 像素）相比吧，PALD1/DV 画面的大小是 Web 画面大小的 5.4 倍，所占硬盘空间的大小是 Web 视频格式的 8.9 倍。

(2) 添加固态层。

在时间线窗口添加一个"Solid（固态层）"，在"After Effects"中的层可以分为 9 种类型，固态层只是素材层、文本层、灯光层、摄像机层、空对象层、调节层、合成图像层中的一个类型。"Solid（固态层）"大小的设置一般与合成窗口大小的设置保存一致。

(3) 在固态层上添加特效。

选择新添加的"Solid（固态层）"，然后给这个"Solid（固态层）"加入"Fractal Noise（分形噪波）"特效，具体设置参数如图 2-2-1 所示。

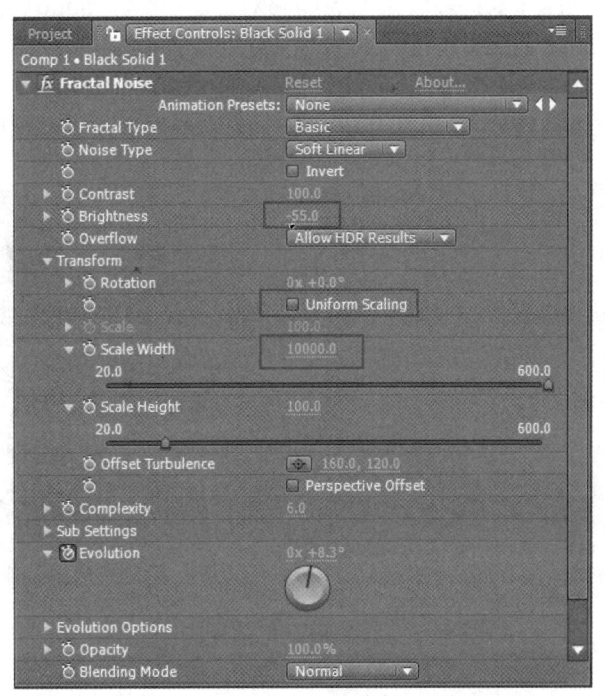

图 2-2-1　设置 Fractal Noise 参数

在"Fractal Noise（分形噪波）"参数中，噪波变形是重要的一个选项，因为流光是以一种细长的状态呈现的，所以在调节"Fractal Noise"参数的时候要把噪波横向拉长或者是纵向拉长，并且这个值要设置得非常大，就像线条一样。这里，将噪波的横向拉长到 10000。此刻，在调节参数后的画面中可以看到噪波已经处于拉长的状态了，同时，通过降低噪波的亮度值，使画面中的黑白对比更强一些，这样会更像流光的形态，如图2-2-2所示。

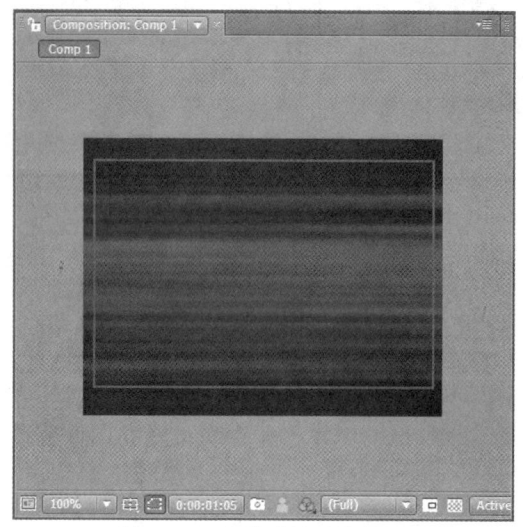

图2-2-2　拉长噪波后的效果

（4）提高线条亮度。

此时的线条还非常暗，需要提高线条的亮度和对比度。激活"Solid（固态层）"，单击"Effect（特效）> Color Correction（色彩校正 > Levels（色阶调整）"菜单命令，在"Levels（色阶调整）"的设置中，调节色阶的黑白输入值可以增强画面中流光的对比度，使其更具有流光的特性。通过"Levels（色阶调整）"参数的调整，更加彰显流光的形态，如图2-2-3所示。

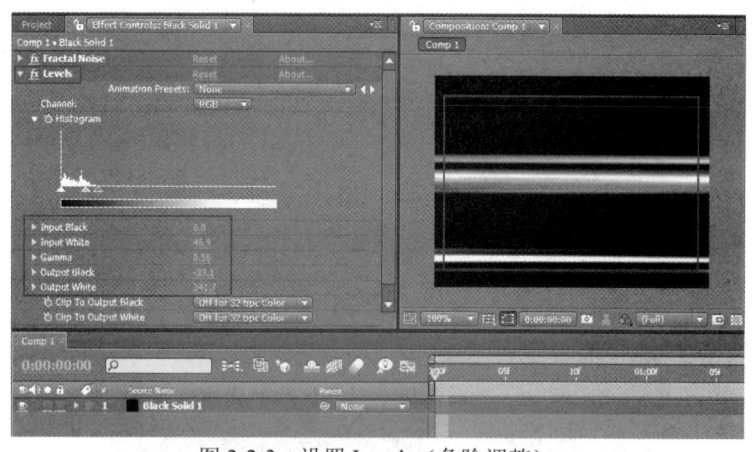

图2-2-3　设置Levels（色阶调整）

2.2.2　为流光添加光辉

（1）调节发光参数。

选中已经变成高亮度线条的"Solid（固态层）"，单击"Effect > Stylize（风格化）> Glow

（发光）"菜单命令。在"Glow（发光）"各项参数中，调节好光晕的明度、半径、强度和光晕颜色及其颜色使用方式，为流光添加光辉，具体设置如图2-2-4所示。

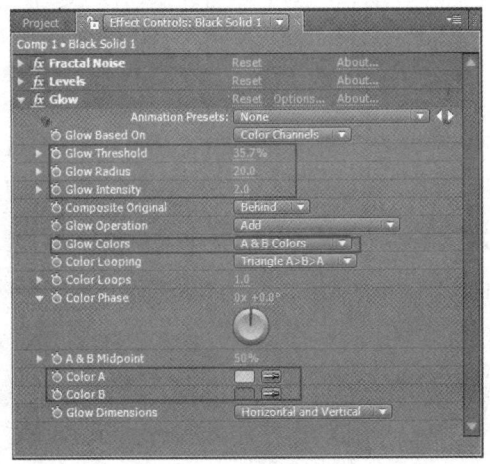

图2-2-4　设置Glow参数

（2）为光线上色。

在"Glow（发光）"的参数设置中，先选择"Glow Colors（发光颜色）"的发光模式为"A & B Colors（A & B 颜色）"，只有这样，"A & B Midpoint（A & B 中间）"下面的"Color A（颜色 A）"和"Color B（颜色 B）"才会被激活。将"Color A"和"Color B"分别选择不同的颜色之后，初始状态下的灰白噪波已经被染上了选择的颜色，在这里，设置"Color A"颜色为黄色，"Color B"的颜色为红色，显示出流光光晕的特征，如图2-2-5所示。

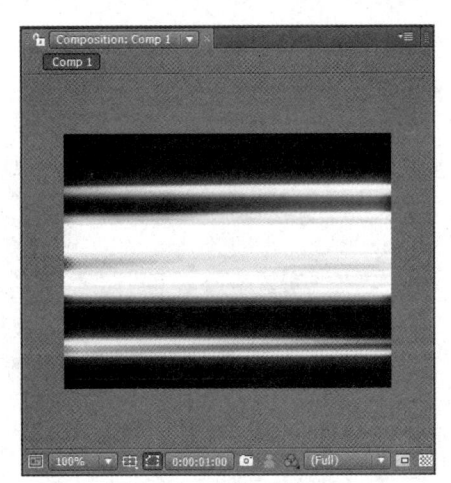

图2-2-5　上色后的效果

2.2.3　让流光流动起来

（1）让光线流动起来。

流光的基本形态和颜色基本确定后，为了吸引观众的眼球，需要让光线流动起来。在这里，与制作其他的光线流动不同，这里是通过调节"Fractal Noise（分形噪波）"变化参数来产生光线流动效果的。在特效面板中展开"Fractal Noise"特效的参数，设置"Evolution（演变）"分形噪波的变化度。将时间标签移动到 0 秒的位置，然后按下"Evolution"左边的时间码表记录下一个关键帧，并调整其数值，通过"Evolution"（噪波演变）的关键帧设置，制作流光流动的动画效果，如图 2-2-6 所示。

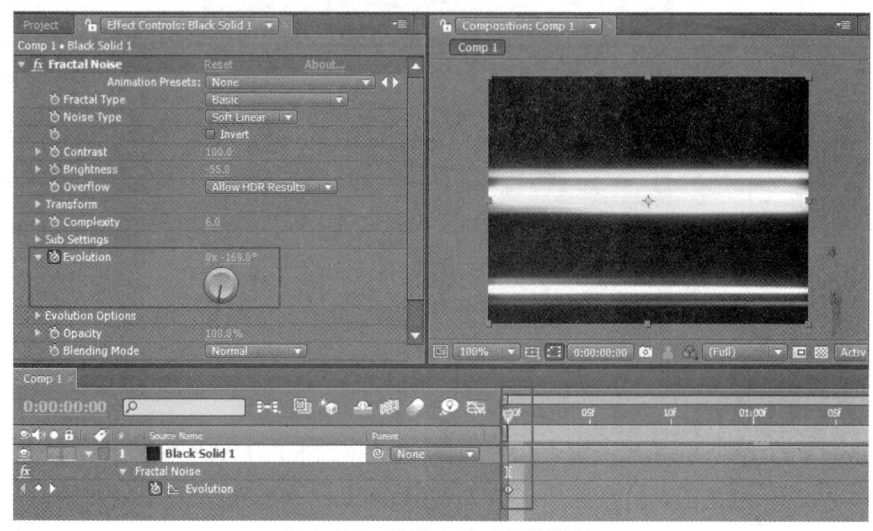

图 2-2-6　设置 0 秒时的关键帧

（2）设置流动的速率。

再将时间标签移动到 2 秒的位置，在特效面板中改变"Fractal Noise"特效下的"Evolution"值，以此来改变光线流动的速率，如图 2-2-7 所示。

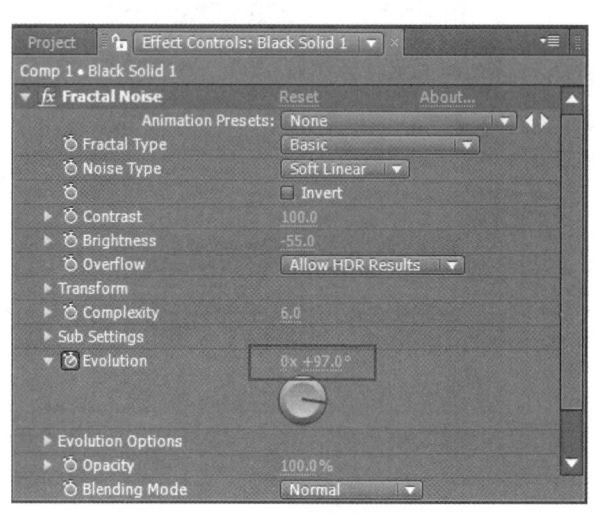

图 2-2-7　设置 2 秒时的关键帧

（3）流光呈现。

改变设置后可以看到画面中的噪波形态发生了变化，并与实现设计好的场景合成，按小键盘上的 0 键进行预览，可以看到穿梭的流光效果就呈现出来了，如图 2-2-8 所示。

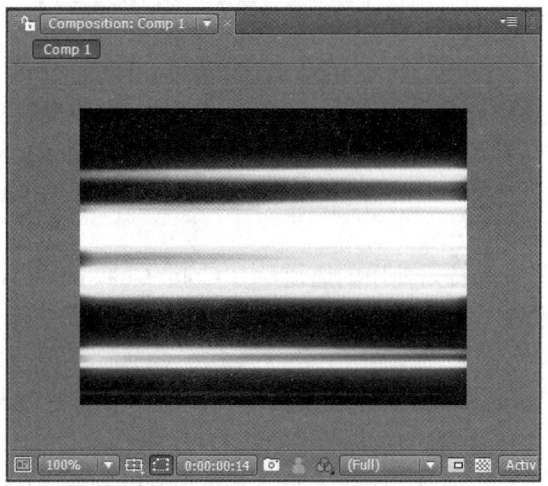

图 2-2-8　穿梭的流光效果

2.2.4　穿梭的流光与前景画面合成

穿梭的流光能有效突出栏目的主题和特色，对画面的烘托作用十分明显。背景可以与文字或其他画面合成，如图 2-2-9 所示。

图 2-2-9　穿梭的流光最终效果

穿梭的流光制作步骤小结：
（1）建立合成并添加"Solid（固态层）"。
（2）为"Solid"层添加"Fractal Noise"特效并调节其参数。（这一步将实现线条形态）。
（3）为噪波加入"Glow（光晕）"效果。（这一步为线条加入发光效果，完成静态光线形态）。
（4）为"Fractal Noise"的参数设置关键帧动画，以此来制作穿梭的流光。

【重点难点】

Fractal Noise（分形噪波）、Levels（色阶调整）、Glow（发光）等特效参数的设置与协调应用。

23

【相关知识】

Glow（发光）特效选项具体说明如下：

Glow（发光）特效是找出图像中比较亮的部分，然后再度加亮该区域和其周围的像素来产生带有漫反射和炙热感的光环。经常用于图像中的文字和带有 Alpha 通道的图像会产生自发光特效。

Glow Base On：选择发光特效使用的通道，有 Color Channel 和 Alpha Channel 两种。

Glow Threshold：设置不接受发光特效的极限程度。100%是完全不接受发光特效，0%是对发光特效不产生影响。

Glow Radius：设置发光特效的影响范围的半径。默认范围是 0.0～100.0，最大不能超过 1000.0。

Glow Intensity：设置发光特效的强度。默认数值在 0.0～4.0 之间，最大不能超过 255.0。

Composite Original：选择与原图像的合成方式。On Top 是将 Glow 的特效加在原图像之上；Behind 是将 Glow 的特效加在原图像之后，模拟出背后光特效；None 是将 Glow 特效从原图像上分离出去。

Glow Operation：设置发光模式。

Glow Color：设置发光特效的颜色模式。A & B Colors 是通过对色彩 A 与 B 的设置来定义颜色产生发光特效。Arbitrary Map 是通过调整图像像素的色度级别来产生发光特效；Original 是产生标准的发光特效。

Color Looping：选择为发光特效定义开始和结果色彩的方式。当 Glow Color 选择为 A & B Color 时，Sawtooth X 是开始于一个色彩结束于另一个色彩；Triangle X 是开始于一种颜色然后移到另一种颜色，最终结束于开始的颜色。

Color Loops：设置发光特效中的漫反射圈数。默认数值在 1.0～10.0 之间，最大不能超过 127.0。

Color Phase：设置 Color Loops 开始的相位点。

Color A & B Midpoint：当选择 A & B Color 作为 Glow Colorsshi4 时，需要设置颜色 A 与颜色 B 之间的梯度变化的中心点。小于 50%时以 B 位主，大于 50%时以 A 为主。

Color A：设置 Color A 的颜色。

Color B：设置 Color B 的颜色。

Glow Dimensions：设置发光特效的方向。

综合实训：彩色射光制作

【实训要求】

在"彩色射光"实训作业制作中，主要学习 Fractal Noise（分型噪波）特效的变化特性，了解噪波大小、形态是如何改变为 Polar 极面的过程和方法，掌握 Coordinates（极坐标）、Glow（发光）两个特效的参数设置技术，通过改变 Evolution（演变）关键帧的设置与操作过程，要求熟练掌握彩色射光的制作技能，提高影视动画场景的应用水准。

【实训案例提示】

"彩色射光"主要利用"Fractal Noise（分型噪波）"的变化特性，调整噪波的大小、形态等参数，并将噪波形态改为"Polar Coordinates（极坐标）"显示，并添加"Glow（发光）"特效，复制多层并改变发光颜色、旋转角度以及"Evolution（演变）"关键帧，完成最终的彩色射光效果。

【操作步骤提示】

（1）建立合成并添加"Solid（固态层）"，同时为"Solid（固态层）"添加"Fractal Noise（分形噪波）"特效并设置其参数。

（2）为噪波加入"Polar Coordinates（极坐标）"特效，将分形噪波形态改为极坐标显示。

（3）为"Fractal Noise（分形噪波）"中的参数设置关键帧动画。

（4）复制多层并改变发光颜色，旋转角度以及设置"Evolution（演变）"关键帧动画完成最终的彩色射光效果。

实训案例彩色射光完成效果如图 2-2-10 所示。

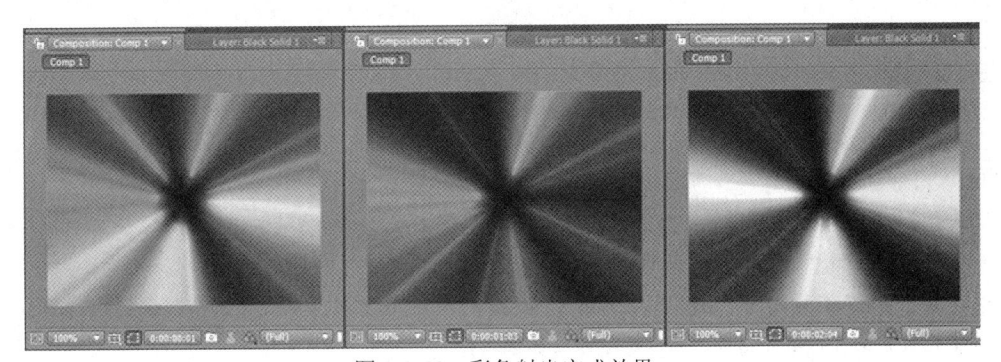

图 2-2-10 彩色射光完成效果

【重点难点】

Fractal Noise（分形噪波）、Polar Coordinates（极坐标）、Glow（发光）等特效参数的设置与协调应用。

习题二

一、选择题

1. 以下哪些特效可以用于创建一些自然界中比较复杂的纹理，并可以拿该纹理模拟腐蚀的金属、岩石表面、火山岩浆、流动的水、飘动的云等（   ）。

　　A．Fractal Noise（分形噪波）特效　　B．Levels（色阶调整）特效
　　C．Tint（色彩）特效　　　　　　　　D．Glow（发光）特效

2. 以下哪些特效可以用于精细地调节图像的灰度（   ）。

A．Fractal Noise（分形噪波）特效　　　　B．Levels（色阶调整）特效

C．Tint（色彩）特效　　　　　　　　　　D．Glow（发光）特效

3．以下哪些特效可以用来调整图像的颜色信息，在最亮像素和最暗像素之间确定配合度，并最终产生一种混合效果（　　）。

A．Fractal Noise（分形噪波）特效　　　　B．Levels（色阶调整）特效

C．Tint（色彩）特效　　　　　　　　　　D．Glow（发光）特效

4．以下哪些特效可以用于图像中的文字和带有 Alpha 通道的图像让其产生自发光效果（　　）。

A．Fractal Noise（分形噪波）特效　　　　B．Levels（色阶调整）特效

C．Tint（色彩）特效　　　　　　　　　　D．Glow（发光）特效

二、填空题

1．"流动的白云"视频制作，主要利用（　　）特效与（　　）特效和（　　）特效的搭配使用。

2．"穿梭的流光"视频制作，主要利用（　　）特效与（　　）特效和（　　）特效的搭配使用。

3．"彩色射光"视频制作，主要利用（　　）特效与（　　）特效和（　　）特效的搭配使用。

4．通过噪波特效实践应用，能了解（　　）知识，熟悉（　　）流程，掌握（　　）设置技术，提高（　　）能力。

三、判断题

1．"流动的白云"视频制作，主要学习 Fractal Noise（分形噪波）特效的变化特性，掌握 Levels（色阶）、Tint（色彩）这两个特效内置参数的设置技术。　　　　　　　　　　　　　　　　　　　　　（　　）

2．"穿梭的流光"视频制作，主要学习 Fractal Noise（分形噪波）特效的变化特性，掌握 Levels（色阶）、Glow（发光）这两个特效内置参数的设置技术。　　　　　　　　　　　　　　　　　　　（　　）

3．"彩色射光"视频制作，主要学习 Fractal Noise（分型噪波）特效的变化特性，掌握 Coordinates（极坐标）、Glow（发光）这两个特效内置参数的设置技术。　　　　　　　　　　　　　　　　　　（　　）

4．利用噪波特效与其他特效的配合使用，能完成许多自然景象的制作，如渐渐的雨滴、纷飞的雪花、漂浮的云彩、闪光的露珠、缭绕的晨雾、四射的光芒等。　　　　　　　　　　　　　　　　　　（　　）

四、问答题

1．噪波特效的特点是什么？

2．噪波特效的作用是什么？

3．噪波特效的应用范围是什么？

4．噪波特效拓展应用的关键点在哪里？

五、操作题

1．请将完成后的流动的白云改成傍晚的彩霞。

2．请在完成后的蓝天白云上添加南飞的大雁。

3．请在完成的穿梭的流光画面上沿着 Y 轴扩展，添加文字"时光流逝"。

4．请将完成的彩色射光画面改成红日东升视频画面。

3 调色特效应用

调色，顾名思义就是将原有画面的颜色进行改变，如将浅绿变成深黄、彩色变成黑白等。在影视前期拍摄中，有时会受到环境、气温、光照等原因的影响，出现曝光偏移或偏色等现象，使已经拍摄的画面素材在色彩色调上出现偏差，如果失去了补拍的机会，就需要在后期制作中对这些影片素材进行色彩色调上的调整，最大限度地对色彩色调进行还原；有时还需要影片色彩达到某种独特的色彩风格和特定的色彩要求，如色彩的阶级性、色彩的时代性、色彩的宗教性、色彩的表情性以及营造更为特殊的气氛和意境，影视导演就需要考虑对正常色彩色调的影片素材进行人为变色，使赤橙黄绿青蓝紫的比例，色相、饱和度、明度的搭配，色彩色调的冷暖更符合剧情的要求。

本章以调色特效案例制作为项目载体，通过完成水墨画、手绘画、去色画三个制作案例，引导学生学习画面调色的基本原理，了解调色特效对色彩还原、变色和处理的功能，掌握调色特效的参数设置方法，提高调色特效的综合应用能力。

【知识能力目标】

（1）了解 Hue/Saturation 色相和饱和度、Brightness & Contrast 亮度和对比度、Find Edges 描边、Gaussian Blur 高斯模糊、Find Edges 查找轮廓、Brush Strokes 画笔描边、Brush Strokes 模拟笔刷、Curves 曲线、Leave Color 删除颜色等特效的基本特点，掌握它们的参数设置方法。

（2）能利用色相和饱和度、亮度和对比度、描边、高斯模糊、模拟笔刷、曲线等特效制作水墨画、手绘画、去色画等作品。

（3）能拓展应用调色特效，提高调色特效的设计与制作能力。

（4）能运用调色特效营造影视特殊气氛和意境，完成对正常色彩进行人为改变的能力。

（5）通过调色特效的综合应用，提高对传统绘画的审美情趣和鉴赏能力。

3.1 水墨画制作

水墨画是以水墨为主的一种绘画形式，传承"以线造型"的传统绘画风格，画出不同浓淡（黑、白、灰）层次而形成。水墨画的特点是：以墨加清水的多少引为浓墨、淡墨、干墨、湿墨、焦墨，色彩虽然单调，意境却非常丰富。本案例将彩色图片改变为水墨画画的过程，实际是拓展和丰富影视艺术表现力的过程。调色特效的拓展应用，还能把油画、版画、漫画、壁画、年画、水彩、水粉、工笔、蜡笔、钢笔、白描、素描等各种形式的绘画调制成水墨画。

【学习要求】

在"水墨画"制作中，主要学习调色特效 Hue/Saturation（色相和饱和度）的调色原理，了解颜色变化对水墨画带来的影响和改变，掌握将彩色变为黑白以及如何添加 Brightness & Contrast（亮度和对比度）内置参数设置的技术，通过对亮度和对比度进行调整，并利用 Find Edges（描边）特效查找图像边缘，找出图像轮廓线，最后在运用 Gaussian Blur（高斯模糊）等特效对画面颜色进行调整的过程中，熟练掌握水墨画的操作技能，提高水墨画的制作水平。

【案例分析】

在本案例水墨画制作中，所运用的调色特效不是直接画出水墨山水和花鸟，而是在仔细研究传统水墨画特点的基础上，使用"Find Edges（描边）"特效强化边缘，并通过调节画面的亮度、对比度以及饱和度来修饰画面的颜色，再利用混合模糊、高斯模糊等特效的烘托，逐步将彩色图片改变为水墨画。水墨画制作过程可按照如下步骤进行：

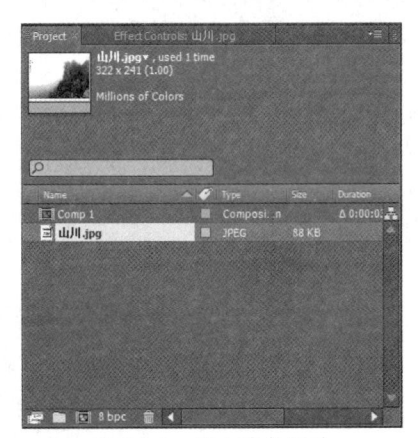

（1）选择彩色图片素材。
（2）将彩色图片改变成黑白色。
（3）查找图像边缘，绘出轮廓线。
（4）加入模糊特效并调节对比度和亮度。

【制作步骤】

3.1.1 选择彩色图片素材

打开 After Effects，在项目窗口面板中新建一个合成，大小为"320×240"。在图像合成设置窗口的预置中，可以看到包括 PAL 电视制式、NTSC 电视制式、宽银幕、标清和高清在内的各种预置格式，至于选择怎样的画面尺寸，与视频作品的要求有关。在项目面板中双击，导入一张带有山岚云雾的彩色图片素材，如图 3-1-1 所示。

图 3-1-1　导入彩色图片

3.1.2 将彩色图片改变成黑白色

（1）将彩色图片转化为单色图片。

将彩色图片素材拖到时间窗口中来，选择"Scale（缩放）"把图片调整为需要的大小。单击"Effect > Color Correction > Hue/Saturation"，勾选特效面板中的"Colorize"，将"Colorize Lightness（设置前景亮度）"的值设置为9，如图3-1-2所示。

图 3-1-2　添加 Hue/Saturation 特效并设置

（2）调整单色图片的亮度与对比度。

将彩色图片转化为黑色后，再单击"Effect > Color Correction（色彩校正）> Brightness & Contrast（亮度与对比度）"，调整亮度值为20，对比度值为45，如图3-1-3所示。

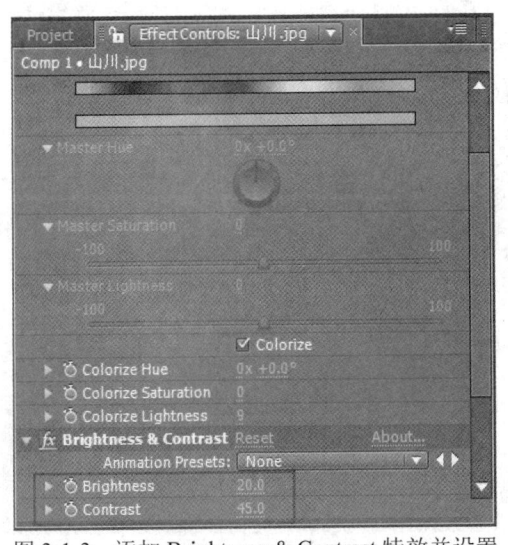

图 3-1-3　添加 Brightness & Contrast 特效并设置

(3) 调整后的效果。

调整后的图像效果如图 3-1-4 所示。

图 3-1-4　调整后的图像效果

3.1.3　查找图像边缘，绘出轮廓线

将彩色的画面转换成黑白画面后，然后遵循"以线造型"的传统水墨绘画风格，先查找图像的边缘，画好图像的轮廓线。单击"Effect > Stylize > Find Edges"，图像轮廓线呈现出来之后，选择"Blend with Original（设置与原图像的混合程度）"，调节边缘的呈现程度，如图 3-1-5 所示。

图 3-1-5　添加 Find Edges 特效

3.1.4　加入模糊特效并调节对比度和亮度

（1）为画面添加模糊特效。

单击"Effect > Blur & Sharpen > Gaussian Blur"，设置模糊值为 1，如图 3-1-6 所示。

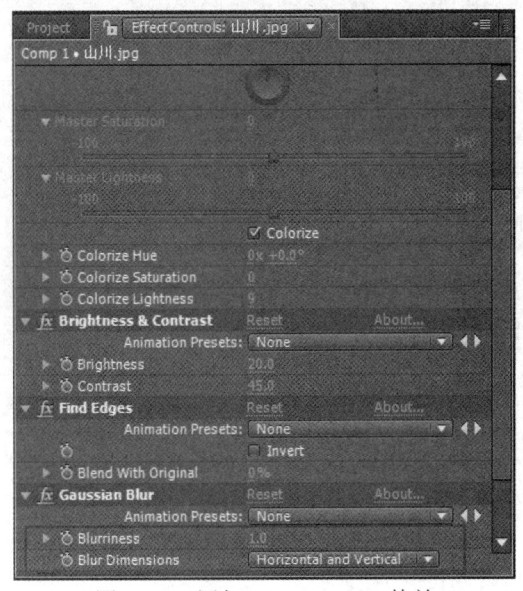

图 3-1-6　添加 Gaussian Blur 特效

（2）调节曲线的黑白对比。

选择"Effect > Color Correction > Levels"为图层加上色阶调节效果，并设置其参数，如图 3-1-7 所示。

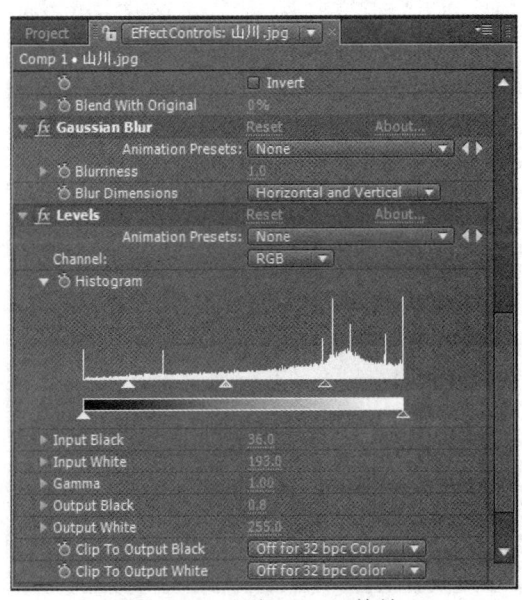

图 3-1-7　添加 Levels 特效

(3)黑白对比更加分明。

观察调整色阶后的图像,可以看到黑白对比更加分明了,为最终的水墨效果实现了有力地铺垫,如图 3-1-8 所示。

图 3-1-8　黑白对比更加分明

(4)再次调整亮度与对比度。

选择"Effect > Color Correction > Brightness & Contrast",亮度与对比度的值分别设置为 17 和 11,如图 3-1-9 所示。

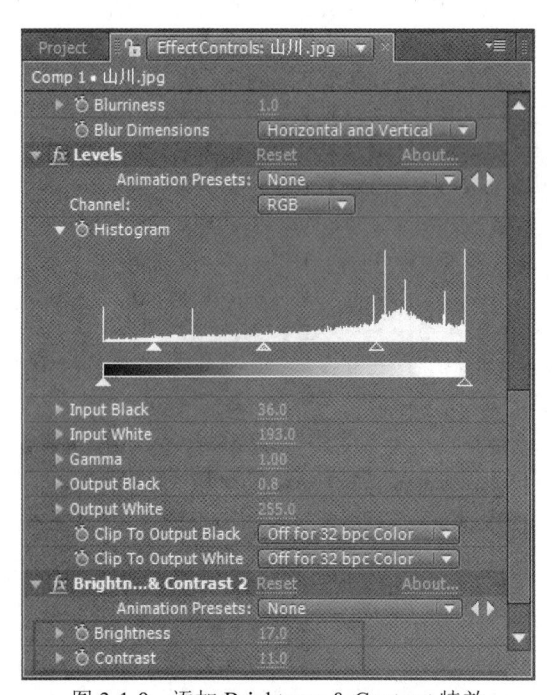

图 3-1-9　添加 Brightness & Contrast 特效

（5）添加模糊效果。

选择"Effect > Blur & Sharpen > Compound Blur"，设置模糊值为 3，如图 3-1-10 所示。

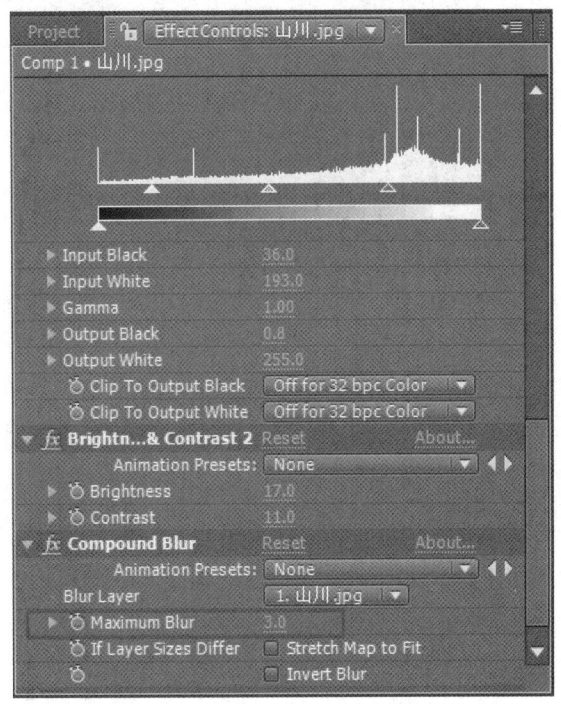

图 3-1-10　添加 Compound Blur 特效

（6）水墨画的效果。

水墨画具有模糊、柔和和朦胧的特点。通过上面的一系列设置，最终完成的水墨画效果，如图 3-1-11 所示。

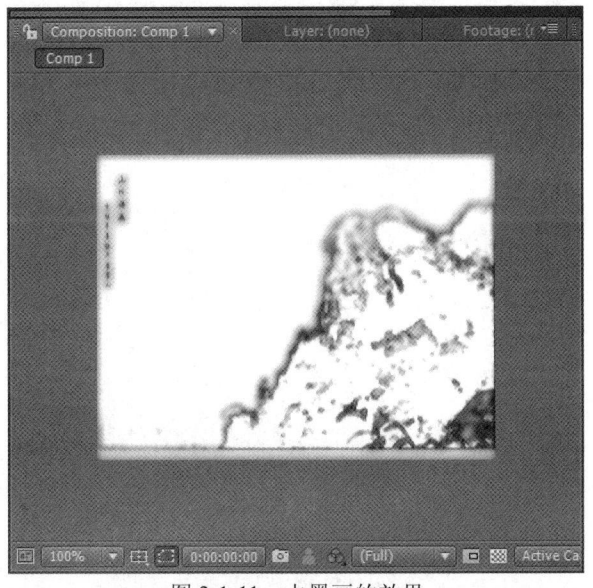

图 3-1-11　水墨画的效果

（7）为水墨画染色。

选择"Effect > Color Correction > Tint",为水墨画染色,设置如图 3-1-12 所示。

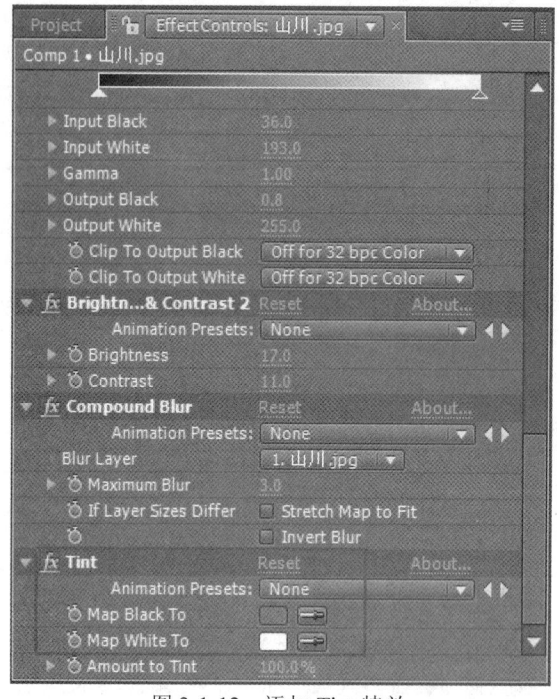

图 3-1-12　添加 Tint 特效

（8）染色后的效果。

在进行染色操作的过程中,可参考画面效果选择合适的色相进行调节。染色后的效果如图 3-1-13 所示。

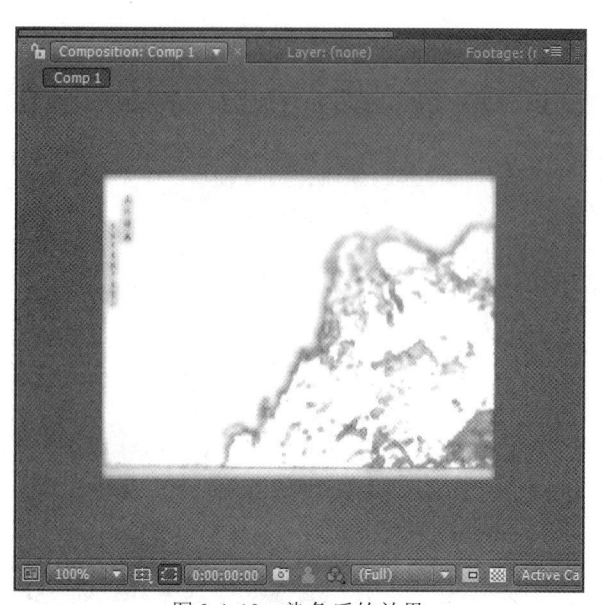

图 3-1-13　染色后的效果

（9）水墨画制作效果前后对比预览，如图 3-1-14 所示。

图 3-1-14　水墨画效果对比预览

水墨画制作的制作步骤小结：

（1）建立新的合成"Comp"并在项目窗口中导入需要处理成水墨效果的图片素材。

（2）为"Solid"层添加"Hue/Saturation（色相和饱和度）"、"Brightness & Contrast（亮度和对比度）"进行颜色、亮度和对比度的调整。

（3）用"Find Edges（描边）"特效查找图像边缘，找出图像的轮廓线。本步为该案例的关键步骤，只有将轮廓线分明的调出，才能符合水墨效果的重要特征。

（4）加入模糊特效并调节对比度和亮度完成水墨画的制作。

【重点难点】

Hue/Saturation（色相和饱和度）、Brightness & Contrast（亮度和对比度）、Find Edges（描边）、Gaussian Blur（高斯模糊）、Levels（色阶）、Compound Blur（混合模糊）等特效参数的设置与协调应用。

【相关知识】

（1）Hue/Saturation（色相和饱和度）特效选项具体说明如下：

Hue/Saturation（色相和饱和度）特效主要用于精细调整图像的色彩，甚至可以变换颜色。

Channel Control：选择不同的图像通道。

Channel Range：设置色彩范围。

Master Hue：设置色调的数值。

Master Saturation：设置饱和度。

Master Lightness：设置亮度数值。

Colorize：将图像前景色转化为单色。

Colorize Hue：设置前景色。

Colorize Saturation：设置前景饱和度。

Colorize Lightness：设置前景亮度。

（2）Brightness & Contrast（亮度和对比度）特效选项具体说明如下：

Brightness & Contrast 特效是用于调节层的亮度和对比度。

Brightness：设置图像的亮度。

Contrast：设置图像的对比度。

（3）Find Edges（描边）特效选项具体说明如下：

Find Edges 特效主要是通过强化边缘过渡像素来产生彩色线条，模拟出勾边特效，能很好地显示出图像中各部分间的边缘和过渡特效。

Invert：选择反向勾边。在勾边的情况下，边缘以黑色线条来表示，其他部分以白色部分填充；勾选后边缘以亮的彩色线表示，背景为黑色。

Blend With Original：设置与原图像的混合程度。恰当的设置能产生素描的勾边特效。

（4）Gaussian Blur（高斯模糊）特效选项具体说明如下：

Gaussian Blur 特效即高斯模糊特效，用于模糊和柔化图像，去除杂点。

Blurriness：设置模糊的强度，默认数值是 0～50 之间，最大不能超过 1000。

Blur Dimensions：设置模糊方向，有全方向、水平方向、垂直方向三种选择。

（5）Levels（色阶调整）特效选项具体说明如下：

Levels（色阶调整）特效用于精细调节图像的灰度。

Input Black：设置输入图像黑色值的极限值。

Output Black：设置输出图像黑色值的极限值。

Gamma：设置灰度系统 Gamma 曲线值。

Output White：设置输出图像白色值的极限值。

Input White：设置输入图像白色值的极限值。

Clip to Output Black：减轻 Output Black 效果。

Clip to Output White：减轻 Output White 效果。

（6）Compound Blur（混合模糊）特效选项具体说明如下：

Compound Blur 特效是在原图片上添加一个任意层作为模糊层来改变原图片亮度，越亮的部分就越模糊。

Blur Layer：指定 Compound Blur 特效的模糊层图片下面 4 个模糊效果，分别是由原图片本身、全白图片、全黑图片和指定图片构成的模糊层得来。

Maximum Blur：设置可模糊部分的最大值。

If Layer Sizes Differ：指定图像与被模糊图像尺寸不同的情况下，如果在 Stretch Map To Fit 前的方框打勾，则调节模糊层尺寸大小来匹配被模糊图片尺寸，使整个模糊层的效果作用在被模糊图片上。

Invert Blur：反转模糊效果。

3.2 手绘画制作

传统的手绘画用笔和纸，将思维、想象、体验、感受、创意融汇在绘画中，彰显着深厚的文化底蕴和历史渊源，散发着巨大的艺术魅力，弥久愈香。与传统的手绘画相比，计算机绘画在效率、精度、涂色等方面洞开了无限延展的视觉空间。利用描边、色相/饱和度、画笔等调色特效制作的电视广告和形象宣传，不仅使传统手绘画得到较好地诠释，而且让它焕发出新的生机。

需要指出的是：不论计算机绘画艺术发展如何先进，计算机是不可能代替人的创造发明的，手绘画的灵魂永远不可能被计算机所取代。

【学习要求】

在手绘画制作中，主要学习 Find Edges 特效去查找画面轮廓，了解色阶特效和饱和度的变色原理，掌握 Brush Strokes（画笔描边）特效模拟笔刷效果的设置技巧，通过添加 Hue/Saturation（色相和饱和度）特效以及与其他调色特效的综合应用过程中，熟练掌握手绘画的操作技能，提高利用计算机技术制作传统手绘画的能力。

【案例分析】

在本案例的手绘画制作中，不是去刻意绘制一张传统手绘画，而是利用一张现有的彩色图像，通过调色特效的设置与调整，逐步将这幅画改变为传统手绘画。

手绘画制作过程可按照如下步骤进行：

（1）创建一个与图像大小相似的合成。
（2）对图片进行描边特效处理，勾勒出手绘画的轮廓特点。
（3）对图像进行色阶调整。
（4）为图像去色。
（5）对图像施加笔刷效果。
（6）手绘画染色。

【制作步骤】

3.2.1 创建一个与图片大小相似的合成

双击项目面板，导入一张图片素材，然后拖动图片到如图 3-2-1 所示的按钮上创建一个与图片同样大小和名称的合成。

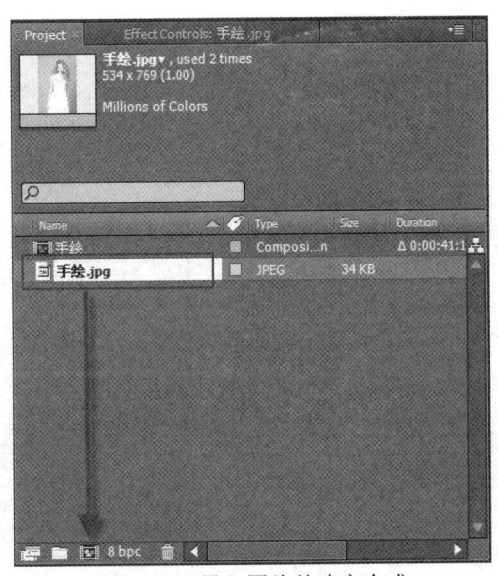

图 3-2-1 导入图片并建立合成

3.2.2　对图片进行描边

（1）对图层进行描边。

为图层添加"Effect > Stylize > Find Edges"。此刻，图像轮廓线已经呈现出来，根据实际需要调整融合程度，参考设置值为 30%，如图 3-2-2 所示。

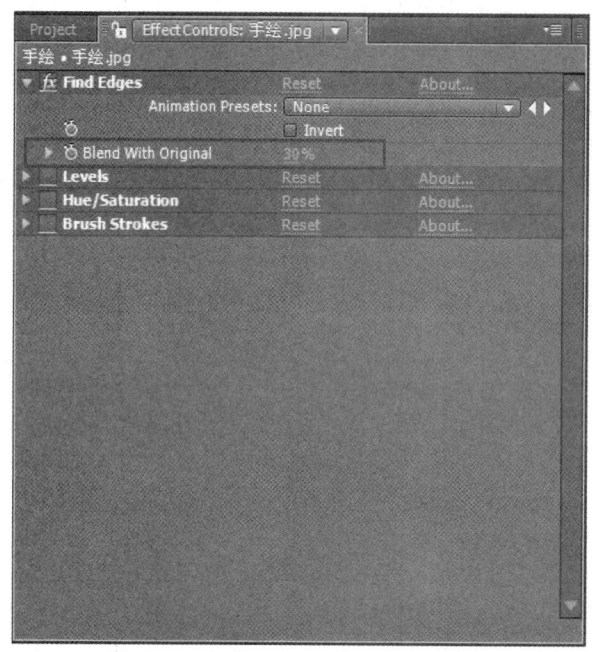

图 3-2-2　添加 Find Edges 特效并设置

（2）描边后的效果。

描边后的图像效果如图 3-2-3 所示。

图 3-2-3　描边后的图像效果

3.2.3 对图像进行色阶调整

（1）修改图像的色阶。

在完成对图像描边之后，需要继续修改图像的色阶。为图层选择"Effect > Color Correction > Levels"，并设置色阶参数，如图 3-2-4 所示。

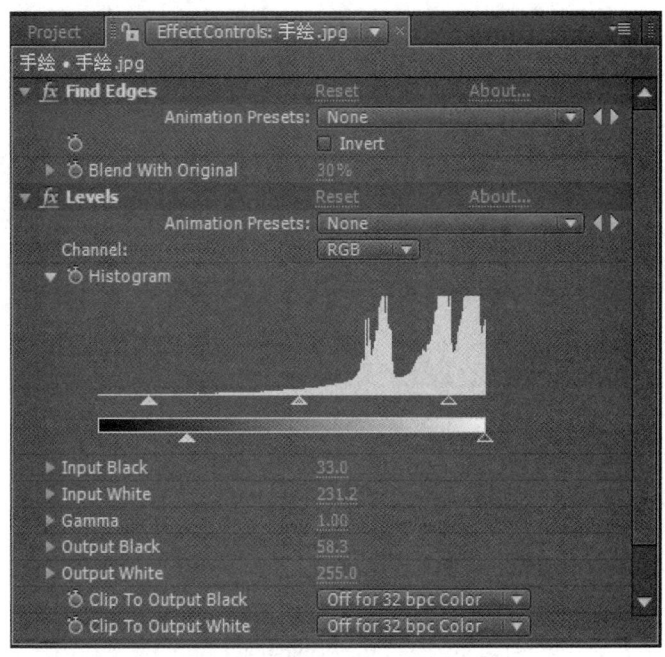

图 3-2-4　添加 Levels 特效并设置

（2）调整图像色阶后的效果。

调整色阶后的图像效果如图 3-2-5 所示。

图 3-2-5　调整色阶后的图像

3.2.4 为图像去色

（1）调整颜色的饱和度进行去色。

为了达到无彩铅笔的手绘效果，还要为图像去色。选择"Effect > Color Correction > Hue/Saturation"，调整颜色的饱和度为-100，即可达到去色效果，如图 3-2-6 所示。

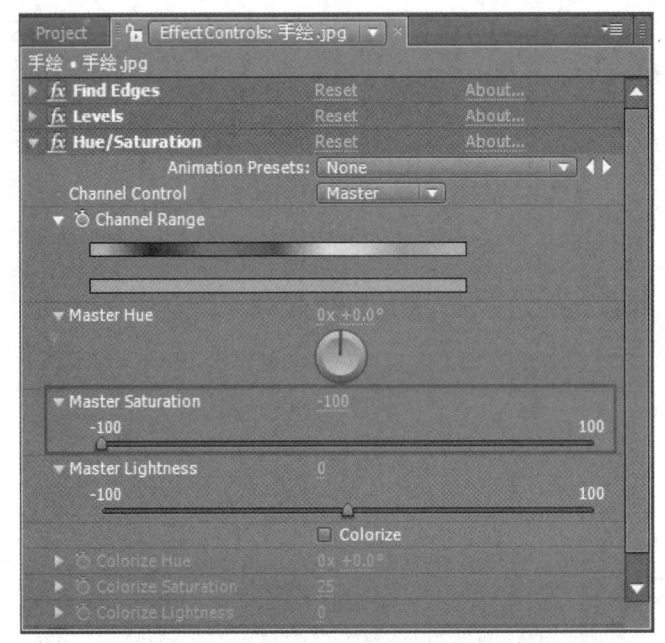

图 3-2-6　添加 Hue/Saturation 特效去色

（2）去色后的黑白效果。

去色后观察图像已经成为了黑白的效果，手绘风格正在逐渐成型，如图 3-2-7 所示。

图 3-2-7　黑白效果

3.2.5 对图像施加笔刷效果

（1）添加模拟笔刷特效。

下面还要为图像加入一个模拟笔刷的特效，主要为手绘画的铅笔轮廓做一些修正工作。选择"Effect > Stylize > Brush Strokes"。"Brush Strokes"参数可以调节笔触的大小、长度、强度以及随机值等，然后到特效面板中将其属性下的笔刷大小设置为 0.3，绘制长度为 5，强度为（2）0，具体设置参考如图 3-2-8 所示。

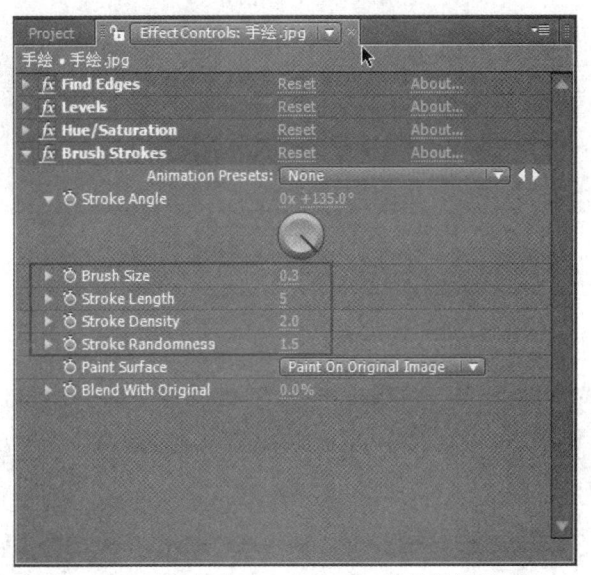

图 3-2-8　添加 Brush Strokes 特效并设置

（2）添加模拟笔刷后的铅笔画效果。

通过笔刷特效的模拟，手绘风格就完成了，观察最后的图像可以看到，图中的人物已经完全变成了一个铅笔绘画的风格，如图 3-2-9 所示。

图 3-2-9　铅笔画效果

3.2.6 手绘画染色

（1）修改图层的透明度。

如果你要达到彩色手绘画的风格，需要在这个基础上进行染色，染色的方法是把原始图片与手绘图层相混合即可。图中的 2 号图层是原始图片，而 1 号图层是最终完成的手绘画风格的图片。下面将 1 号图层的透明度改为 77%，如图 3-2-10 所示。

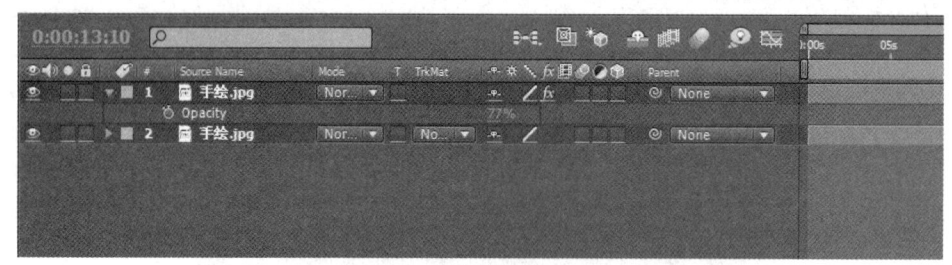

图 3-2-10　修改图层透明度

（2）彩色手绘效果。

通过这样的混合方式，图中的人物就具有彩色手绘的效果了，如图 3-2-11 所示。

图 3-2-11　彩色手绘效果

（3）无彩色的铅笔画效果。

如果只是实现无彩色的铅笔画效果，则无需混合，如图 3-2-12 所示。

手绘画制作步骤小结：

（1）用"Find Edges（查找边缘）"特效查找图像边缘，找出图像的轮廓线。

（2）调整色阶并为图层添加"Hue/Saturation（色相/饱和度）"特效，为图像去色。

（3）为图像添加"Brush Strokes"笔刷特效，调整参数并最终完成手绘风格的制作。

图 3-2-12　无彩色的铅笔画效果

【重点难点】

Find Edges（描边）、Hue/Saturation（色相/饱和度）、Brush Strokes（画笔描边）等特效参数的设置与协调应用。

【相关知识】

（1）Find Edges（描边）特效选项具体说明如下：

Find Edges 特效主要是通过强化边缘过渡像素来产生彩色线条，模拟出勾边特效，能很好地显示出图像中各部分间的边缘和过渡特效。

Invert：选择反向勾边。在勾边的情况下，边缘以黑色线条来表示，其他部分以白色部分填充；勾选后边缘以亮的彩色线表示，背景为黑色。

Blend With Original：设置与原图像的混合程度。恰当的设置能产生素描的勾边特效。

（2）Hue/Saturation（色相/饱和度）特效选项具体说明如下：

Hue/Saturation（色相/饱和度）特效主要用于精细调整图像的色彩，甚至可以变换颜色。

Channel Control：选择不同的图像通道。

Channel Range：设置色彩范围。

Master Hue：设置色调的数值。

Master Saturation：设置饱和度。

Master Lightness：设置亮度数值。

Colorize：将图像前景色转化为单色。

Colorize Hue：设置前景色。

Colorize Saturation：设置前景饱和度。

Colorize Lightness：设置前景亮度。

（3）Levels（色阶调整）特效选项具体说明如下：

Levels（色阶调整）特效用于精细调节图像的灰度。

Input Black：设置输入图像黑色值的极限值。
Output Black：设置输出图像黑色值的极限值。
Gamma：设置灰度系统 Gamma 曲线值。
Output White：设置输出图像白色值的极限值。
Input White：设置输入图像白色值的极限值。
Clip to Output Black：减轻 Output Black 效果。
Clip to Output White：减轻 Output White 效果。

（4）Brush Strokes（笔触描边）特效选项具体说明如下：

Brush Strokes（笔触描边）特效主要使画面带有一种粗糙颗粒的特效，类似于水彩画。可以通过调节 Stroke Length（描边长度）接近 0 和提高 Stroke Density（描边密度）数值来创造出一种点画风格的画面特效，再通过定义 Strokes 的方向，使其产生随机分散的自然特效。Brush Strokes（笔画描边）将改变 Alpha 通道和 RGB 颜色通道，对部分区域施加了遮罩的图像，遮罩的边缘将出现过度强烈的笔刷特效。

Stroke Angle：设置笔刷的角度方位，在该方位上笔刷将被有效改变，并对层的边缘进行修剪，产生毛糙的纸边特效。如果不希望出现这种特效，可以将层导入一个大的合成中，然后再对这个影像施加特效。

Brush Size：设置每个笔触宽度，数值在 0.0～5.0 之间。

Stroke Length：设置笔触长度，以像素为单位，数值在 0.0～40 之间。

Stroke Density：设置笔触密度，密度越大，聚拢在一起的笔触越多，从而会产生带有朦胧感的重叠特效，数值在 0.0～2.0 之间。

Stroke Randomness：设置笔触的随机特效，使画面更加自然，数值在 0.0～2.0 之间。

Paint Surface：定义绘画表面的范围。Paint on Original 是将笔刷特效施加在未更改的层的顶点上。Paint on Transparent 只显示笔刷特效，两个笔刷间的图层保持透明。Paint on White 和 Paint on Black 允许对白色或黑色的背景施加笔刷特效。

Blend With Original：设置特效图与原图像的混合程度，呈现出淡入的特效。数值为 100% 时，显示原图像。

综合实训：去色画制作

【实训要求】

在"去色画"制作中，主要学习 Curves（曲线）特效对画面明暗程度进行对比调节，了解施加 Leave Color（删色）特效删除或者保留画面中特定颜色的原理，通过对画面明度和暗度的调节以及对特定颜色的删除，掌握这些操作技术和内置参数的调整技巧，熟练掌握"去色画"的操作技能，提高去色画的制作水平。

【实训案例提示】

去色画在影视制作中十分广泛，在制作中应注重运用"Curves（曲线）"特效对画面的明暗程度进行对比调节，提高对比度以便于后面进行去色特效的处理，运用"Leave Color（删除或者保留层中的特定颜色）"特效去掉选择的颜色。

【操作步骤提示】

（1）导入图片素材，并通过拖动素材来建立与素材一样大小的合成。

（2）根据实际情况用"Curves"特效调节画面明暗对比到合适的程度。

（3）为图层添加"Leave Color"特效，通过参数的调节删除选择以外的颜色，完成最终效果。

实训案例去色画制作完成效果如图 3-2-13 所示。

图 3-2-13　去色画制作完成效果

【重点难点】

Curves（曲线）、Leave Color（删除或者保留层中的特定颜色）等特效参数的设置与协调应用。

习题三

一、选择题

1. 以下哪些特效主要用于精细调整图像的色彩，甚至可以变换颜色（　　）。
   A．Hue/Saturation（色相/饱和度）　　B．Brightness & Contrast（亮度和对比度）
   C．Find Edges（描边）　　D．Gaussian Blur（高斯模糊）

2. 以下哪些特效可以很好的模拟出勾边效果（　　）。
   A．Hue/Saturation（色相/饱和度）　　B．Brightness & Contrast（亮度和对比度）
   C．Find Edges（描边）　　D．Gaussian Blur（高斯模糊）

3. 以下哪些特效可以用来查找画面的轮廓线（　　）。
   A．Find Edges（描边）　　B．Hue/Saturation（色相/饱和度）
   C．Brush Strokes（画笔描边）　　D．Levels（色阶调整）

4. 以下哪些特效可以通过参数的调节删除选择以外的颜色（　　）。
   A．Curves（曲线）　　B．Leave Color（删除或者保留层中的特定颜色）

C．Find Edges（描边）　　　　　　D．Levels（色阶调整）

二、填空题

1．"水墨画"视频制作，主要利用（　　）特效与（　　）特效和（　　）特效的搭配使用。
2．"手绘画"视频制作，主要利用（　　）特效与（　　）特效和（　　）特效的搭配使用。
3．"去色画"视频制作，主要利用（　　）特效与（　　）特效和（　　）特效的搭配使用。
4．通过调色特效实践应用，能了解（　　）知识，熟悉（　　）流程，掌握（　　）设置技术，提高（　　）能力。

三、判断题

1．"水墨画"视频制作，可以使用"Find Edges（描边）"特效模拟勾边并通过调节画面的亮度、对比度以及饱和度来改变画面的颜色显示。（　　）
2．"手绘画"视频制作，可以将传统手绘的创意融在计算机绘画中，也能彰显深厚的文化底蕴和历史渊源，散发着巨大的艺术魅力。（　　）
3．"去色画"视频制作，主要学习 Curves（曲线）特效对画面明暗程度进行对比调节，了解施加 Leave Color（删色）特效删除或者保留画面中特定颜色的原理。（　　）
4．利用调色特效与其他特效的配合使用，能对正常色彩色调的影片素材进行人为变色。让赤橙黄绿青蓝紫的比例、色相、饱和度、明度的搭配，色彩色调的冷暖更符合某种特定的要求。（　　）

四、问答题

1．调色特效的特点是什么？
2．调色特效的作用是什么？
3．调色特效的应用范围是什么？
4．调色特效拓展应用的关键点在哪里？

五、操作题

1．请将一张荷塘彩色图片按照水墨画制作方法改成荷塘水墨图片。
2．请在完成后的荷叶上添加一只水墨画青蛙。
3．选一张自己的彩色照片把它改成类似黑白手绘效果的照片。
4．选一张自己的外景彩色照片让自己置身在黑白背景中。

4 文字特效应用

人们在长期的阅读书报过程中，已经养成了通过文字获取知识、信息的习惯。今天，变化万千的特效文字作为影视传播的符号要素之一，越来越多地被镶嵌在各类影视节目中，已经成为电影、电视、动画、广告主体内容的重要补充和扩展，特别是手写文字、路径文字、发光文字、眩光文字等，不仅为画面增加了信息、美化了画面，让影视获得了更为深邃、更为细腻地表达，而且也成为与影视画外音、解说词平行的第二解说。

本章以制作特效文字为项目载体，通过水波荡漾文字、腐蚀噪波文字、线条波动文字三个案例的制作，引导学生学习波浪世界、焦散、波动、粗糙边缘、发光特效的基本原理，掌握这些特效各参数的设置方法和制作技巧，提高特效在文字应用方面的综合能力和设计水准。

【知识能力目标】

（1）了解 Wave World 波浪世界、Caustics 焦散、Wave Warp 波动、Roughen Edges 粗糙边缘、Shine 发光等特效的基本功能，掌握它们的参数设置方法。

（2）能综合利用各种特效制作水波荡漾、腐蚀噪波、线条波动等各种特效文字。

（3）提高特效在文字应用方面的综合能力和设计水准。

4.1 水波荡漾的文字制作

可以想象，几个原本不动的静态文字，当被叠加在湖面、河面、海面的时候，竟然会随着微风一起荡漾，真是一幅极为奇妙且十分惬意的画面。水波荡漾文字为观众提供了魅力独具的视觉效应，呈现了宽广辽阔的想象空间。

【学习要求】

在"水波荡漾文字"制作中，主要学习 Wave World（波浪世界）特效波浪形成的原理，了解波浪变化对静态文字带来的波浪式改变方式，掌握 Caustics（焦散）特效对文字施加水波荡漾特效的方法，通过对静态文字的波动改变，熟悉内置波动参数的设置、调整和修改方法，掌握水波荡漾文字的操作技能，提高波浪特效文字的制作水平。

【案例分析】

由于风吹过湖面时会因水面大小和风的大小形成的波浪不同，在实际的波浪特效参数调节中，就需要灵活调整。利用"Wave World（波浪世界）"特效制作水波波纹，然后用"Caustics（焦散）"特效能够完成赏心悦目、别具一格的水波荡漾文字的制作，其制作过程可按照如下步骤进行：

（1）输入文字。
（2）创建蒙版。
（3）创建蒙版动画。
（4）创建"Wave World（波浪世界）"特效文字。
（5）设置"Wave World（波浪世界）"特效参数。
（6）为波浪文字添加光辉。

【制作步骤】

4.1.1 输入文字

（1）首先创建一个新的合成，设置画面大小为"320×240"，然后在工具箱中选择文字工具，在"Comp1"预览窗口中输入文字，如图 4-1-1 所示。

图 4-1-1　输入水波荡漾文字

（2）新建合成。
再次创建一个新的合成"Comp 2"，将"Comp 1"拖到"Comp 2"中，如图 4-1-2 所示。

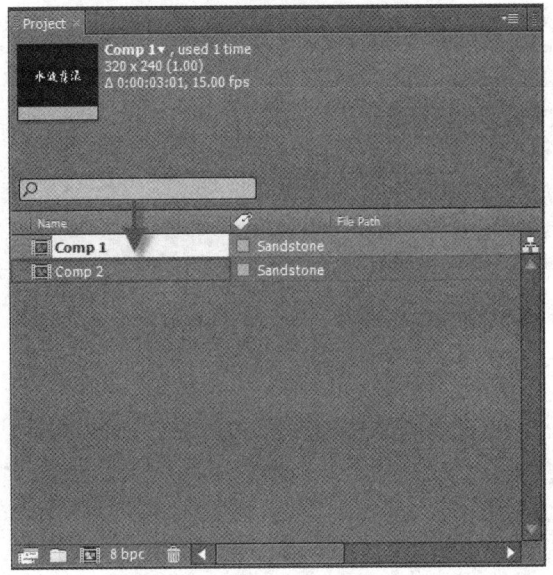

图 4-1-2 新建"Comp 2"合成

4.1.2 创建蒙版

利用圆形 Mask 工具为"Comp 1"图层绘制一个椭圆形的蒙版，并设置羽化参数，如图 4-1-3 所示。

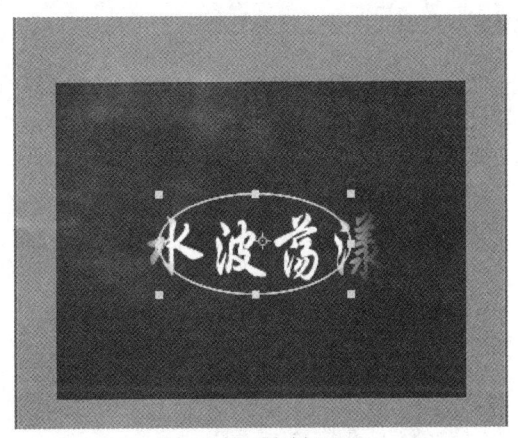

图 4-1-3 绘制 Mask

4.1.3 创建蒙版动画

（1）在图层蒙版中设置动画参数，让文字逐渐显现出来。将时间标签移动到 0 秒位置设置关键帧，如图 4-1-4 所示。

（2）再将时间标签移动到 4 秒位置设置关键帧，改变蒙版的羽化值和扩展范围，使文字完全显示出来。设置参数如图 4-1-5 所示。

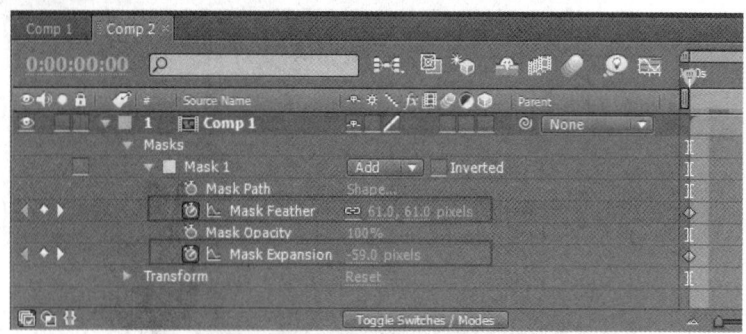

图 4-1-4　设置 0 秒时的关键帧

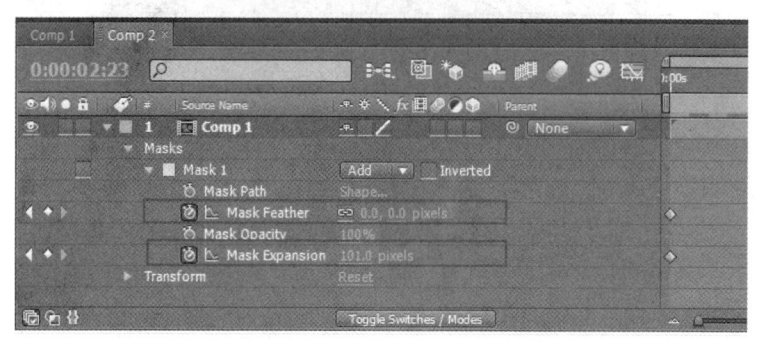

图 4-1-5　设置 4 秒时的关键帧

4.1.4　创建 Wave World（波浪世界）特效

（1）新建合成"Comp 3"，在时间线面板中建立新的"Solid（固态层）"并为其添加"Effect > Simulation > Wave World（波浪世界）"特效，如图 4-1-6 所示。

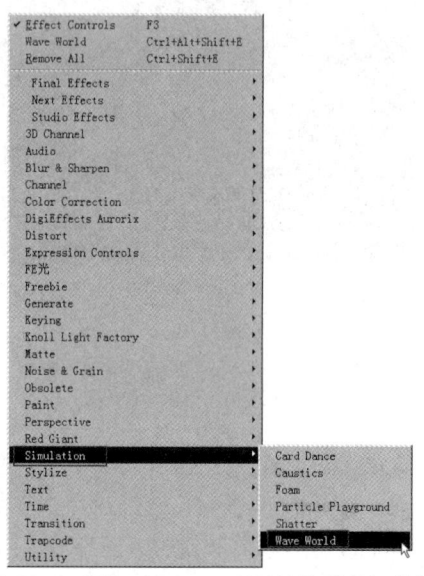

图 4-1-6　添加 Wave World（波浪世界）特效

（2）添加效果之后，拖动时间标签，可以在"Comp"预览面板中看到有水波纹的产生，如图 4-1-7 所示。

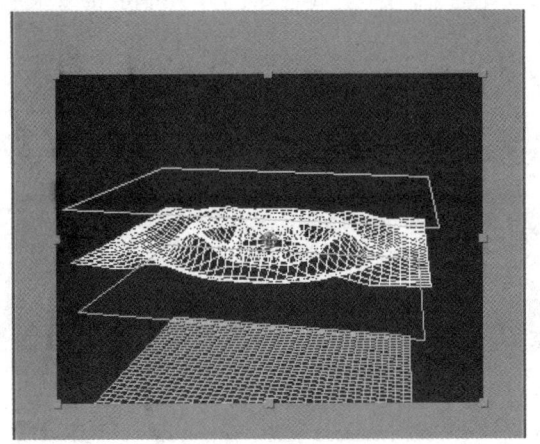

图 4-1-7　水波纹效果

4.1.5　设置 Wave World（波浪）特效参数

（1）在特效面板中对"Wave World（波浪世界）"的参数进行一系列的设置，如图 4-1-8 所示。

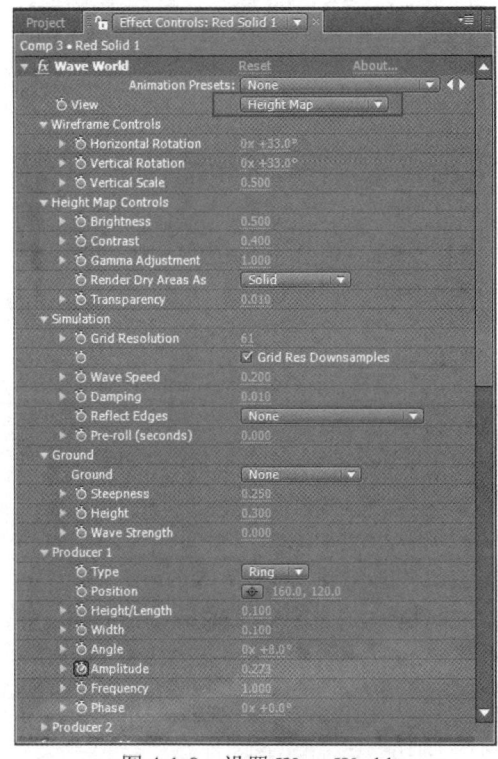

图 4-1-8　设置 Wave World

（2）选择"View（视图）"的模式为"Height Map"，让画面中的网格水波特效变成真实的渲染效果，以便于在调节参数的时候观察画面。

（3）为"Wave World（波浪世界）"属性中的"Amplitude（浪高）"图层的透明度设置关键帧动画。

首先在 0 秒的位置设置参数数值，如图 4-1-9 所示。

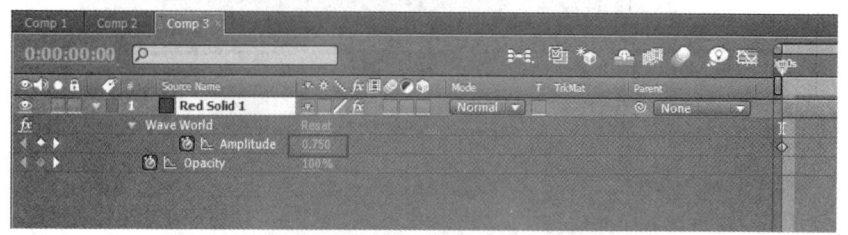

图 4-1-9　设置 0 秒时的关键帧

（4）将时间标签移动到 4 秒的位置，把"Amplitude（振幅）"的值改为 0。同时把透明度从 100%设置到 0%，在 3 秒时为 100%，在 4 秒时为 0%，如图 4-1-10 所示。

图 4-1-10　设置 3 秒和 4 秒时的关键帧

（5）建立新的合成"Comp 4"，将"Comp 2"和"Comp 3"都拖入其中变为图层，并让"Comp 3"位于"Comp 2"的上方，同时关闭"Comp 3"的图层显示，如图 4-1-11 所示。

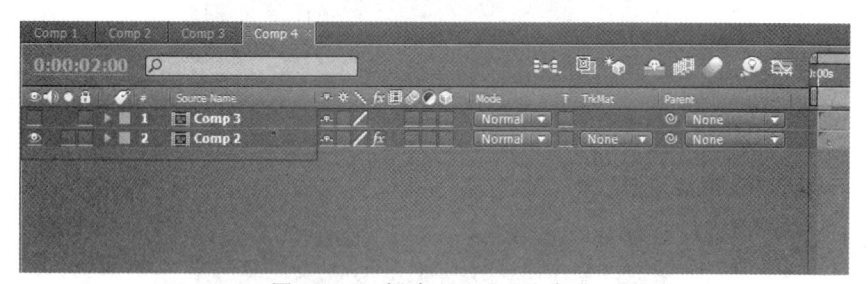

图 4-1-11　新建"Comp4"合成

（6）为"Comp 2"图层添加"Effect > Simulation > Caustics（焦散）"特效，并到特效面板中对其参数进行相关设置。展开"Caustics（散焦）"的"Water Surface（水表面）"属性，把"Water Surface（水表面）"设置为图层 1，也就是"Comp 3"图层，而"Comp 3"图层正是前面设置好的水波纹动画，如图 4-1-12 所示。

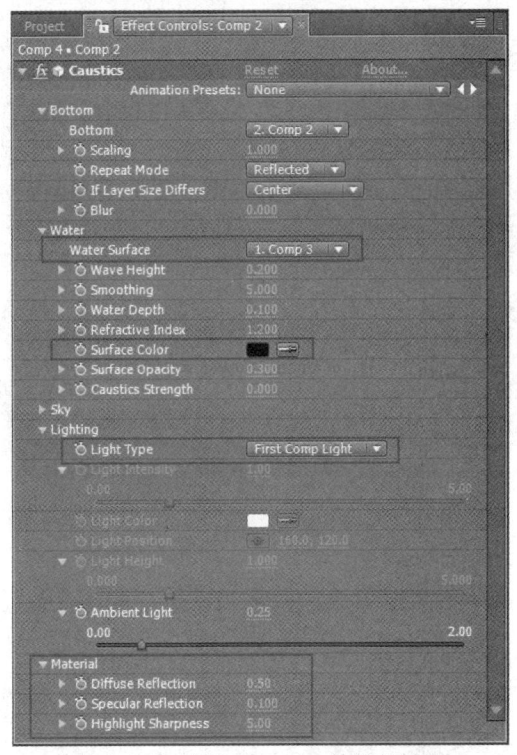

图 4-1-12　添加 Caustics 特效并设置

（7）设置完成后进行预览，发现文字已经在水波纹的影响下波动起来了，如图 4-1-13 所示。

图 4-1-13　文字波动效果

4.1.6　为波浪文字添加光辉

（1）添加辉光特效。

波浪文字将叠加湖面上，应有一些波光粼粼的效果，下面为文字加入辉光效果。再一次添加新的合成，取名为"Comp 5"，将"Comp 4"拖入其中。接着为"Comp 4"添加"Effect > Stylize > Glow"，设置发光的明度、半径、强度、发光颜色以及颜色的使用方式，设置如图 4-1-14 所示。

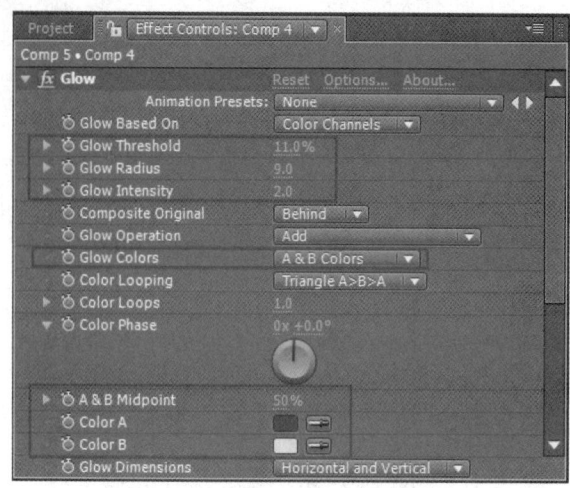

图 4-1-14　添加 Glow 特效并设置

（2）添加辉光特效后的效果。

设置好发光效果后，文字的表现力变得丰富起来了，如图 4-1-15 所示。

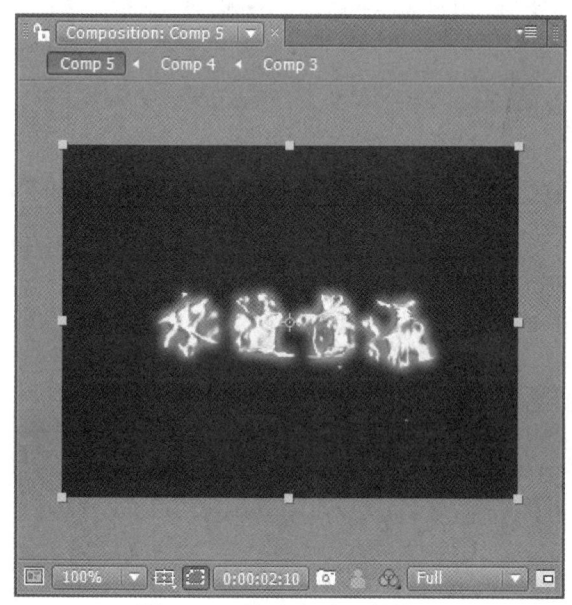

图 4-1-15　添加辉光后的效果

（3）添加 Shine（发光）特效。

添加 Trapcode 公司插件组下的 Shine（发光）特效，来达到更为丰富的目的，如图 4-1-16 所示。

水波荡漾的文字制作步骤小结：

（1）新建合成"Comp 1"，并利用工具箱中的文字工具输入文字。

（2）新建合成"Comp 2"，将"Comp 1"拖入"Comp 2"中，为文字添加 Mask。

（3）新建合成"Comp 3"，同时建立新的"Solid"层，为其添加"Wave World（波浪世界）"特效并进行相关参数的设置完成水波动画。

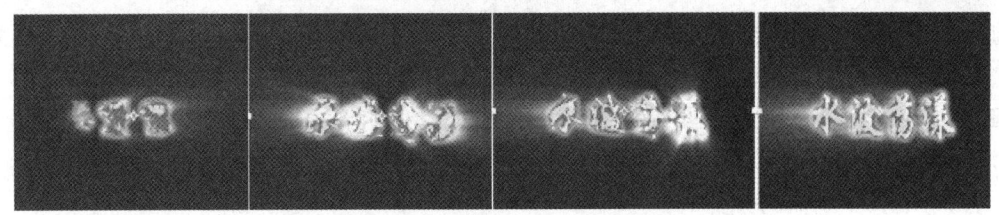

图 4-1-16 水波荡漾的文字效果

（4）新建合成"Comp 4"，将"Comp 2"和"Comp 3"拖入其中，为"Comp 2"文字合成添加"Caustics（焦散）"特效，设置参数完成水波文字动画。

（5）新建合成"Comp 5"，添加"Shine"（发光）发光特效丰富文字效果。

【重点难点】

Wave World（水波世界）、Glow（辉光）、Caustics（焦散）等特效参数的设置与协调应用。

【相关知识】

（1）Wave World（波浪世界）特效选项具体说明如下：

Wave World（波浪世界）特效可以创建若干虚拟的平面，并在这些平面上实行波纹的摇摆效果。

Wireframe Controls：设置平面相框的属性。
Horizontal Ratation：设置水平方向的旋转。
Vertical Ratation：设置垂直方向的旋转。
Vertical Scale：设置垂直方向的缩放。
Height Map Controls：设置发射出的气泡的各种属性参数。
Height Map Controls 子选项：
Brightness：设置明亮度，在图像上会表示为两个蓝色平面的位移。
Contrast：设置对比度，在图像上会表示为两个蓝色平面的距离。
Gamma Adjustment：进行 Gamma 校正。
Render Dry Area A：设置渲染区域显示方式。
Transparency：设置透明度。
Simulation：设置模拟出的波形效果。
Simulation 子选项：
Grid Resolution：设置网络分辨率。
Wawe Speed：设置波纹的速度。
Damping：设置波纹的颠簸度。
Reflect Edges：设置边缘的反射方式，有多种模式可以选择。
Pre-roll：设置预滚动时间。
Ground：设置用来产生效果的素材的参数。
Ground 子选项：
Ground：选择用来做效果的原始素材。
Steepness：设置生成波纹的深度。

Height：设置生成波纹高度。

Wave Strength：设置波纹的张力大小。

Producer 1 & 2：设置生成器的参数。

Producer 1 & 2 子选项：

Type：选择生成器的类型。

Steepness：设置生成器的位置。

Height：设置生成器的长度大小。

Wave Strength：设置生成器的宽度。

Angle：设置生成器的角度。

Amplitude：设置生成器的最大振幅。

Frequency：设置生成器的频率。

Phase：设置生成器的相位。

（2）Glow（光晕）特效选项具体说明如下：

Glow 特效是找出图像中比较亮的部分，然后再度加亮该区域和其周围的像素来产生带有漫反射和炙热感的光环。经常用于图像中的文字和带有 Alpha 通道的图像会产生自发光特效。

Glow Base On：选择发光特效使用的通道，有 Color Channel 和 Alpha Channel 两种。

Glow Threshold：设置不接受发光特效的极限程度。100%是完全不接受发光特效，0%是对发光特效不产生影响。

Glow Radius：设置发光特效的影响范围的半径。默认范围是 0.0～100.0，最大不能超过 1000.0。

Glow Intensity：设置发光特效的强度。默认数值在 0.0～4.0 之间，最大不能超过 255.0。

Composite Original：选择与原图像的合成方式。On Top 是将 Glow 的特效加在原图像之上；Behind 是将 Glow 的特效加在原图像之后，模拟出背后光特效；None 是将 Glow 特效从原图像上分离出去。

Glow Operation：设置发光模式。

Glow Color：设置发光特效的颜色模式。A & B Colors 是通过对色彩 A 与 B 的设置来定义颜色产生发光特效。Arbitrary Map 是通过调整图像像素的色度级别来产生发光特效；Original 是产生标准的发光特效。

Color Looping：选择为发光特效定义开始和结果色彩的方式。当 Glow Color 选择为 A & B Color 时，Sawtooth X 是开始于一个色彩结束于另一个色彩；Triangle X 是开始于一种颜色然后移到另一种颜色，最终结束于开始的颜色。

Color Loops：设置发光特效中的漫反射圈数。默认数值在 1.0～10.0 之间，最大不能超过 127.0。

Color Phase：设置 Color Loops 开始的相位点。

Color A & B Midpoint：当选择 A & B Color 作为 Glow Colorsshi4 时，需要设置颜色 A 与颜色 B 之间的梯度变化的中心点。小于 50%时以 B 为主，大于 50%时以 A 为主。

Color A：设置 Color A 的颜色。

Color B：设置 Color B 的颜色。

Glow Dimensions：设置发光特效的方向。

(3) Caustics（焦散）特效的选项具体说明如下：

Caustics 特效中包括了 5 种用来模拟不同风格效果的特效，分别是 Bottom、Water、Sky、Lighting、Material。

Bottom：重叠显示素材图片。

Bottom 子选项：

Bottom：选择被应用特效的素材。

Scaling：设置重叠的缩放比例。

Repeat Mode：选择重复模式，Reflected 模式将进行镜像复制，Once 模式将不重复图案，仅仅进行缩放，Tiled 模式将完全复制图像至裁剪区域大小。

If Layer Size Differ：当选择图像与当前图像大小不同时，可以选择一种匹配方式，Center 居中，Stretch to fit 强制拉伸图像。

Blur：对复制出的效果进行模糊处理。

Water：为图像素材创建水印式的效果。

Water 子选项：

Water Surface：选择应用特效的素材。

Water Height：设置生成的水印波纹的高度。

Smoothing：设置水波边缘的柔和度。

Water Depth：设置水波的深度。

Refractive Index：设置折射系数，如果要模拟水中的效果，则输入 1.33，因为水的折射系数为 1.33。

Surface Color：选择水面的颜色，该颜色不仅影响边缘水印的颜色，还会影响整体图像整体的色调。

Surface Opacity：选择水面的不透明度。

Caustics Strength：焦散强度，值越高，物体边缘的水波越明亮。

Sky：该特效可以为图像素材创建光线散射式的效果。

Sky 子选项：

Scaling：设置重叠的缩放比例。

Repeat Mode：选择重复模式，Reflected 模式将进行镜像复制，Once 模式将不重复图案，仅仅进行缩放，Tiled 模式将完全复制图像至裁剪区域大小。

If Layer Size Differ：当选择图像与当前图像大小不同时，可以选择一种匹配方式，Stretch to fit 强制拉伸图像。

Intensity：设置光影散射的强度，过大的值会使图像看起来曝光过度。

Lighting：利用该特效可以快速为图像素材创建光照的效果。

Lighting 子选项：

Light Type：选择灯光的种类，可以选择 Point Source（点光源）、Distant Source（方向光源）、First Comp Light（合成光源）3 种。

Light Intensity：设置光照强度。

Light Color：设置光照颜色。

Light Position：设置光源位置。

Light Height：设置光线最远传播的范围。
Ambient Light：设置环境光大小。
Material：该特效和前面的 Card Dance 中的 Material 属性几乎一样，也可以用来设置生成图形的材质光照属性。
Material 子选项：
Diffuse Reflection：设置漫反射系数，值越高，碎块材质显得越粗糙。
Specular Reflection：设置镜面反射系数，值越高，物体显得越光滑。
Highlight Reflection：设置高光区域范围。

4.2 线条波动文字制作

线条波动文字类似于弯曲的线条，跟随着音乐像波浪似的翩翩起舞，留给人们难以忘却的记忆。线条波动文字在电视广告、形象宣传、频道栏目、影视剧中的应用很多，它能有效突出主题，呈现美感，愉悦观众。

【学习要求】

在线条波动文字制作中，主要学习 Wave Warp（波动）特效波动形成的原理，了解波动变化对静态文字的波动性改变方式，掌握 Wave Warp（波动）特效与 Wave World（波浪世界）特效在文字特效制作中的不同点，领悟 Wave World（波浪世界）侧重在波浪的调节上，而 Wave Warp（波动）侧重在波形的调节上。通过参数的调整和设置，以此提高线条波动文字的制作能力。

【案例分析】

利用"Wave Warp（波动）"特效，不仅能完成波动文字的制作，而且还能进行线条波动的制作，上例的水波荡漾的文字制作，是对"Wave World（波浪世界）"特效的学习。而本例线条波动文字的制作，是对"Wave Warp（波动）"特效的学习。注意："Wave Warp（波动）"特效与"Wave World（波浪世界）"不是同一个特效，"Wave World（波浪世界）"侧重波浪的调节，而"Wave Warp（波动）"侧重波形的调节，不能混淆。线条波动文字的制作可以按照如下步骤进行：

（1）输入线条波动文字。
（2）为文字添加辉光特效。
（3）为文字添加波浪特效。
（4）创建波动的线条。
（5）为线条添加辉光特效。
（6）为线条添加波浪特效。
（7）为线条和文字设置波动效果。
（8）让文字逐渐划出。

【制作步骤】

4.2.1 输入线条波动文字

首先创建一个新的合成，大小为"320×240"，然后在工具箱中选择文字工具，在"Comp"预览面板中输入文字，如图 4-2-1 所示。

图 4-2-1　输入线条波动文字

4.2.2 为文字添加辉光特效

选择文字层，添加"Effect > Stylize > Glow"，设置发光的明度、半径、强度、发光的颜色以及颜色的使用方式，如图 4-2-2 所示。

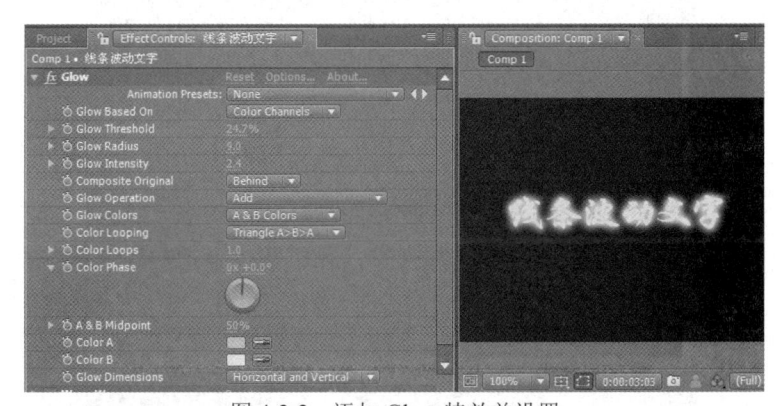

图 4-2-2　添加 Glow 特效并设置

4.2.3 为文字添加波浪特效

（1）为文字层添加"Effect > Distort > Wave Warp（波动）"特效，如图 4-2-3 所示。

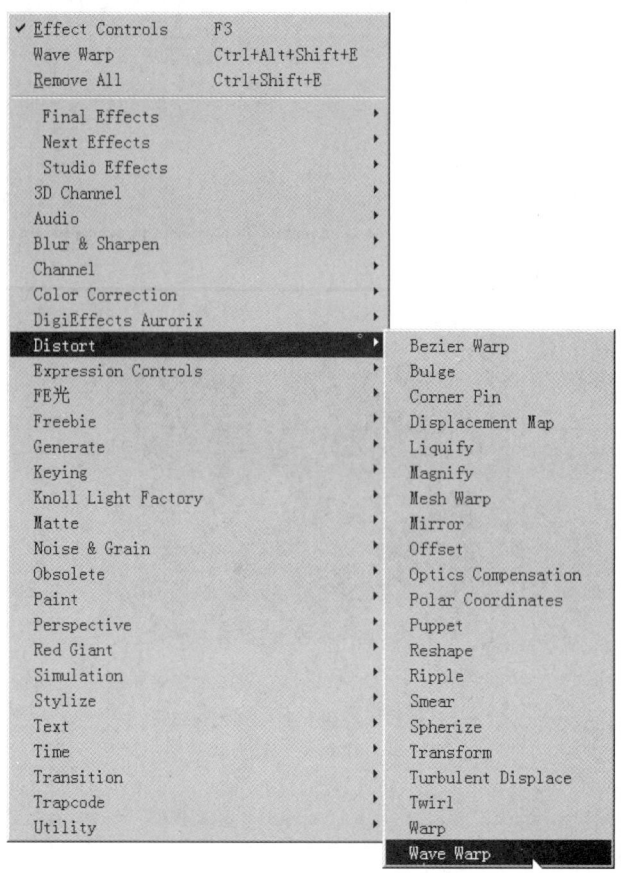

图 4-2-3 添加 Wave Warp 特效

（2）调节"Wave Warp（波动）"的高度和宽度，如图 4-2-4 所示。

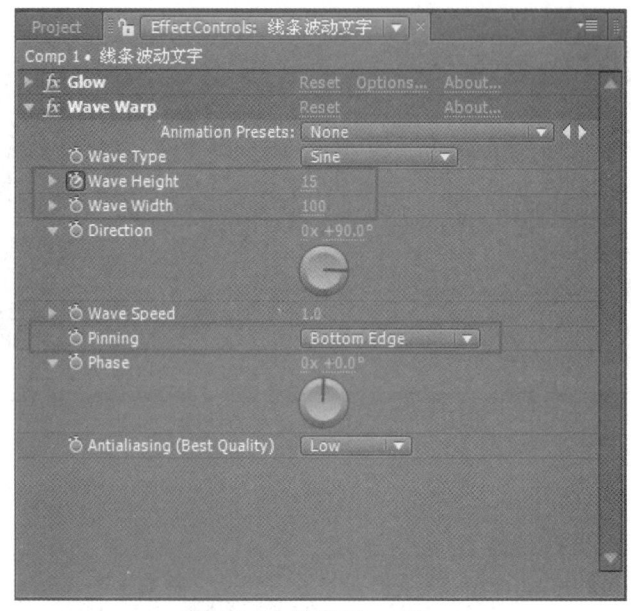

图 4-2-4 设置 Wave Warp

(3)参数设置后,文字就处在波浪似的状态了,如图 4-2-5 所示。

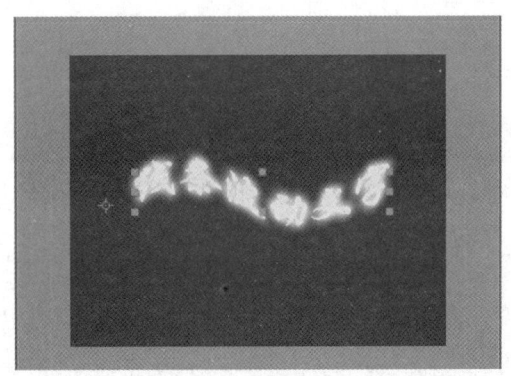

图 4-2-5 波浪似的波动状态

4.2.4 创建波动的线条

新建立一个白色的"Solid"层,用圆形 Mask 工具绘制一个扁长的线条并设置羽化值,如图 4-2-6 所示。

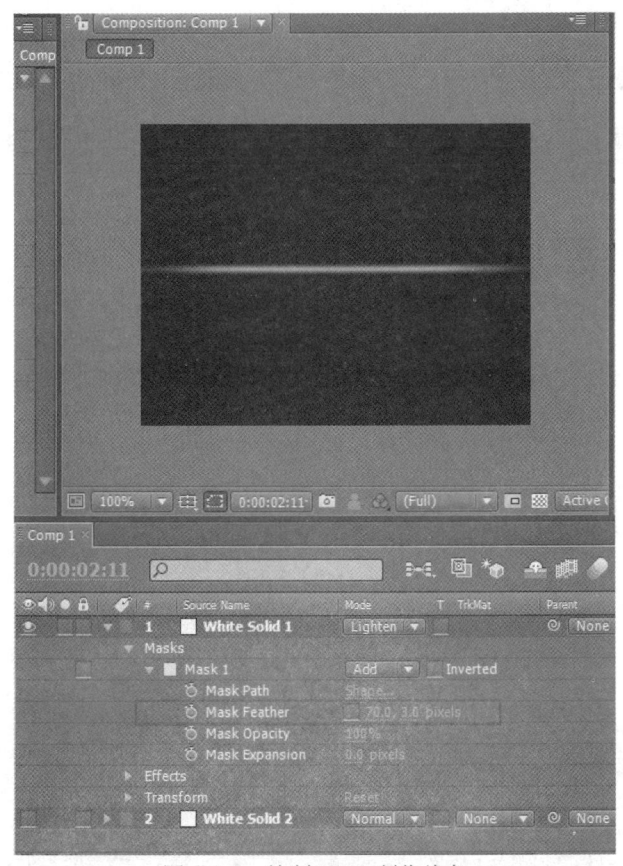

图 4-2-6 绘制 Mask 制作线条

4.2.5 为线条添加辉光特效

同样为线条添加"Glow（辉光）"效果，如图 4-2-7 所示。

图 4-2-7 加入发光特效

4.2.6 为线条添加波动特效

给线条也添加"Wave Warp（波动）"特效，让线条跟随文字一起波动起来，设置如图 4-2-8 所示。

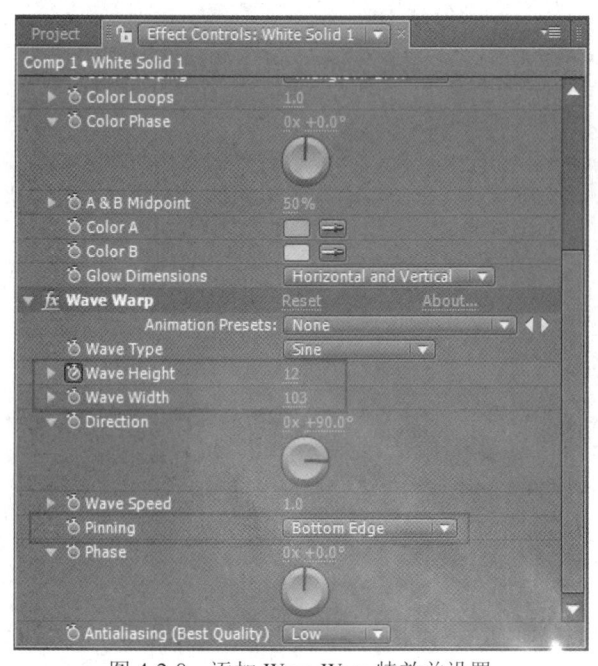

图 4-2-8 添加 Wave Warp 特效并设置

4.2.7 为线条和文字设置波动效果

为线条层和文字层设置波动效果，让波动逐渐呈现到不波动的状态。这里只需要设置各自的"Wave Warp（波动）"特效中的"Wave Height（浪高）"就可以了。在 0 秒的时候建立关键帧，再将时间标签移动到末尾的 4 秒位置，设置上面各自的"Wave Height（浪高）"值建立新的关键帧，如图 4-2-9 所示。

图 4-2-9　设置 0 秒时的关键帧

下面再将线条层的叠加方式改为"Lighten（亮度）"，并为两个图层分别设置透明度的关键帧动画，如图 4-2-10 所示。

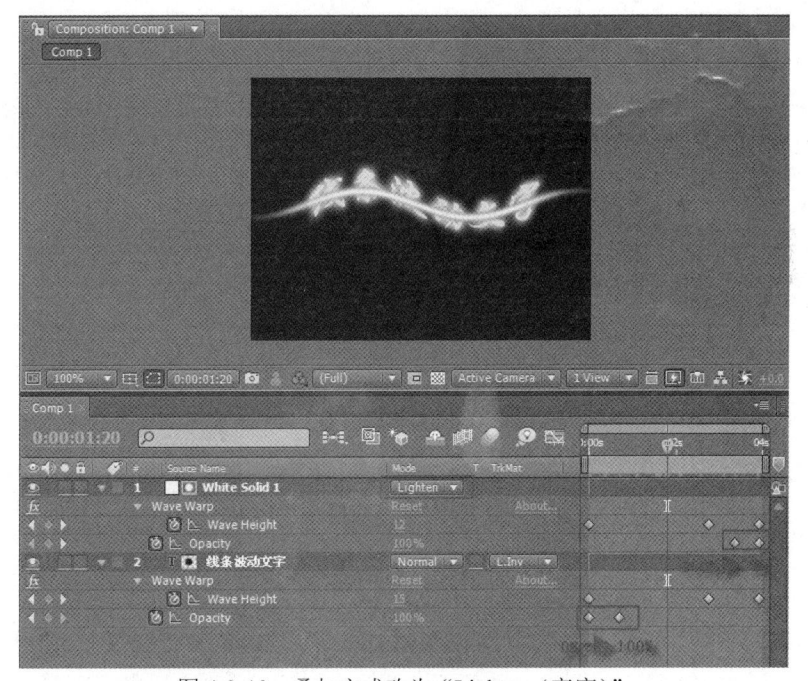

图 4-2-10　叠加方式改为"Lighten（亮度）"

这样线条文字波动动画就完成了。为了丰富效果，再用同样的方法复制线条，并改变它们各自的辉光颜色以和"Wave Warp（波动）"参数来制作出不同颜色的波动线条。这一步在制作彩色光线条时同样适用，大家注意触类旁通，如图 4-2-11 所示。

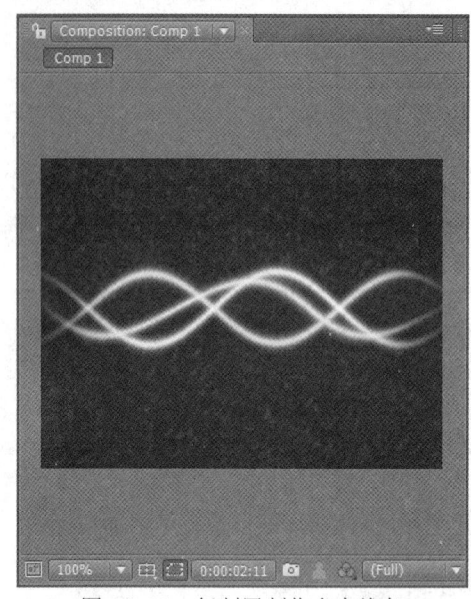

图 4-2-11　复制层制作多个线条

4.2.8　让文字逐渐划出

（1）制作蒙版。

为了实现文字被线条波动划出的效果，这里要为文字做一个蒙版遮罩层。

继续新建立一个白色的"Solid"层，然后用矩形 Mask 工具绘制"Mask"，注意上半部要遮住文字，设置羽化值为 10%，如图 4-2-12 所示。

图 4-2-12　绘制 Mask

（2）添加波动效果。

与前面的工作一样，为这个白色 Solid 层添加"Wave Warp（波动）"特效，调整参数并设置关键帧动画，设置如图 4-2-13 所示。

图 4-2-13　添加 Wave Warp 特效并设置动画

（3）建立遮罩。

最后再选择文字图层，将其蒙版遮照方式改为"Luma Inverted Matte"，这样上面的白色蒙版层会自动关闭图层显示，虽然没了显示，但是正是利用遮罩来实现文字的蒙版动画，如图 4-2-14 所示。

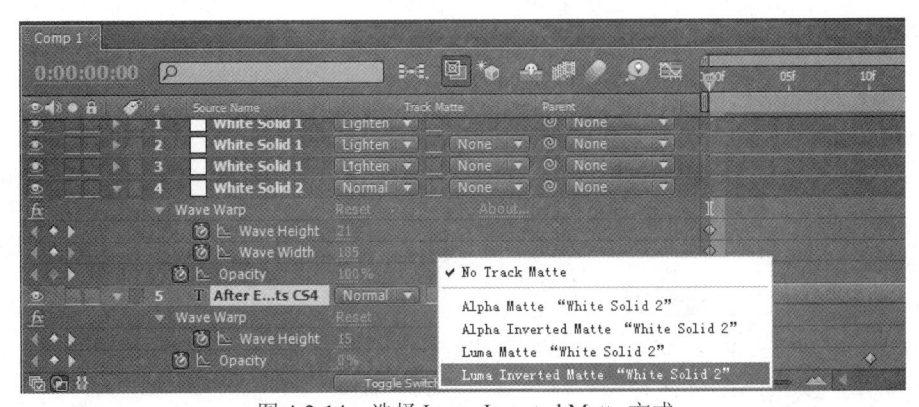

图 4-2-14　选择 Luma Inverted Matte 方式

（4）预览。

进行动画预览，发现文字随着波动特效的运动，文字被逐渐划出来，如图 4-2-15 所示。

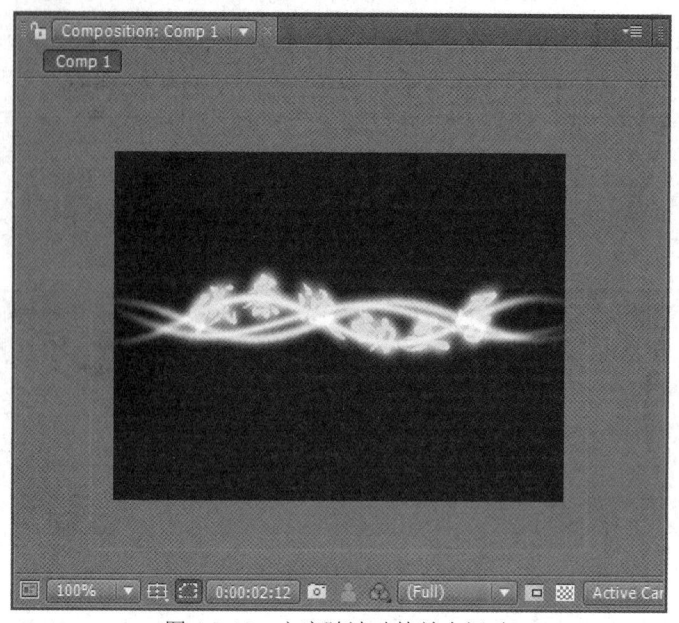

图 4-2-15　文字随波动特效在运动

线条波动文字制作步骤小结：

（1）建立新的合成"Comp 1"，为输入的文字添加辉光特效。

（2）为文字层添加"Wave Warp（波动）"特效并修改参数，设置关键帧动画。

（3）建立新的"Solid"层，利用"Mask"绘制细长的线条并设置"Wave Warp（波动）"特效动画。

（4）复制多个线条，改变颜色和"Wave Warp（波动）"的设置，达到不同的波动效果。

（5）利用蒙版遮照动画，使文字逐渐被线条划出，完成线条波动文字动画。

【重点难点】

Wave Warp（波动）参数的设置与其他特效协调应用。

【相关知识】

（1）Wave Warp（波动）特效选项具体说明如下：

Wave Warp（波动）特效可以生成波形效果，而且可以自动生成匀速抖动画面。

Wave Type：选择波形效果。共有 9 种波形：Sine（正弦）、Square（正方形）、Triangle（三角形）、Sawtooth（锯齿）、Circle（圆）、Semicircle（半圆）、Uncircle（循环）、Noise（噪波）、Smooth Noise（平噪）。

Wave Height：设置抖动幅度。

Wave Width：设置波纹的密度，数值越大，距离越宽。

Direction：设置波纹抖动的方向。

Wave Speed：设置波纹的运动参数。

Pinning：用于固定图像边缘，防止边缘变形。

Phase：平行移动波纹，调整其位置。

Antialiasing：选择边缘锯齿化程度。Low 效果最差，Medium 各项比较平均，High 效果最好。

（2）Glow（辉光）特效选项具体说明如下：

Glow 特效是找出图像中比较亮的部分，然后再度加亮该区域和其周围的像素来产生带有漫反射和炙热感的光环。经常用于图像中的文字和带有 Alpha 通道的图像会产生自发光特效。

Glow（辉光）特效的相关选项说明如下：

Glow Base On：选择发光特效使用的通道，有 Color Channel 和 Alpha Channel 两种。

Glow Threshold：设置不接受发光特效的极限程度。100%是完全不接受发光特效，0%是对发光特效不产生影响。

Glow Radius：设置发光特效的影响范围的半径。默认范围是 0.0～100.0，最大不能超过 1000.0。

Glow Intensity：设置发光特效的强度。默认数值在 0.0～4.0 之间，最大不能超过 255.0。

Composite Original：选择与原图像的合成方式。On Top 是将 Glow 的特效加在原图像之上；Behind 是将 Glow 的特效加在原图像之后，模拟出背后光特效；None 是将 Glow 特效从原图像上分离出去。

Glow Operation：设置发光模式。

Glow Color：设置发光特效的颜色模式。A & B Colors 是通过对色彩 A 与 B 的设置来定义颜色产生发光特效。Arbitrary Map 是通过调整图像像素的色度级别来产生发光特效；Original 是产生标准的发光特效。

Color Looping：选择为发光特效定义开始和结果色彩的方式。当 Glow Color 选择为 A & B Color 时，Sawtooth X 是开始于一个色彩结束于另一个色彩；Triangle X 是开始于一种颜色然后移到另一种颜色，最终结束于开始的颜色。

Color Loops：设置发光特效中的漫反射圈数。默认数值在 1.0～10.0 之间，最大不能超过 127.0。

Color Phase：设置 Color Loops 开始的相位点。

Color A & B Midpoint：当选择 A & B Color 作为 Glow Colorsshi4 时，需要设置颜色 A 与颜色 B 之间的梯度变化的中心点。小于 50%时以 B 为主，大于 50%时以 A 为主。

Color A：设置 Color A 的颜色。

Color B：设置 Color B 的颜色。

Glow Dimensions：设置发光特效的方向。

综合实训：腐蚀噪波文字制作

【实训要求】

在"腐蚀噪波文字"制作中，主要学习 Roughen Edges（粗糙边缘）特效如何去粗糙边缘的原理，了解粗边给静态文字带来的腐蚀噪波作用，掌握 Shine（发光）效果关键帧的设置技术，通过腐蚀噪波特效对文字参数的修改、调整和设置，熟练掌握腐蚀噪波文字的操作技能，提高特效文字的制作水平。

【实训案例提示】

利用"Roughen Edges（粗糙边缘）"特效制作腐蚀噪波的文字动画。

【操作步骤提示】

（1）建立新的合成"Comp"，大小为"320×240"。
（2）利用工具箱中的文字工具输入文字。
（3）为文字图层添加"Roughen Edges（粗糙边缘）"特效并进行相关参数设置。
（4）为文字添加 Shine 发光效果，同时设置从大到小的关键帧动画完成最终效果。

实训案例腐蚀噪波文字完成效果如图 4-2-16 所示。

图 4-2-16 腐蚀噪波文字完成效果

【重点难点】

Roughen Edges（粗糙边缘）、Starglow（星光）、Shine（发光）等特效参数的设置与协调应用。

习题四

一、选择题

1．以下哪些特效可以用于创建水波荡漾的文字（　　）。
　　A．Wave World（水波世界）　　　　B．Glow（辉光）
　　C．Caustics（焦散）　　　　　　　　D．Levels（色阶调整）

2．以下哪些特效可以用于创建线条波动文字（　　）。
　　A．Wave Warp（波动）　　　　　　B．Glow（辉光）
　　C．Caustics（焦散）　　　　　　　　D．Levels（色阶调整）

3．以下哪些特效可以用于创建腐蚀噪波文字（　　）。
　　A．Roughen Edges（粗糙边缘）　　B．Starglow（星光）
　　C．Shine（发光）　　　　　　　　　D．Glow（辉光）

4．以下哪些特效可以用于文字发光（　　）。
　　A．Wave World（水波世界）　　　　B．Wave Warp（波动）
　　C．Roughen Edges（粗糙边缘）　　D．Shine（发光）

二、填空题

1．"水波荡漾的文字"视频制作，主要利用（　　）特效与（　　）特效和（　　）特效的搭配使用。
2．"线条波动文字"视频制作，主要利用（　　）特效与（　　）特效和（　　）特效的搭配使用。
3．"腐蚀噪波文字"视频制作，主要利用（　　）特效与（　　）特效和（　　）特效的搭配使用。
4．通过文字特效实践应用，能了解（　　）知识，熟悉（　　）流程，掌握（　　）设置技术，提高（　　）能力。

三、判断题

1．"水波荡漾的文字"视频制作，主要学习 Wave World（波浪世界）特效形成波浪的原理，对静态文字实施波浪式的动态变化，掌握 Caustics（焦散）特效对文字施加水波荡漾的技术方法。（　　）

2．"线条波动文字"视频，主要学习 Wave Warp（波动）特效形成波动的原理，对静态文字实施波动性的动态变化，掌握 Wave Warp（波动）特效与 Wave World（波浪世界）特效对文字施加线条波动的技术方法。（　　）

3．"腐蚀噪波文字"视频，主要学习 Roughen Edges（粗糙边缘）特效粗糙边缘的原理，对静态文字实施腐蚀噪波的动态变化，掌握 Shine（发光）特效对文字施加腐蚀噪波的技术方法。（　　）

4．利用文字特效与其他特效的配合使用，为观众提供了魅力独具的视觉效应，使画面内容丰富和延伸。（　　）

四、问答题

1．文字特效的特点是什么？
2．文字特效的作用是什么？
3．文字特效的应用范围是什么？
4．文字特效拓展应用的关键点在哪里？

五、操作题

1．请将"流逝的岁月"静态文字制作成水波荡漾的动态文字。
2．请将"水中的月亮"静态文字制作成线条波动的动态文字。
3．请将"沧桑岁月"静态文字制作成腐蚀噪波文字。
4．请在一部飞驰的汽车画面上运用文字特效，配上特效广告文字。

5 粒子特效应用

自然界中存在着很多个体独立但整体相似的运动物体，如云雾、水火、雪花、雨点等，这种相互间既有区别、又有整体上相似及制约关系的群体物质，称为粒子。运用粒子特效可以模拟出许多丰富多彩的自然现象，如纷飞的雪花、倾盆的大雨、缭绕的烟雾、群飞的大雁、悬浮的颗粒、飘零的落叶等。这些由粒子特效模拟的自然现象，在电视广告、形象宣传、频道栏目中频频地闪亮登场，受到众多观众的追捧。

本章运用粒子特效完成文字流星、飞溅的粒子、风吹粒子文字三个案例的制作，通过粒子特效的应用，使学生了解粒子运动场、快速模糊、光晕、渐变、粒子、焦散、粉碎、阴影特效的基本性能，掌握这些特效的参数设置方法，提高粒子特效的综合应用水平。

【知识能力目标】

（1）了解 Partical Playground 粒子运动场、Fast Blur 快速模糊、Glow 光晕、Ramp 渐变、Particular 粒子、Caustics 焦散、Shatter 粉碎、Drop Shadow 落下阴影等特效的基本功能，掌握它们的参数设置方法。

（2）能利用粒子特效，完成文字流星文字、飞溅粒子文字、风吹粒子文字的制作。

（3）能拓展运用粒子特效，提高设计与制作能力。

（4）能运用层的融合模式，完成粒子效果与各种视频画面的合成。

（5）提高粒子特效作品的鉴赏水平。

5.1 文字流星的制作

太阳系内除了太阳、八大行星及其卫星、小行星、彗星外，在星际空间还存在着大量的尘埃微粒，它们也绕着太阳运动。在接近地球时由于地球引力的作用会使其轨道发生改变，这样就有可能穿过地球大气层，由于这些微粒与地球相对运动速度很高，与大气分子发生剧烈摩擦而燃烧发光，在夜间天空中表现为一条明亮的光迹，这种天体现象就叫流星。在文字流星制作中，用文字替代星际空间的尘埃微粒，让它像流星一样燃烧坠落并闪耀着明亮的光辉。

【学习要求】

在"文字流星"制作中,主要熟悉 Partical Playground(粒子运动场)特效的工作特性、设置方法和调节技巧,了解 Fast Blur(快速模糊)特效、Glow(光晕)特效、Ramp(渐变)特效的参数设置方法,通过改变粒子的随机替换、发射器位置和发射半径,掌握文字流星的制作技能,提高粒子运动的应用水准。

【案例分析】

文字流星是模拟天体的流星效果。首先让模拟层进行"爆炸"产生粒子,然后控制粒子的大小、方向、运动速度、重力和碰撞等属性设置,使粒子实现各种各样的动态效果,保证粒子运动的真实性。通过"文字流星"的制作,掌握粒子特效的替换操作、粒子参数的控制调节技能。用粒子文字来模拟天体的流星现象非常有趣,可按照如下步骤完成文字流星的制作:

(1)创建粒子效果。
(2)将粒子层转为文字。
(3)调整文字粒子坠落速度。
(4)为文字粒子设置辉光效果。
(5)让文字粒子更像流星。

【制作步骤】

5.1.1 创建粒子效果

(1)创建新的合成。

创建新的合成"Comp 1",大小为"320×240",如图 5-1-1 所示。

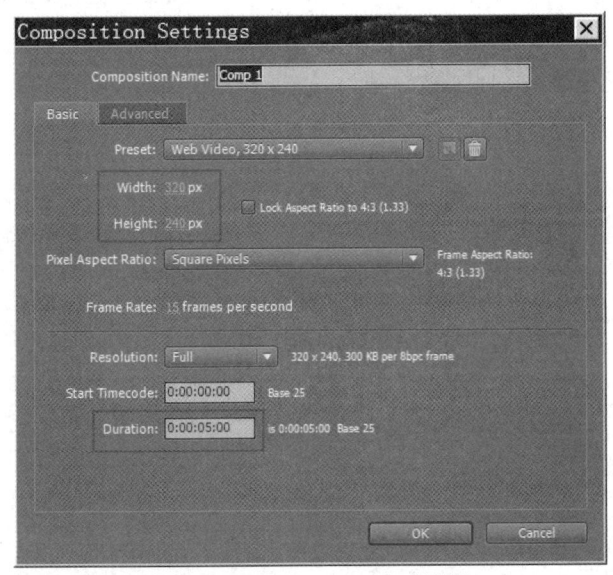

图 5-1-1   "Comp 1"合成设置

（2）为新的固态层添加粒子特效。

在"Comp1"时间线面板中建立一个"Solid（固态层），然后选择 Solid（固态层），为它添加"Effect > Simulation > Particle Playground（粒子运动场）"粒子特效，如图 5-1-2 所示。

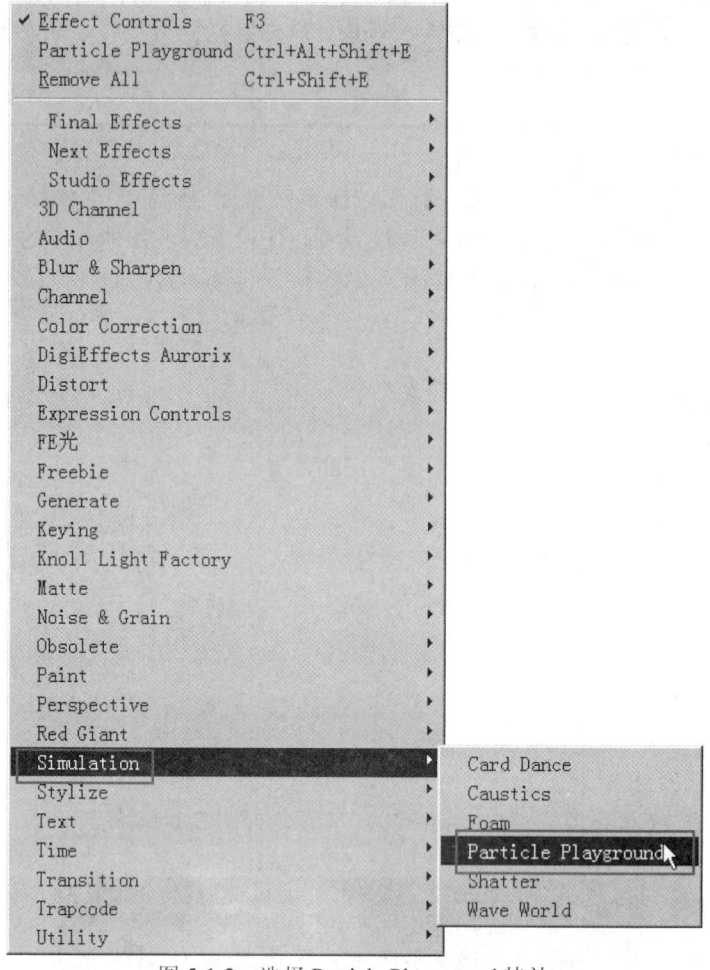

图 5-1-2　选择 Particle Playground 特效

（3）粒子参数设置。

在特效面板中对"Particle Playground（粒子运动场）"这个粒子系统进行一些基本的设置，包括：粒子发射器的位置、半径、发射的粒子数量、发射的方向、速度等。

首先将"Position"的参数设置为（160，-100），让粒子发射器的发射点位于画面上方，便于粒子下落。

然后增加"Particles Per Second"的值来达到增加粒子数量的目的。另外将"Barrel Radius"粒子发射半径增加到 200。

接着将粒子的发射方向调整为 180°，让粒子向下坠落，Velocity（粒子发射的速度）为 30，Velocity Random Spread（发射速度的随机性）为 15。默认状态下粒子是向上发射的，如图 5-1-3 所示。

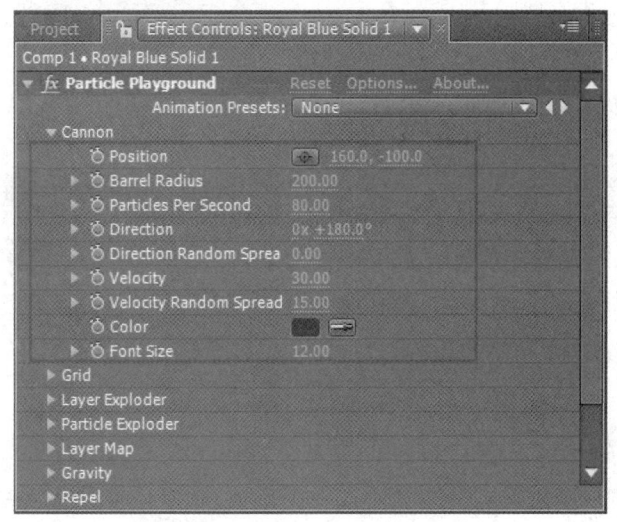

图 5-1-3　设置 Cannon 粒子参数

5.1.2　将粒子层转为文字

（1）将粒子变为文字。

将发射的粒子变为文字、字母等。单击特效面板中"Particle Playground"的"Options（选项）"，如图 5-1-4 所示。

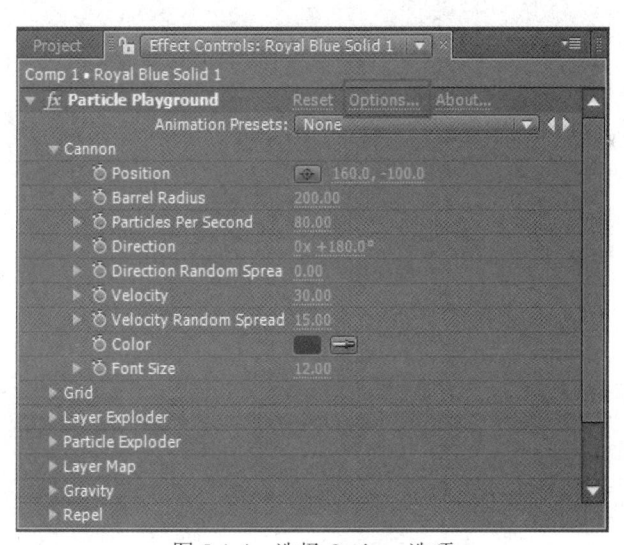

图 5-1-4　选择 Options 选项

（2）编辑粒子文字。

在弹出的新窗口中单击"Edit Cannon Text"按钮，如图 5-1-5 所示。

（3）输入文字。

单击后再次弹出一个新窗口，在这里就可以进行文字、字母或者是数字的输入了，本步骤主要进行粒子的替代操作，即将粒子替代为文字。

选择字体并注意选择"Random（随机）"排列方式，如图 5-1-6 所示。

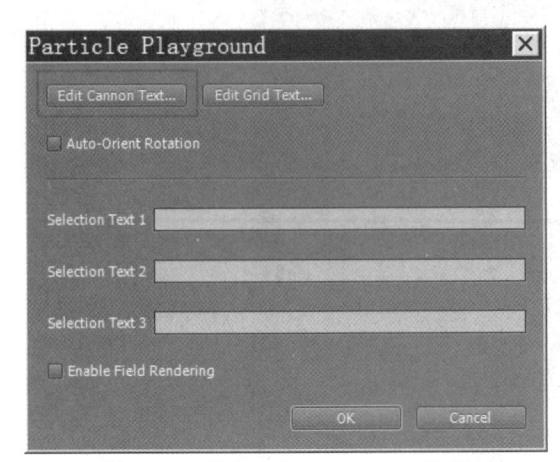

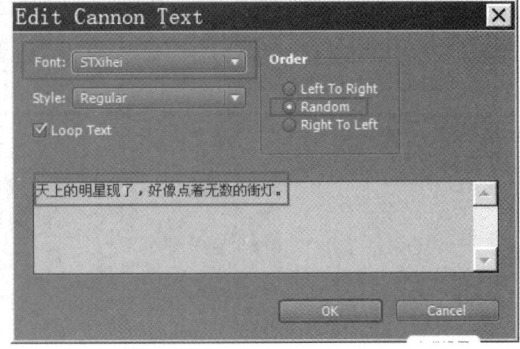

图 5-1-5　单击 Edit Cannon Text 按钮　　　　图 5-1-6　输入文字

（4）输入的文字随机替代了粒子。

完成上面文字的输入，播放动画发现粒子已经由刚才输入的文字随机替代了，图 5-1-7 为动画中间状态。

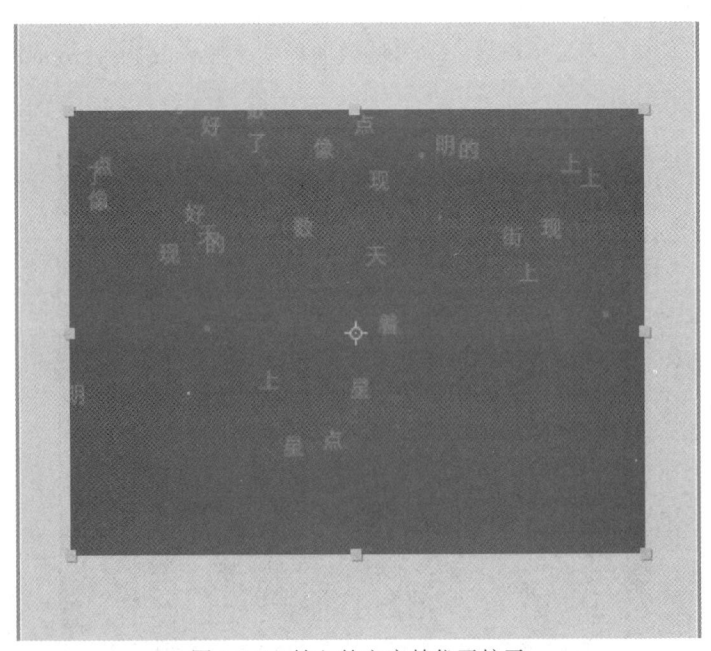

图 5-1-7　输入的文字替代了粒子

5.1.3　调整文字粒子坠落速度

如果下落的速度过快，可以通过修改重力的强度值来改变。在特效面板中展开"Particle Playground"下的"Gravity（重力）属性，修改重力的强度值为 100，设置如图 5-1-8 所示。

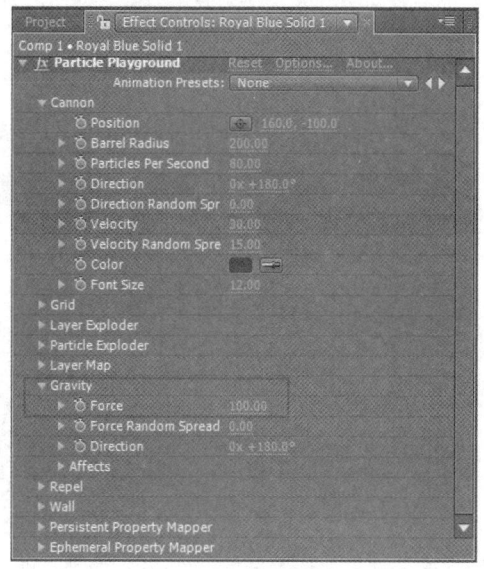

图 5-1-8　设置重力

5.1.4　为文字粒子施加辉光效果

（1）为 Comp 1 添加辉光效果。

再新建一个合成"Comp 2"，将"Comp 1"拖入到"Comp 2"中成为图层，然后为其添加一个"Effect > Stylize > Glow（辉光）"特效。

与前面的发光设置不同的是，在特效面板中修改发光通道为 Alpha 通道，同时设置"Glow Dimension"为纵向。然后再设置发光的明度、半径、强度、发光颜色、颜色的使用方式，如图 5-1-9 所示。

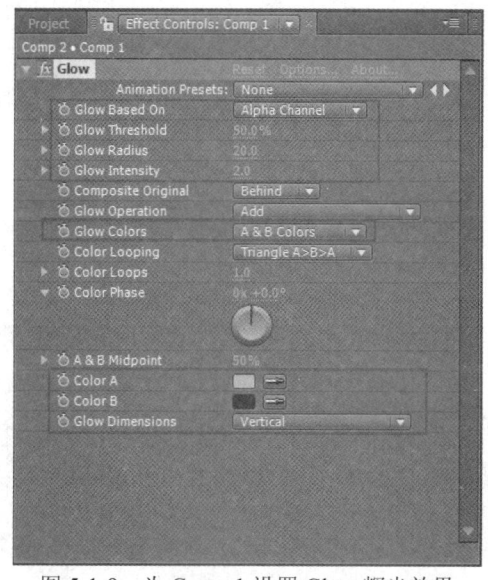

图 5-1-9　为 Comp 1 设置 Glow 辉光效果

(2)添加辉光后的画面。

添加完辉光后的画面，如图 5-1-10 所示。

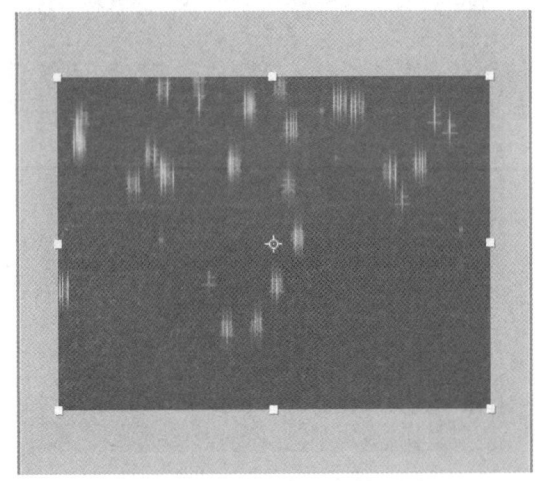

图 5-1-10　添加辉光后的画面

(3)添加快速模糊效果。

选择"Comp 1"图层，按快捷键 Ctrl+D 将其复制一层，去掉这个复制层的 Glow 特效，然后为它添加一个"Effect > Blur & Sharpen > Fast Blur（快速模糊）"特效。设置"Vertical（纵向）"模糊，模糊值为 100，如图 5-1-11 所示。

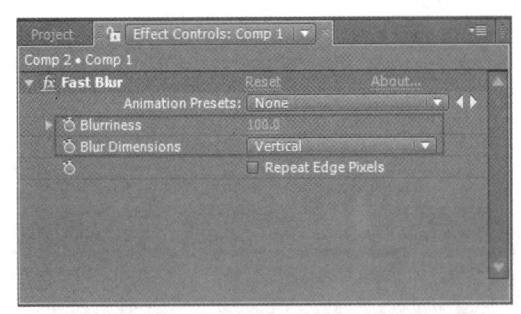

图 5-1-11　添加 Fast Blur 特效

(4)复制快速模糊效果。

从画面的显示看，添加模糊后效果并不明显，还需要将模糊层复制两层，如图 5-1-12 所示。

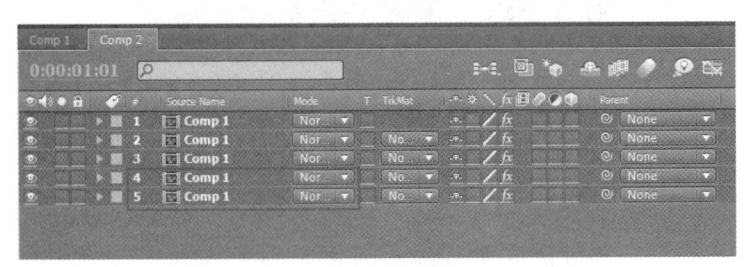

图 5-1-12　复制模糊层

(5) 模糊流星文字效果。

通过设置纵向上的模糊，从画面的显示中已经看到粒子拉长并模糊了，这样设置的目的是让下落的粒子更具有流星般的拖尾效果，而不是一个个清晰的文字，效果如图 5-1-13 所示。

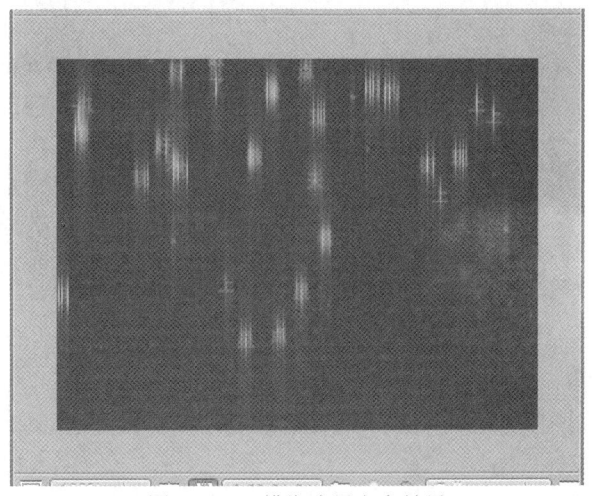

图 5-1-13　模糊流星文字效果

5.1.5　让文字粒子更像流星

(1) 创建渐变背景层。

继续新建一个合成"Comp 3"，在"Comp 3"中创建一个 Solid 层，然后为它添加"Effect Generate > Ramp（渐变）"特效。在渐变特效的参数设置中，"Start Color"和"End Color"两个渐变颜色点是设置的第一步，同时注意选择"Ramp Shape（渐变类型）"，设置渐变参数，如图 5-1-14 所示。

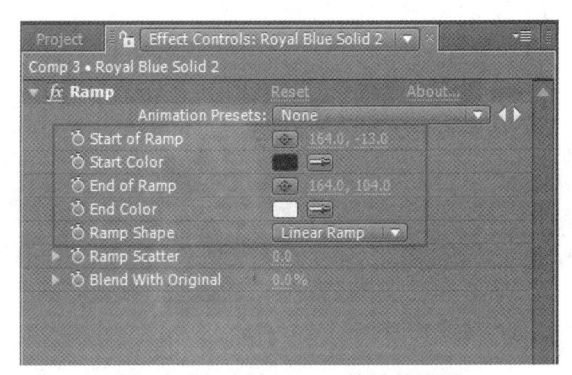

图 5-1-14　添加 Ramp 特效并设置

(2) 完成矩形渐变层。

通过上面的设置，就完成了一个从上到下由黑到白的渐变，全黑部分粒子为不可见，全白部分粒子为全部显示，中间的过渡则是粒子的逐渐显示过程。完成的矩形渐变层如图 5-1-15 所示。

图 5-1-15　矩形渐变层

（3）设置亮度遮罩。

将"Comp 2"拖入到"Comp 3"中，放在渐变图层的下方，并改变它的蒙版模式为"Luma Matte（亮度遮罩）"，如图 5-1-16 所示。

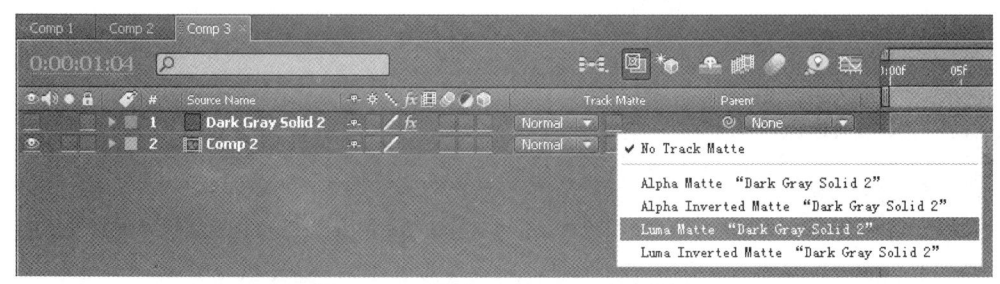

图 5-1-16　设置 Luma Matte 亮度遮罩

（4）设置亮度遮罩后的图层排列状态。

设置亮度遮罩后的图层排列状态，如图 5-1-17 所示。

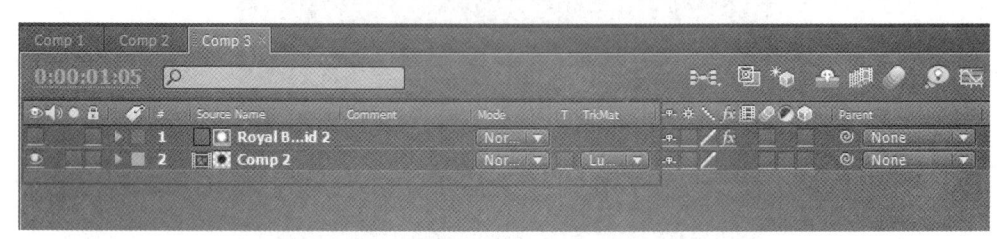

图 5-1-17　设置亮度遮罩后的图层排列状态

（5）文字流星的效果。

可以看到，渐变层已经做了"Comp 2"粒子动画层的蒙版，同时它也会自动关闭显示。这样，在画面的上方区域，粒子就产生了逐渐呈现的文字流星效果，如图 5-1-18 所示。

（6）预览。

最后按下小键盘上的数字键"0"进行预览，一个由文字替代的粒子流星下落动画就完成了，效果如图 5-1-19 所示。

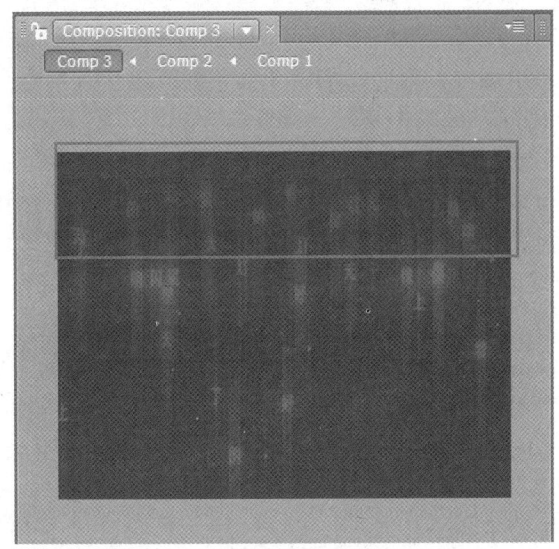

图 5-1-18 逐渐呈现的文字流星效果

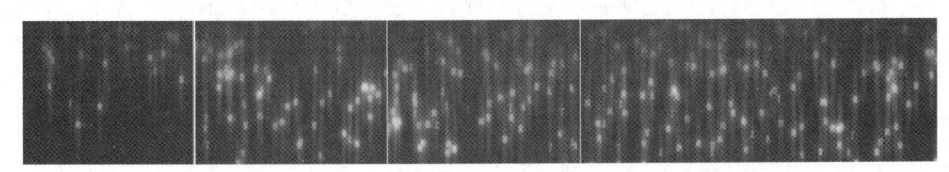

图 5-1-19 文字替代的粒子流星下落动画效果

文字流星制作步骤小结：

（1）建立新的合成"Comp 1"，大小为"720×576"，时间长度为 5 秒。

（2）在合成中新增 Solid 层，为它添加 Partical Playground 特效。

（3）设置 Partical Playground 参数中的粒子替换，修改发射器位置以及发射半径等参数。

（4）建立新的合成"Comp 2"，将"Comp 1"拖入到"Comp 2"中，为它添加 Glow 发光特效，并为复制层添加 Fast Blur 特效。

（5）建立新的合成"Comp 3"，增加渐变背景层，并设置亮度遮罩完成最终的文字流星效果。

【重点难点】

Particle Playground（粒子运动场）、Fast Blur（快速模糊）、Glow（辉光）、Ramp（渐变）等特效参数的设置与协调应用。

【相关知识】

Particle Playground（粒子运动场）特效选项具体说明如下：

Cannon 属性用于创建连续粒子发射器的粒子效果，类似从一个模拟的炮口将粒子发射出去。默认情况下，红色的粒子以每秒 100 粒的速度向窗口顶部发射。

Position：可以设定粒子发射源的位置，由 X、Y 坐标控制。

Barrel Radius：设置粒子发射器的发射方式和粒子分布的半径大小。可以手动输入正、负数改变发射出的粒子的分布方式，数值在±40000之间。

Particles Per Second：指定每秒中产生的粒子数。数值为0时关闭Cannon属性，不发射粒子。默认数值在0～500之间，最大不超过30000。

Direction：设定粒子发射的发射方向。默认情况下粒子垂直向上方发射。

Direction Random Spread：设置粒子在发射器的发射方向上的随机偏移度数，使效果看起来更加真实自然。比如数值为20，粒子将在20度范围以内做随机偏移，偏移度数在±10之间。

Velocity：设置粒子发射的初始速度，过高的数值将使粒子一开始就飞出视觉范围。默认数字在0～500之间，最大不超过30000。

Velocity Random Spread：设置粒子的初始速度的随机度。比如：Velocity 的数值为20，Velocity Random Spread 的数字为20，那么粒子的初始速度为20，随机变化的程度±10之间，粒子最终的发射速度为-10～+30之间。默认数字在0～100之间，最大不超过20000。

Color：设置粒子的颜色。

Particle Radius：设置粒子的半径大小。默认数字在0～100之间，最大不超过10000。

Grid 属性用于在每个网络的节点处发射新粒子，创建出一个均匀的连续粒子面，可以用来模拟矩阵效果。Grid 属性产生的粒子没有初始速度，只受 Gravity、Repel、Wall 和 Persistent Property Mapper 属性的设置。在默认设置的情况下，由于 Gravity（重力）属性不为0，粒子受 Gravity 属性影响，垂直水平面向下运动，即这些粒子会向窗口的下方飘落，为更好地显示出 Grid 效果，这里将默认的 Cannon 效果关闭，设置 Particles Per Second 为0。

Position：设置网格中心的位置。

Width 和 Height：设置网格的宽度和高度，单位为像素。

Particles Acroos：设置水平方向上产生的粒子数，数值为0时，水平方向不产生粒子。当以层作为粒子源时该属性不被激活。

Particles Down：设置垂直方向上产生的粒子数，数值为0时，水平方向不产生粒子。当以层作为粒子源时该属性不被激活。

Color：设置粒子的颜色。

Particles Radius：设置粒子半径大小。

Layer Exploder 属性用于设置一个层作为粒子的原素材，粒子按照原图像尺寸分散开，模拟出爆炸效果。

Explode Layer：选择作为粒子爆炸的层。

Radius of New Particles：设置新产生粒子的半径大小。默认数值在0.5～200之间，最大不超过10000。

Velocity Dispersion：设置新粒子的速度分布范围，数值较大时产生剧烈爆炸的效果；数值较低时，产生类似震荡波的爆炸效果。当 Velocity Dispersion 数值为0时，粒子块之间没有缝隙，模拟马赛克效果。默认数值在0～200之间，最大不超过30000。

Particle Exploder 属性主要设置由一个粒子再分散出多个粒子的参数。

Radius of New Particles 设置新产生粒子的半径大小，默认数值在0.5～200之间，最大不超过10000。

Velocity Dispersion：设置新粒子的速度分布范围。数值较大时产生剧烈爆炸的效果；数值较低时，产生类似震荡波的爆炸效果。当 Velocity Dispersion 数值 0 时，粒子块之间没有缝隙，模拟马赛克效果。默认数值在 0～200 之间，最大不超过 30000。

Particles From：选择受影响的粒子发射器，默认情况是所有粒子发射器反射的粒子都受对应属性影响。

Selection Map：在 Use Layer 中指定一个映射层来设置受影响的粒子范围。根据映射层的像素亮度值可分配受影响粒子范围。映像层中每个像素的亮度决定了哪些粒子受选项影响。如果映射层中的亮度不同，粒子所受的影响也会不同。比如，一个从左到右由亮变暗的灰度图像，亮的部分对应粒子区域 100%受对应属性的影响，暗的部分不受对应属性的影响，中间的过渡区域根据亮度按比例影响粒子。

Characters：设置一个文本区，该文本区的文字将受当前项的影响。该选项只在使用文字作为粒子类型的时候可以使用，可以通过单击 Options 输入 Selevyion Text；也可以通过单击 Edit Cannon Text 和 Edit Grid Text 输入字母，替换原粒子。在默认情况下粒子发射器发射出的粒子是方块，可以通过输入字母来改变发射粒子形状。

Older/Younger Than：设置受影响的粒子所处的时刻，单位是秒。数值为正数时，比这个数值大的时间的粒子受影响。数值为负数时，比这个数值小的时间的粒子受影响。比如，数值为-10，那么 10 秒这个时刻是个判定标准，比这个时刻小的粒子被赋予新的数值。反过来，数值为+10，那就是大于 10 秒的粒子被赋予新的数值。默认数值在-30～+30 之间，最小不能低于-30000，最大不能高于+30000。

Age Feather：设置在 Older/Younger Than 属性确定的时间内的粒子被羽化。羽化效果是为粒子变化创建一个过渡效果。Age Feather 属性的数值是一个时间段，而不是时刻。比如 Older/Younger Than 的数值是+10，表示是在 10 秒的时候改变粒子属性；Age Feather 的数值为 10，是在 10 秒的时间段内，也就是在规定 Older/Younger Than 的数值的前后 5 秒时间段内发生羽化过渡效果。变化程度按照 Age Feather 设置的数值来平分，比如 Age Feather 的数值为 10，粒子变化程度被平分为 10 份，每秒有 10%的粒子过渡到新数值，数值范围在 0～5 之间，最大不能超过 60000。

Layer Map 属性是将由 Cannon、Gird 和 Layer/Particle Exploder 所产生的粒子用最终所要展现的图像、文字或视频来替换。比如需要一个万马奔腾的场景，单去拍摄 1 万匹马或绘制一群马在奔跑。无论是时间还是成本都不允许。这时只需要 1 匹马或几匹马奔跑的素材，然后用粒子模拟出马群奔跑时的运动方式，最后用原素材替换每个粒子就完成了最终的效果。还可以通过设置每个粒子所代表的视频的播放时间差，来规定每个替换后的视频的播放画面和速度。

Use Layer：选择用于映射的层。

Time Offset Type：选择时间偏移类型。利用粒子系统可以很方便地创建和设置群体运动效果，当使用单一素材来模拟群体运动时，比如万马奔腾的场面，会发现所有的马都是按照统一的步伐奔跑。为了用有限的素材模拟出真实的场面，需要改变原素材播放的偏移值。这样一来，播放出的画面就会显得错落而自然。Time Offset Type 时间偏移类型共有 Relative、Absolute、Relative Random、Absolute Random 四种情况供选择。

Relative：基于原层的播放时间和 Time Offset 属性来播放原层素材。如果原层素材时间比粒子层时间短，当播放完素材后，图像消失，恢复粒子状态。当 Time Offset 的数值为 0 时，粒子所显示的层与原层播放是同步的，没有偏移效果。如果数值为 1，则产生 1 秒的偏移。比如第一个粒子播放的是与原层同步的画面，那第二个粒子播放的是延迟 1 秒后的画面，第三个粒子播放的是延迟 2 秒后的画面，以此类推。当延迟时间大于原素材播放时间时，再从原素材开始部分播放。

Absolute：在忽略原层播放时间长度的情况下，基于 Time Offset 属性来设置并显示合成层。比如，原素材只有 3 秒，而粒子层的播放时间有 10 秒，选择 Relative 属性的话，后 7 秒将没有画面出现，通过选择 Absolute 来不间断地播放原始素材。为了压缩素材，一般奔跑、走路等循环动作只录制一个或几个很短的循环，时间上很短。再通过 Absolute 属性，可以在不改变原素材长度的情况下，模拟出带有循环动作群体运动的场面。

Relative Random：基于原层的播放时间和 Random Time Max 属性来随机选择素材中的一帧播放原层素材。此时，Time Offset 属性被 Random Time Max 属性代替。当 Random Time Max 为正数时，比如数值为+1，将在当前时刻原素材的播放帧和之后一秒的范围内随机选取一帧作为开始帧来播放替换的素材。当 Random Time Max 为负数时，比如数值为-1，将在当前时刻原素材的播放帧和之前一秒的范围内随机选取一帧作为开始帧来播放替换的素材。如果原层素材时间比粒子层时间短，当播放完原层素材后，图像消失，恢复粒子状态。

Absolute Random：基于原素材第一帧到 Random Time Max 属性设置的时刻之间的任意一帧作为播放的开始帧。比如 Random Time Max 的数值为 1，播放素材将在第一帧到 1 秒时间段内任意选择一帧开始播放。

Time Offset：设置时间效果参数。

Affects：设置影响属性，可以参考上面的介绍。

Particles From：可以选择粒子发生器，或选择其粒子受当前选项影响的粒子发射器组合。

Selection Map：可以在下拉列表中指定映像层，以用来决定在当前选项下影响哪些粒子。映像层中每个像素的亮度决定了哪些粒子受选项影响。如果映射层中的亮度不同，粒子所受的影响也会不同。

Characters：设定的是哪些字符的文本区域受当前选项的影响，但是只有在将文本字符作为粒子时才会有效果。

Older/Younger Than：设定的是粒子年龄阈值。如果是正值则影响较老的粒子，如果是负值则会影响年轻的粒子。

Age Feather：设定的是粒子年龄羽化，在一个指定的时间范围内所有老的和年轻的粒子被羽化或者柔和，时间单位为秒。

Gravity 属性是用来模拟力场的。在默认情况下是模拟重力场效果，可以通过改变力场方向来模拟任意方向的力场，比如风吹动的效果、火山喷发的效果等。

Force：设置力场大小，数值越大，力场越强。数值为正数时，力场方向与指定方向相同，数值为负数时，与指定方向相反。数字为 0 时，粒子沿发射方向做直线运动。

Force Random Spread：设置力场大小的随机范围。如果此值为 0，则所有的粒子都以相同的速度下落，如果此值大于 0，粒子的下落速度就会各不相同。

Direction：设置力场方向，默认是 180°，垂直向下。

Affects：设置 Gravity 的影响范围和效果。

Particles From：可以选择粒子发生器，或选择其粒子受当前选项影响的粒子发射器组合。

Selection Map：可以在下拉列表中指定映像层，以用来决定在当前选项下影响哪些粒子。映像层中每个像素的亮度决定了哪些粒子受选项影响。如果映射层中的亮度不同，粒子所受的影响也会不同。

　　Characters：设置的是哪些字符的文本区域受当前选项的影响，但是只有在将文本字符作为粒子时才会有效果。

　　Older/Younger Than：设置的是粒子年龄阈值。如果是正值则影响较老的粒子，如果是负值则会影响年轻的粒子。

　　Age Feather：设置的是粒子年龄羽化。在一个指定的时间范围内所有老的和年轻的粒子被羽化或者柔和，时间单位为秒。

　　Repel 属性是设置粒子与粒子间的作用力。主要有互相吸引和排斥两种。

　　Force：设置粒子与粒子间的作用方式和大小，数值为正数，相互排斥，数值为负数，相互吸引。

　　Force Radius：设置作用力的半径。

　　Repller：设置受作用力影响的粒子范围和效果。

　　Affects：设置 Repel 属性影响的范围和效果。

　　Wall 属性是在粒子运动空间中设置一个遮罩，遮罩如同一个虚拟的墙，凡是碰到墙上的粒子都将被反弹出去。可以用笔刷工具在 Composition 视窗中画一条直线来当做一面墙，也可以绘制一个方框将粒子限制在一个区域内。

　　Boundary：选择作为界限的遮罩名称。

　　Affects：设置 Wall 属性的影响范围和效果。

　　Persistent Property Mapper 属性是用一个层中的某个指定色彩通道值与粒子某项属性数值变化相联系，创建一种粒子的属性映射效果。在 Repel、Gravity 和 Wall 属性不变的情况下，粒子属性将一直受层通道值的影响。

　　Use Layer As Map：选择一个用来影响粒子属性的层。层中的 Red、Green 和 Blue 属性的亮度值将影响粒子的某个属性。

　　Affects：设置映射属性影响的粒子范围和效果。

　　Ephemeral Property Mapper 属性与 Persistent Property Mapper 属性在设置上基本相同，不同的是 Ephemeral Property Mapper 属性用于设置暂时属性映射，只在映射的当前帧改变粒子属性，之后的一帧粒子恢复原属性值。Operator 属性是来先对映射数值进行属性运算处理，然后再映射到粒子的对应数值上。

　　Operator：选择不同的数学运算方法来增强、减弱或延迟 Ephemeral Property Mapper 属性对粒子作用。

5.2　飞溅的粒子制作

　　设置"Particular（粒子）"的不同参数，可以进行无止境的设计。它能产生像烟、火、闪光等各种各样的自然现象，也能生成如雪花飘飘、炊烟袅袅、花瓣凋零、水花四溅、星光闪闪等引人注目的运动图像。因此，粒子特效不仅能完成上例的"文字流星"的制作，还能进行本例的"飞溅的粒子"制作。

【学习要求】

在"飞溅的粒子"制作中,主要学习 Particular(粒子)特效的工作特性、设置方法和调节技巧,了解 Caustics(焦散)特效和 Glow(光晕)特效创建粒子动画的技术方法,熟练掌握飞溅粒子的制作技能,拓展粒子效果的应用水平。

【案例分析】

"Particle Playground(粒子运动场)"特效与"Particular(粒子)"特效不同,"Particular(粒子)"特效是一个 3d 粒子特效,通过控制该特效的大小、方向、运动速度、重力、碰撞等属性的设置,使粒子系统在三维空间中实现大量相似物体独立运动的模拟效果,本例"飞溅的粒子"就是一个在三维空间飞扬的粒子群,其制作步骤如下:

(1)输入文字。
(2)为文字添加粒子特效。
(3)让粒子飞溅起来。
(4)第二次添加粒子特效。
(5)粒子从左到右飞溅起来。
(6)粒子把文字划出来。
(7)为粒子添加背景。

【制作步骤】

5.2.1 输入文字

(1)创建新的合成。

首先创建一个新的合成"Comp 1",大小为"640×480",时间长度为 10 秒,设置如图 5-2-1 所示。

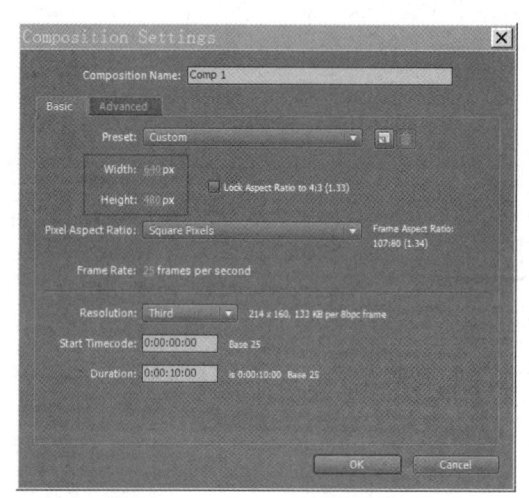

图 5-2-1 "Comp 1"合成设置

（2）输入文字。

选择文字工具输入文字（茉莉花），如图 5-2-2 所示。

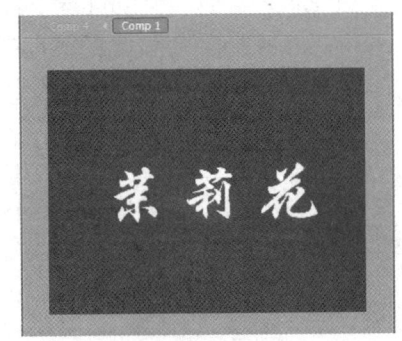

图 5-2-2　输入茉莉花文字

5.2.2　为文字添加粒子特效

（1）新建合成。

创建新的合成"Comp 2"，大小与"Comp 1"一致，将刚才建立文字的合成"Comp 1"导入到当前的时间线面板中，打开它的三维开关，同时关闭它的图层显示按钮，如图 5-2-3 所示。

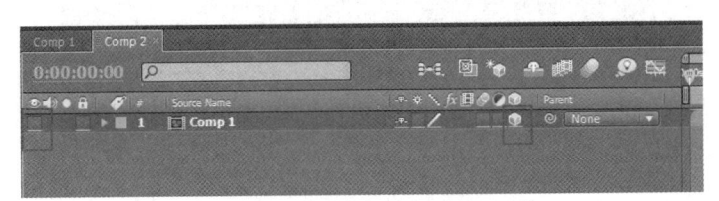

图 5-2-3　关闭显示并打开 3D 开关

（2）新建固态层。

新增一个"Solid2（固态层）"，与"Comp 1"的大小一致，如图 5-2-4 所示。

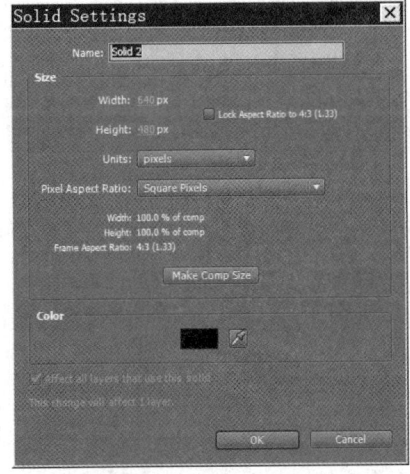

图 5-2-4　新建 Solid 层

（3）选择"Solid（固态层）"，添加"Effect > Trapcode > Particular（粒子）"特效。到特效面板中展开"Particular（粒子）"特效的"Emitter（粒子发生器）"属性，修改"Particle/Sec（每秒产生的粒子数量）"的值为200000，并且将"Emitter Type（粒子类型）"设置为"Layer（层）"发射模式，接着单击Layer右边的按钮，在弹出的下拉菜单中选择"3.Comp 1"，注意：选择的发射层必须是一个合成层，一般的Solid（固态层）则不会有任何效果，如图5-2-5所示。

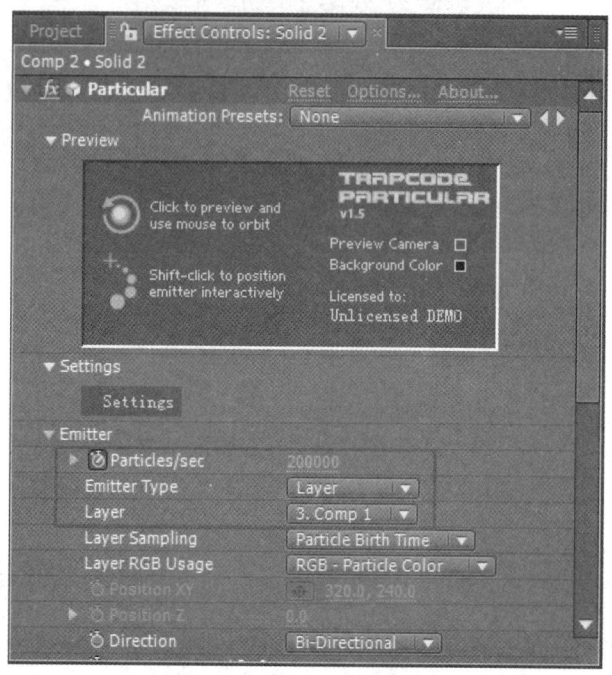

图 5-2-5　设置 Emitter 属性

（4）这样在时间线面板中会自动产生一个灯光层，如图5-2-6所示。

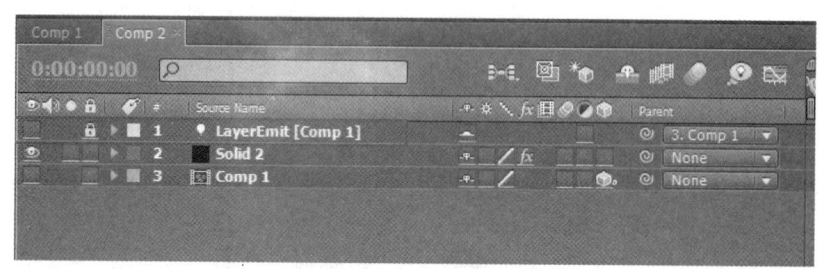

图 5-2-6　灯光层

（5）继续设置Particular特效的各项属性，首先在"Emitter（粒子发生器）"属性下设置"Layer Sampling"为"Partical Birth Time"，"Direction（方向）"为"Bi-Directional"，"Direction Spread"的值为100，"Velocity（速度）"为1000，"Velocity Random"的值为10，"Velocity from Motion"的值为10，如图5-2-7所示。

（6）展开"Particle（粒子）"属性，设置"Life[Sec]（粒子的生命）"的值为2.4，"Life Random（生命随机值）"的值为50，另外将"Size（粒子大小）"设置为2，"Size Random（粒子大小随机值）"的值为50，"Opacity Random（粒子透明度随机值）"的值为50，如图5-2-8所示。

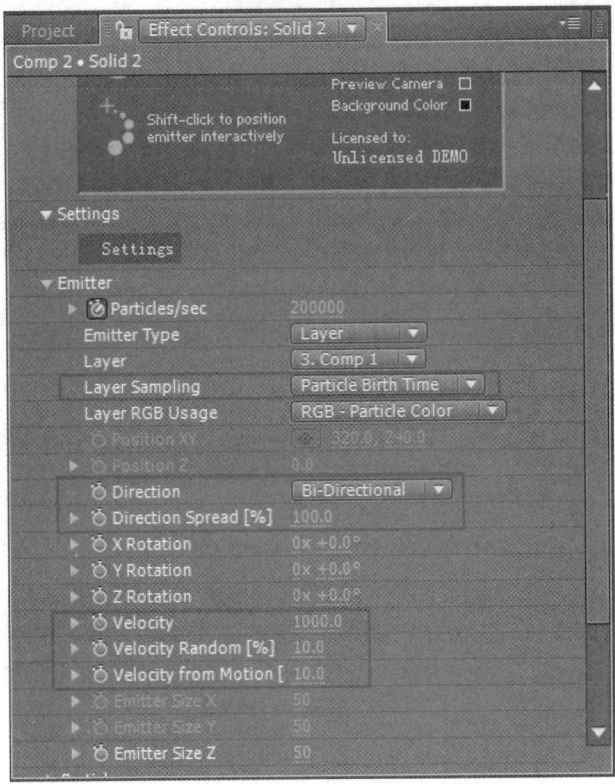

图 5-2-7 设置 Emitter 属性的其他参数

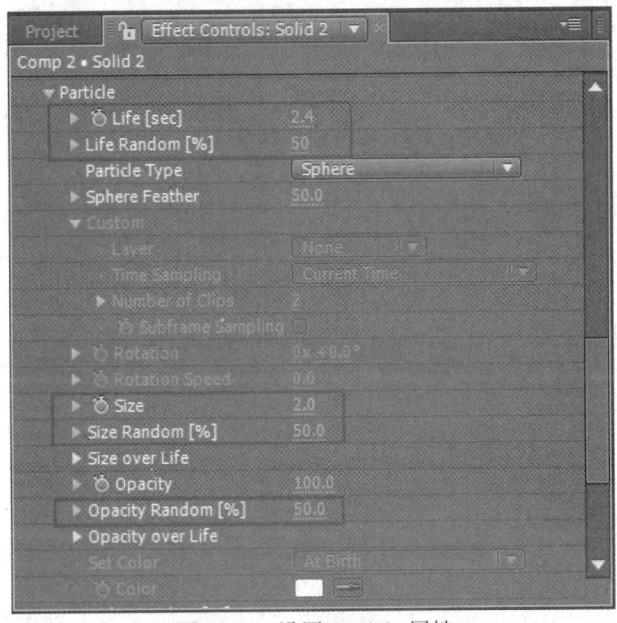

图 5-2-8 设置 Particle 属性

（7）继续展开"Physics（物理）"属性，设置粒子所受到的空气扰乱等物理参数，如图 5-2-9 所示。

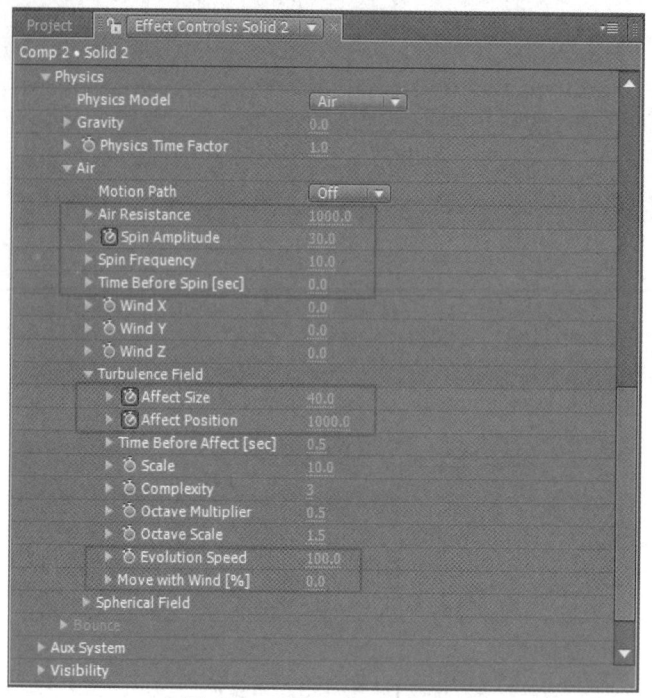

图 5-2-9　设置 Physics 属性

（8）最后再展开"Motion Blur"属性，打开运动模糊开关，如图 5-2-10 所示。

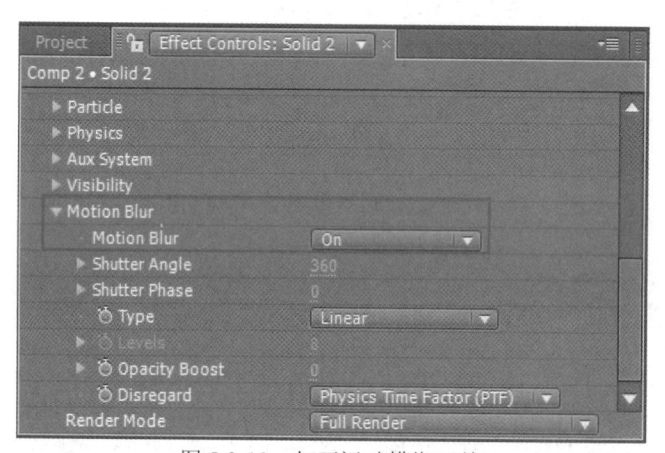

图 5-2-10　打开运动模糊开关

5.2.3　让粒子飞溅起来

（1）飞溅的关键帧设置。

将时间标签移动到 0 秒的位置，为"Particular"特效所在的层"Solid 2"创建第一组关键帧，其中"Particular > Emitter > Particles/Sec"的值为 200000，"Physics > Air > Spin Amplitude"的值为 30，"Physics > Air > Turbulence Field > Affect Size"的值为 40，"Physics > Air > Turbulence Field > Affect Position"的值为 1000。

然后将时间标签移动到"0:00:06:07"的位置，设置"Particles/Sec"的值为 0，"Spin Amplitude"的值为 10，"Affect Size"的值为 5，"Affect Position"的值为 5，如图 5-2-11 所示。

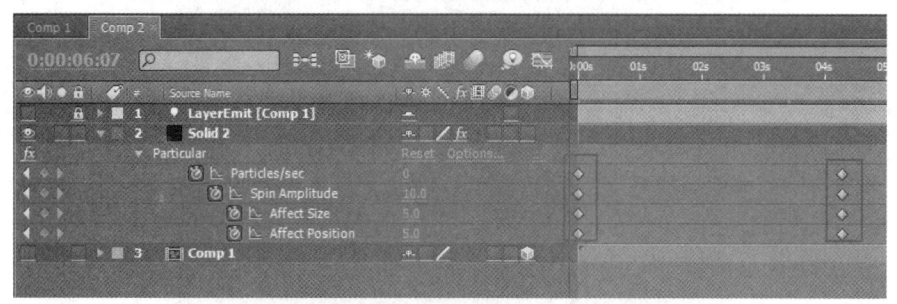

图 5-2-11　设置 Particular 属性的关键帧动画

（2）预览。

播放动画，此时的粒子形态如图 5-2-12 所示。

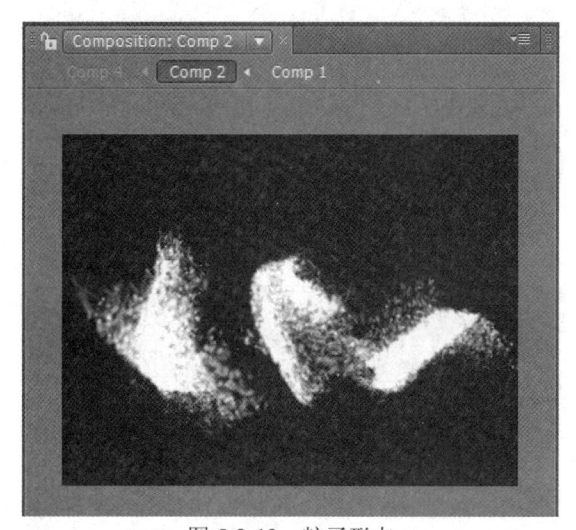

图 5-2-12　粒子形态

5.2.4　第二次添加粒子特效

（1）新建合成。

继续创建一个新的合成"Comp 3"，与"Comp 2"一样设置。然后新增一个为"Solid 3"的固态层，大小与"Comp 2"一样设置。

选择创建好的 Solid 层，为它添加"Effect > Trapcode > Particular"粒子特效。同上一个特效设置相似，展开当前"Particular"特效的"Emitter"属性，设置粒子的发射数量、发射类型、粒子的速度以及发射器的位置等参数，如图 5-2-13 所示。

（2）继续进行参数设置。

展开"Particular"特效的"Particle"属性，设置粒子的生命、大小、透明度以及变换模式等参数，如图 5-2-14 所示。

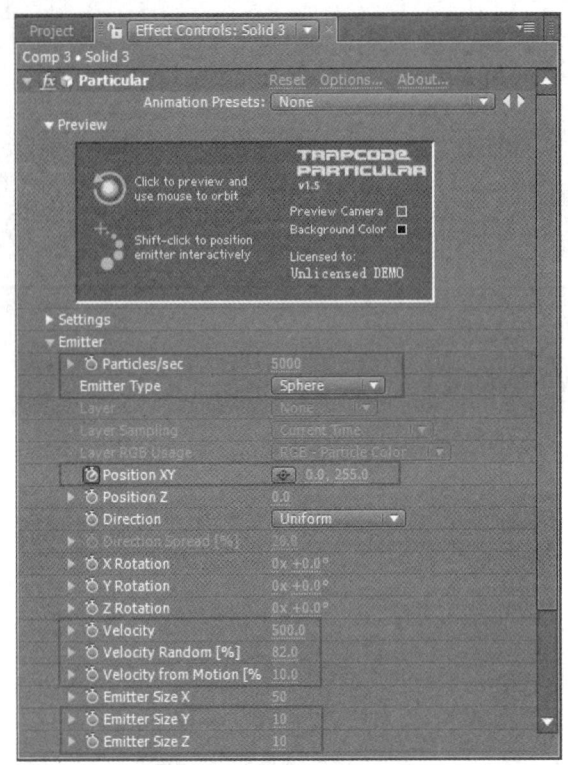

图 5-2-13　设置 Emitter 属性

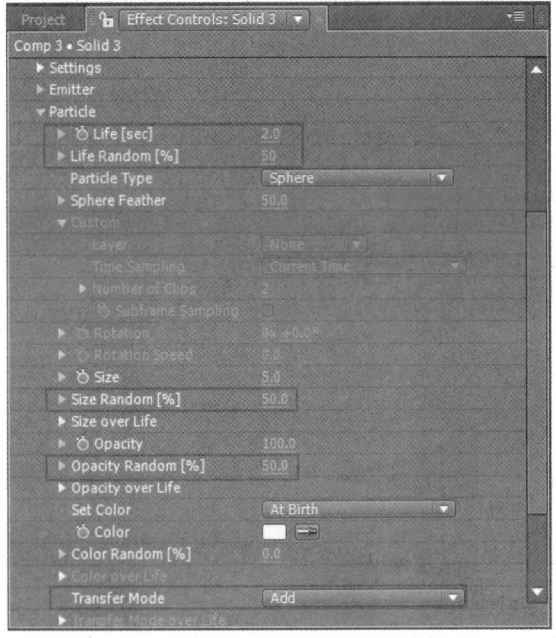

图 5-2-14　设置 Particle 属性

（3）重力参数的设置。

继续展开"Physics"属性，设置粒子所受到的力的各项参数值，设置如图 5-2-15 所示。

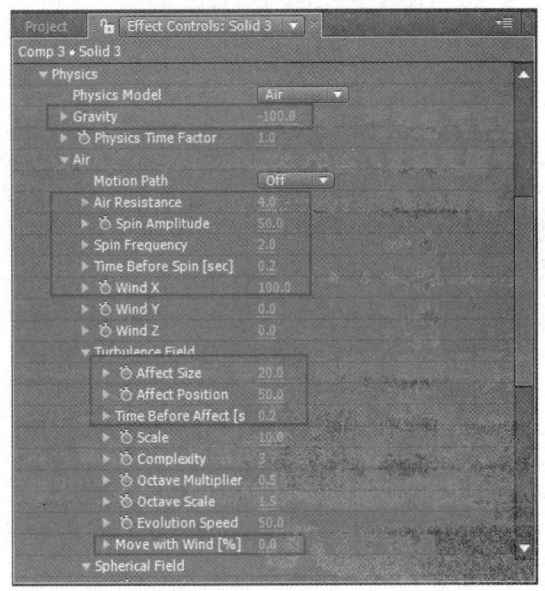

图 5-2-15　设置 Physics 属性

（4）打开运动模糊开关。

最后依然是展开"Motion Blur"属性，打开运动模糊开关，如图 5-2-16 所示。

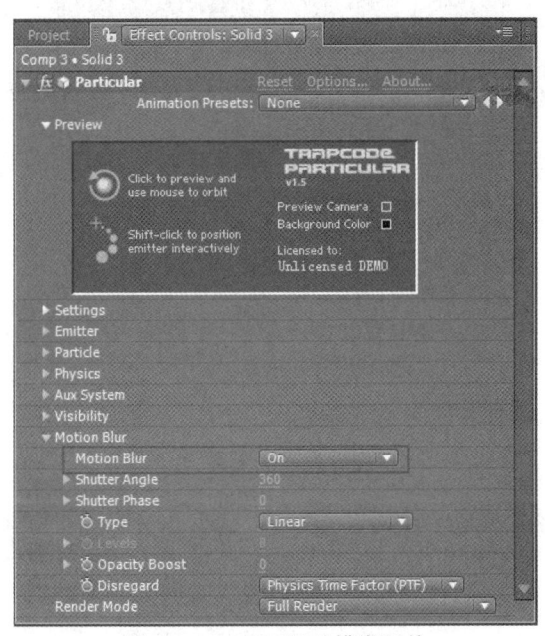

图 5-2-16　打开运动模糊开关

5.2.5　粒子从左到右飞溅起来

为第二个"Particular"特效的参数设置关键帧。在时间为 0 秒的时候设置"Particular > Emitter > Position XY"的值为（0，255）。然后在时间为"0:00:00:20"的位置创建第二个关键帧，将"Position XY"的值改为（800，255）。这样设置后实际上就是发射器的一个从左到右的位移动画，从而产生了粒子的从左往右飞溅的动画，如图 5-2-17 所示。

图 5-2-17　设置 Position XY 的关键帧动画

5.2.6　粒子把文字划出来

设置完毕后播放动画，此时的粒子虽然只是简单地从左到右飞舞过场，但它最终的作用是达到一个粒子将文字划出来的感觉，如图 5-2-18 所示。

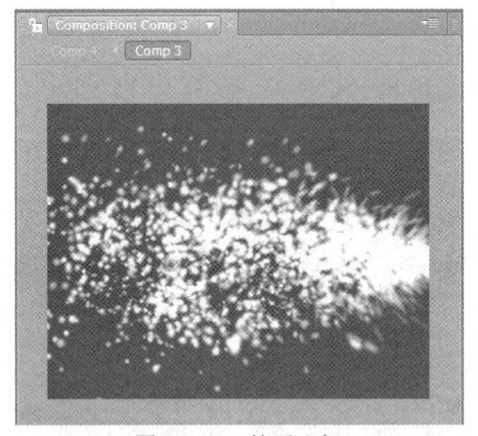

图 5-2-18　粒子飞舞

5.2.7　为粒子添加背景

（1）新建合成。

再次创建新的合成为"Comp 4"，与"Comp 3"的设置一样。将前面的三个合成"Comp 1"、"Comp 2"、"Comp 3"导入到"Comp 4"的时间线面板中成为图层，如图 5-2-19 所示。

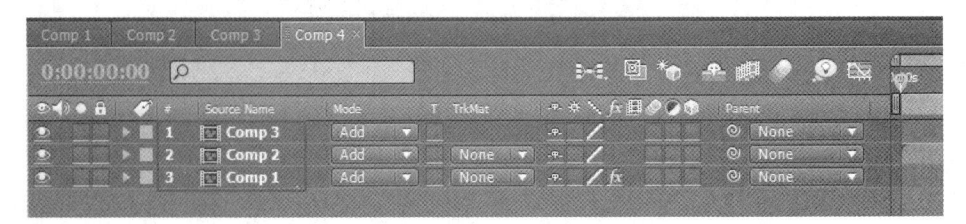

图 5-2-19　导入 Comp1、Comp2、Comp3

（2）为新建固态层添加特效。

为了创建一个背景，新建一个"Solid（固态层）"，为它添加"Effect > Generate > Ramp（渐变）"特效，并设置渐变参数，如图 5-2-20 所示。

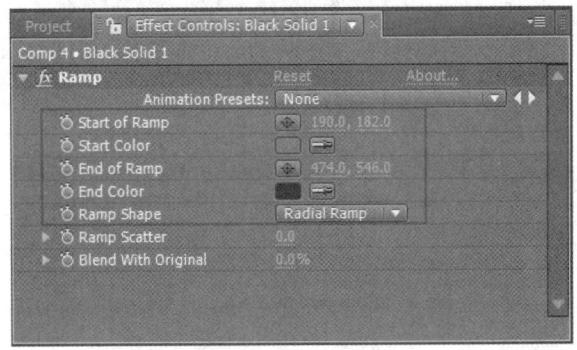

图 5-2-20　添加 Ramp 特效并设置

（3）渐变背景显示。

为新建固态层添加 Ramp 渐变特效后，即刻显示渐变背景，如图 5-2-21 所示。

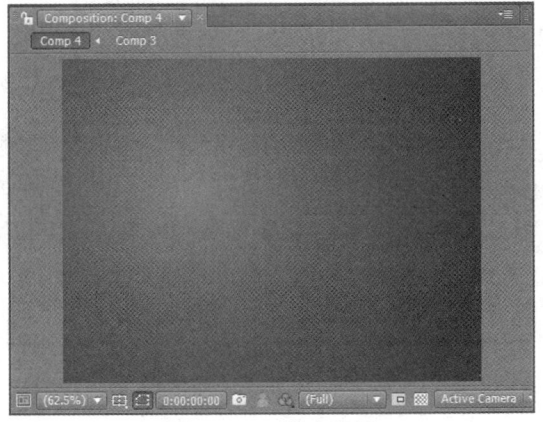

图 5-2-21　渐变背景

（4）运用叠加模式。

调整各个层在时间线上的位置，并设置层与层之间的叠加模式为"Add"，如图 5-2-22 所示。

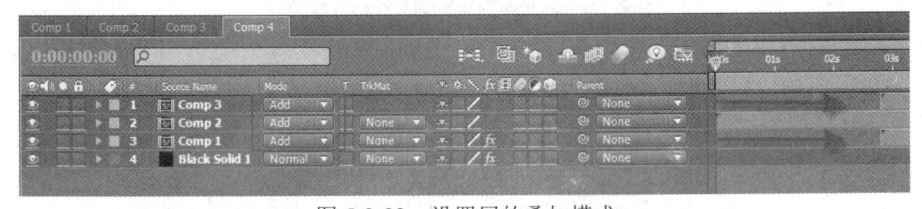

图 5-2-22　设置层的叠加模式

（5）添加光晕效果。

为"Comp 1"层添加"Effect > Stylize > Glow"特效，设置光晕的明度、半径、强度和光晕的颜色及其颜色使用方式，如图 5-2-23 所示。

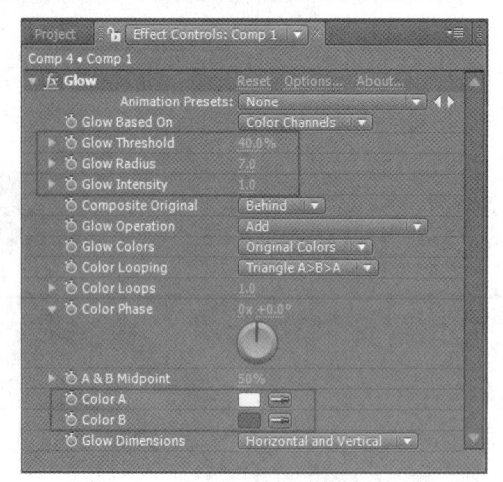

图 5-2-23　添加 Glow 特效并设置

（6）设置关键帧。

将时间标签移动到"0:00:03:25"的位置，为"Comp 1"图层的"Opacity"属性设置一个关键帧，值为 0。然后在"0:00:04:08"的位置设置"Opacity"属性的第二个关键帧，值为 100。同样，在"0:00:04:04"的位置，为"Comp 2"图层的"Opacity"属性设置一个关键帧，值为100。然后在"0:00:04:29"的位置设置"Opacity"属性的第二个关键帧，值为 0，如图 5-2-24 所示。

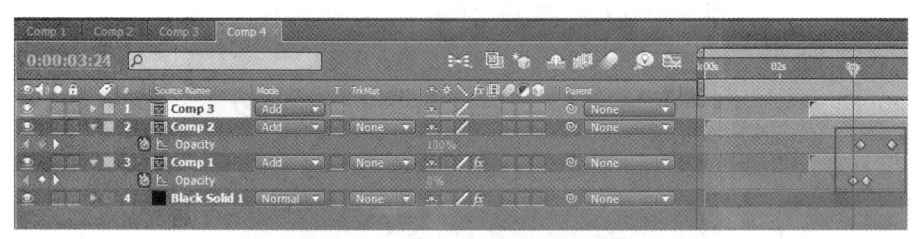

图 5-2-24　设置透明度关键帧动画

（7）预览。

完成上面的设置之后对整个动画进行预览，一个醒目的飞溅粒子特效动画就完成了，如图 5-2-25、图 5-2-26 所示。

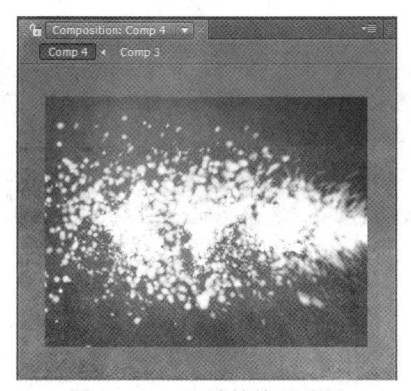

图 5-2-25　飞溅的粒子动画

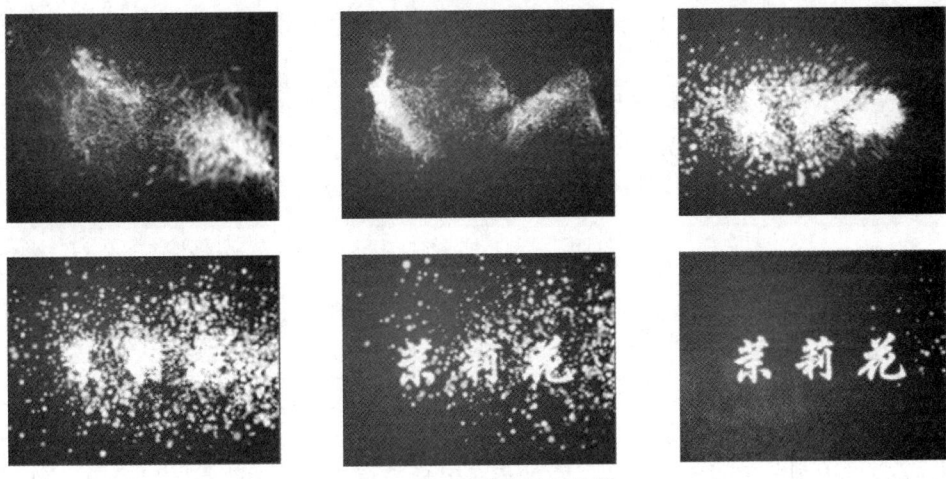

图 5-2-26 飞溅的粒子效果

飞溅的粒子制作步骤小结：

（1）新建合成"Comp 1"，大小为"640×480"。时间长度为 10 秒，在"Comp 1"中输入文字。

（2）新建合成"Comp 2"，使用"Particular"粒子特效制作第一个粒子动画。

（3）新建合成"Comp 3"，使用"Particular"粒子特效制作第二个粒子动画。

（4）新建合成"Comp 4"，将前面三个合成拖入到时间线面板中。然后添加背景层，并通过调整层的叠加模式完成最终的动画。

【重点难点】

Particular（粒子）、Caustics（焦散）、Glow（光晕）等特效参数的设置与协调应用。

【相关知识】

Particular 特效选项具体说明如下：

（1）Emitter 面板。

粒子发生器：用于产生粒子，并设定粒子的大小、形状、初始速度与方向等属性。

Particles/sec：控制每秒钟产生的粒子数量，该选项可以通过设定关键帧来实现在不同的时间内产生的粒子数量。

Emitter Type：设定粒子的类型。粒子类型主要有 Point、Box、Sphere、Grid、Light、Layer、Layer Grid 等七种类型。

Position XY & Position Z：设定产生粒子的三维空间坐标（可以设定关键帧）。

Direction：用于控制粒子的运动方向。

Direction Spread：控制粒子束的发散程度，适用于当粒子束的方向设定为 Directional、Bi-directional、Disc 和 Outwards 等四种类型。对于粒子束方向设定为 Uniform 和以灯光作为粒子发生器等情况时不起作用。

X,Y and Z Rotation：用于控制粒子发生器的方向。

Velocity：用于设定新产生粒子的初始速度。

Velocity Random：默认情况下，新产生的粒子的初速度是相等的，可以通过该选项为新产生的粒子设定随机的初速度。

Velocity from Motion：让粒子继承粒子发生器的速度。此参数只有在粒子发生器是运动的情况下才会起作用。该参数设定为负值时能产生粒子从粒子发生器喷射出来一样的效果。设定为正值时，会出现粒子发生器好像被粒子带着运动一样的效果。当该参数值为 0 时，没有任何效果。

Emitter Size X,Y and Z：当粒子发生器选择 Box、Sphere、Grid and Light 时，设定粒子发生器的大小。对于 Layer and Layer Grid 粒子发生器，只能设定 Z 参数。

（2）Particle 面板。

在 Particle 参数组可以设定粒子的所有外在属性，如大小、透明度、颜色，以及在整个生命周期内这些属性的变化。

Life[sec]：控制粒子的生命周期，它的值是以秒为单位的，该参数可以设定关键帧。

Life Random[%]：为粒子的生命周期赋予一个随机值，这样就不会出现"同生共死"的情况。

Particle Type：在该粒子系统中共有八种粒子类型：球形（sphere）、发光球形（glow sphere）、星形（star）、云团（cloudlet）、烟雾（smokelet）、自定义形（custom、custom colorize、custom fill）等。自定义 custom 类型是指用特定的层（可以是任何层）作为粒子，custom colorize 类型在 custom 类型的基础上又增加了可以为粒子（层）根据其亮度信息来着色的能力，custom fill 类型在 custom 类型的基础上又增加了为粒子（层）根据其 Alpha 通道来着色的能力。对于 custom 类型的粒子，如果用户选择一个动态的层作为粒子时，还有一个重要的概念：时间采样方式（time sampling mode）。系统主要提供了以下几种方式：

1）Start at Birth - Play Once：从头开始播放 custom 层粒子一次。粒子可能在 custom 层结束之前死亡（die），也可能是 custom 层在粒子死亡之前就结束了。

2）Start at Birth-Loop：循环播放 custom 层粒子。

3）Start at Birth-Stretch：从头开始或者是对 custom 层进行时间延伸的方式播放 custom 层粒子，以匹配粒子的生命周期。

4）Random-Still Frame：随机抓取 custom 层中的一帧作为粒子，贯穿粒子的整个生命周期。

5）Random - Play Once：随机抓取 custom 层中的一帧作为播放起始点，然后按照正常的速度进行播放 custom 层。

6）Random-Loop：随机抓取 custom 层中的一帧作为播放起始点，然后循环播放 custom 层。

7）Split Clip-Play Once：随机抽取 custom 层中的一个片段（clip）作为粒子，并且只播放一次。

8）Split Clip-Loop：随机抽取 custom 层中的一个片段（clip）作为粒子，并且进行循环播放。

9）Split Clip-Stretch：随机抽取 custom 层中的一个片段，并进行延伸，以匹配粒子的生命周期。

Sphere/Cloudlet/Smokelet Feather：控制球形、云团和烟雾状粒子的柔和（softness）程度，

其值越大，所产生的粒子越真实。

Custom：该参数组只有在粒子类型为 custom 时才起作用。

Rotation：用来控制粒子的旋转属性，只对 Star、Cloudlet-Smokelet 和 Custom 类型的粒子起作用。可以对该属性进行设定关键帧。

Rotation Speed：用来控制粒子的旋转速度。

Size：用来控制粒子的大小。

Size Random[%]：用来控制粒子大小的随机值，当该参数值不为 0 时，粒子发生器将会产生大小不等的粒子。

Size over Life：用来控制粒子在整个生命周期内的大小。Trapcode Particular 采用绘制曲线来达到控制的目的。Smooth：用来控制平滑曲线，按住 Shift 键可以加快平滑的速度；Random：用来产生一条随机的控制曲线；Flip：用来水平翻转控制曲线；Copy：将控制曲线拷贝到剪切板中；Paste：粘贴剪切板中的控制曲线。

Opacity：用来控制粒子的透明属性。

Opacity Random[%]：用来控制粒子透明的随机值，当该参数值不为 0 时，粒子发生器将产生透明程度不等的粒子。

Opacity over Life：控制粒子在整个生命周期内透明属性的变化方式。

Set Color：选择不同的方式来设置粒子的颜色。

At Birth：在粒子产生时设定其颜色并在整个生命周期内保持不变。颜色值通过 Color 参数来设定。

Over Life：在整个生命周期内粒子的颜色可以发生变化，其具体的变化方式通过 Color Over Life 参数来设定。

Random from Gradient：为粒子的颜色变化选择一种随机的方式，具体通过 Color over Life 参数来设定。

Color：当 Set Color 参数值设定为 At Birth 时，该参数用来设定粒子的颜色。

Color Random [%]：用来设定粒子颜色的随机变化范围，当该参数值不为 0 时，粒子的颜色将在所设定的范围内变化。

Color over Life：该参数决定了粒子在整个生命周期内颜色的变化方式。Opacity 区域反映出了不透明的属性；Random：随机产生渐变条；Flip：水平翻转渐变条；Copy：拷贝渐变条到剪切板中；Paste：粘贴剪切板中的渐变条。

Transfer Mode：该参数用来控制粒子的合成（composite）方式。

1）Normal：普通的合成方式。

2）Add 以 Add：叠加的方式，这种方式对产生灯光和火焰效果非常有用。

3）Screen：以 Screen 方式进行叠加，这种方式对产生灯光和火焰效果非常有用。

4）Lighten：使颜色变亮。

5）Normal/Add over Life：在整个生命周期中能够控制 normal 和 add 方式的平滑融合。

6）Normal/Screen over Life：在整个生命周期中能够控制 normal 和 screen 方式的平滑融合。

Transfer Mode over Life：用来控制粒子在整个生命周期内的转变方式。这对于当火焰转变为烟雾时非常有用。当粒子为火焰时，转变方式应该是 add 或 screen 方式，因为火焰具有加法属性（additives properties），当粒子变为烟雾时，转变方式应该改为 normal 型，因为烟雾具有遮蔽属性（obscuring properties）。

（3）Physics 面板。

用来控制粒子产生以后的运动属性，如重力、碰撞、干扰等。

Physics Model：系统提供了 air 和 bounce 两种物理模型。

Gravity：该参数为粒子赋予一个重力系数，使粒子模拟真实世界下落的效果。

Physics time factor：该参数可以控制粒子在整个生命周期中的运动情况，可以使粒子加速或减速，也可以冻结或返回等，该参数可以设定关键帧。

Air：这种模型用于模拟粒子通过空气的运动属性，在这里用户可以设置空气阻力、空气干扰等内容。

1）Air Resistance：该参数用来设置空气阻力，在模拟爆炸或烟花效果时非常有用。

2）Spin：该参数用来控制粒子的旋转属性，当参数值不为 0 时，系统将为粒子赋以在该参数范围内的一个随机旋转属性。

3）Wind：该参数用来模拟风场，使粒子朝着风向进行运动。为了达到更加真实的效果，用户可以为该参数设定关键帧，增加旋转属性和增加干扰场来实现。

4）Turbulence Field：在 Turbulence 3D 粒子系统中干扰是由 4D displacement perlin noise fractal（这并非是基于流体动力学）。它以一种特殊的方式为每个粒子赋予一个随机的运动速度，使它们看起来更加真实，这对于创建火焰或烟雾类的特效尤为有用，而且它的渲染速度非常快。

①Affect Size：该参数使用不规则碎片的图形（fractal）来决定粒子的大小属性，通过设置该参数来影响粒子的位置与大小的属性。该参数对于创建云团效果特别有效。

②Affect Postion：该参数使用不规则碎片的图形（fractal）来决定粒子的位置属性，经常使用在创建烟火或烟雾效果的场合

③Time Before Affect：设置粒子受干扰场影响前的时间。

④Scale：设置不规则碎片图形（fractal）的放大倍数。

⑤Complexity：设置参数不规则碎片图形（fractal）的叠加层次。用于调节 fractal 的细部特征，值越大细部特征越明显。

⑥Octave Multiplier：设置干扰场叠加在前一时刻干扰场的影响程度（影响系数）。值越大，干扰场对粒子的影响越大，粒子属性的变化越明显。

⑦Octave Scale：设置干扰场叠加在前一时刻干扰场的放大倍数。

⑧Evolution Speed：设置干扰场变化的速度。

⑨Move with Wind[%]：给干扰场增加一个风的效果。使创建火焰或烟雾效果时产生更加真实的效果。

⑩Spherical Field：设置一个球星干扰场，这种场可以排斥或吸引粒子，它有别于力场，当场消失时，受它影响而产生的效果马上消失。

- Strength：该参数为正值时，形成一个排斥粒子的场，当为负值时，则形成一个吸引粒子的场。
- Position ZY&Z：设置场的位置属性。
- Radius：设置场的大小。
- Feather：设置场的边缘羽化程度。

- Visualize Field：设置场是否可见。

Bounce：该模型模拟粒子的碰撞属性。该参数组用来使用粒子在场景中的层上产生碰撞的效果。粒子系统提供了两种层类型，即地面和墙壁。粒子的碰撞区域可以是层的 Alpha 通道，也可以是整个层区域，也可以设置一个无限大的层。注意：场景中的摄像机可以自由移动，但地板与墙面必须是保持静止的，他们不能设置有任何关键帧。

1）Floor Layer：该选项用来设置一个地板（层），要求是一个 3D 层，而且不能是文字层（text layer）。如果要使用文字层时，用户可以为文字层建立一个 comp，并关闭"continous rasterize"选项。当用户选择了一个地板（层）以后，系统会自动产生一个名为"Floor [layer name]"的灯光层，该层在默认情况下是被锁定并不可见的，用户不能对它进行编辑，该层的作用是为了让粒子系统更好地跟踪地板（层）。

2）Floor Mode：该参数让用户选择碰撞区域是无穷大的平面，还是整个层大小或层的 Alpha 通道。

3）Wall Layer：该选项用来设置一个墙壁（层），要求是一个 3D 层，并且不能是文字层（text layer）。如果要使用文字层时，用户可以为文字层建立一个 comp，并关闭"continous rasterize"选项。当用户选择了一个墙壁（层）以后，系统会自动产生一个为"Wall[layer name]"的灯光层，该层在默认情况下是被锁定并不可以见的，用户不能对它进行编辑，该层的作用是为了让粒子系统更好地跟踪墙壁（层）。

4）Wall Mode：该参数让用户选择碰撞区域是无穷大的平面，还是整个层大小或层的 Alpha 通道。

5）Collision Event：该参数用来控制碰撞的方式，系统提供了三种类型的碰撞方式，即弹跳、滑行、消失。

6）Bounce：该参数用来控制粒子发生碰撞后弹跳的强度。

7）Bounce Random：该参数是用来设置粒子弹跳强度的随机程度，使弹跳效果更加真实。

8）Slide：该参数用来控制材料的摩擦系数。值越大，粒子在碰撞后滑行的距离越短，值越小滑行的距离越长。

（4）Aux System（辅助系统）。

粒子可以发射子粒子，或者当粒子与地板（layer）碰撞以后会产生一批新的粒子。通常将新产生的粒子称为子粒子，或者辅助粒子。辅助粒子的属性可以通过 Aux System 面板和 options 进行控制。

Emit：以后可以选择子粒子产生的方式是连续发射或碰撞发射。

Particles/sec：每秒钟发射的粒子数。

Life：子粒子的寿命。

Type：粒子类型。

Velocity：子粒子产生的初始速度。

Size：粒子的大小。

Size over Life：控制子粒子在整个生命周期中的大小变化。

Opacity：子粒子的透明属性。

Opacity over Life：控制子粒子在整个生命周期中的透明属性变化。

Color over Life：控制子粒子在整个生命周期中颜色的变化。

Color From Main：设置子粒子继承父粒子的颜色属性。

（5）Visibility 面板。

Far Vanish：最远可见距离，当粒子与摄像机的距离超过最远可见距离时，粒子在场景中变得不可见。

Far Start Fade：最远衰减距离，当粒子与摄像机的距离超过最远衰减距离时，粒子开始衰减。

Near Start Fade：最近衰减距离，当粒子与摄像机的距离低于最近衰减距离时，粒子开始衰减。

Near Vanish：最近可见距离，当粒子与摄像机的距离低于最近可见距离时，粒子在场景中变得不可见。

Near & Far Curves：设定粒子衰减的方式，系统提供直线型（Linear）和圆滑型（Smooth）两种类型。

Z Buffer：选择一个基于亮度的 Z 通道，Z 通道带有深度信息，Z 通道信息由 3D 软件产生，并导入到 AE 中来，这对于在由 3D 软件生成的场景中插入粒子时非常有用。

Z at Black：以 Z 通道信息中的黑色像素来描述深度（与摄像机之间的距离）。

Z at White：以 Z 通道信息中的白色像素来描述深度（与摄像机之间的距离）。

Obscuration Layer：任何 3D 层（除了文字层）都可以用来使粒子变得朦胧（半透明），如果要使用文字层的话，可以将文字放到一个 Comp 中，并且关闭"Continuously Rasterize"属性。将遮蔽层（Obscuration Layer）放到时间层窗口（TLW）的最低部。用户也可以将层粒子发生器（layer emitter）、墙壁（wall）、地板（layer）作为遮蔽层来使用，确保在时间层窗口中遮蔽层处于粒子发生层的下面。

（6）Motion Blur 面板。

为了更加真实地模拟粒子运动的效果，系统给粒子赋予运动模糊来解决这一问题。在 Trapcode 的 3D 粒子系统中的运动模糊概念与其他应用软件或插件中的概念有些不同，在该粒子系统中，系统在渲染之前直接在粒子队列中插入附加的粒子，而不仅仅融合一些时间偏移帧来得到一个模糊帧，这就意味着不管是哪个方向，运动模糊的效果都是真实的。所以 Trapcode 的 3D 粒子系统能够模拟出更加真实的运动模糊效果。

Motion Blur：该参数有 on、off 和 use comp settings 三个选项。当使用 comp settings 时，shutter angle 和 phase 的值均使用 comp 的高级设置，同时保证层的运动模糊开关打开。

Shutter Angle：控制摄像机在拍摄时快门的开放时间。

Shutter Phase：设置合成图像的快门相位，它决定运动模糊的方向，决定运动开始时快门相对打开的角度。

Type：系统提供了两种运动模糊的方式，即

- Linear：这种运动模糊是在假定粒子在整个快门处于开放状态下始终沿着直线运动。通常这种运动模糊在渲染的时候较快，但有时候效果不是很真实。
- Subframe Sample：这种运动模糊综合考虑了粒子的位移和旋转因素。

Levels：当使用 Subframe Sample 运动模糊时，设定系统采样的点数。

Opacity Boost：当激活运动模糊后，粒子会变得模糊，增加了透明的效果，而该参数设置刚好是为了抵消这种效果的发生，经常用于火花效果或者灯光粒子发生器发射的粒子当中。

Disregard：有时并不是场景中所有的运动物体都需要加运动模糊的，该参数用来设置那些不需要加运动模糊的运动物体。

　　1）Nothing：不需要排除任何运动物体。

　　2）Physics Time Factor（PTF）：排除使用 Physics Time Factor 参数时的情况。比如在爆炸的过程中，使用 Physics Time Factor 冻结时间制作成的特效，而在粒子被冻结的过程中，不希望有运动模糊的效果，此时就可以用该参数来排除这一时段的运动模糊。

　　3）Camera Motion：在摄像机快门速度非常高的状态下，如果摄像机是运动的，那么会造成非常厉害的运动模糊，该选项就是用来排除这种情况的发生。

　　4）Camera Motion & PTF：既不排除 Camera Motion，也不排除 PTF。

　　（7）Options 面板。

　　License：许可协议。

　　Emission Extras：粒子其他发射属性。

　　1）pre-run：提前粒子生成的时间，使场景的第一帧即可见粒子。

　　2）Periodicity Rnd：用来设置粒子发生器的间隔。该参数主要用于方向型粒子发生器，并且方向扩散角度设为 0 时。

　　Random Seed：该参数控制所有的随机参数，通过赋予粒子效果或位置属性一定的随机值，使动画看起来更加真实。

　　Glow：控制粒子的发光程度，只对球星和星形粒子类型有效。

　　Grid Emitter：该参数只对 Layer Grid 粒子发生器起作用，用来控制在每个维度发生粒子的数量。系统提供两种粒子发射的类型，即 Periodic Burst（周期性地同时发射粒子，所以粒子将在同一时刻发射）和 Traverse（每一时刻只发射一个粒子）。

　　Light Emitters：当使用灯光作为粒子发生器时，对灯光的命名是有要求的，用户可以通过该参数来设定灯光命名的规则。同时还可以选择每秒产生粒子数的影响参数。

　　Smokelet Shadow：该参数仅适用于粒子类型是烟雾（Smokelet）的情况下。其中 RGB 用来定义阴影的颜色，Color Strength 用来定义与粒子原始颜色混合的比例，Opacity 用来定义阴影的透明度。"Light name"用来定义产生阴影的灯光名称，用来产生阴影的灯光类型可以是电光源（point light），也可以是平行光源（parallel light）。

　　Aux System：当使用 Aux System 时，这些设置将被激活。Emit Probability 用来定义能够发射子粒子（Aux Particles）的父粒子（Main Particles）数量，Inherit velocity 用来定义有多少子粒子将继承父粒子的速度，Start and Stop Emit 用来定义子粒子产生的时间（相对于父粒子的生命周期）。

综合实训：风吹粒子文字制作

【实训要求】

　　在"风吹粒子文字"制作中，主要学习 Shatter（粉碎）特效的工作特性、设置方法和参数调节，了解 Drop Shadow（落下阴影）特效和发光特效如何创建模拟风的技术和方法，通过风吹粒子文字关键帧设置、调整和修改过程，熟练掌握风吹粒子文字的操作技能，提高粒子运动的制作水平。

【实训案例提示】

利用 Shatter 离散特效制作模拟风吹粒子的文字动画。

操作步骤提示：

（1）建立新的合成"Comp 1"，大小为"640×480"。

（2）利用工具箱中的文字工具输入文字。

（3）建立新的合成"Comp 2"，大小为"640×480"，将"Comp 1"拖入进来并为其添加"Shatter"离散特效。

（4）为文字添加发光效果，同时设置大小关键帧动画完成最终效果。

实训案例风吹粒子完成效果如图 5-2-27 所示。

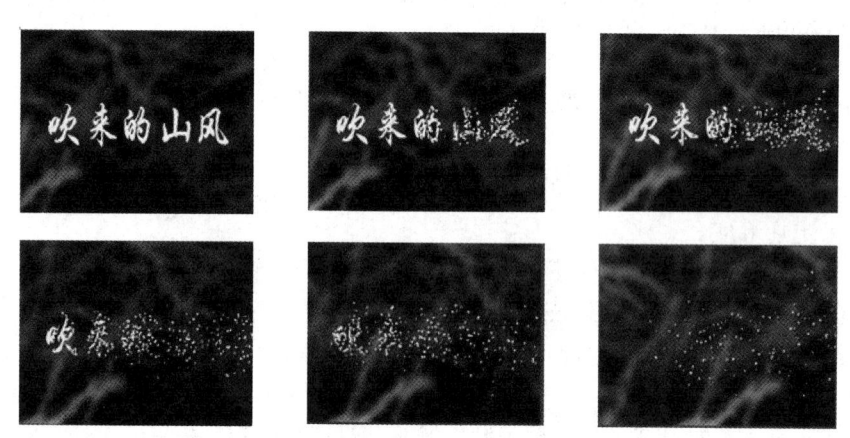

图 5-2-27　风吹粒子完成效果

【重点难点】

Shatter（离散）、Drop Shadow（阴影）等特效参数的设置与协调应用。

习题五

一、选择题

1．以下哪些特效可以用于创建文字流星（　　）。
　　A．Particle　Playground（粒子运动场）　　B．Fast Blur（快速模糊）
　　C．Glow（辉光）　　　　　　　　　　　　D．Ramp（渐变）

2．以下哪些特效可以用于创建飞溅的粒子（　　）。
　　A．Particular（粒子）　　　　　　　　　　B．Caustics（焦散）
　　C．Glow（光晕）　　　　　　　　　　　　D．Levels（色阶调整）

3．以下哪些特效可以用于创建风吹粒子文字（　　）。
　　A．Shatter（离散）　　　　　　　　　　　B．Drop Shadow（阴影）

C．Levels（色阶调整）　　　　　　D．Glow（发光）
4．以下哪些特效可以常用于粒子文字的制作（　　）。
　　A．Particle Playground（粒子运动场）　　B．Caustics（焦散）
　　C．Drop Shadow（阴影）　　　　　D．Levels（色阶调整）

二、填空题

1．"文字流星"视频制作，主要利用（　　）特效与（　　）特效和（　　）特效的搭配使用。
2．"飞溅的粒子"视频制作，主要利用（　　）特效与（　　）特效和（　　）特效的搭配使用。
3．"风吹粒子文字"视频制作，主要利用（　　）特效与（　　）特效和（　　）特效的搭配使用。
4．通过粒子特效实践应用，能了解（　　）知识，熟悉（　　）流程，掌握（　　）设置技术，提高（　　）能力。

三、判断题

1．"文字流星"视频制作，主要学习 Particle Playground（粒子运动场）特效的工作特性、设置方法和调节技巧，了解 Fast Blur（快速模糊）特效、Glow（光晕）特效、Ramp（渐变）特效的参数设置方法。
　　　　　　　　　　　　　　　　　　　　　　　　　　　　　　　　　　　　　（　　）

2．通过"飞溅的粒子"视频制作，主要学习 Particular（粒子）特效的工作特性、设置方法和参数调节，了解如何运用 Caustics（焦散）特效和 Glow（光晕）特效去创建粒子动画的技术方法。（　　）

3．通过"风吹粒子文字"视频制作，主要学习 Shatter（粉碎）特效的工作特性、设置方法和参数调节。
　　　　　　　　　　　　　　　　　　　　　　　　　　　　　　　　　　　　　（　　）

4．利用粒子特效与其他特效的配合使用，能模拟出自然界中纷飞的雪花、倾盆的大雨、缭绕的烟雾、群飞的大雁、悬浮的颗粒、飘零的落叶等。　　　　　　　　　　　　　　　　　（　　）

四、问答题

1．粒子特效的特点是什么？
2．粒子特效的作用是什么？
3．粒子特效的应用范围是什么？
4．粒子特效拓展应用的关键点在哪里？

五、操作题

1．请将一片树叶制作成秋风中正在飘零的片片落叶。
2．请将"茉莉花"三个静态文字制作成飞溅的动态文字。
3．请将"流逝的时光"静态文字制作成风吹粒子文字。
4．请在一段视频广告画面上添加与之相应的粒子效果。

6 发光特效应用

发光特效简称光效，光效是利用色块的补色关系和变化不同的色彩与纹样产生出各种不同的光，如镜头光、闪光、扫光、飞光、射光、点光、流动光等。光效也是一种视觉艺术，电视栏目之所以带给观众幻觉、吸引观众眼球，常常是绚烂光效的功劳。今天，只要打开电视，就能看见各种栏目、宣传广告上闪亮登场的光效。光效的应用面很广，现代影视中几乎离不开光效的参与，因此，深入了解光效的形成原理，掌握光效的制作技巧，才能在实际工作中游刃有余。

本章通过光芒主题、梦幻流动、拖尾流光三个案例的制作，引导学生了解发光、光线发射、光线叠加、三维描边、发热、拖尾等特效的调节方法，掌握发光特效的操作技能，提高发光效果的应用水准。

【知识能力目标】

（1）了解 Shine 照耀、Source Point 光线发射中心点、Transfer Mode 光线叠加的模式、3D Stroke 三维描边、Glow 发光、Echo 拖尾等特效的基本功能和它们的参数设置方法。

（2）利用发光特效，完成光芒主题、梦幻流动、拖尾流光案例的制作。

（3）善于借鉴和吸纳国内外发光特效在影视应用中的精湛成果，提高光效的应用与制作能力。

（4）掌握发光特效与视频画面的融合模式。

（5）提高发光特效应用的鉴赏能力。

6.1 光芒主题制作

在现代栏目包装、影视广告、片头片花的设计制作中，运用"Shine（发光）"创建光芒主题的案例数不胜数。"Shine（发光）"特效是制作光效的外挂插件，它能够通过 Logo 和其他种类的脚本创建日光和扫光。学生在光芒主题的制作中，一定会兴致勃勃，全情投入，发掘灵气，启迪思维。

发光特效应用　第6章

【学习要求】

在"光芒主题"制作中,主要学习 Shine(发光)特效在光芒主题制作中是如何创建扫光的。通过修改发光强度和光线长度、移动 Source Point(光线发射中心点)位置、设置 Transfer Mode 光线叠加的模式、改变光芒大小、形态等一系列的制作过程,熟练掌握光芒主题的操作技能,提高制作光效的水平。

【案例分析】

"Shine(发光)"特效是一个快速光效插件,能够创建传递模式和众多的变色模式,它虽然是二维的光效,但也能模拟出三维体积光,充分利用"Shine(发光)"特效内置的各项功能,细心地调节内置的各项参数,就能为放光云层、发光标题、模拟标示体积光、微光无缝循环等其他应用领域带来更多的精彩。光芒主题的制作可按照如下步骤进行:

(1)输入文字。
(2)为文字创建动画。
(3)为文字动画添加光效。
(4)为文字设置光效动画。

【制作步骤】

6.1.1　输入文字

(1)新建灿烂辉煌合成。

首先创建一个新的合成"灿烂辉煌",大小为"640×480",时间长度为 3 秒。参数设置如图 6-1-1 所示。

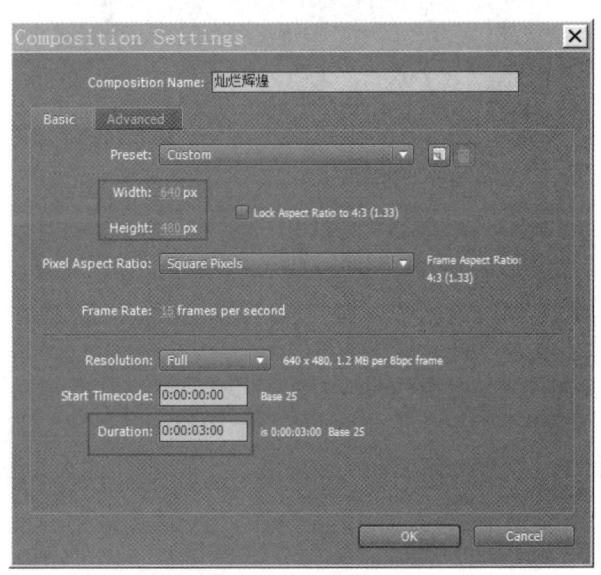

图 6-1-1　新建合成设置

105

（2）输入文字。

在工具箱中选择文字工具，在"Comp"合成面板中输入"灿烂辉煌"文字，如图 6-1-2 所示。

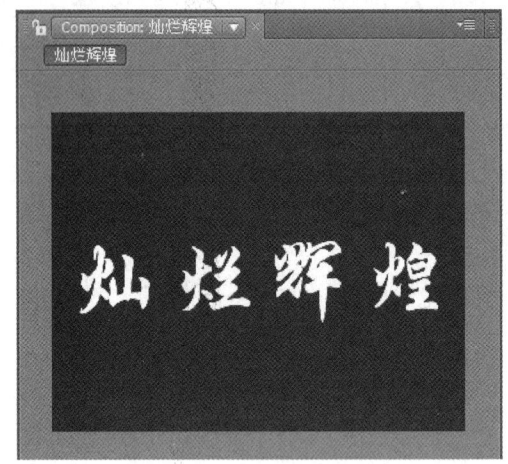

图 6-1-2　输入"灿烂辉煌"文字

（3）移动目标点。

输入主题文字后会自动在时间线面板中产生一个文字图层。选择文字图层，利用工具箱中的中心点移动工具，将文字层的目标点移到中心，如图 6-1-3 所示的位置。

图 6-1-3　移动中心点

6.1.2　为文字创建动画

选择文字图层，按下快捷键"S"，展开文字图层"Scale"的大小缩放属性。下面来设置它的关键帧动画。

在时间为 0 秒的位置，设置 Scale 的值为（826，826%）。在时间"0:00:00:19"的时候，设置 Scale 的值为（90，90%）。在时间"0:00:02:29"的时候，设置 Scale 的值为（100，100%）。

关键帧设置使文字产生了一段简单的大小缩放动画，如图 6-1-4 所示。

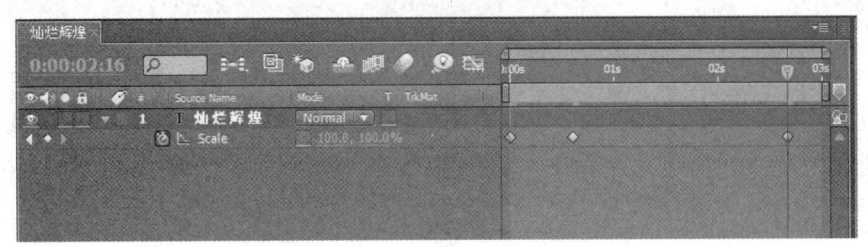

图 6-1-4　Scale 的关键帧设置

6.1.3　为文字动画添加光效

再次选择文字图层，为它添加"Effect > Trapcode > Shine（发光）"特效，修改发光强度和光线长度，适度移动"Source Point（光线发射中心点）"位置，并将"Transfer Mode（光线叠加的模式）"设置为"Add（加法模式）"，如图 6-1-5 所示。

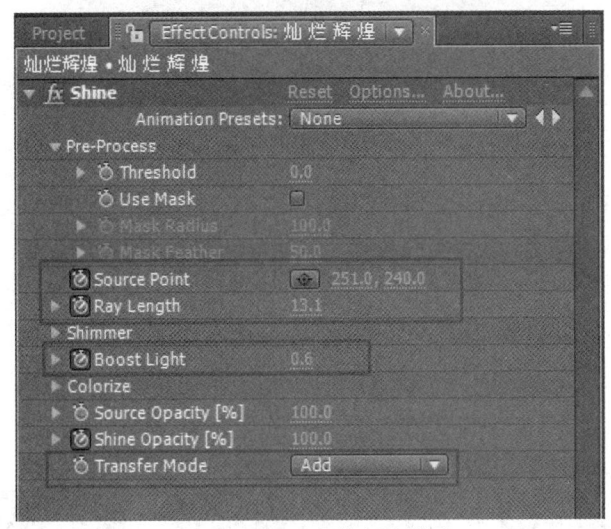

图 6-1-5　Shine 的参数设置

6.1.4　为文字设置光效动画

（1）设置光效关键帧。

下面来为"Shine（发光）"特效设置关键帧动画。在时间为 0 秒的时候，设置"Ray Length（光线长度）"的值为 13.1，"Boost Light"的值为 0.6。

在时间为"0:00:00:19"的时候，设置"Source Point"的值为（268，240.0），"Ray Length"的值为 20.0，Boost Light 的值为"（4）7"。在时间为"0:00:02:20"的时候，设置"Shine Opacity"的值为 100.0%。在时间为"0:00:02:29"的时候，设置"Source Point"的值为（102，240.0），"Shine Opacity"的值为 0.0%，如图 6-1-6 所示。

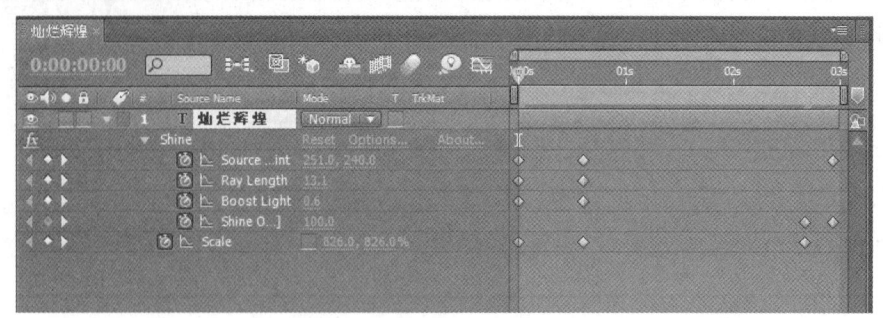

图 6-1-6　Shine 的关键帧设置

（2）预览。

设置完毕后播放动画，一个简单的文字光芒动画就完成了，如图 6-1-7 所示，最终效果如图 6-1-8 所示。

图 6-1-7　文字光芒动画

图 6-1-8　光芒主题制作案例效果

光芒主题制作步骤小结：

（1）建立合成。

（2）利用文字工具建立光效文字。

（3）为文字层添加"Shine（发光）"特效并设置其光效参数。

（4）设置"Shine（发光）"特效的关键帧动画，完成最终的光芒主题制作。

【重点难点】

Shine（发光）等特效参数的设置与其他特效协调应用。

【相关知识】

光芒主题制作主要用到 Shine 的特效。

Shine（体积光）特效选项具体说明如下：

Pre-Process：预处理。

Threshold：阀值。

Use Mask：是否使用遮罩。

Mask Radius：遮罩的半径。

Mask Feather：遮罩的羽化值。

Source Point：发射点。

Ray Length：光芒的长度。

Shimmer：微光的参数。

Amount：数量。

Detail：细节。

Source Point affects Shimmer 是否让微光随着发射点的移动而变化。

Radius：半径。

Raduce flickering：减少闪烁。

Phase：相位。

Use Loop：是否使用循环。

Revolutions in Loop：在循环中旋转。

Boost light：推进灯光。

Colorize：选择颜色的模式。

None：没有颜色。

One Color：单一颜色。

3-Color Gradient：三种颜色渐变，即高光色、中间色、阴影色。

5-Color Gradient：五种颜色渐变。

Fire：火。

Mars：火星。

Chemistry：化学。

Deepsea：深海。

Electric：电。

Spirit：幽灵。
Aura：光环。
Heaven：天堂。
Romance：浪漫。
Magic：魔术。
USA：美国国旗颜色。
Rastafari：牙买加 拉斯特法里。
Enlightenment：教化。
Radioaktiv：无线电波。
IR Vision：化学元素。
Lysergic：麦角。
Rainbow：彩虹。
RGB：三原色。
Technicolor：彩色印片法。
Chess：国际象棋。
Pastell：粉笔着色画家。
Desert Sun：沙漠中的太阳。
Base On：决定输入通道，共有 7 种模式。

- Lightness：使用明度值。
- Luminance：使用亮度值。
- Alpha：使用 Alpha 通道。
- Alpha Edges：使用 Alpha 通道的边缘。
- Red：使用红色通道。
- Green：使用绿色通道。
- Blue：使用蓝色通道。

Source Opacity：源素材的不透明度。
Shine Opacity：光线的不透明度。
Transfer Mode：叠加方式。
None：不选择。
Normal：正常的。
Add：增加。
Multiply：叠加。
Screen：屏幕。
Overlay：覆盖。
Soft Light：柔光。
Hard Light：硬光。
Color Dodge：颜色隐藏。
Color Burn：颜色燃烧。
Darken：暗部。

Lighten：亮度。
Difference：差异。
Exclusion：排除。
Hue：色调。
Saturation：饱和度。
Color：颜色。
Luminnosity：发光度。

6.2 梦幻流动制作

上例的"光芒主题"案例主要以应用"Shine（发光）"特效为主，完成的是一个二维发光特效。而本例的"梦幻流动"制作，是在"3D Stroke（三维描边）"特效的基础上运用"Shine（发光）"特效，模拟出真实的三维空间效果，突出了画面的立体纹理、质感逼真、多姿多彩。

【学习要求】

在"梦幻流动"制作中，主要学习钢笔工具绘制 Mask 遮罩的技术和方法，了解 3D Stroke（三维描边）特效的工作特性和调节技巧，掌握 Mask 路径笔画的运动原理，通过添加 Shine 和 Glow 两个光效的调整过程，熟练掌握梦幻流动的制作技能，提高光效的应用水平。

【案例分析】

常常在影片中看到一些弯曲、位移、旋转、缩放的奇异图形，产生烘托气氛的流光效果，就是通过"3D Stroke（三维描边）"特效和"Shine（发光）"特效共同完成的。梦幻流动的结果与此差不多，其核心是在三维空间建立一条笔画线条，再设置笔端的"开始"和"结束"的关键帧，模拟线条在三维空间自由地穿行，最后结合使用"Shine（发光）"特效对穿行的线条施加光效，并适度调节穿行线条的光效质感。"梦幻流动"可按照如下步骤进行制作：

（1）创建三维线条遮罩。
（2）线条遮罩施加 3D 特效。
（3）让线条在画面空间中游动。
（4）为游动的线条添加光效。
（5）为游动的线条添加转场效果。

【制作步骤】

6.2.1 创建三维线条遮罩

（1）新建合成。

首先创建一个命名为"3D Stroke"的合成，大小为"640×480"，时间长度为 4 秒，设置如图 6-2-1 所示。

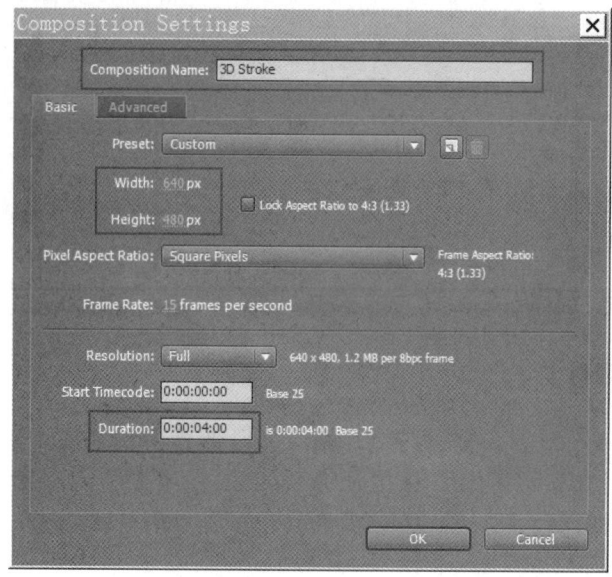

图 6-2-1　3D Stroke 的合成设置

（2）新建固态层。

在时间线面板中建立一个"Solid（固态层）"，设置如图 6-2-2 所示。

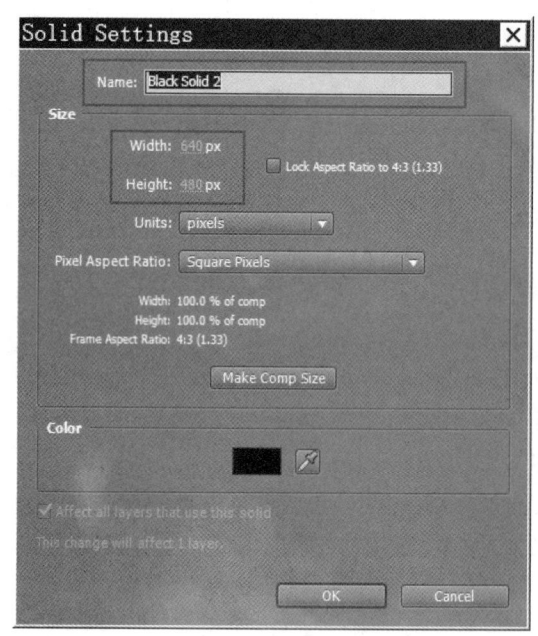

图 6-2-2　Solid 设置

（3）绘制遮罩。

在工具箱中选择钢笔工具，为新建的"Solid（固态层）"绘制"Mask（遮罩）"，这一步的目的在于创建用于光效流动的路径，其绘制的遮罩样式如图 6-2-3 所示。

（4）建立三维空间。

打开图层的三维开关，如图 6-2-4 所示。

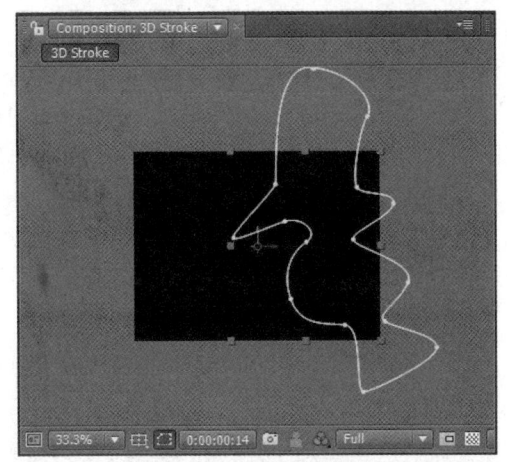

图 6-2-3 Mask 的绘制

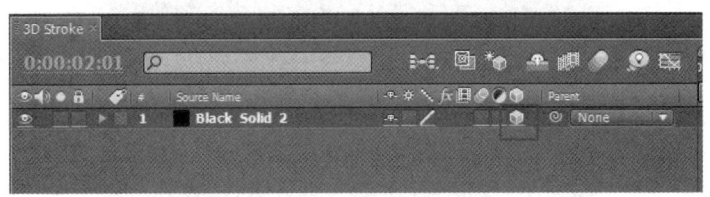

图 6-2-4 打开三维开关

6.2.2 为线条遮罩施加 3D 特效

（1）创建三维描边特效。

选择图层，为它添加"Effect > Trapcode > 3D Stroke（三维描边）"特效。在特效面板中设置"3D Stroke（三维描边）"特效的线条粗细、羽化值以及起始结尾的偏移值，并勾选"Loop（循环）"选项，在这里"Thickness"表示笔触的厚度即粗细，"Feather"表示笔触的羽化，而"Start"和"End"两者用于控制笔触的起始点即开始端和结束端，也就是整个笔触的线条的长度，另外，调节"Offset（偏移）"的值，可以让笔触线条沿着路径游动，通过设置关键帧产生线条流动的动画，如图 6-2-5 所示。

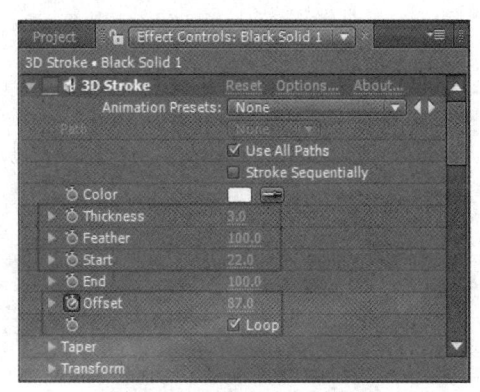

图 6-2-5 3D Stroke 的设置

（2）启用锥化。

继续展开"3D Stroke（三维描边）"特效的"Taper（锥化）"和"Transform（变换）"属性，勾选"Taper（锥化）"下的"Enable（启用）"选项，并修改"Transform（变换）"属性下的弯曲程度以及各轴向的位移值和旋转值。注意：勾选 Taper 下的 Enable 选项使线条两头呈锥状，这样更符合光线的特点。调节"Transform（变换）"属性下的"Bend（弯曲）"可以使线条弯曲，而"Bend Axis（弯曲轴）"的调节可以让线条在弯曲的状态下更富有形态的变化性（前提是开始绘制的路径要尽量不规则），设置如图 6-2-6 所示。

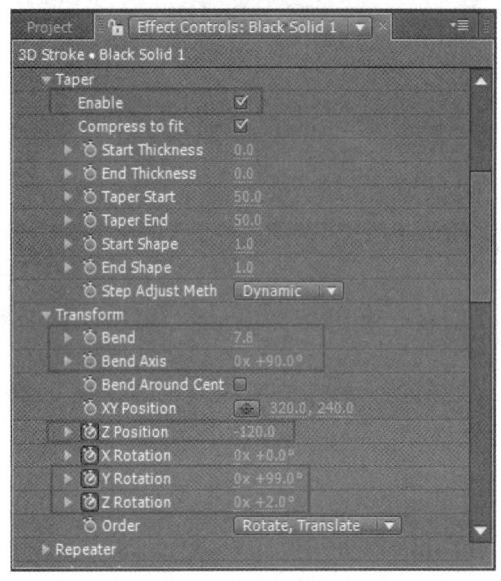

图 6-2-6　锥化设置

（3）运用摄像机。

再展开"3D Stroke（三维描边）"特效的"Camera（摄像机）"属性，调节线条在画面三维空间中的位置和角度，如图 6-2-7 所示。

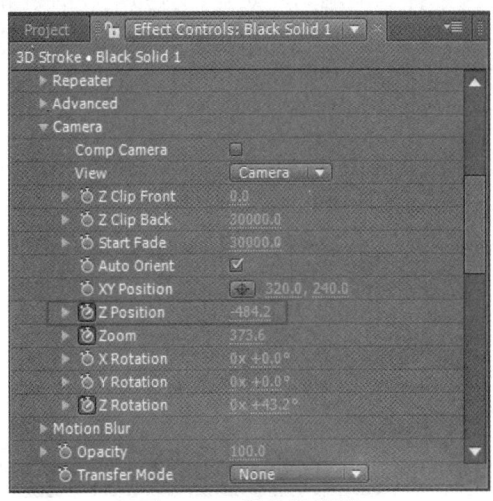

图 6-2-7　摄像机设置

(4) 三维效果。

通过上面对"3D Stroke（三维描边）"特效的一系列设置，可以观察到目前三维状态下的图像效果，如图 6-2-8 所示。

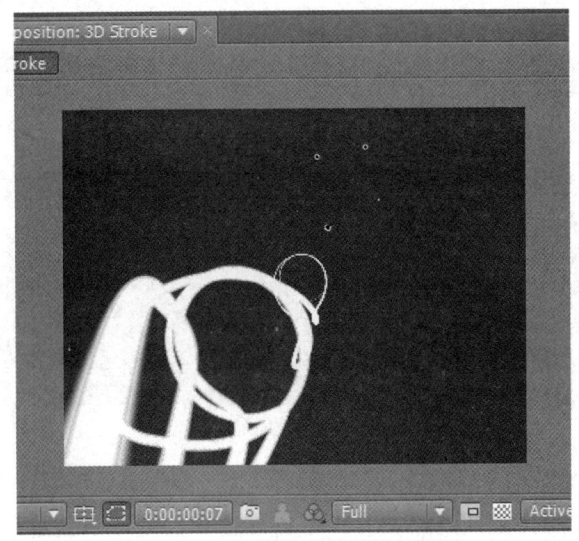

图 6-2-8　三维状态下的图像效果

6.2.3　让线条在画面空间中游动

（1）设置空间游动关键帧。

下面为"3D Stroke（三维描边）"特效中的一些属性设置关键帧，让线条在画面空间中游动起来。

在时间为 0 秒的位置：

设置"Offset（偏移）"的值为"8（7）0"；

设置"Transform（变换）"下的"Z Position（位置）"的值为-120.0，"X Rotation（旋转）"的值为"0×+0.0°"，"Y Rotation（旋转）"的值为"0×+9（9）0°"，"Z Rotation（旋转）"的值为"0×+（2）0°"；

设置"Camera（摄像机）"下的"Z Position（位置）"的值为"-48（5）6"；

"Zoom（变焦）"的值为"35（5）6"，"Z Rotation（旋转）"的值为"0×+0.0°"；

在时间"0:00:01:15"的位置：

设置"Offset（偏移）"的值为"17（9）0"；

设置"Transform（变换）"下的"Z Position（位置）"的值为-130.0；

设置"Camera（摄像机）"下的"Z Position（位置）"的值为"-25（5）6"；

"Zoom（变焦）"的值为"42（3）6"。

在时间"0:00:03:00"的位置：

设置"Offset（偏移）"的值为"14（7）0"；

设置"Transform（变换）"下的"Z Position（位置）"的值为-280.0，"X Rotation（旋转）"

的值为"0×-1（1）0°"，"Y Rotation（旋转）"的值为"0×+10（2）0°"，"Z Rotation（旋转）"的值为"0×+0.0°"；

设置"Camera（摄像机）"下的"Z Rotation（旋转）"的值为"0×+27（8）0°"；

关键帧的设置如图6-2-9所示。

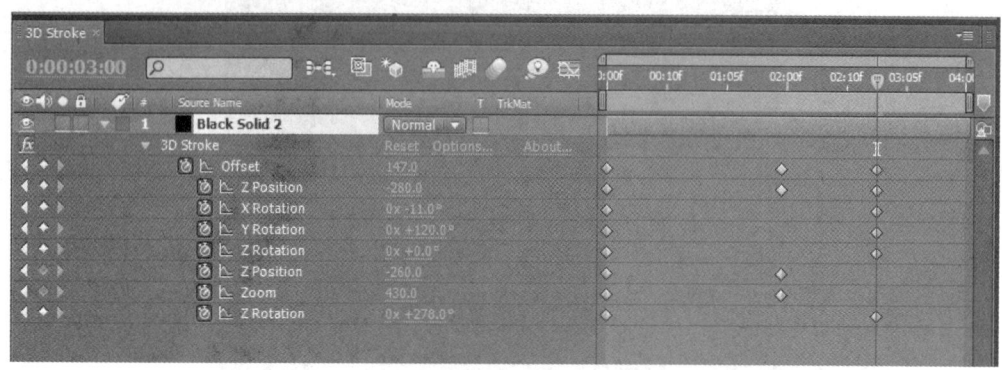

图6-2-9 关键帧的设置

（2）线条游动效果。

上面只是作为参考的关键帧动画设置，可自己进行设置，直到达到满意的动画效果为止。在当前的状态下播放动画会发现，线条已经在画面空间中产生了一段游动的动画，下面是动画的中间状态，如图6-2-10所示。

图6-2-10 线条游动效果

6.2.4　为游动的线条添加光效

（1）为线条添加发光特效。

为了使游动的线条达到光效效果，再次选择图层，为它添加"Effect > Trapcode > Shine（发光）"特效，修改光线长度和颜色，"Colorize（变色）"属性下可以选择预置的颜色发光效果，同时也可以自己选择颜色进行调节。此处选择了三色的渐变类型。并将"Transfer Mode（转移模式）"设置为"Darken（变暗）"，设置如图 6-2-11 所示。

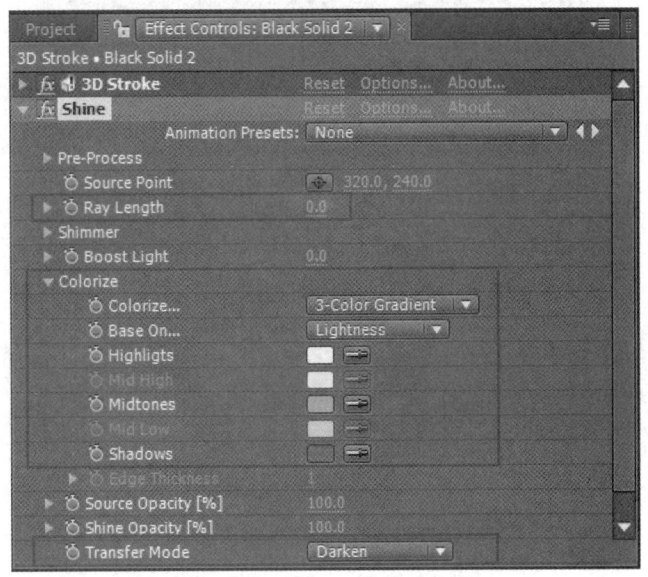

图 6-2-11　Shine 的参数设置

（2）为线条添加光晕特效。

继续为图层添加"Effect > Stylize > Glow（光晕）"特效。在特效面板中修改发光的半径、颜色及其颜色使用方式，设置如图 6-2-12 所示。

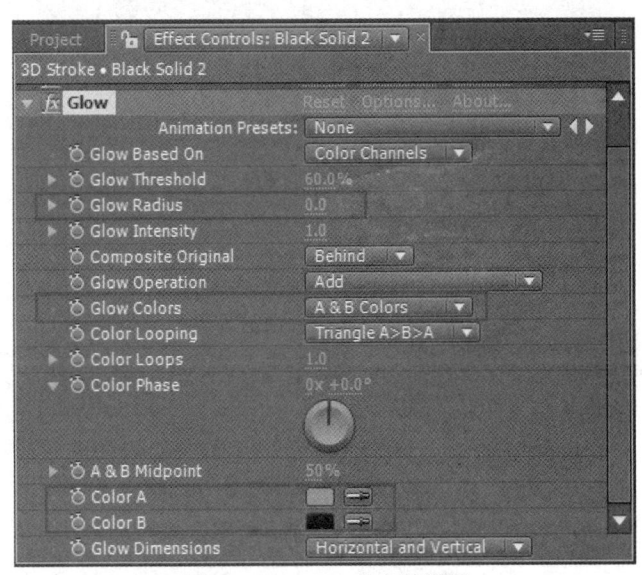

图 6-2-12　Glow 的参数设置

（3）添加发光和光晕后的效果。

通过上面两个发光特效的设置，在画面中可以看到，白色的线条已经具备了光效流动的特征了，效果如图 6-2-13 所示。

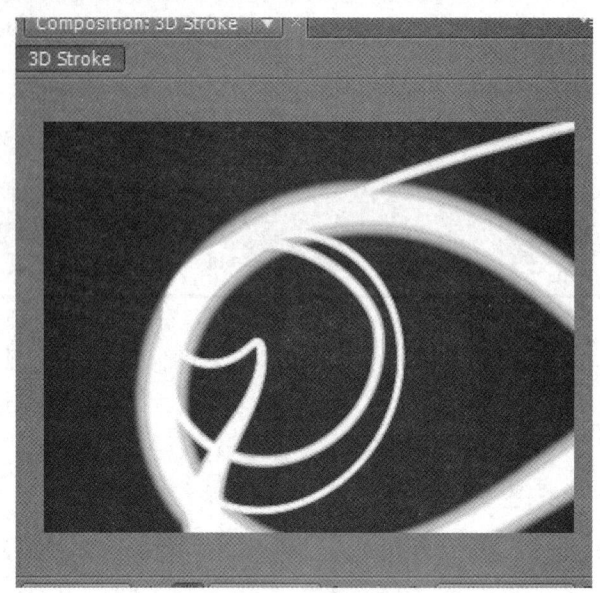

图 6-2-13　光效开始流动

6.2.5　为游动的线条添加转场效果

（1）输入文字。

在工具箱中选择文字输入工具，添加"美丽的梦幻"文字，如图 6-2-14 所示。

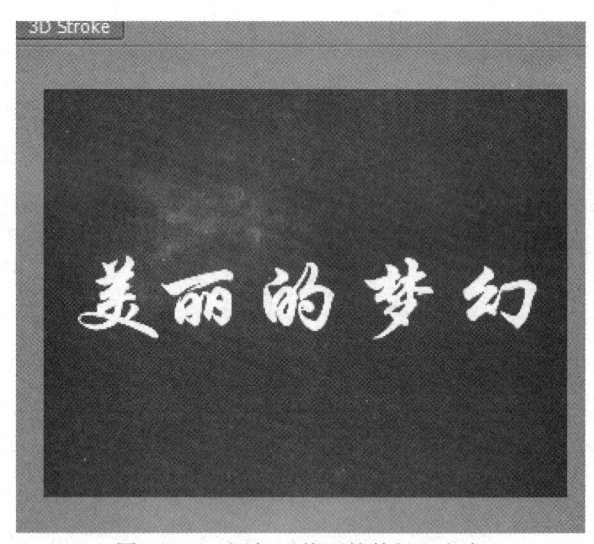

图 6-2-14　添加"美丽的梦幻"文字

（2）添加固态层。

另外再新增加一个绿色的"Solid（固态层）"，如图 6-2-15 所示。

（3）调整固态层位置。

调整"Solid（固态层）"的长短以及位置，如图 6-2-16 所示。

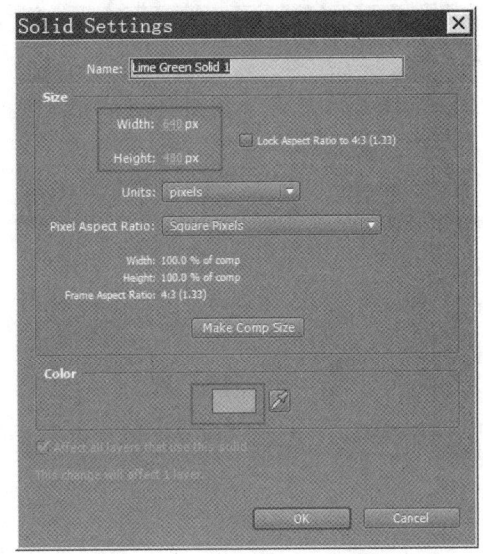

图 6-2-15　绿色的 Solid 设置

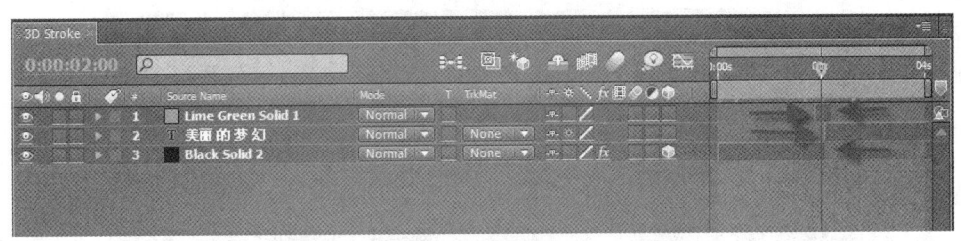

图 6-2-16　调整固态层的长短以及位置

（4）设置关键帧。

选择绿色图层，按下快捷键 T，展开它的透明度属性，并为其设置关键帧动画。

在时间"0:00:02:20"位置，设置"Opacity（不透明度）"的值为 0%；

在时间"0:00:02:23"位置，设置"Opacity（不透明度）"的值为 100%；

在时间"0:00:02:26"位置，设置"Opacity（不透明度）"的值为 0%。

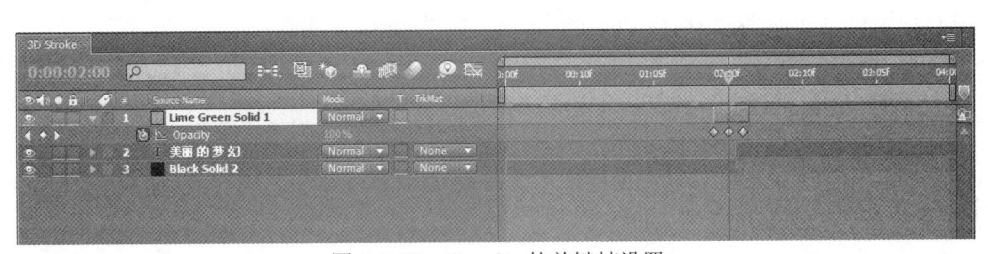

关键帧设置如图 6-2-17 所示。

图 6-2-17　Opacity 的关键帧设置

（5）过渡效果。

经过上面的设置，在结尾的时候利用绿色层透明度的动画过渡到最终的文字，也就是平常所提到的白闪转场，这里使用的是绿色转场，原理是一样的。转场时候的效果如图 6-2-18 所示。

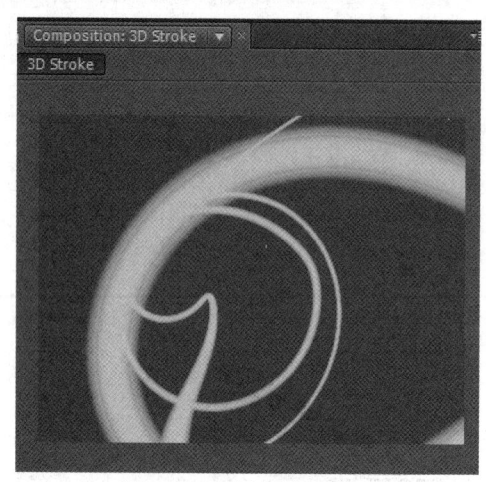

图 6-2-18　绿色转场效果

（6）完成后的预览。

按小键盘上的数字键"0"进行动画预览，梦幻流动效果就完成了。效果如图 6-2-19 所示。

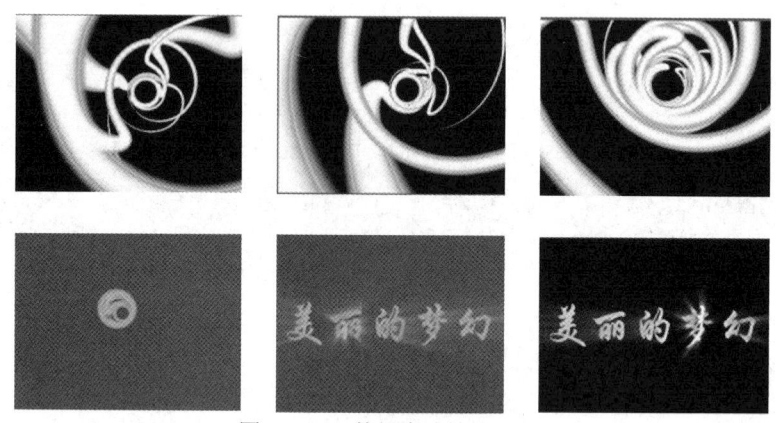

图 6-2-19　梦幻流动效果预览

梦幻流动制作步骤小结：
（1）新建"Solid（固态层）"。
（2）利用钢笔工具为"Solid（固态层）"绘制"Mask（遮罩）"。
（3）为"Solid（固态层）"添加"3D Stroke（三维描边）"特效并设置关键帧动画。
（4）添加"Shine（发光）"和"Glow（光晕）"特效。
（5）利用绿色"Solid（固态层）"的透明度动画转场完成最终的梦幻流动。

【重点难点】

3D Stroke（三维描边）、Shine（发光）、Glow（光晕）等特效参数的设置与协调应用。

【相关知识】

3D Stroke 特效选项具体说明如下：
3D Stroke（三维描边）

Path：选择路径。
None：不选择。
Choose：选择目标遮罩。
Use All Paths：是否使用所有路径。
Stroke Sequentially：选中后，所有路径将会变成一条路径。
Color：选择描边的颜色。
Thickness：厚度。
Feather：羽化。
Start：开始端。
End：结尾端。
Offset：偏移量。
Loop：是否使用偏移量的正数。
Taper：锥度的参数。
Enable：是否使用其下参数。
Compress to fit：是否被压缩到适合的尺寸。
Start Thickness：开始部分的厚度。
End Thickness：结束部分的厚度。
Taper Start：锥度开始。
Taper End：锥度结束。
Start Shape：开始的形状。
End Shape：结束的形状。
Step Adjust Method：步骤调整方法。
None：不选择。
Dynamic：动态的。
Transform：变换的参数。
Bend：弯曲。
Bend Axis：弯曲的角度。
Bend Around Center：是否重置到弯曲环绕的中心。
XY Position：X、Y 的位置。
Z Position：Z 轴的位置。
X Rotation：X 轴的旋转。
Y Rotation：Y 轴的旋转。
Z Rotation：Z 轴的旋转。
Order：选择使用顺序。
Rotate，Translate：旋转，位移。
Translate，Rotate：位移，旋转。
Repeater：重复的参数。
Enable：是否使用下面的参数。
Symmetric Double：对称复制。

Instances：重复的数量。

Opacity：不透明度。

Scale：缩放。

Factor：伸展的因数。

X Displace：X 转移。

Y Displace：Y 转移。

Z Displace：Z 转移。

X Rotation：X 旋转。

Y Rotation：Y 旋转。

Z Rotation：Z 旋转。

Advanced：高级设置参数。

Adjust Step：调节的步幅。

Exact Step Match：精确步幅匹配。

Internal Opacity：内部的不透明度。

Low Alpha Sat Boost：低 Alpha 饱和度推进。

Low Alpha Hue Rotation：低 Alpha 色调旋转。

Hi Alpha Bright Boost：高 Alpha 亮度推进。

Animate Path：路径动画功能。

Use Layer Time：是否使用全局时间。

Path Time：路径时间（秒）。

Camera：摄像机参数。

Comp Camera：使用合成项目中的摄像机。

View：选择透视图的现实状态。

Camera：摄像机视图。

Front：前视图。

Left：左视图。

Right：右视图。

Top：顶视图。

Bottom：后视图。

Z Clip Front：Z 轴方向上前面的剪辑平面。

Z Clip Back：Z 轴方向上后面的剪辑平面。

Start Fade：后面的剪辑平面的淡出。

Auto Orient：自动方向。

XY Position：X、Y 轴的位置。

Z Position：Z 轴的位置。

X Rotation：X 轴的旋转。

Y Rotation：Y 轴的旋转。

Z Rotation：Z 轴的旋转。

Motion Blur：运动模糊参数。

Motion Blur：选择运动模糊的设置。
Off：关闭。
Comp Settings：合成项目设置。
On：打开。
Shutter Angle：快门的角度。
Shutter Phase：快门的相位。
Levels：平衡。
Opacity：不透明度。
Transfer Mode：选择移动的模式。
Transfer Mode 叠加方式。
None：不选择。
Normal：正常的。
Add：增加。
Multiply：叠加。
Screen：屏幕。
Overlay：覆盖。
Soft Light：柔光。
Hard Light：硬光。
Color Dodge：颜色隐藏。
Color Burn：颜色燃烧。
Darken：暗部。
Lighten：亮度。
Difference：差异。
Exclusion：排除。
Hue：色调。
Saturation：饱和度。
Color：颜色。
Luminnosity：发光度。

综合实训：拖尾流光制作

【实训要求】

在"拖尾流光"制作中，主要学习 Echo（拖尾）特效的设置方法，掌握延迟"拖影"的制作技术，熟悉 Shine 和 Glow 特效的调整过程，掌握拖尾流光穿行的操作技能，提高光效的应用水平。

【实训案例提示】

本例主要是用到了"Echo（拖尾）"这个制作拖尾的特效，整个制作过程仅涉及了"Echo

（拖尾）"特效的基础应用。

【操作步骤提示】

（1）新建"Solid（固态层）"，创建"Solid（固态层）"的位移动画
（2）新建第二合成，使用"Ramp（渐变）"特效制作渐变背景。
（3）使用"Echo（拖尾）"特效制作拖尾效果。
（4）添加"Shine（发光）"和"Glow（光晕）"特效，实现最终的流光效果。
实训案例拖尾流光完成效果如图 6-2-20 所示。

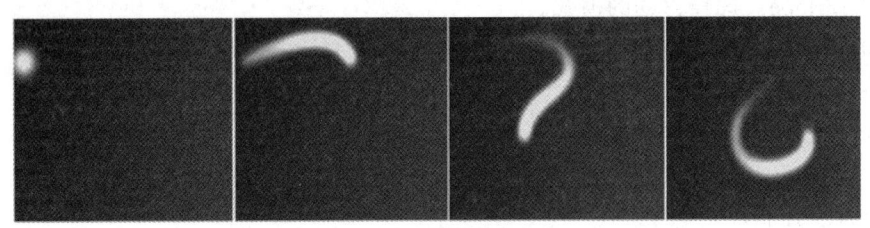

图 6-2-20 拖尾流光效果

【重点难点】

Echo（拖尾）、Shine（发光）、Glow（光晕）等特效参数的设置与协调应用。

习题六

一、选择题

1. 以下哪些特效可以用于光芒主题的制作（　　）。
   A．Shine（发光）　　　　　　　　B．Glow（辉光）
   C．Caustics（焦散）　　　　　　　D．Levels（色阶调整）
2. 以下哪些特效可以用于创建梦幻流动效果（　　）。
   A．Wave Warp（波动）　　　　　　B．3D Stroke（三维描边）
   C．Shine（发光）　　　　　　　　D．Glow（光晕）
3. 以下哪些特效可以用于创建拖尾流光效果（　　）。
   A．Roughen Edges（粗糙边缘）　　B．Echo（拖尾）
   C．Shine（发光）　　　　　　　　D．Glow（光晕）
4. 以下哪些是常用的发光特效（　　）。
   A．Shine（发光）　　　　　　　　B．Glow（辉光）
   C．Caustics（焦散）　　　　　　　D．Echo（拖尾）

二、填空题

1."光芒主题"视频制作，主要利用（　　）特效与（　　）特效和（　　）特效的搭配使用。
2."梦幻流动"视频制作，主要利用（　　）特效与（　　）特效和（　　）特效的搭配使用。

3．"拖尾流光"视频制作，主要利用（　　）特效与（　　）特效和（　　）特效的搭配使用。
4．通过发光特效实践应用，能了解（　　）知识，熟悉（　　）流程，掌握（　　）设置技术，提高（　　）能力。

三、判断题

1．"光芒主题"视频制作，主要学习"Shine（发光）"特效在光芒主题制作中是如何创建扫光效果的。
（　　）

2．"梦幻流动"视频，是"3D Stroke（三维描边）"特效和"Shine（发光）"特效的综合运用。
（　　）

3．"拖尾流光"视频，主要学习"Echo（拖尾）"特效的设置方法，掌握模拟画面是如何延迟"拖影"的制作技术。
（　　）

4．发光特效与其他特效的配合使用，能产生镜头光、闪光、扫光、飞光、射光、点光、流动光等。
（　　）

四、问答题

1．发光特效的特点是什么？
2．发光特效的作用是什么？
3．发光特效的应用范围是什么？
4．发光特效拓展应用的关键点在哪里？

五、操作题

1．请在一段栏目包装视频中添加光芒主题文字。
2．请在一段影视广告视频中创建梦幻流动的效果。
3．请在一段片头片花的视频中创建拖尾流光的效果。
4．请在飞驰的汽车视频画面上正确运用镜头光、闪光、扫光、飞光、射光、点光、流光效果。

7 抠像与跟踪特效应用

"抠像"一词从早期电视制作中得来，英文称作"Key"，意思是吸取画面中的某一种颜色作为透明色，将它从画面中抠去，从而使前景透出来，形成了可以与其他背景画面替换合成的素材，如当有些情境不存在或制作成本太高或危险性太大的场面，需要演员在炮火硝烟、洪水泛滥、火山喷发、雪山崩溃等恶劣的情境中进行表演的话，就需要综合运用抠像与跟踪特效，完成这惊险的一幕幕。

镜头跟踪（Camera tracking）又称为运动匹配（Match moving），是将 CG 元素与实拍素材画面的运动相匹配的过程，如后期制作的燃烧的火焰跟随前期拍摄的汽车的运动，以完成特殊的合成效果。镜头跟踪常与"抠像"紧密配合。

本章运用抠像与跟踪特效以制作抠像画面为项目载体，通过完成蓝屏、绿屏抠像，四点跟踪，复杂背景下的抠像三个案例制作，引导学生学习色彩键控、色彩范围、渐变、弯曲、跟踪控制、差值蒙版、简单堵塞等特效的原理，掌握制作抠像画面的技能，提高抠像制作的应用水准。

【知识能力目标】

（1）了解 Color Key 色彩键控、Color Range 色彩范围、Ramp 渐变、Curves 弯曲、Tracker Controls 跟踪控制、Difference Matte 差值蒙版、Simple Choker 简单堵塞等特效的基本功能和它们的参数设置方法。

（2）熟悉各种抠像键控的不同功能与应用特点。

（3）能综合运用抠像与跟踪特效，完成蓝屏、绿屏、复杂背景下的抠像案例的制作。

（4）运用跟踪特效，完成燃烧的火焰跟随前期拍摄的汽车等运动影像的制作。

（5）了解跟踪相关面板的设置方法，掌握针对位移进行跟踪的基本方法，掌握对有透视变化的对象进行跟踪的方法等，提高跟踪特效的制作能力。

7.1 单色（蓝屏、绿屏）抠像制作

单色抠像有很多方式，如常见"Color Key（色彩键）"，"Color Difference Key（色彩差值

键)"、"Inner/Outer Key（内/外轮廓键）"、"Linear Color Key（线性色彩键）"。一般来讲，对于指定需要抠掉的单一颜色，可以应用最为常见的"Color Key（色彩键）"。

【学习要求】

在"蓝屏、绿屏抠像"制作中，主要学习 Color Key（色彩键）特效、Color Range（色彩范围）特效对画面进行抠像的技术和方法。了解 Ramp（渐变）特效制作渐变背景的过程，掌握 Curves（弯曲）特效来改变图像色调的技巧，在对画面进行抠像调整、实践的过程中，掌握蓝屏、绿屏抠像的操作技能，提高画面抠像的应用水平。

【案例分析】

单色抠像的应用十分广泛，几乎涉及影视制作的方方面面。比如在演播室拍摄主持人，当拍摄的主持人出现在蓝色或绿色背景中的时候，执行"Effect > Keying > Color Key（色彩键）"命令，将蓝色或绿色背景抠除，就只剩下主持人在一个透明的背景中站立，这就完成了"抠像层"的抠像。再加入外拍的背景，也许是草原风景、也许是湖面倒影，将这些背景放在"抠像层"的下面，这就代替了原来"抠像层"中的蓝色背景，然后"抠像层"与"背景层"再进行叠加，即可完成主持人站在草原或湖边的最终画面，这样在演播室拍摄的主持人经过抠像后与"背景层"叠加在一起，就形成了异地拍摄的神奇效果。实现了不存在或无法拍摄的虚拟效果。

单色抠像制作可按照如下步骤进行：
（1）创建抠像合成。
（2）为抠像合成设置渐变效果。
（3）将"抠像层"分割成四段。
（4）将"抠像层"施加 Color Key 特效。
（5）将"抠像层"施加 Color Range 特效。
（6）将"抠像层"施加多次抠像特效去掉黄色。
（7）将"抠像层"施加多次抠像特效去掉紫色。

【制作步骤】

7.1.1 创建抠像合成

（1）新建合成。
首先创建一个新的抠像合成"Keying"，大小为"320×240"，时间长度为 5 秒，设置如图 7-1-1 所示。
（2）新建固态层。
新建一个"Solid（固态层）"作为背景层，设置如图 7-1-2 所示。

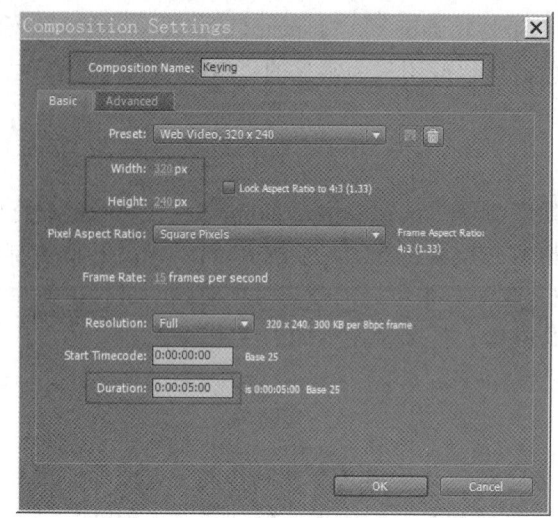

图 7-1-1　抠像合成设置

图 7-1-2　Solid 设置

7.1.2　为抠像合成设置渐变效果

（1）添加渐变特效。

为新建的 Solid 层添加"Effect > Generate > Ramp（渐变）"特效，并在特效面板中设置渐变参数，如图 7-1-3 所示。

（2）渐变效果。

渐变参数设置完后，固态层呈现的渐变背景效果，如图 7-1-4 所示。

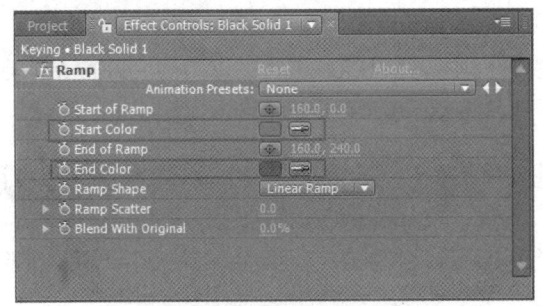

图 7-1-3 渐变参数设置

图 7-1-4 渐变背景效果

7.1.3 将"抠像层"分割成四段

（1）输入抠像层。

在项目窗口中双击，导入需要抠像的素材，将这个素材作为"抠像"层，如图 7-1-5 所示。

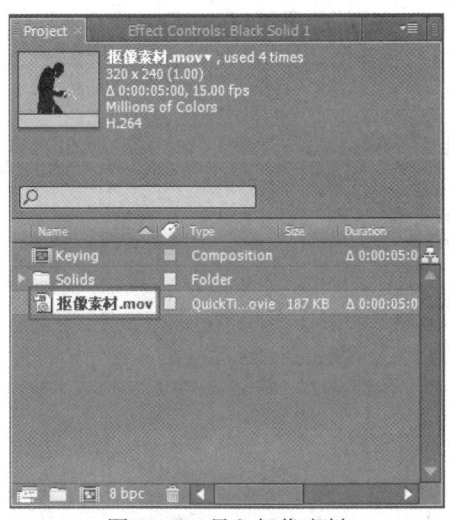

图 7-1-5 导入抠像素材

(2) 分割抠像层。

将素材拖入到时间线面板中，在"0:00:01:13"、"0:00:03:00"、"0:00:03:11"三个时间点分别按下快捷键 Ctrl+Shift+D，将抠像层分割成四段，如图 7-1-6 所示。

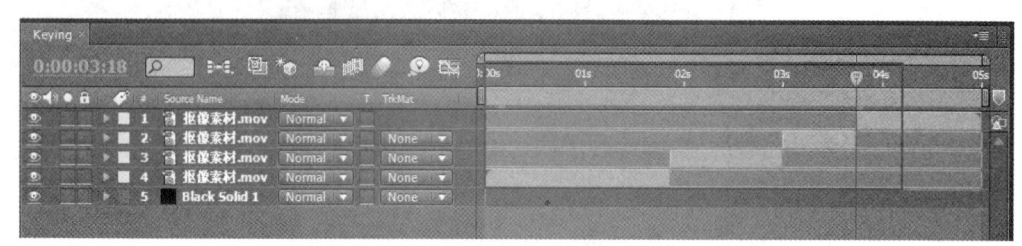

图 7-1-6　将抠像层分割四段

7.1.4　为"抠像层"添加"Color Key（色彩键）"特效去掉红色

（1）添加抠像特效。

选择第一段素材，为它添加"Effect > Keying > Color Key（色彩键）"特效，如图 7-1-7 所示。

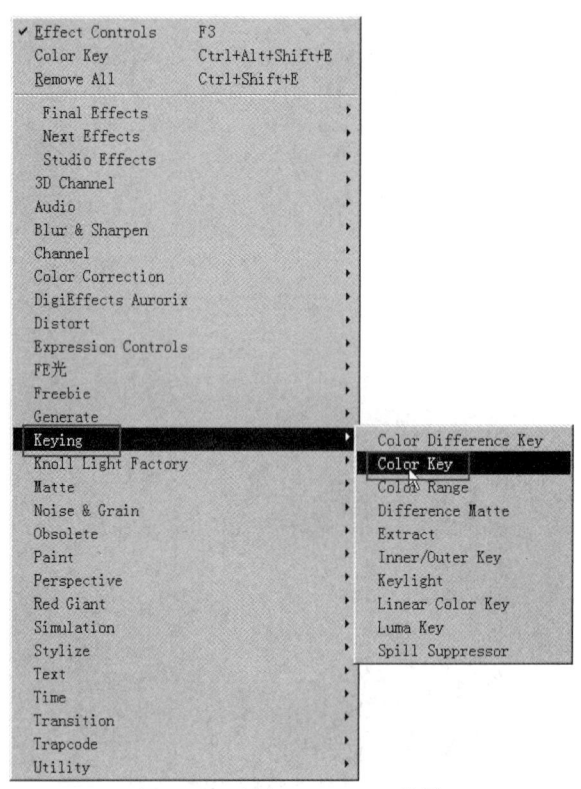

图 7-1-7　添加 Color Key 特效

（2）调整抠像层。

在特效面板中单击"Color Key（色彩键）"右边的颜色拾色器，拾取画面中的大面积玫红色块。"Color Key（色彩键）"用于选择需要抠像的颜色，调节"Color Tolerance（色差）"可以将所选颜色抠掉，"Edge Thin（边缘细小部分）"一般建议不要太大，另外"Edge Feather（边缘羽化）"可以调节抠像后的颜色和剩下物体间的边缘的柔和程度，然后调整"Color Tolerance（色差）"的值，如图 7-1-8 所示。

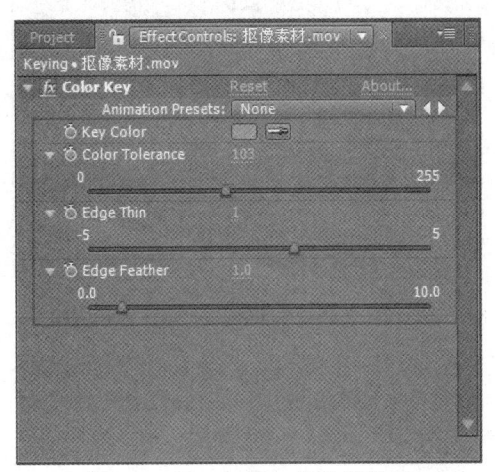

图 7-1-8　Color Key 的参数设置

（3）抠像效果 1。

在调整参数时看到画面中被拾取的色块被擦除，擦除后的人物叠加在了开始创建的渐变背景上。经过上面的调整，完成了最基本的单色抠像工作，效果如图 7-1-9 所示。

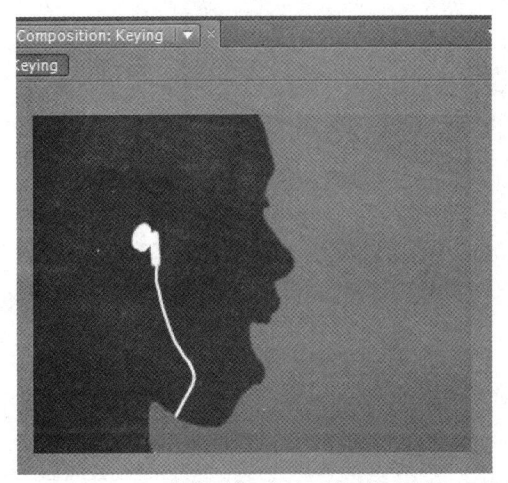

图 7-1-9　去掉玫红色块后的画面效果

7.1.5　为"抠像层"添加"Color Range（色彩范围）"特效去掉绿色

（1）添加弯曲特效。

选择分割而成的第二段素材，为了增强颜色的对比而利于抠像工作，这里可以先为它添加一个"Effect > Color Correction > Curves（弯曲）"特效。并在特效面板中调节"Curves（弯曲）"特效曲线，该步骤的目的在于提高对比度以便进行抠像处理，如图 7-1-10 所示。

131

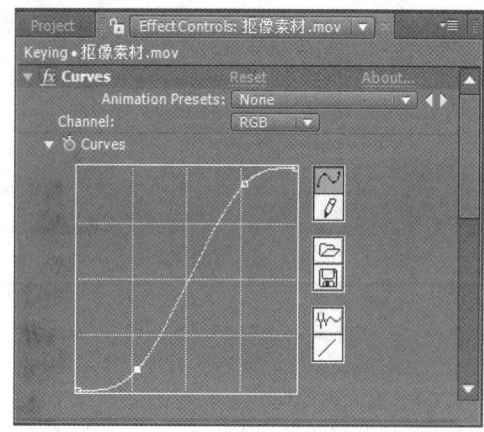

图 7-1-10　Curves 特效的调节

（2）添加色彩范围特效。

继续为第二段素材添加"Effect > Keying > Color Range（色彩范围）"特效，如图 7-1-11 所示。

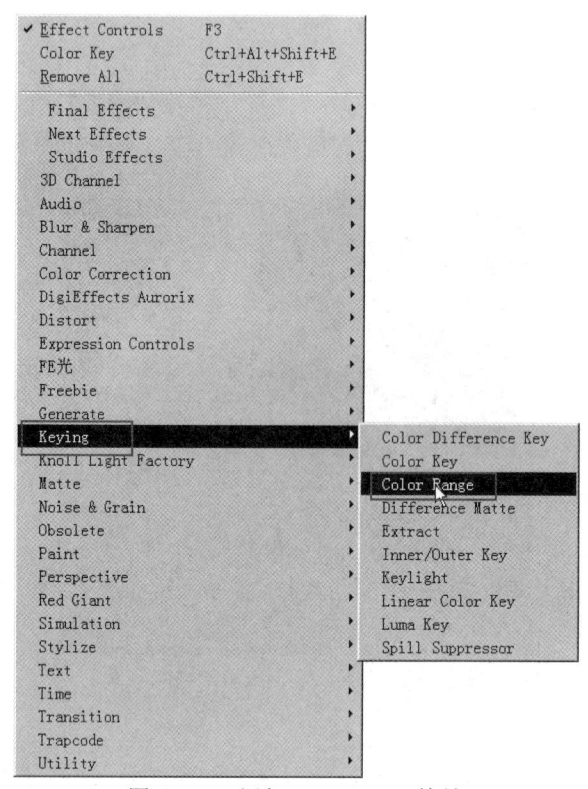

图 7-1-11　添加 Color Range 特效

（3）调整色彩范围参数。

在特效面板中调整"Color Range（色彩范围）"的各项参数值，先要用吸管工具在画面中吸取要抠像的颜色，"Fuzziness"用于控制抠像的范围，直到画面中的绿色全部去掉为止，如图 7-1-12 所示。

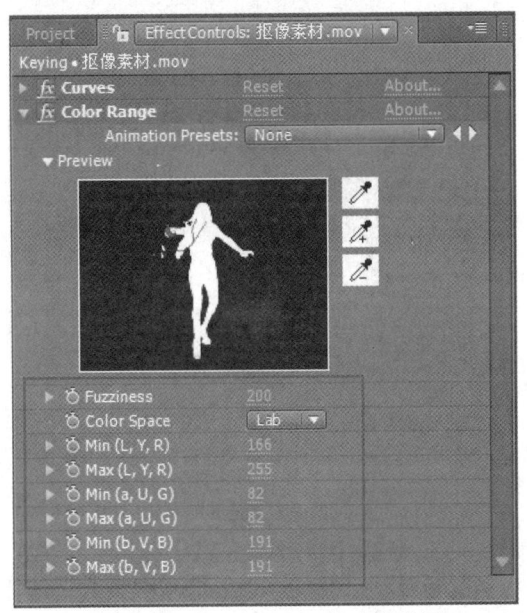

图 7-1-12　Color Range 的参数设置

（4）抠像效果 2。

经过上面的调整，大面积的绿色块被抠掉而只剩下人物在画面中了，效果如图 7-1-13 所示。

图 7-1-13　绿色抠掉后的图像效果

7.1.6　为"抠像层"添加多次抠像特效去掉黄色

（1）准备去掉抠像层中的黄色。

选择分割而成的第三段素材，从画面中看到有大面积的黄色需要去掉，利用多次抠像来达到最终的抠像效果，如图 7-1-14 所示。

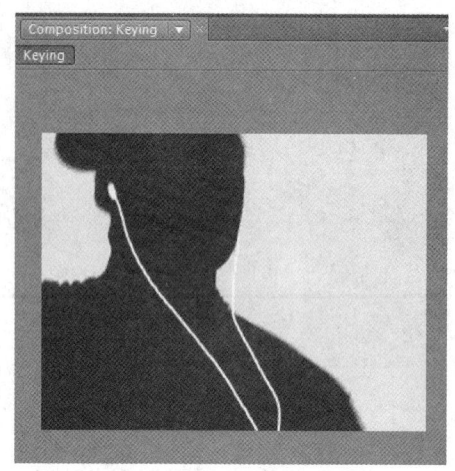

图 7-1-14　需要去掉大面积的黄色

（2）去掉黄色。

添加"Effect > Keying > Color Key（色彩键）"特效。在特效面板中单击"Key Color"右边的颜色拾色器，拾取画面中的大面积黄色色块，然后调整"Color Tolerance（色差）"的值，如图 7-1-15 所示。

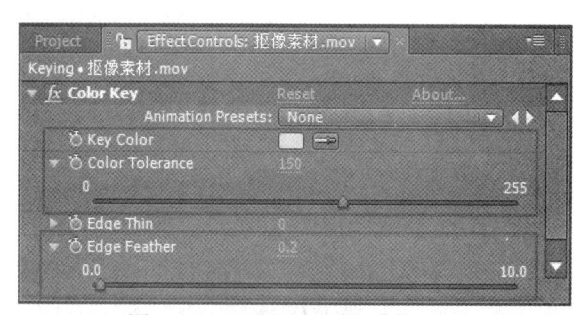

图 7-1-15　Color Key 的参数设置

（3）黄色未完全去掉。

完成后可以看到画面中的黄色并未完全清除掉，如图 7-1-16 所示。

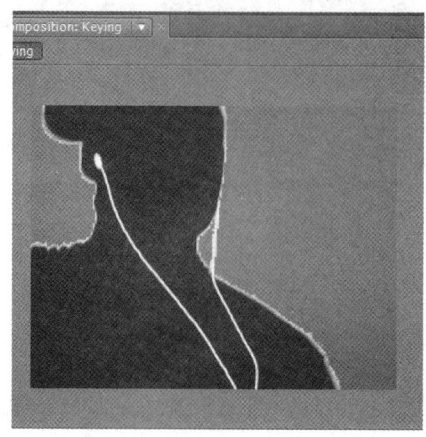

图 7-1-16　未完全清除黄色的画面

(4)再继续去掉黄色。

继续为第三段素材添加"Effect > Keying > Color Key（色彩键）"特效。将画面放大以便拾取画面中残余的黄色，然后调整"Color Tolerance（色差）"以及"Edge Feather（边缘羽化）"的值，如图 7-1-17 所示。

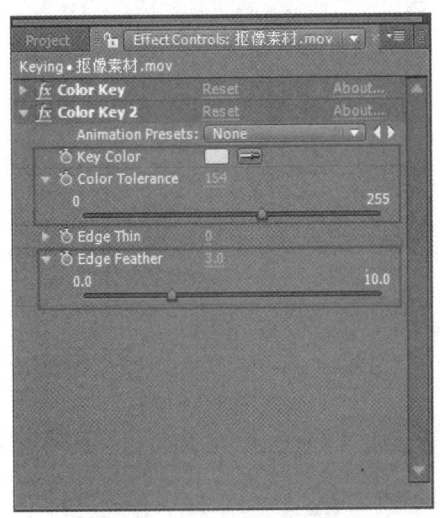

图 7-1-17　Color Key 的参数设置

(5)抠像效果 3。

设置完毕后可以看到残留的黄色被清除了，效果如图 7-1-18 所示。

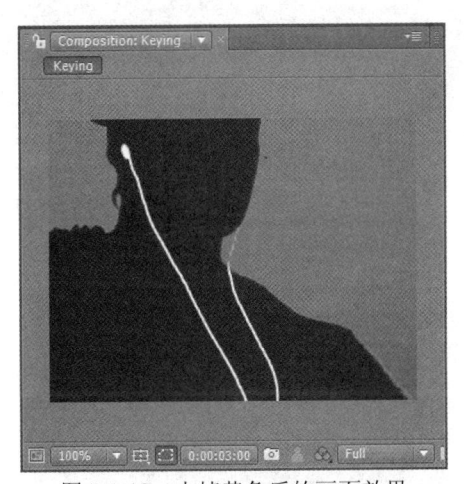

图 7-1-18　去掉黄色后的画面效果

7.1.7　为"抠像层"添加多次抠像特效去掉紫色

(1)准备去掉紫色。

下面再选择分割而成的第四段素材，从画面中看到有大面积的紫色需要去掉，如图 7-1-19 所示。

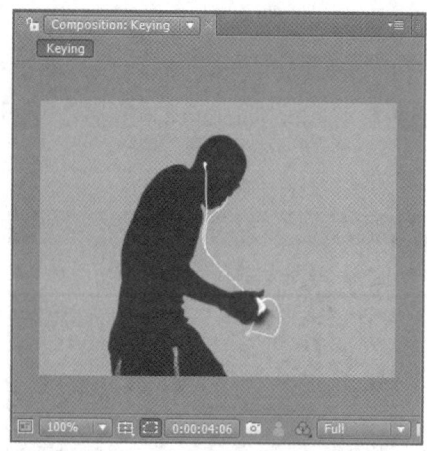

图 7-1-19　需要去掉大面积的紫色

（2）两次去掉紫色。

按照第三段素材抠像的相同方法，进行两次单色抠像去掉紫色，如图 7-1-20 所示。

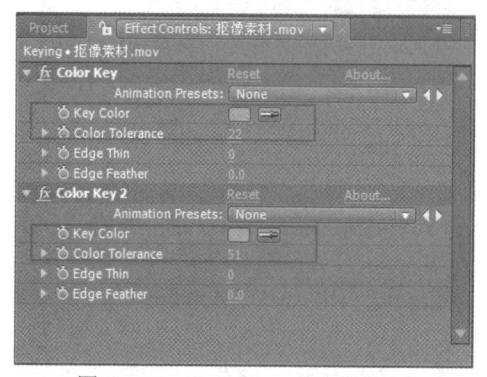

图 7-1-20　Color Key 的参数设置

（3）抠像效果 4。

经过多次抠像后可以看到紫色被清除掉了，效果如图 7-1-21 所示。

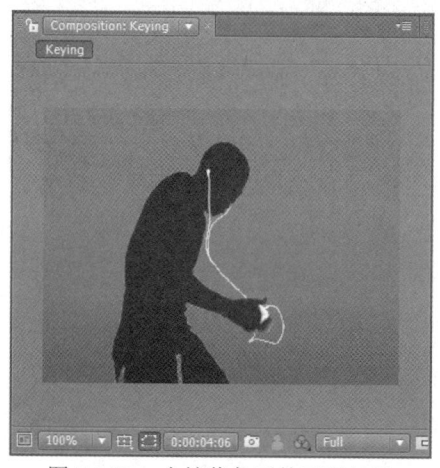

图 7-1-21　去掉紫色后的画面效果

（4）预览。

完成上面四段素材的抠像工作，按小键盘上的"0"键对动画进行最终的预览，可以看见人物从不同颜色的背景中分离出来叠加在渐变的背景上，完成单色抠像的制作。效果预览如图7-1-22 所示。

图 7-1-22　单色（蓝屏或绿屏）抠像制作案例效果

单色（蓝屏、绿屏）抠像制作步骤小结

（1）新建 Solid（固态层）。

（2）添加"Ramp（渐变）"特效制作渐变背景。

（3）导入抠像素材，将其分割成四部分，因为每部分背景颜色不同，需要各自进行抠像处理。

（4）添加"Color Key（色彩键）"和"Color Range（色彩范围）" 抠像特效，为四部分画面分别进行抠像。

【重点难点】

Ramp（渐变）、Color Key（色彩键）、Curves（弯曲）、Color Range（色彩范围）等特效参数的设置与协调应用。

【相关知识】

（1）Ramp（渐变）特效选项具体说明如下：

Ramp 用来创建彩色渐变效果，但只能产生两种颜色的线性渐变。

Start of Ramp：渐变色开始点的位置。

Start Color：渐变开始时的颜色。

End of Ramp：渐变色结束点的位置。

End Color：渐变结束时的颜色。
Ramp Shape：渐变的类型，有线性和径向两种。
Ramp Scatter：消除混合，主要用于防止渐变的过渡柔化。
Blend With original：调节与原始图像的比例。

（2）Color Key（色彩键）特效选项具体说明如下：
Color Key（色彩键）：通过指定一种颜色去除掉图像中所有的颜色。平时常说的蓝屏抠像和绿屏抠像就是指这种方法。
Key Color（键出颜色）：选择被抠除的颜色。
Color Tolerance（颜色容差）：设置颜色容差范围。
Edge Thin（边缘减淡）：可以再生成 Alpha 图像后再沿边缘向内或向外溶解若干层像素，用以修补图像的 Alpha 通道。
Edge Feather（边缘羽化）：对边缘进行柔化，便于合成。

（3）Curves（弯曲）：特效选项具体说明如下：
Curves：通过 Curves 曲线来改变图像的色调，调节图像的暗部和亮部的平衡。
Channel：选择色彩通道，包括 RGB、Red、Green、Blue、Alpha 共 5 种。

（4）Color Range（色彩范围）：特效选项具体说明如下：
Color Range 特效通过设定一定范围的色彩变幻区域来对图像进行抠像，用于非同一背景颜色的画面的抠取。
Preview：打开此选项，会显示当前素材的 Alpha 通道，同时在右侧会有 3 种吸管工具，其中第一个普通吸管工具用于初始指定要变成透明的区域,带加号的吸管工具用于添加要变成透明的区域，减号工具用于指定要变成前景不透明的区域。
Fuzineess：调节 Alpha 通道中的黑白对比度，整体调整被抠去的部分和保留的部分。
Color Space：选择一种色彩空间的模式用于调节蒙版，可选的有 Lab、YUV 和 RGB 三种。
Min/Max：精确调整颜色空间。参数 L，Y，R，a，U，G 和 b，V，B 代表颜色空间的三个分量。Min**调整颜色范围开始，Max** 调整颜色范围结束。

7.2 四点跟踪制作

镜头跟踪（Camera tracking）又称为运动匹配（Match moving），是将 CG 元素与实拍素材画面的运动相匹配的过程，如让燃烧的火焰跟随一个运动中的网球；给天空中的飞机吊上一个物体并随飞机飞行；对影片中的人物头部加入一个光环，光环随着人物头部的移动而移动；在镜头移动的外墙电视大屏幕上更换新的视频画面等。

"四点跟踪"主要在"Tracker Controls（跟踪器控制）"面板中完成跟踪某些运动着的特定目标的操作。

【学习要求】

在"四点跟踪"制作中，主要学习 Tracker Controls（跟踪控制器）中的跟踪控制点去跟踪画面目标的设置技巧，了解跟踪相关面板的设置方法，掌握针对位移进行跟踪的基本方法，掌握对有透视变化的对象进行跟踪的方法等，提高跟踪特效的制作能力。

【案例分析】

本案例展示了如何让一个图片素材跟随一个红色方块位移的四点跟踪操作过程。主要掌握"Tracker Controls（跟踪控制器）"面板的设置方法；掌握"Track Type（跟踪器类型）"中的"Parallel corner pin（平行四边形边角跟踪器）"对平面中的倾斜、旋转和位移等进行跟踪的技巧，以此想象到运用四点跟踪特效让燃烧的火焰跟随一个运动中的网球移动的操作。

"四点跟踪"制作可按如下步骤进行：
（1）创建一个白色的背景层。
（2）创建一个红色方块的位移动画。
（3）创建一个三维空间。
（4）运用四点跟踪。
（5）为白色背景层添加渐变效果。
（6）完成四点跟踪制作。

【制作步骤】

7.2.1 创建一个白色的背景层

（1）新建合成。

新建合成"Comp 1"，大小为"640×480"，时间长度为 3 秒，设置如图 7-2-1 所示。

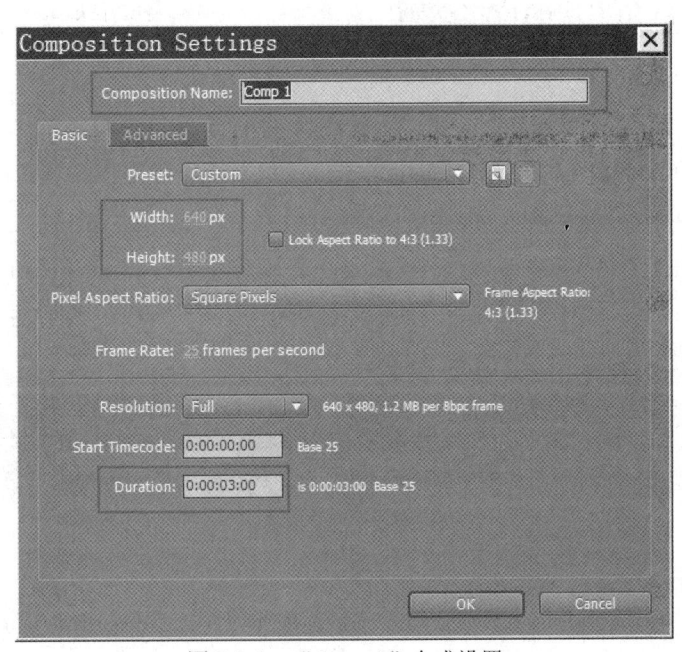

图 7-2-1 "Comp 1"合成设置

（2）新建固态层。

新建一个白色的"Solid（固态层）"作为背景层，设置如图 7-2-2 所示。

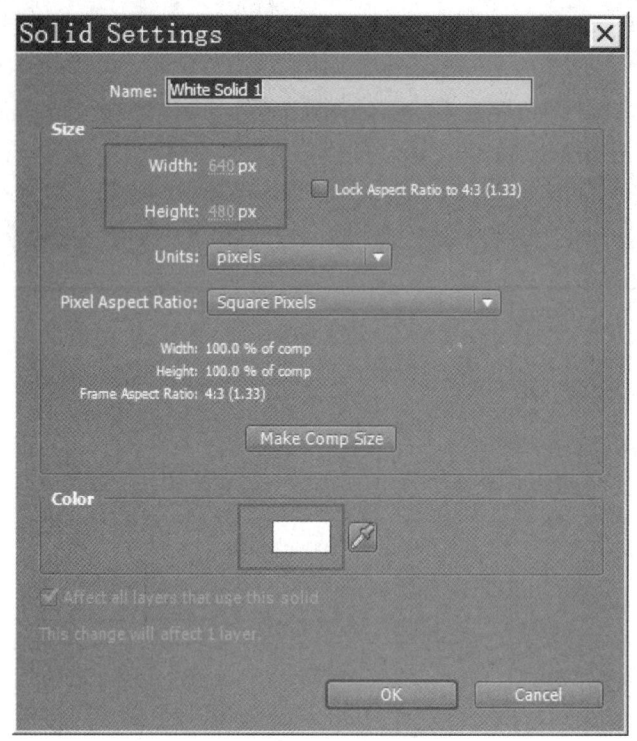

图 7-2-2 Solid 设置

7.2.2 创建一个红色方块的位移动画

（1）复制固态层。

选择这个白色的"Solid（固态层）"，按快捷键 Ctrl+D 将其复制一层，然后选择复制的固态层，按快捷键 Ctrl+Shift+Y，打开"Solid（固态层）"的设置面板，修改颜色为红色，同时改变其"Scale(缩放)"属性的值，如图 7-2-3 所示。

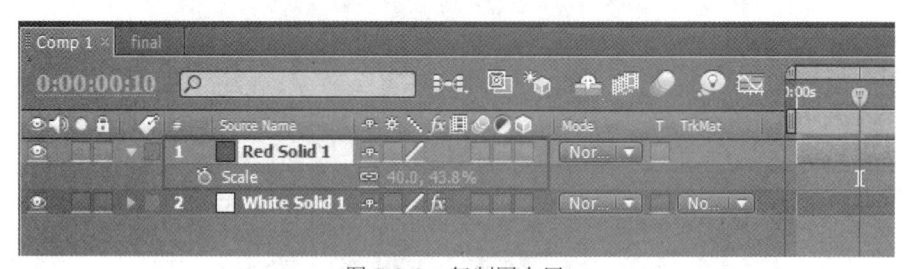

图 7-2-3 复制固态层

（2）创建位移动画。

选择复制的红色"Solid（固态层），按快捷键 P 展开层的"Position（位置）"属性，并为其设置一段简单的位移动画。

在时间为 0 秒的时候，设置"Position（位置）"的值为（166.0，352.0）。在时间为"0:00:02:24"的时候，设置"Position（位置）"的值为（490.0，126.0），如图 7-2-4 所示。

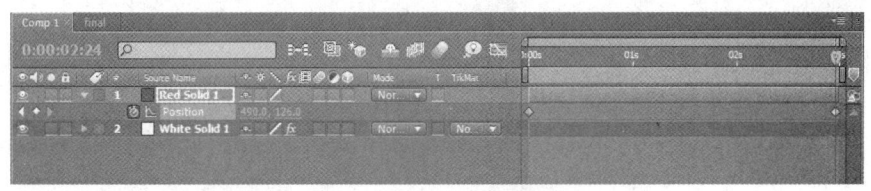

图 7-2-4　Position 的关键帧设置

（3）位移动画。

这时红色方块就产生了一段简单的位移动画，如图 7-2-5 所示。

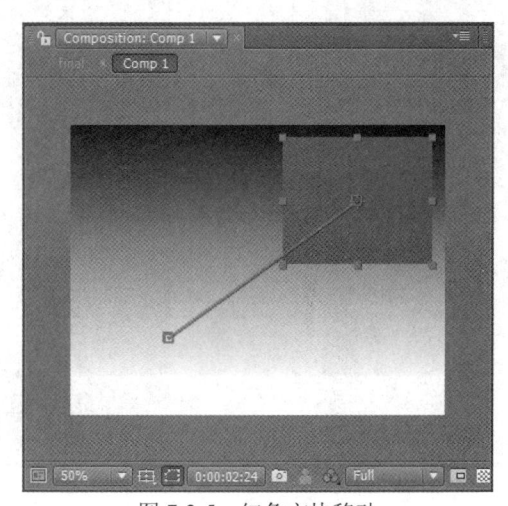

图 7-2-5　红色方块移动

7.2.3　创建一个三维空间

（1）新建合成"final"，大小为"640×480"，时间长度为 3 秒，设置如图 7-2-6 所示。

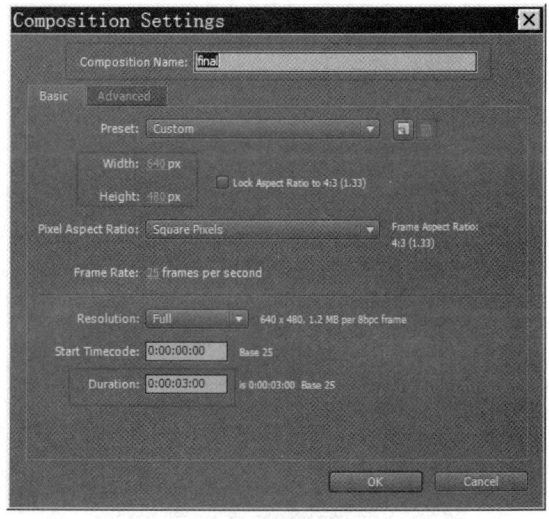

图 7-2-6　合成设置

（2）导入素材。

在项目面板中双击，导入需要的图片素材。然后将此图片素材与合成"Comp 1"一起拖入到合成"final"的时间线面板中，此时关闭素材层的显示按钮，如图 7-2-7 所示。

（3）建立三维空间。

打开"Comp 1"的三维开关，并调整图层在三维空间中的位置上，如图 7-2-8 所示。

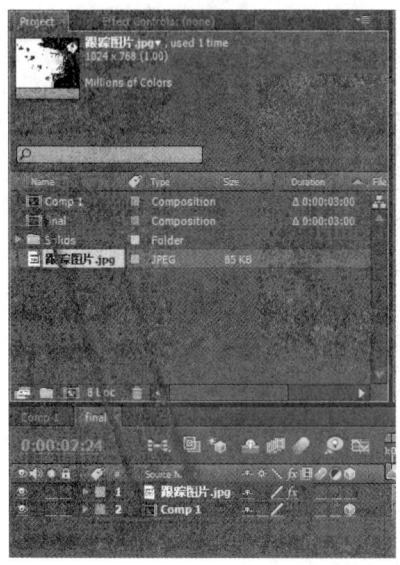

图 7-2-7 导入素材并载入到图层 　　　　图 7-2-8 调整图层的三维属性

7.2.4 运用四点跟踪

（1）选择跟踪器。

在菜单 Windows 下选择"Tracker（跟踪控制器）"，如图 7-2-9 所示。

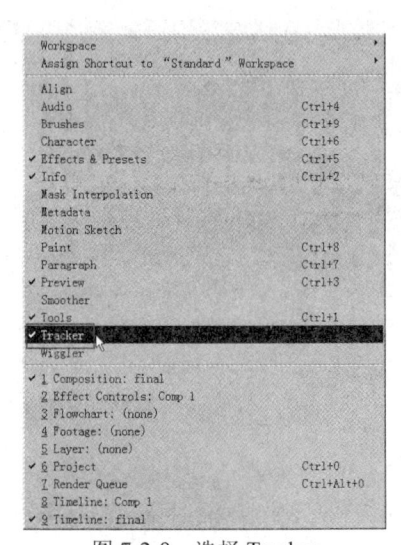

图 7-2-9 选择 Tracker

（2）跟踪器面板。

选择跟踪器后，会出现"Tracker Controls（跟踪控制）"的设置面板，如图 7-2-10 所示。

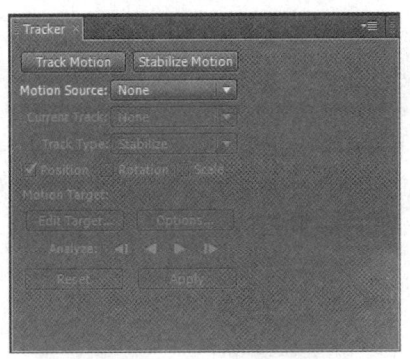

图 7-2-10　Tracker 面板

（3）运用四点跟踪。

选择"Comp 1"图层，然后在"Tracker Controls（跟踪控制）"面板中单击"Track Motion（轨道运动）"按钮。单击后的"Tracker Controls（跟踪控制）"面板就处于了激活的状态，此时再在"Track Type（轨道类型）"右边的下拉菜单中选择跟踪类型为四点跟踪，如图 7-2-11 所示。

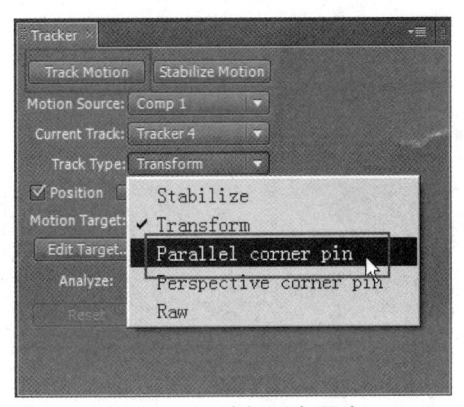

图 7-2-11　选择四点跟踪

（4）选择跟踪目标对象。

再在"Tracker Controls（跟踪控制）"面板中单击"Edit Target（编辑目标）"按钮，在弹出的新窗口中选择目标对象为图片素材层，如图 7-2-12 所示。

图 7-2-12　设置 Edit Target

(5)出现跟踪点。

经过上面的设置,在画面中可以看到已经出现了四个可控制的跟踪点,如图 7-2-13 所示。

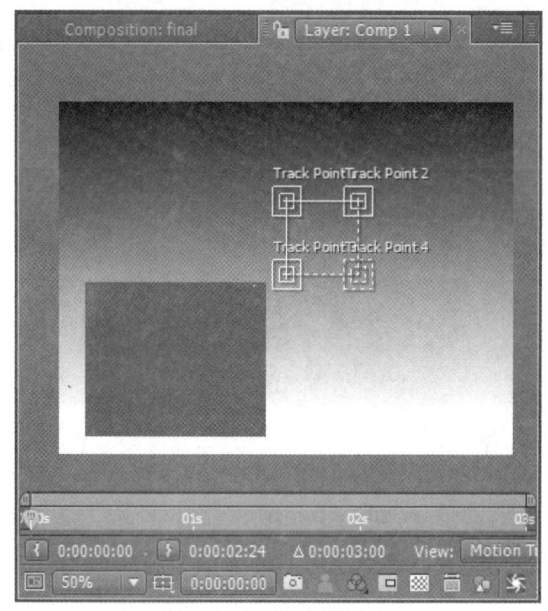

图 7-2-13　四个跟踪点

(6)调整跟踪点位置。

因为要让图片素材跟踪红色方块一起运动,所以首先要用鼠标拖动四个控制点到红色方块的四个顶角,如图 7-2-14 所示。

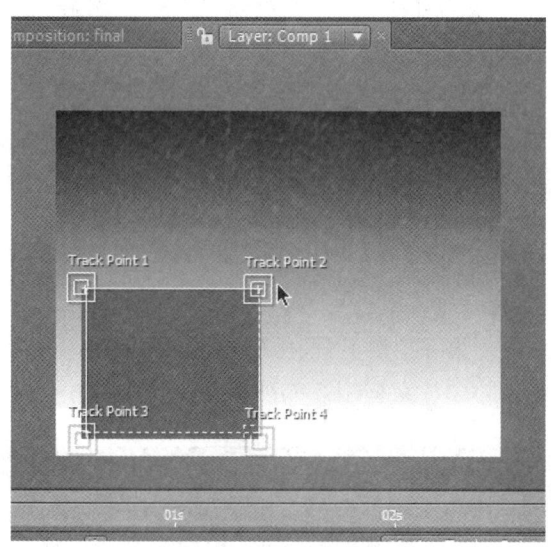

图 7-2-14　拖动跟踪控制点到四个顶角

(7)自动跟踪计算。

将跟踪控制点对对准四个顶角后,按下"Tracker Controls(跟踪控制)"面板中的跟踪播放按钮进行自动跟踪计算,如图 7-2-15 所示。

图 7-2-15　进行跟踪计算

（8）出现跟踪关键帧。

自动跟踪计算完成后，从画面中可以看到跟踪的整个过程，并在整个位移运动轨迹上留下密集的关键帧，如图 7-2-16 所示。

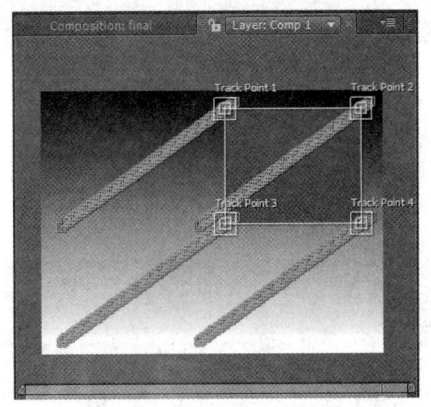

图 7-2-16　控制点产生关键帧

（9）预览。

计算完毕后按下"Tracker Controls（跟踪控制）"面板中的"Apply（应用）"按钮进行预览，如图 7-2-17 所示。

图 7-2-17　单击 Apply 按钮完成跟踪

（10）展开合成图层上密集的关键帧。

单击"Apply（应用）"后选择"Comp 1"图层，按下快捷键"U"，展开图层的所有关键帧，可以看到刚才的四个跟踪控制点经过跟踪计算后所产生的一系列对应的密集的关键帧，如图7-2-18所示。

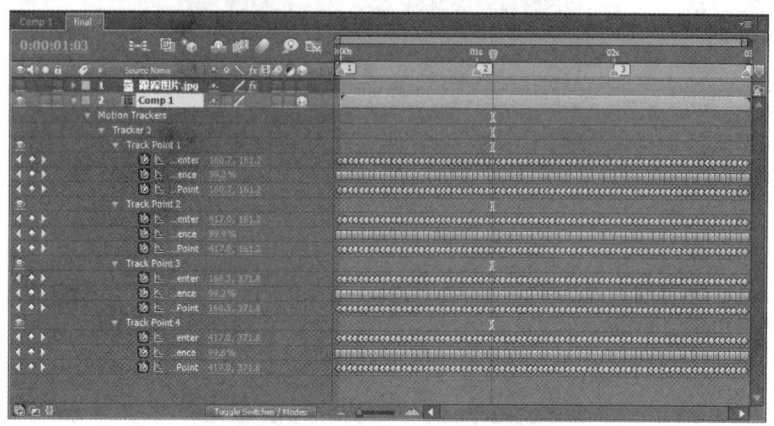

图7-2-18　合成图层上密集的关键帧

（11）展开图片素材层上密集的关键帧。

再选择图片素材层，按下快捷键"U"，展开它的所有关键帧，同样可以看到由于跟踪所产生的一系列对应的密集的关键帧，如图7-2-19所示。

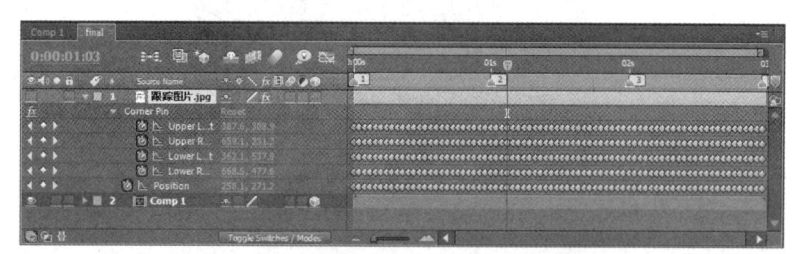

图7-2-19　图片素材层上密集的关键帧

（12）跟踪效果预览。

播放动画可以观察到，图片素材层已经完成了跟踪的动画效果，如图7-2-20所示。

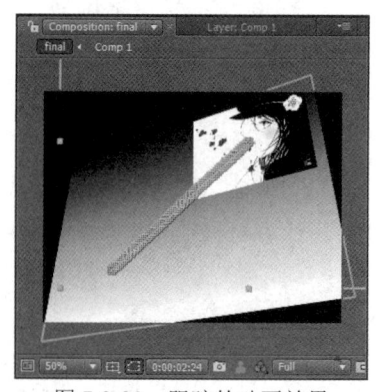

图7-2-20　跟踪的动画效果

7.2.5 为白色背景层添加渐变效果

（1）添加渐变特效。

再回到合成"Comp 1"中，选择白色的"Solid（固态层）"背景层，为它添加"Effect > Generate > Ramp（渐变）"特效，在特效面板中设置渐变参数，如图 7-2-21 所示。

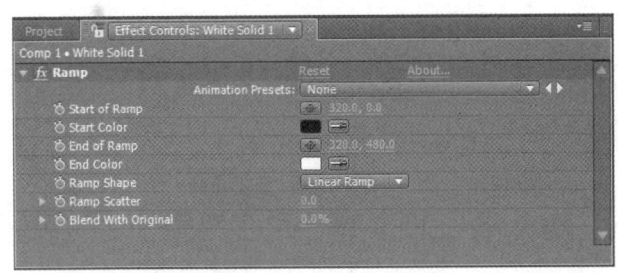

图 7-2-21　渐变的参数设置

（2）背景层渐变后的效果。

添加渐变特效后在合成"final"中可以看到最终的图像效果，如图 7-2-22 所示。

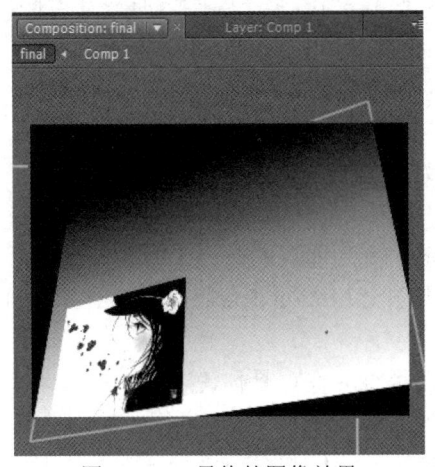

图 7-2-22　最终的图像效果

7.2.6 完成四点跟踪制作

按下小键盘上的数字键"0"对动画进行最终的预览，四点跟踪特效就完成了，从整个动画可以看到图片跟踪红色方块一起运动的过程，效果如图 7-2-23 所示。

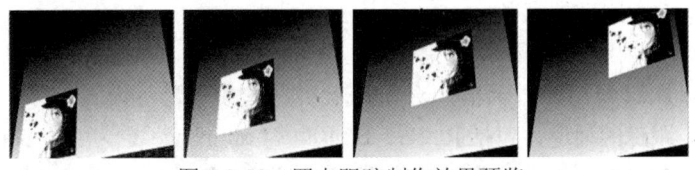

图 7-2-23　四点跟踪制作效果预览

四点跟踪制作步骤小结：

（1）新建"Solid（固态层）"。

（2）设置红色"Solid（固态层）"的位移动画。

（3）导入图片素材，打开跟踪控制面板，并通过调节跟踪控制点制作跟踪效果。

（4）使用"Ramp（渐变）"特效制作渐变背景并完成最终的动画。

【重点难点】

Ramp（渐变）、Corner Pin（边角定位）等特效参数的设置与协调应用。

【相关知识】

（1）Tracker Controls（跟踪控制器）选项具体说明如下：

Track Motion（运动跟踪）或 Stabilize Motion（运动稳定）用来确定当前的操作是运动跟踪还是画面稳定。

Track Motion（运动跟踪）按钮：可以对选定的层运用运动跟踪效果。

Stabilize Motion（运动稳定）按钮：可以对选定的层运用运动稳定效果。

Motion Source（跟踪源）：可以从右侧的下拉菜单中，选择要跟踪的层。

Current Track（当前跟踪器）：当有多个跟踪器时，从右侧的下拉菜单中，选择当前使用的跟踪器。

Position（位置）：使用位置跟踪。

Rotation（旋转）：使用旋转跟踪。

Scale（缩放）：使用缩放跟踪。

Edit Target（编辑目标）按钮：打开 Motion Target（跟踪目标）对话框，可以指定跟踪传递的目标（当需要将跟踪点链接到当前层的效果上时，勾选"Effect point control"项）。

Options（选项）按钮：打开"Motion Tracker Options（运动跟踪选项）"对话框，对跟踪器进行参数设置。

（2）Track Type（跟踪器类型）选项具体说明如下：

Transform（转换器）：对位置、旋转和缩放进行跟踪。

Stabilize（稳定器）：对位置、旋转和缩放进行跟踪，用于稳定画面。

Parallel corner pin（平行四边形边角跟踪器）：对平面中的倾斜和旋转进行跟踪但无法跟踪透视，只需要有三个点即可进行跟踪。

Perspective corner pin（透视边角跟踪器）：对图像进行透视跟踪。

Raw（表达式跟踪器）：对位移进行跟踪，但是其跟踪计算结果只能保存在原图像的 Tracker 属性中，在表达式中可以调用这些跟踪数据。

（3）Motion Tracker Options（运动跟踪选项）选项具体说明如下：

Track Name：设置跟踪器名称。

Tracker Plug-in：指定跟踪插件。

Options：显示跟踪器插件对话框，对跟踪器插件的参数进行设置。

Channel：指定跟踪的通道，包括 R、G、B 通道，Luminance（亮度），Saturation（饱和度）。

Process Before Match：在跟踪前对图像进行模糊或锐化处理，以提高跟踪精度。

Track Fields：对两个视频场都进行跟踪。

Adapt Feature On Every Frame：适应每一帧的特征，获得更好地跟踪效果。

If Confidence Is Below：如果跟踪精度低于指定的运动百分比，有四种方式处理：Continue Tracking：继续跟踪；Stop Tracking：停止跟踪；Extrapolate Motion：自动推算运动；Adapt Feature：适应特征。

Analyze（分析）按钮：用来分析跟踪。包括左向单键（向后逐帧分析）、左向键（向后回放分析）、右向键（向前播放分析）、右向单键（向前逐帧分析）。

Reset（清除）按钮：如果对跟踪不满意，单击该按钮，可以将跟踪结果清除，还原为初始状态。

Apply（应用）按钮：如果对跟踪满意，单击该按钮，应用跟踪结果。

综合实训：复杂背景下的抠像制作

【实训要求】

在"复杂背景下的抠像"制作中，主要学习 Difference Matte（差值蒙版）特效的对比差异，了解复杂图像抠像的技术和方法，掌握 Simple Choker（简单堵塞）特效完成抠像的设置方法，掌握复杂背景下的抠像操作技能，提高画面抠像的应用水平。

【实训案例提示】

"单色（蓝屏、绿屏）抠像"要掌握"Color Key（色彩键）"特效的设置方法；"四点跟踪"要掌握"Tracker Controls（跟踪控制器）"中针对位移进行跟踪的基本方法。而复杂背景下的抠像制作主要利用特殊的抠像工具"Difference Matte（差值蒙版）"来对背景复杂的图像进行抠像。"Difference Matte（差值蒙版）"的抠像原理是：对比两个层的差异来完成抠像操作，通过两个参考层的设置，利用"Simple Choker（简单堵塞）"来完善抠像效果。

【操作步骤提示】

（1）新建合成。
（2）导入原始素材。
（3）单击菜单中的"Effect > Keying > Difference Matte（差值蒙版）"命令，在"Effect Controls（特效控制）"面板中设置参数。
（4）单击菜单中的"Effect > Matte > Simple Choker"命令，在"Effect Controls（特效控制）"面板中设置参数。

实训案例复杂背景下的抠像完成效果如图 7-2-23 所示。

【重点难点】

Difference Matte（差值蒙版）、Simple Choker（简单堵塞）等特效参数的设置与协调应用。

图 7-2-23　复杂背景下的抠像完成效果

习题七

一、选择题

1．以下哪些特效可以用于创建单色（蓝屏、绿屏）抠像（　　）。
　　A．Ramp（渐变）　　　　　　　　B．Color Key（色彩键）
　　C．Curves（弯曲）　　　　　　　　D．Color Range（色彩范围）

2．以下哪些特效可以用于四点跟踪制作（　　）。
　　A．Fractal Noise（分形噪波）　　　B．Levels（色阶调整）
　　C．Tint（色彩）　　　　　　　　　D．Glow（发光）

3．以下哪些特效可以用来创建复杂背景下的抠像（　　）。
　　A．Difference Matte（差值蒙版）　　B．Simple Choker（简单堵塞）
　　C．Fractal Noise（分形噪波）　　　D．Levels（色阶调整）

4．抠像主要综合运用以下哪些特效（　　）。
　　A．Color Key（色彩键）　　　　　　B．Difference Matte（差值蒙版）
　　C．Inner/Outer Key（内/外轮廓键）　D．Linear Color Key（线性色彩键）

二、填空题

1．"单色（蓝屏、绿屏）抠像"视频制作，主要利用（　　）特效与（　　）特效和（　　）特效的搭配使用。

2．"四点跟踪制作"视频制作，主要利用（　　）特效与（　　）特效和（　　）特效的搭配使用。

3．"复杂背景下的抠像"视频制作，主要利用（　　）特效与（　　）特效和（　　）特效的搭配使用。

4．通过抠像与跟踪特效实践应用，能了解（　　）知识，熟悉（　　）流程，掌握（　　）设置技术，提高（　　）能力。

三、判断题

1．"单色抠像"视频制作，主要学习 Color Key（色彩键）特效、Color Range（色彩范围）特效对画面进行抠像的技术和方法。　　　　　　　　　　　　　　　　　　　　　　　　　　　　　　　（　　）

2．"复杂背景下的抠像"制作，主要学习 Difference Matte（差值蒙版）特效的对比差异，了解复杂图像抠像的技术和方法，掌握 Simple Choker（简单堵塞）特效如何去完善抠像效果的设置技巧。（　　）

3．"四点跟踪制作"视频制作，主要学习 Tracker Controls（跟踪控制器）中的跟踪控制点去跟踪画面目

标的设置技巧。（　　）

4．利用抠像特效与其他特效的配合使用，能完成演员在炮火硝烟、洪水泛滥、火山喷发、雪山崩溃等恶劣情境中的表演。（　　）

四、问答题

1．抠像特效的特点是什么？
2．抠像特效的作用是什么？
3．抠像特效的应用范围是什么？
4．抠像特效拓展应用的关键点在哪里？

五、操作题

1．请把蓝背景下完成的演员表演叠加到炮火硝烟的场景中。
2．请把复杂背景下完成的演员表演叠加到洪水泛滥的场景中。
3．请利用四点跟踪技术将一团燃烧的火焰跟随一个运动的汽车。
4．请利用四点跟踪技术将影片中的人物头部加入一个光环。

8 仿真特效应用

仿真特效包括卡片舞蹈、焦散、泡沫、破碎、波浪、粒子等特效,这些特效都有独立的功能。卡片舞蹈特效能使静态的卡片悠闲起舞、快乐翻转;焦散特效能模拟五彩斑斓、绚丽多彩的水中折射和反射效果;泡沫特效生成的气泡和水珠惟妙惟肖、透明晶莹;破碎特效对图像施加的爆炸效果能使碎片飞散、情境逼真;波浪世界特效创造的湖光潋滟,让水波荡漾、波光粼粼;粒子特效更应用广泛、引人注目,无论是发散的烟雾,群飞的物体,还是运动的颗粒、飘散的文字都以粒子的基础应用出发,它产生的相似物体运动效果或许是成群的蝴蝶、飞舞的花瓣、闪亮的星光、璀璨的烟花。这些样式独特、绚丽多彩的仿真特效在电视广告、形象宣传、频道栏目中的应用绮丽多彩,长盛不衰。

本章以制作仿真物体为项目载体,通过完成飘落的叶子、空间碎片扫光、叶子气泡三个案例制作,引导学生学习卡片舞蹈、焦散、泡沫、爆炸、波浪世界、粒子等特效的工作特性、参数设置和调节技巧,掌握制作仿真物体的操作技能,提高仿真物体制作的应用水准。

【知识能力目标】

(1)了解 Simulation 仿真、Card Dance 卡片舞蹈、Caustics 焦散、Foam 泡沫、Shatter 爆炸、Wave World 波浪世界、Particle Playground 粒子运动场等特效的基本功能和它们的参数设置方法。

(2)掌握卡片舞蹈、焦散、泡沫、爆炸、波浪世界、粒子运动场等特效的工作特性和调节技巧。

(3)综合运用仿真特效,制作飘落的叶子、空间碎片扫光、叶子气泡等各种仿真案例,掌握制作仿真物体的技能。

(4)拓展仿真特效应用的能力。

8.1 飘落的叶子制作

金色的余晖中,看到了一片片树叶飘落归根的自然景象。如果把这情境用动画的形式搬上荧屏的话,那会使原画师、绘景师、摄影师们花费很多时间。利用仿真特效模拟飘落的叶子,就能轻松地实现。

【学习要求】

在"飘落的叶子"制作中,主要学习 Simulation(仿真)特效下的 Shatter(破碎)设置方法,了解对图像进行粉碎爆炸后,如何控制飞散碎片的位置、速度、力量和半径,是本节需要掌握的重点。

【案例分析】

仿真特效可以应用在许多方面,如战争中燃烧的战机、爆炸的阵地等;科幻中崩溃的宇宙、碎裂的大地等;影视中飞舞的花瓣、璀璨的烟花等。飘落的叶子就是综合运用"Simulation(仿真)"下的"Shatter(破碎)"效果,模拟秋风中一片片树叶飘落归根的自然景象。

"飘落的叶子"可按如下步骤进行制作:

(1)新建合成并导入树叶图片。
(2)对导入的树叶图片施加 Shatter(破碎)特效。
(3)导入树叶图片作为蒙版。
(4)设置爆炸特效参数。
(5)控制爆炸的力量、速度和位置等。
(6)让落叶披上金色的余晖。

【制作步骤】

8.1.1 新建合成并导入树叶图片

(1)新建合成。

新建合成"Comp 1",大小为"640×480",时间长度为 5 秒,设置如图 8-1-1 所示。

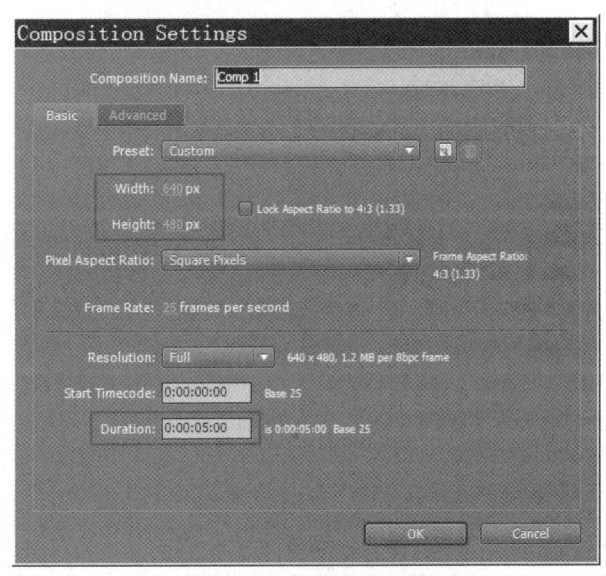

图 8-1-1 新建合成设置

（2）导入树叶图片。

在项目面板中双击，导入一张处理过的树叶图片进来，如图 8-1-2 所示。

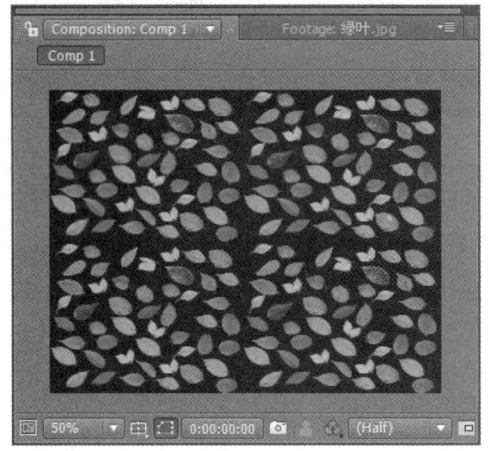

图 8-1-2　导入的树叶图片

8.1.2　对树叶图片施加 Shatter（破碎）特效

将树叶图片拖入到时间线面板中，为它添加"Effect > Simulation > Shatter（破碎）"特效。在特效面板中单击"Shatter"下的"View"右边的按钮，在弹出的下拉菜单中选择"Rendered"方式。完成设置后播放，发现图片产生了爆炸效果，如图 8-1-3 所示。

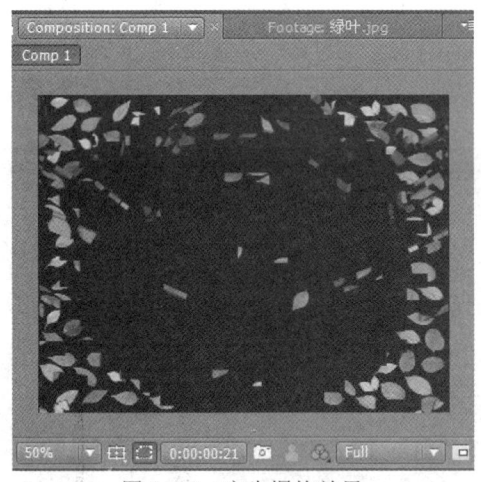

图 8-1-3　产生爆炸效果

8.1.3　树叶图片作为蒙版

（1）导入黑白图片。

再次导入一张由刚才的树叶图片处理而成的黑白图，让它作为蒙版，如图 8-1-4 所示。

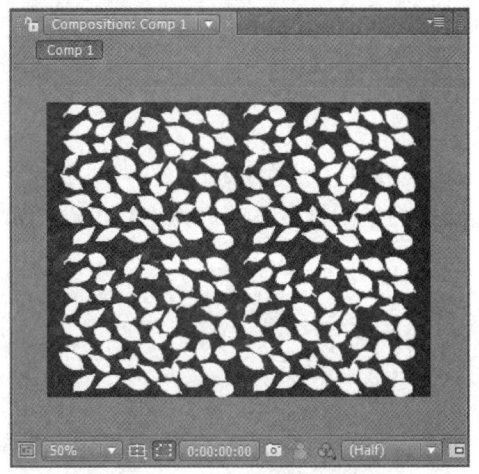

图 8-1-4　导入树叶的黑白图

（2）关闭黑白树叶层。

将这个黑白图片拖到时间线面板中成为图层，并关闭它的显示状态，如图 8-1-5 所示。

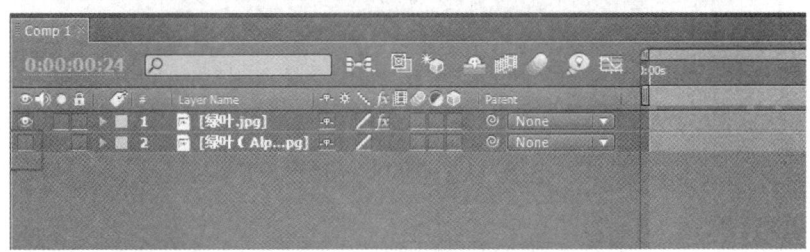

图 8-1-5　关闭图层显示

8.1.4　设置爆炸特效参数

（1）在特效面板中展开"Shatter（破碎）"特效的"Shape（形状）"属性，选择"Pattern（模式）"为"Custom（自定义）"方式，同时设置"Custom Shatter Map（自定义破碎）"为黑白的树叶图层"2.绿叶（Alpha）.jpg"，Pattern 是表示爆炸离散的模式，这里选择了自定义的方式，而带有 Alpha 通道的黑白树叶层就成了爆炸的贴图，如图 8-1-6 所示。

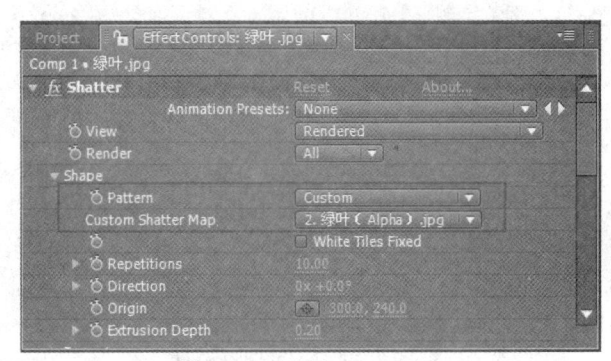

图 8-1-6　设置 Shape 属性

8.1.5 控制爆炸的力量、速度和位置等

（1）控制爆炸力。

接着展开 Force 1（力量 1）属性，设置 Depth（力场的深度）的值为 0.5，Radius（力场的半径）的值为 5.0，Strength（力场的强度）的值为 1.50，设置如图 8-1-7 所示。

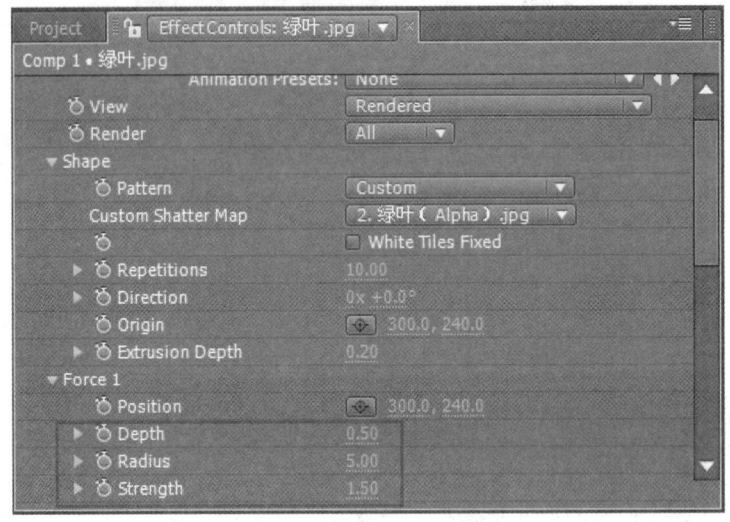

图 8-1-7　设置 Force 1 属性

（2）设置物理属性。

然后继续展开"Physics（物理）"属性，设置"Rotation Speed（碎片旋转速度）"的值为 0.2，"Randomness（碎片的随机数值）"的值为 0.5，"Viscosity（碎片的粘度）"的值为 0.1，"Mass Variance（碎片集中的百分比）"的值为 50%，Gravity（重力）的值为 2.0，"Gravity Inclinatio（重力倾斜）"的值为 20，设置如图 8-1-8 所示。

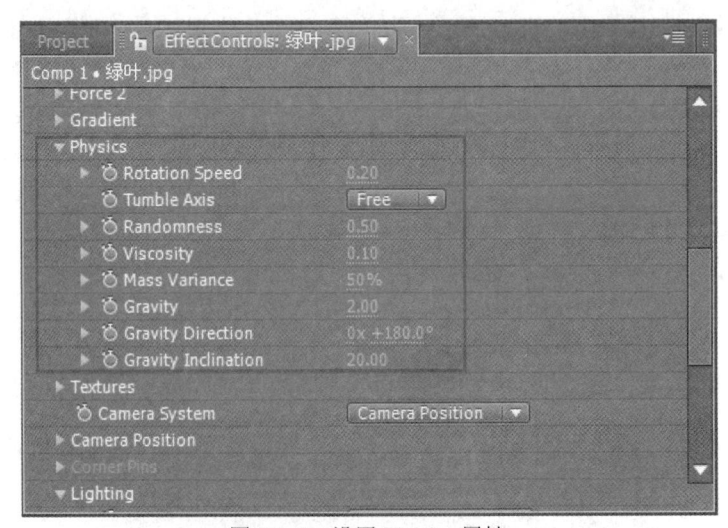

图 8-1-8　设置 Physics 属性

(3) 设置摄像机属性。

再展开"Camera Position（摄像机位置）"属性，设置 X、Y、Z 的位置和旋转度，如图 8-1-9 所示。

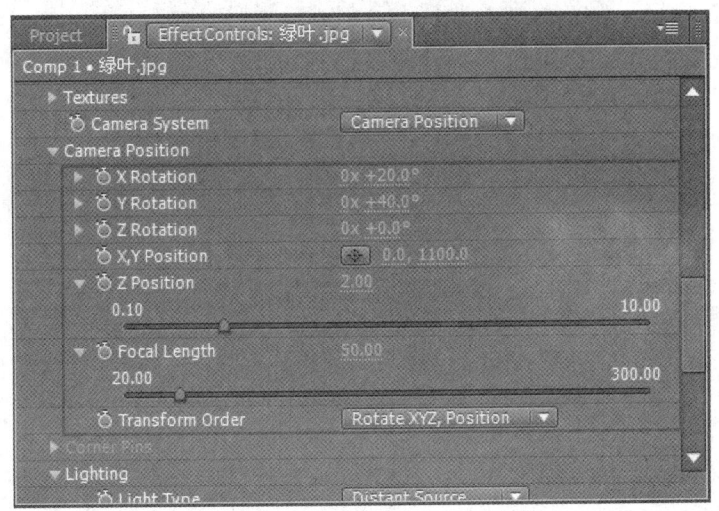

图 8-1-9　设置 Camera Position 属性

8.1.6　让落叶披上金色的余晖

（1）让落叶披上余晖。

展开"Lighting（照明）"属性，让落叶披上金色的余晖，设置"Light（光）"的强度等参数，如图 8-1-10 所示。

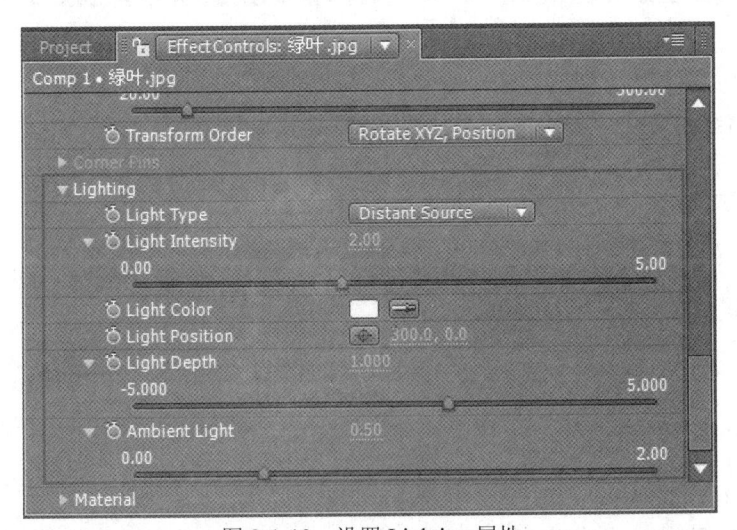

图 8-1-10　设置 Lighting 属性

（2）预览动画。

完成上面 Shatter 属性的设置后，播放叶子飘落的动画，如图 8-1-11 所示。

157

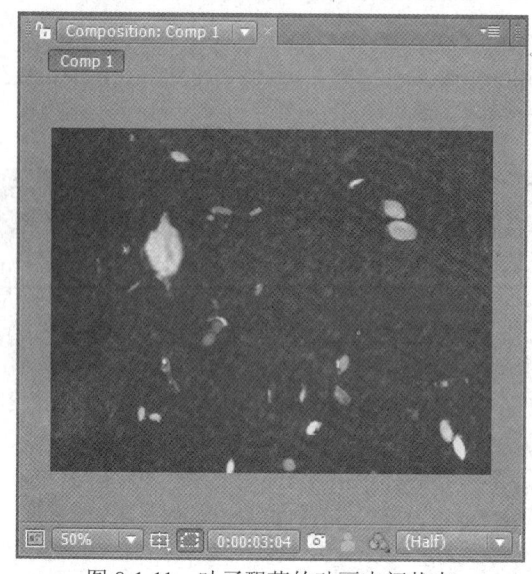

图 8-1-11　叶子飘落的动画中间状态

（3）继续调整参数。

根据秋风大小如果觉得叶子的旋转还不够，可以调整 Physics 属性下的"Rotation Speed（碎片旋转速度）"，还可以将叶子换成花瓣或者是其他的一些飘落的物体，如图 8-1-12 所示。

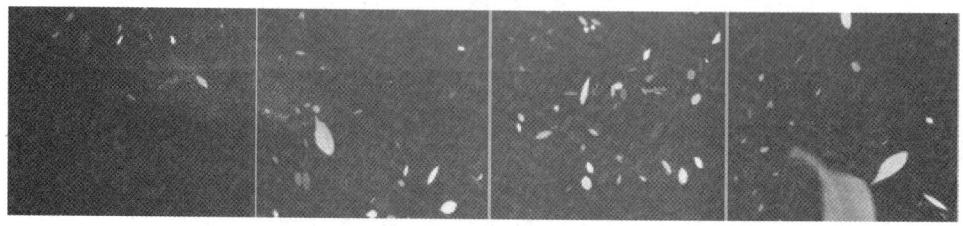

图 8-1-12　叶子飘落的动画

飘落的叶子制作步骤小结：

（1）新建合成 Comp 1，大小为"640×480"。
（2）导入树叶图片，为它添加 Shatter 特效。
（3）导入黑白树叶图片，关闭它的图层显示。
（4）详细设置"Shatter（破碎）"的各项属性，完成飘落的叶子制作。

【重点难点】

Shatter（破碎）特效参数的设置与其他特效协调应用。

【相关知识】

Shatter（破碎）特效选项具体说明如下：
Shatter 特效可以创建图像素材的爆炸效果。
View：选择视窗中的观察方式。
Render：设置渲染图像的部分。

Shape：设置爆炸产生碎块的形状。
Extrusion Depth：设置生成碎片的厚度。
Force1 和 Force2：设置用于生成爆炸的作用力参数。
Position：选择力的作用点位置。
Depth：设置力的深度。
Radius：设置力的作用范围。
Strength：设置力的大小。
Gradient：设置用于生成爆炸的渐变效果。
Shatter Threshold：设置爆炸的最大极限范围。
Gradient layer：设置用于做渐变的图像层。
Physics：设置爆炸的各种物理参数。
Rotation Speed：设置碎片的旋转速度。
Tumble Axis：指定碎片旋转的定位轴。
Randomness：设置碎片飞行的随机度。
Viscosity：设置碎片的粘合度。
Mass Variance：设置碎片数量的变化比。
Gravity：设置重力的大小。
Gravity Direction：设置重力的方向。
Gravity Inclination：设置重力的渐变倾向。
Textures：设置爆炸碎片的颜色。
Color：设置碎片的颜色。
Opacity：设置碎片的不透明度。
Front Mode：指定爆炸区域或正面模式。
Side Mode：指定爆炸区域或侧面模式。
Back Mode：指定爆炸区域或背面模式。
Camera Position：选择摄像机模式。
X、Y、Z Rotation：分别设置摄像机在 3 个轴上的旋转角度。
X、Y、Z Position：分别设置摄像机在 3 个轴上的位置。
Focal length：设置摄像机焦距大小。
Transform order 设置摄像机转换顺序。
Corner pins：如果上面选择了 Corner pins，此项打开。
Auto Focal Length：此选项摄像机自动对焦。
Focal Length：设置摄像机的焦距。
Lighting：设置光照模式。
lighting type：选择灯光的种类。
Light Intensity：设置光照强度。
Ambient light：设置环境光大小。
Material：设置碎块的材质属性。

8.2 空间碎片扫光制作

空间碎片扫光产生出绚烂多彩的光线，如果把它叠在照片上，照片就像在七彩光中被打印出来一样；如果把它叠在片头的字幕上，字幕随着光线的闪耀而闪亮登场；如果把它叠在过渡的画面上，画面随着斑斓的光而魅力四射。空间碎片扫光也是一种仿真光效，它能给观众造成强烈的视觉冲击。

【学习要求】

空间碎片扫光与飘落的叶子相比，制作上稍微复杂一些。在"空间碎片扫光"制作中，需要继续学习 Simulation（仿真）特效下的 Shatter（粉碎）特效的设置方法，了解 Ramp（渐变）特效、Shatter（粉碎）特效、Time Remapping（时间重映）特效、Starglow（星光闪耀）特效的参数设置方法和调节技巧，掌握空间碎片扫光的操作技能，提高制作仿真物体的水平。

【案例分析】

空间碎片扫光是"Shatter（粉碎）"特效的灵活应用。在本例中，用"Fractal Noise（分形噪波）"特效制作彩光，用"Shatter（粉碎）"特效制作图像爆炸，再将制作的光芒合并到场景中去，最后用"Time Remapping（时间重映）"实现倒放。在本案例制作中，特别应注意思维和想象，在具有了一定的影视特效制作能力后，重点要放到思维、想象和创意上去，这对于影视特效制作能力的形成是非常关键的。

空间碎片扫光可按如下步骤进行制作：

（1）新建一个渐变合成。
（2）新建一个噪波合成。
（3）设置噪波的关键帧动画。
（4）为噪波动画上色。
（5）用 Mask 控制噪波的彩色光。
（6）制作粒子打印效果。
（7）彩色光芒与粒子动画结合。
（8）创建光效。
（9）设置光效关键帧动画。
（10）创建底板关键帧动画。
（11）为动画添加背景。
（12）设置粒子打印效果。

【制作步骤】

8.2.1 新建渐变合成

（1）新建渐变合成。

首先创建一个新的合成"Comp 1-[Gradation]"，大小为"640×480"，时间长度为 5 秒，设置如图 8-2-1 所示。

图 8-2-1　Comp 1-[Gradation]的合成设置

（2）创建渐变背景。

创建一个渐变的背景，新建"Solid（固态层）"，取名为"Ramp（渐变）"。为它添加"Effect > Generate > Ramp（渐变）"特效，并设置渐变参数，如图 8-2-2 所示。

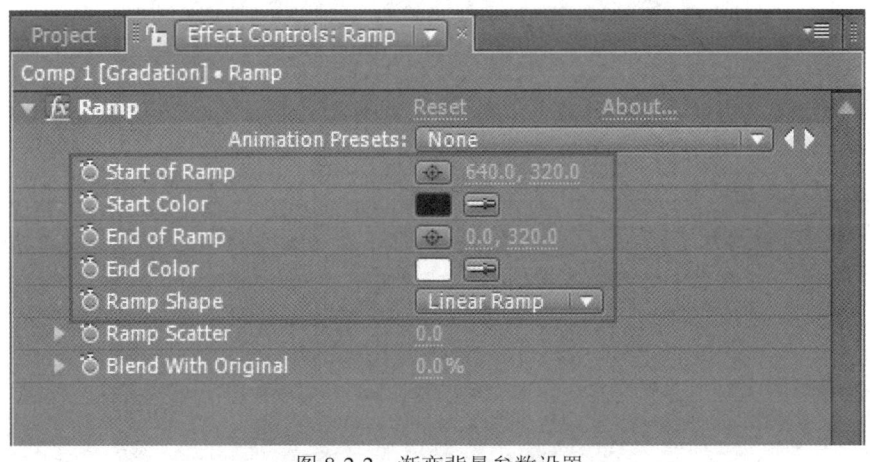

图 8-2-2　渐变背景参数设置

（3）渐变效果显示。

设置完毕后，呈现的渐变效果如图 8-2-3 所示。

图 8-2-3　渐变效果

8.2.2　新建噪波合成

（1）新建噪波合成。

再创建一个合成"Comp 2-[Fractal Noise]"，大小为"640×480"，时间长度为 5 秒，设置如图 8-2-4 所示。

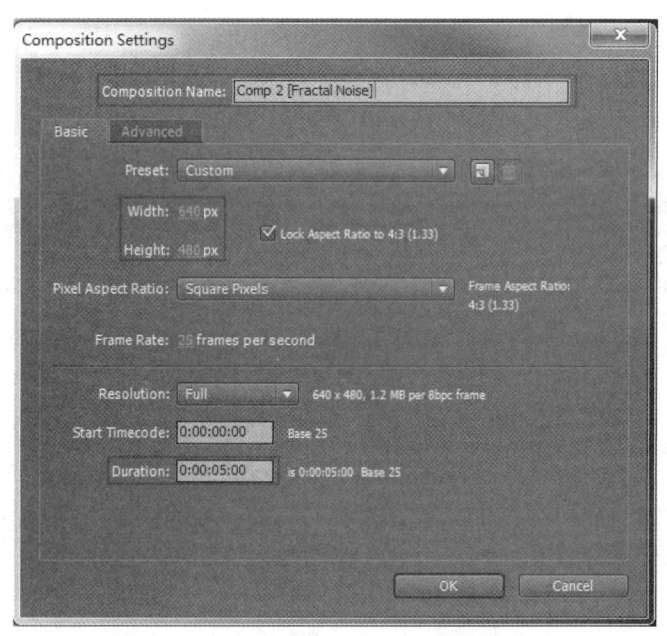

图 8-2-4　Comp 2-[Fractal Noise]的合成设置

（2）创建噪波。

在合成"Comp 2-[Fractal Noise]"中建立一个"Solid（固态层）"，取名为"Fractal（分形）"。

为它添加"Effect > Noise&Grain > Fractal Noise（分形噪波）"特效，并设置噪波参数，取消"Uniform Scaling（统一缩放）"的选择，增大噪波的横向值，将其拉伸，为后面的光线制作进行先行铺垫，设置如图 8-2-5 所示。

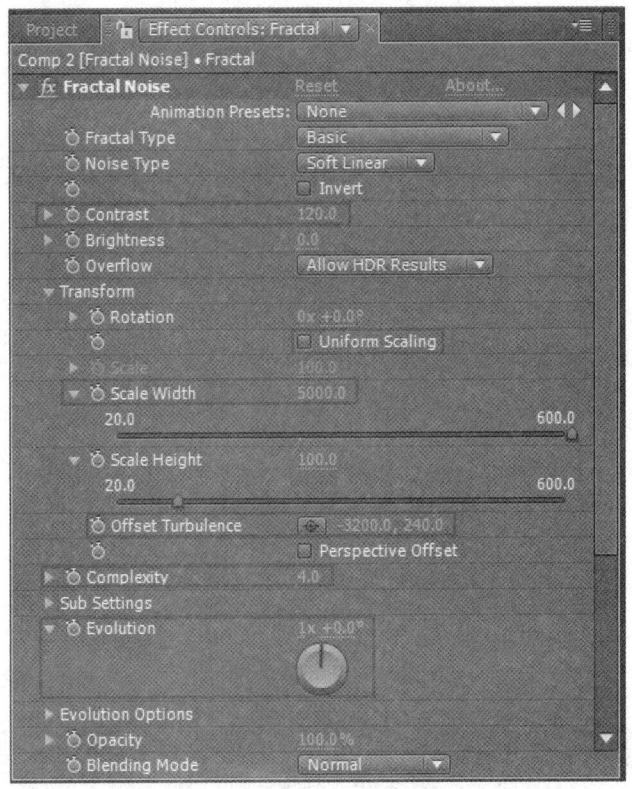

图 8-2-5　"Fractal"的 Fractal Noise 参数设置

（3）制作噪波光芒。

再为"Fractal（分形）"层添加"Effect > Stylize > Strobe Light（闪光点）"特效，制作噪波光芒效果，设置如图 8-2-6 所示。

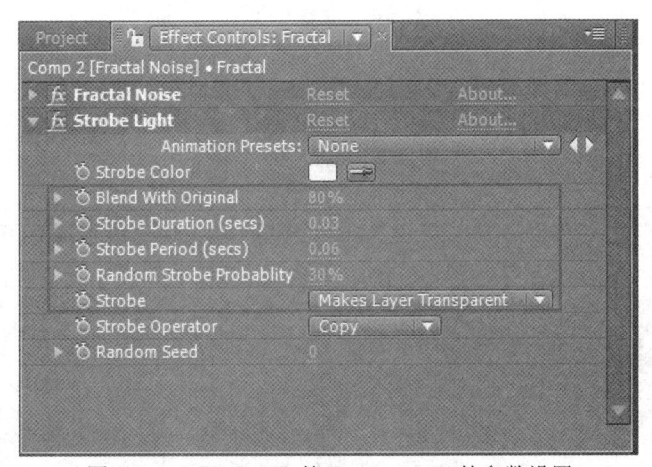

图 8-2-6　"Fractal"的 Strobe Light 的参数设置

163

8.2.3 设置噪波的关键帧动画

（1）设置关键帧。

在"0:00:04:29"秒的位置，设置"Offset Turbulence（偏移湍流）"值为（-3200，240），"Evolution（演变）"值为"1×+0.0°"，这是第一个关键帧，如图 8-2-7 所示。

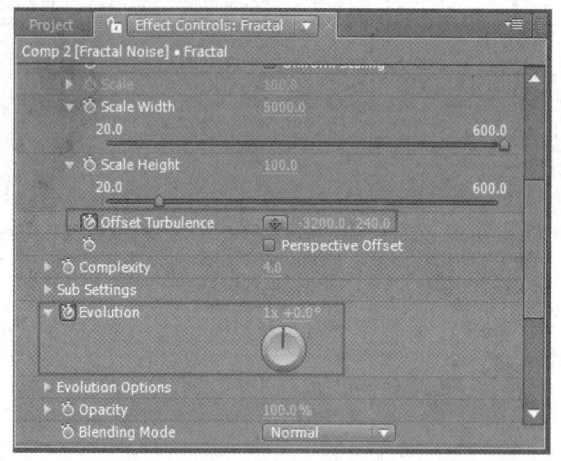

图 8-2-7　设置第一个噪波关键帧

（2）在时间为 0 秒的位置，设置"Offset Turbulence（偏移湍流）"值为（32000，240），"Evolution（演变）"值为"0×+0.0°"。这是倒回来的第二个关键帧，如图 8-2-8 所示。

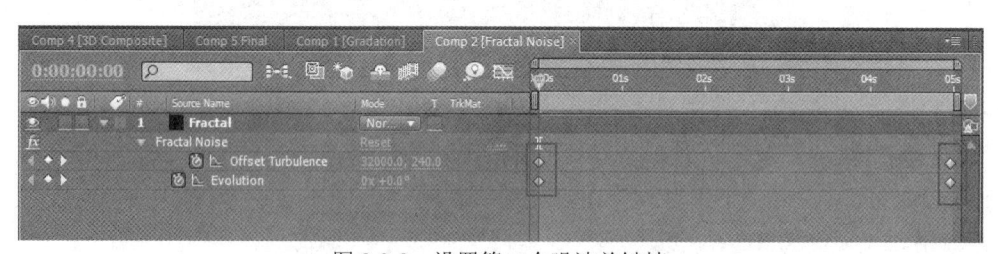

图 8-2-8　设置第二个噪波关键帧

（3）创建遮罩。

将合成"Comp 1-[Gradation]"拖入到合成"Comp 2-[Fractal Noise]"中，并将其放在"Fractal（分形）"层的上方。选择"Fractal（分形）"层的轨道蒙版模式为"Luma Matte（亮度蒙版）"的遮罩方式，"Comp 1-[Gradation]"层会自动关闭显示状态，如图 8-2-9 所示。

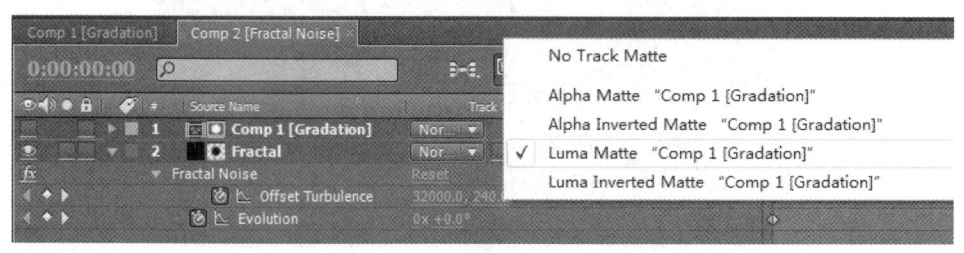

图 8-2-9　噪波轨道蒙版模式

（4）遮罩效果。

设置完成后的遮罩效果如图 8-2-10 所示。

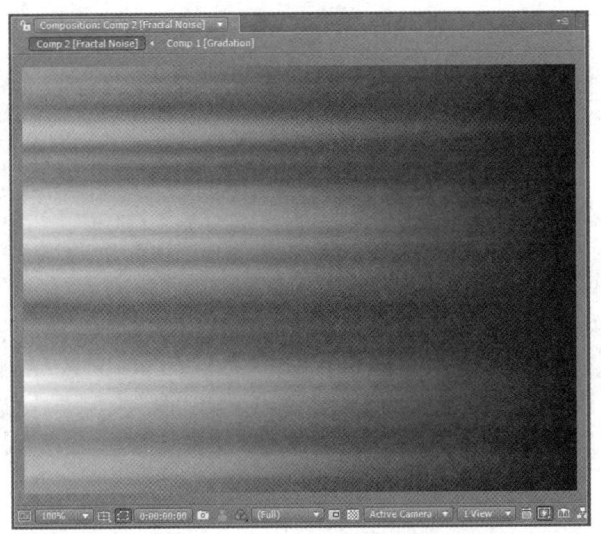

图 8-2-10　噪波轨道的遮罩效果

8.2.4　为噪波上色

（1）新建固态层。

为实现光芒的色彩效果，需要为噪波上色。继续添加一个"Solid（固态层）"，取名为"Fractal Color（分形色）"，如图 8-2-11 所示。

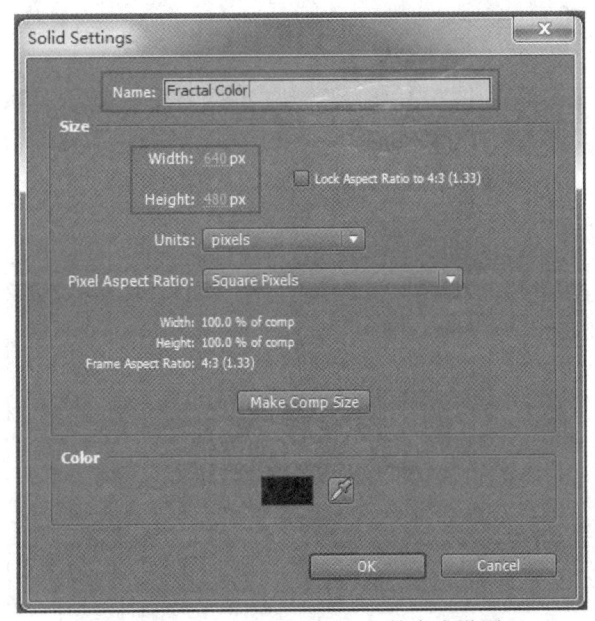

图 8-2-11　"Fractal Color"的合成设置

（2）添加渐变特效。

为新增的"Fractal Color（分形色）"图层添加"Effect > Generate > Ramp（渐变）"特效，如图 8-2-12 所示。

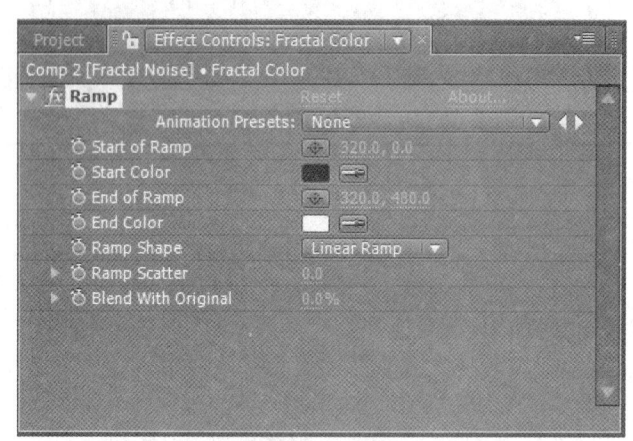

图 8-2-12　"Fractal Color"的渐变参数设置

（3）添加彩色光特效。

继续为"Fractal Color（分形色）"层添加"Effect > Color Correction > Colorama（彩色光）"特效，利用"Colorama（彩色光）"特效颜色的多样性控制，实现五光十色的彩色光条，如图 8-2-13 所示。

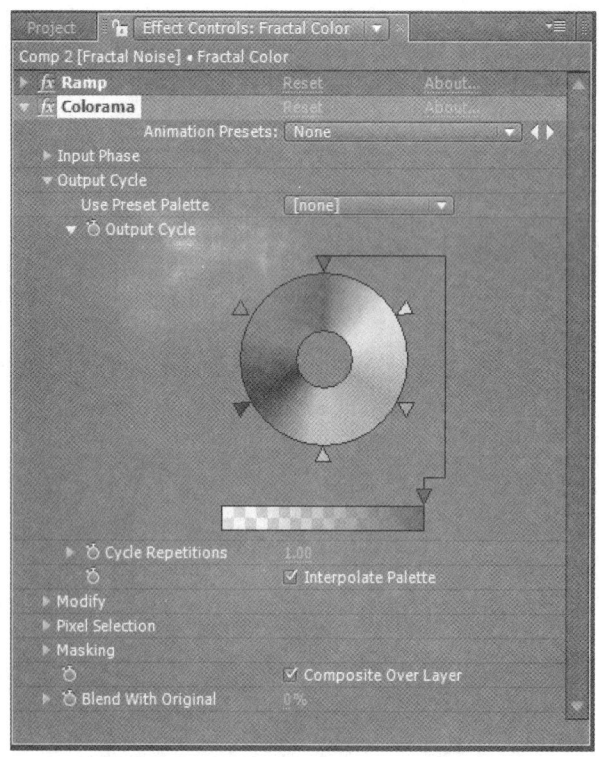

图 8-2-13　Colorama（彩色光）参数的设置

（4）设置叠加模式。

选择"Fractal Color（分形色）"图层，设置层的叠加模式为"Color（颜色）"，如图 8-2-14 所示。

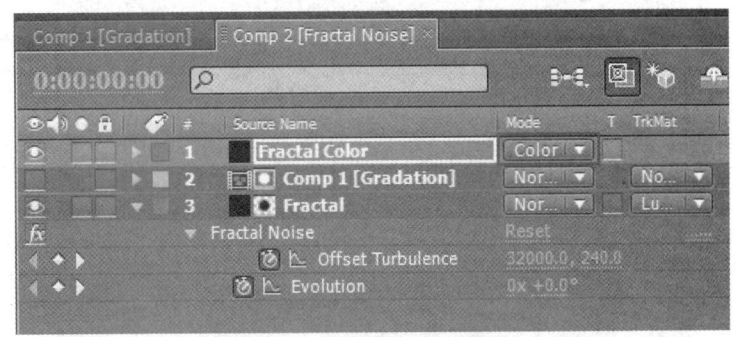

图 8-2-14　设置层的叠加模式

（5）叠加效果。

设置层的叠加模式后的图像效果如图 8-2-15 所示。

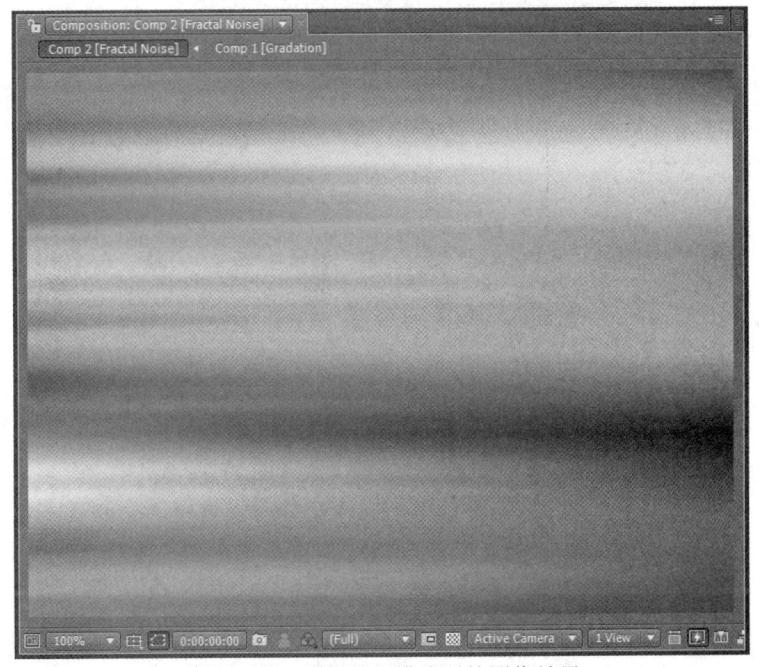

图 8-2-15　设置叠加模式后的图像效果

8.2.5　用 Mask 控制噪波的彩色光

（1）创建蒙版。

为了让彩色光产生与噪波类似的从左到右渐变的效果，下面创建一个 Mask 来进行控制。新建"Solid（固态层）"，取名为"Fractal Color Mask（分形色蒙版）"，设置如图 8-2-16 所示。

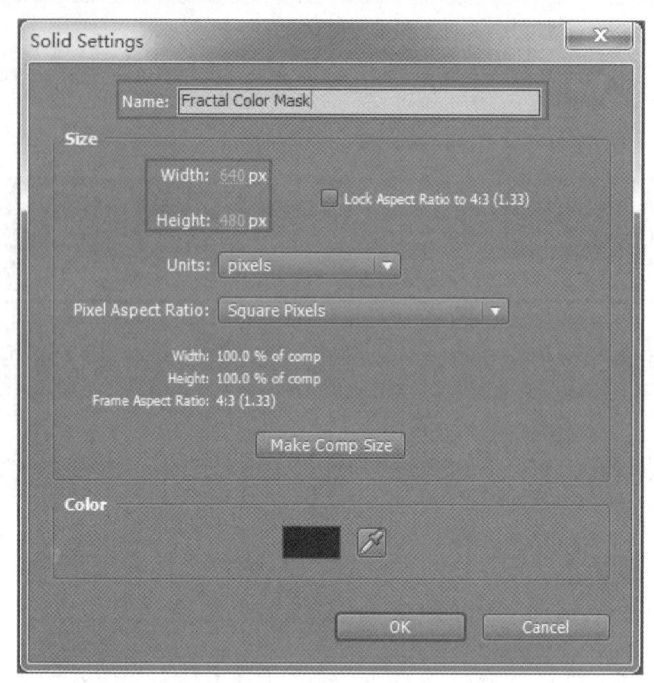

图 8-2-16　"Fractal Color Mask"的合成设置

（2）绘制蒙版。

选择"Fractal Color Mask（分形色蒙版）"层，用工具箱中的矩形工具为该层绘制"Mask（蒙版）"，如图 8-2-17 所示。

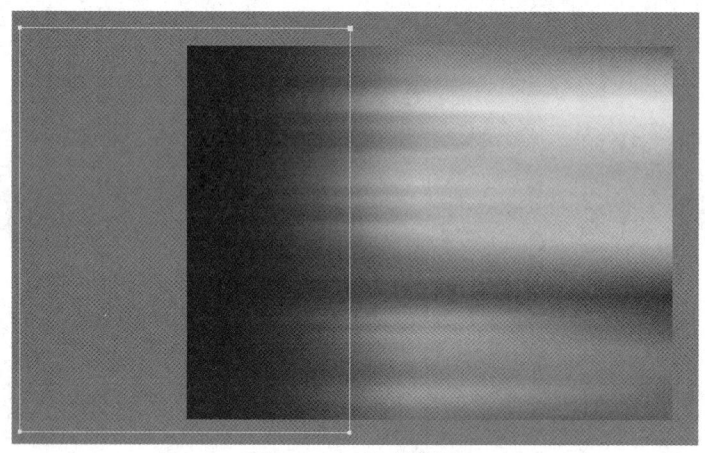

图 8-2-17　绘制蒙版

（3）设置蒙版参数。

"Fractal Color Mask（分形色蒙版）"层的"Mask（蒙版）"的参数设置，如图 8-2-18 所示。

（4）选择遮罩模式。

选择"Fractal Color（分形色）"图层，再选择遮罩为"Alpha Matte（Alpha 蒙版）"模式，"Fractal Color Mask（分形色蒙版）"层选择后，"Fractal Color Mask（分形色蒙版）"会自动关闭显示状态，如图 8-2-19 所示。

仿真特效应用　第 8 章

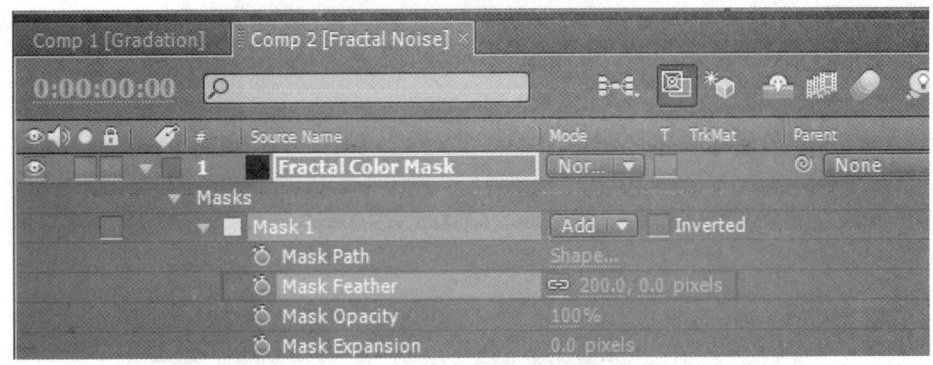

图 8-2-18　"Mask（蒙版）"的参数设置

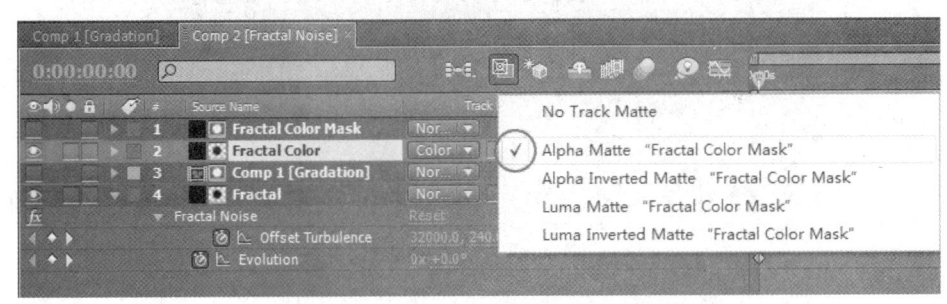

图 8-2-19　"Fractal Color"的遮罩模式

（5）噪波彩色光。

"Fractal Color（分形色）"遮罩的模式设置之后，一个利用 Mask 控制的噪波彩色光就完成了，如图 8-2-20 所示。

图 8-2-20　用 Mask 控制的噪波彩色光

169

8.2.6 制作粒子打印效果

（1）新建合成。

完成了彩色光芒的准备工作后，下面进入主题，也就是实现图片的粒子打印效果。再次创建一个合成"Comp 3-[Shatter]"，如图 8-2-21 所示。

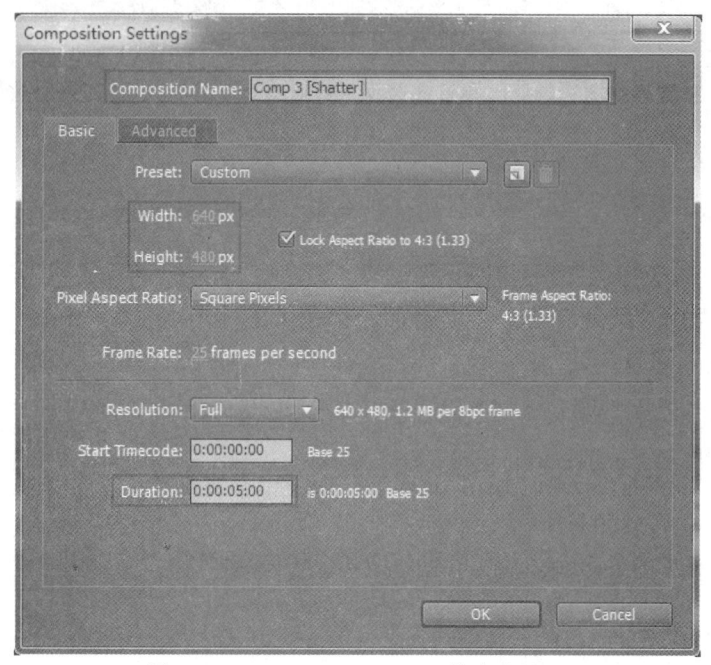

图 8-2-21　Comp 3-[Shatter] 的合成设置

（2）导入图片。

在项目面板中双击鼠标，导入一张处理过的"Face.jpg 图片"进来，如图 8-2-22 所示。

图 8-2-22　导入"Face"图片

（3）导入渐变背景并关闭。

然后将"Face 图片"和合成"Comp 1-[Gradation]"一起导入到合成"Comp 3-[Shatter]"中，同时关闭"Comp 1-[Gradation]"层的显示按钮。关闭"Comp 1-[Gradation]"层的显示按钮是有原因的，在下面的制作中将会明白这一点，如图 8-2-23 所示。

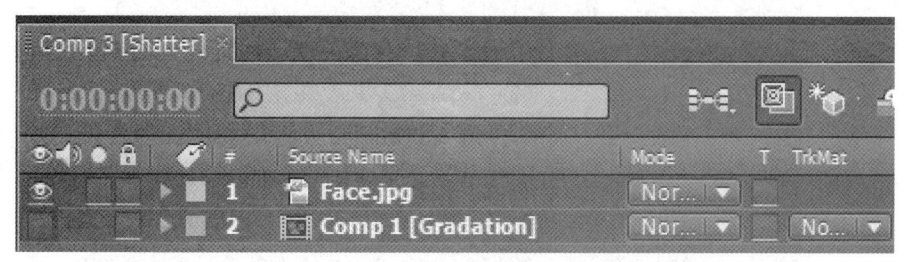

图 8-2-23　关闭"Comp 1-[Gradation]"

（4）创建摄像机。

选择菜单"Layer > New > Camera（摄像机）"命令创建一个摄像机，同样的道理，这里创建的摄像机暂时不会有什么作用，而是在下面的制作中要用到。在创建的摄像机窗口中的设置如图 8-2-24 所示。

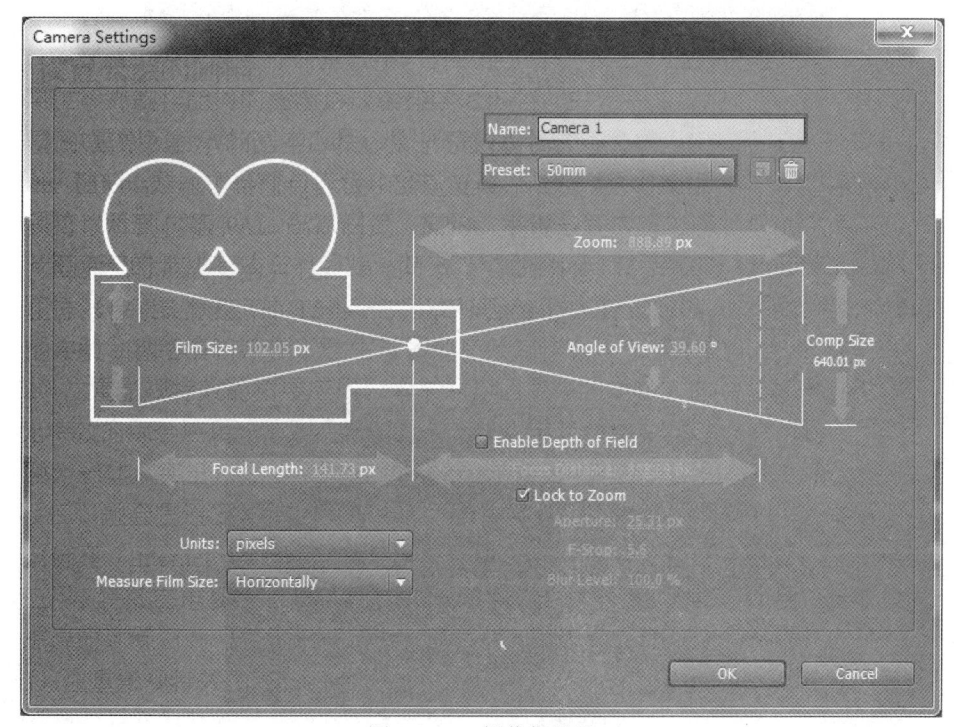

图 8-2-24　摄像机设置

（5）为图片素材添加粉碎特效。

选择"Face 图片"，为它添加"Effect > Simulation > Shatter（粉碎）"特效。在特效面板中首先将"Shatter（粉碎）"特效的"View（视图）"改为"Rendered（渲染）"模式，然后展开"Shape（形状）"属性，如图 8-2-25 所示。

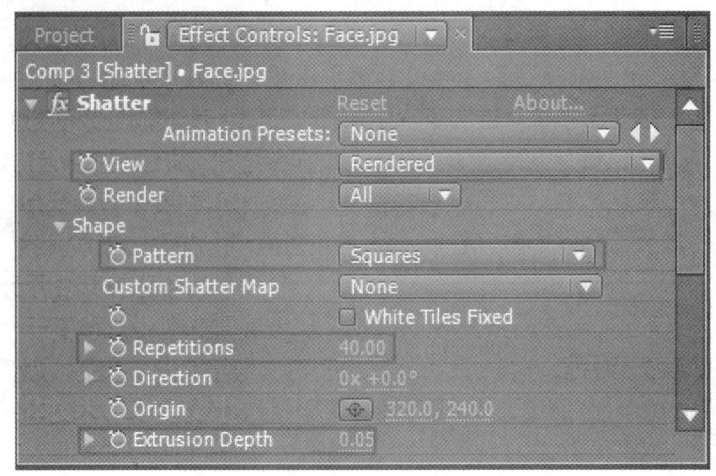

图 8-2-25　Shape 属性设置

（6）控制粉碎特效的力度。

继续展开"Shatter（粉碎）"特效的"Force 1"和"Force 2"属性进行设置，"Force 1"和"Force 2"下的参数用于控制各自的力的深度、半径和力的大小程度，如图 8-2-26 所示。

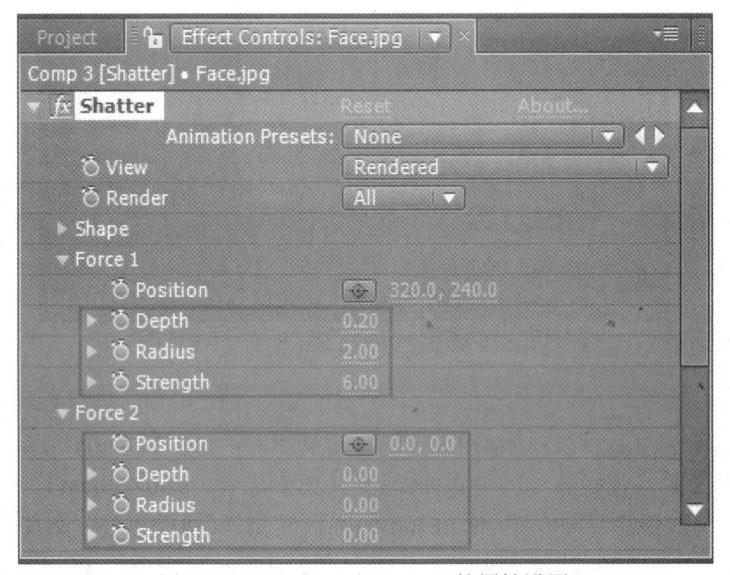

图 8-2-26　Force 1 和 Force 2 的属性设置

（7）设置渐变、物理属性和摄像机。

接着展开"Shatter（粉碎）"特效的"Gradient（渐变）"和"Physics（物理）"属性进行设置。将渐变设置为"3.Comp 1-[Gradation]"。"Camera System（摄像机系统）"设置为"Comp Camera（也就是前面所创建的摄像机）"。设置渐变的目的是让爆炸离散性渐变。而这里的渐变为前面制作好的从白到黑的横向渐变，所以在进行离散的时候，会从黑的一边开始，也就是从右边向左边逐渐进行，相反，如果是从黑到白的横向渐变，则离散的方向也会随着改变，如图 8-2-27 所示。

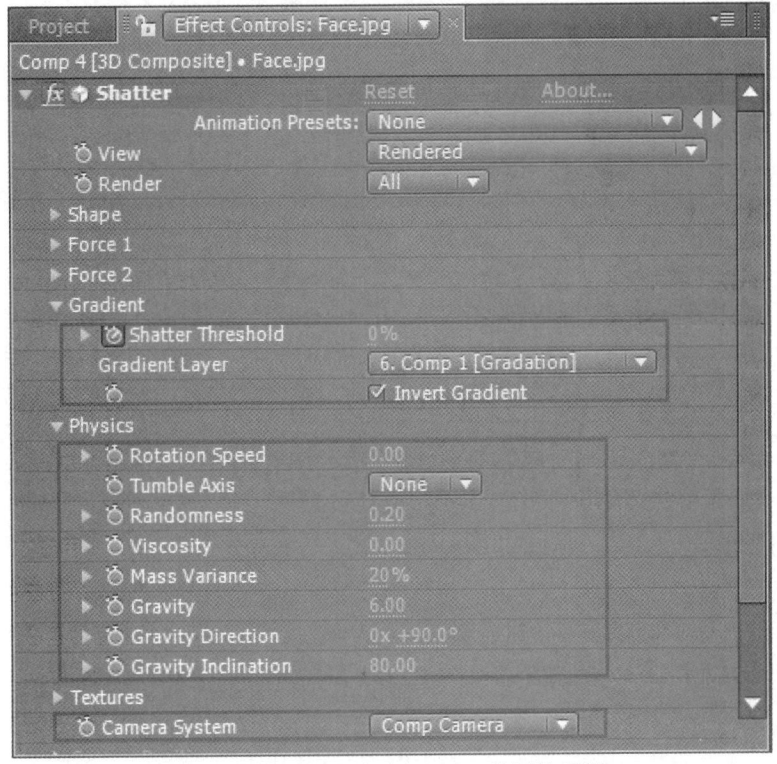

图 8-2-27　Gradient 和 Physics 的属性设置

（8）设置粉碎阀值关键帧。

下面来为"Shatter（粉碎）"特效的"Gradient（渐变）"属性下的"Shatter Threshold（粉碎阀值）"设置关键帧动画。

在时间"0:00:01:23"位置，将"Shatter Threshold（粉碎阀值）"设置为 0%，记录下第一个关键帧。在时间"0:00:03:18"位置，将"Shatter Threshold（粉碎阀值）"设置为 100%，记录下第二个关键帧，如图 8-2-28 所示。

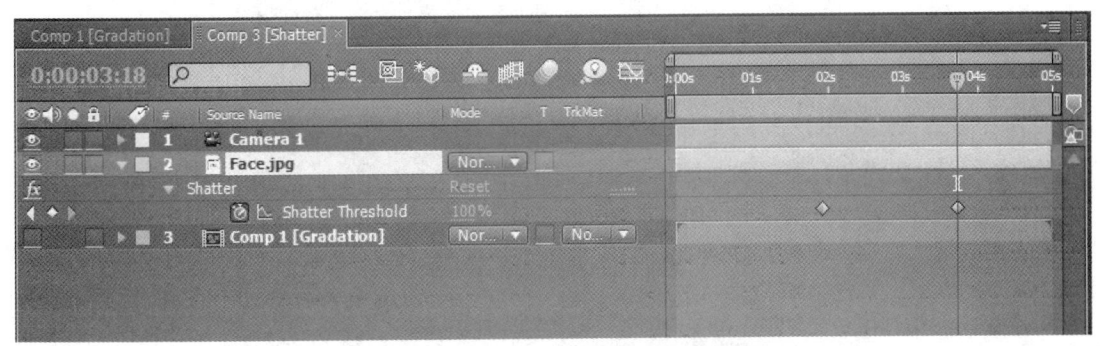

图 8-2-28　Shatter Threshold 的关键帧设置

（9）粒子分离效果。

通过上面的关键帧动画设置后，粒子从右向左的分离效果就呈现出来了，如图 8-2-29 所示。

图 8-2-29　粒子从右向左分离

8.2.7　彩色光芒与粒子动画结合

（1）新建合成。

继续创建一个合成"Comp 4-[3D Composite]"，设置如图 8-2-30 所示。

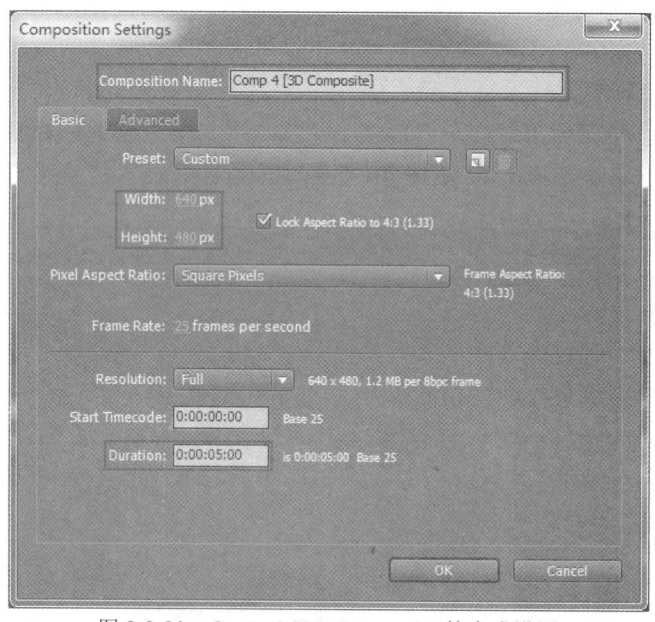

图 8-2-30　Comp 4-[3D Composite]的合成设置

（2）复制 Comp 3-[Shatter]。

选择合成"Comp 3-[Shatter]"里的所有图层，将他们复制并粘贴到合成"Comp 4-[3D Composite]"中，如图 8-2-31 所示。

仿真特效应用　第 8 章

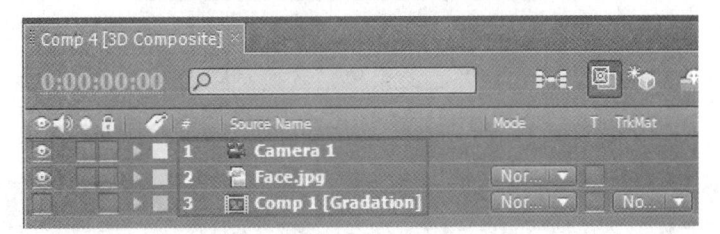

图 8-2-31　复制 Comp 3-[Shatter]

（3）新建固态层。

新增加一个"Solid（固态层）"，取名为"For Camara"，设置如图 8-2-32 所示。

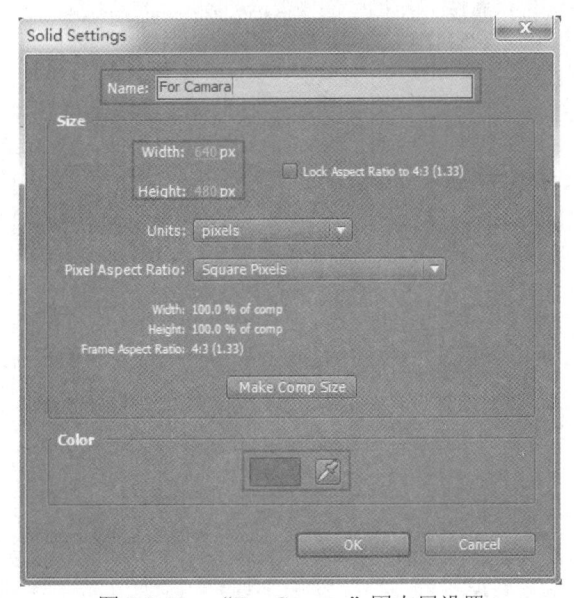

图 8-2-32　"For Camara"固态层设置

（4）设置父子层。

把"Camara 1"设置为"For Camara"层的父层。打开"For Camara"层的三维开关，同时关闭层的显示，如图 8-2-33 所示。

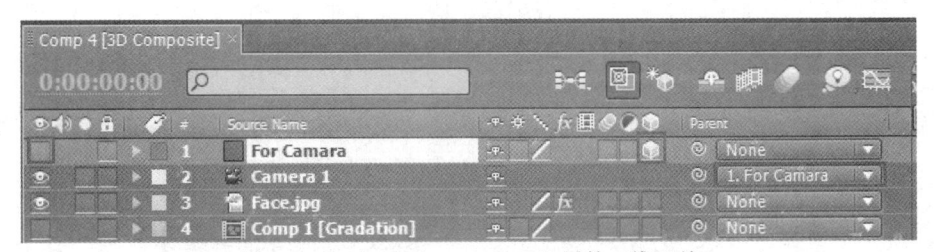

图 8-2-33　打开"For Camara"层的三维开关

（5）设置"For Camara"关键帧。

选择"For Camara"层，按下快捷键"R"，展开图层的旋转属性，首先将"Orientation（定位）"的值设置为（90.0°，0.0°，0.0°）。

在时间"0:00:01:06"的位置，设置 Y Rotation 的值为"0×+0.0°"。

175

在时间"0:00:04:29"的位置，设置 Y Rotation 的值为"0×+120.0°"。

然后选择两个关键帧，右击，在弹出的菜单中选择"Keyframe Assistant > Easy Ease"命令，如图 8-2-34 所示。

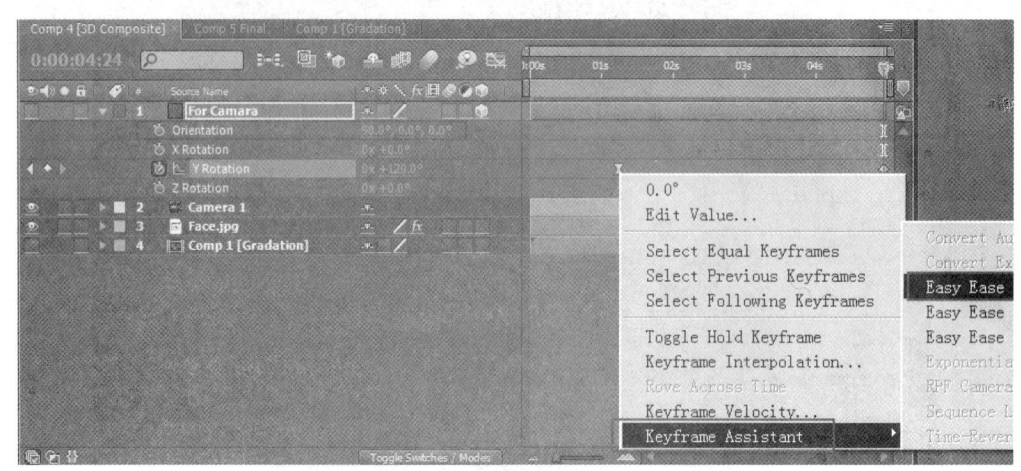

图 8-2-34　旋转属性的关键帧设置

（6）设置"Camera 1"关键帧。

在时间为"0"秒位置，设置 Position 的值为（320，-900，-50）。在时间"0:00:01:11"位置，设置 Position 的值为（320，-700，-250）。在时间"0:00:01:11"位置，设置 Position 的值为（320，-560，-1000）。然后选择这三个关键帧，右击，在弹出的菜单中选择"Keyframe Assistant > Easy Ease In"命令，如图 8-2-35 所示。

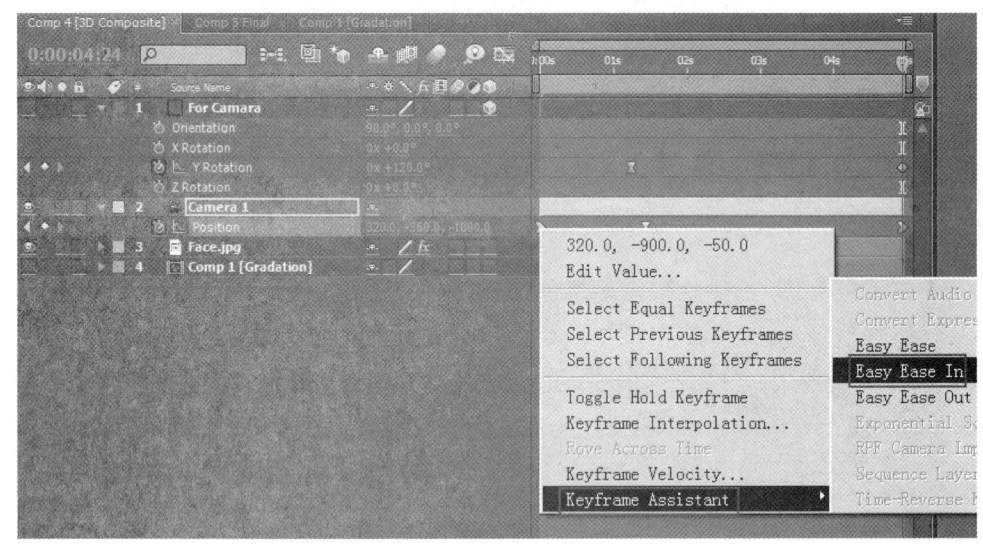

图 8-2-35　摄像机图层的关键帧设置

（7）图片粉碎为粒子的动画。

设置完毕之后播放动画可以观察到，一个由摄像机控制镜头运动的图片粉碎为粒子的动画就完成了，如图 8-2-36 所示。

图 8-2-36 动画的中间帧状态

8.2.8 创建光效

（1）新建合成。

下面来创建光效，以此来丰富最终的动画表现。新建立一个合成"Light flare"，设置如图 8-2-37 所示。

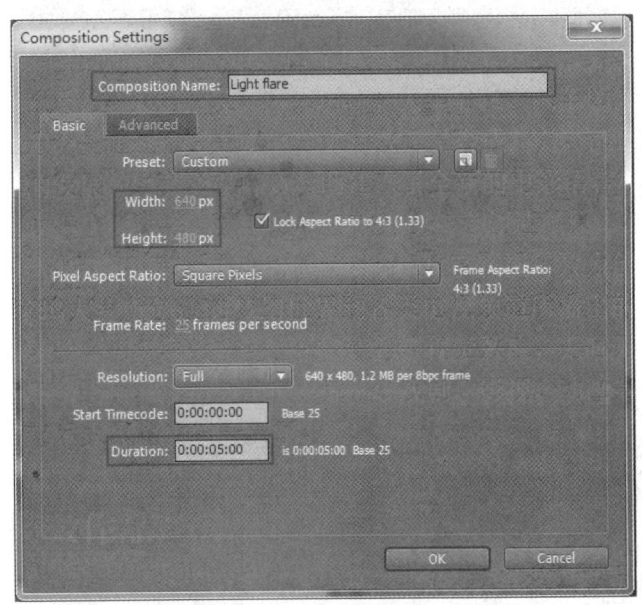

图 8-2-37 "Light flare"的合成设置

（2）在新建固态层添加条纹光。

在合成"Light flare"新增加一个"Solid（固态层）"，为它添加"Effect > Knoll Light Factory（光工厂）> LF Stripe（条纹光）"特效，如图 8-2-38 所示。

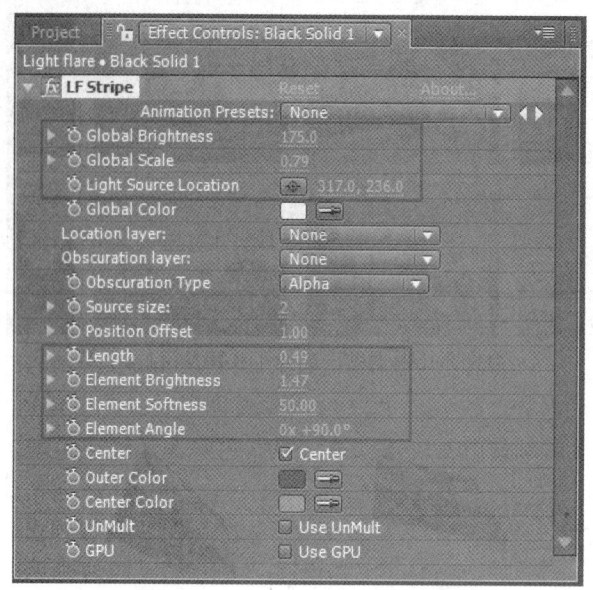

图 8-2-38　LF Stripe 的参数设置

（3）对"LF Stripe（条纹光）"进行设置。

"LF Stripe（条纹光）"是制作光线的特效，在其各项参数中，可以对光线的亮度、大小、长度、颜色以及羽化程度进行设置，完成设置后的光线如图 8-2-39 所示。

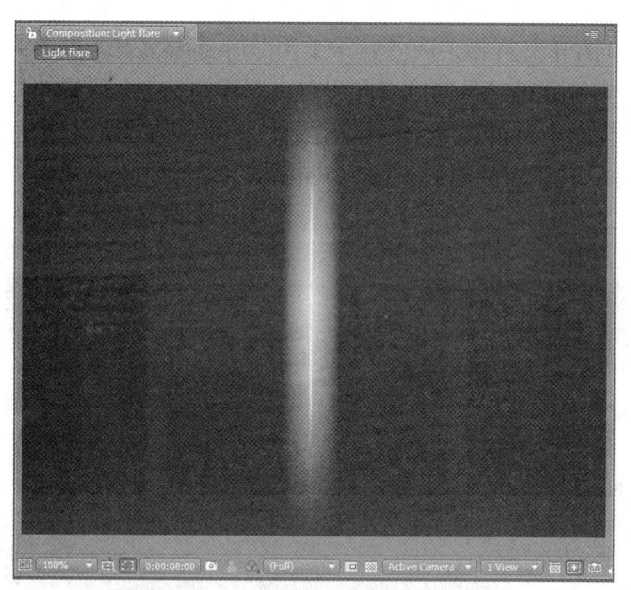

图 8-2-39　"LF Stripe（条纹光）"光效

（4）设置图层的叠加模式。

将合成"Light flare"和"Comp 2-[Fractal Noise]"都拖入合成"Comp 4-[3D Composite]"中。打开这两个层的三维开关，同时调整它们的叠加模式为"Add"。然后将"Comp 2-[Fractal Noise]"层的"Anchor Point（目标点）"属性的值设置为（0.240，0），"Orientation（定位）"属性的值设置为（0°，90°，0°），如图 8-2-40 所示。

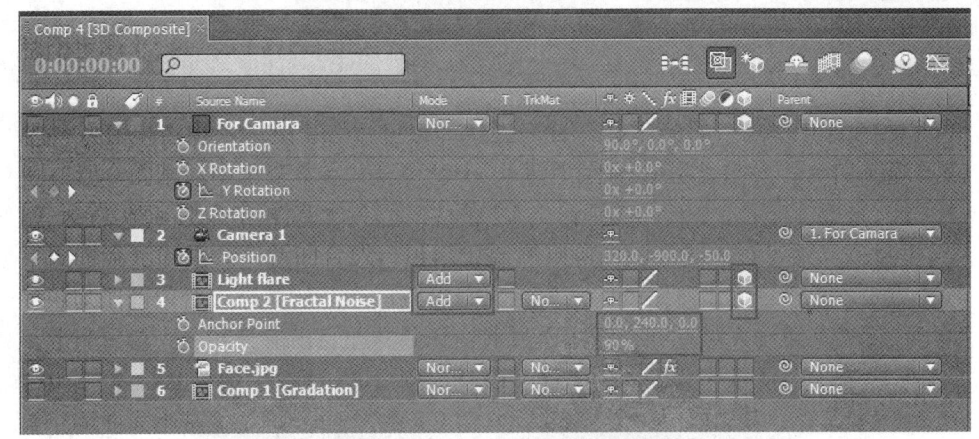

图 8-2-40 设置叠加模式和定位

8.2.9 设置光效关键帧动画

（1）设置光效关键帧。

下面来创建"Light flare"和"Comp 2-[Fractal Noise]"这两个层的关键帧动画。

首先为"Light flare"层进行设置：

在时间"0:00:01:12"位置，设置"Opacity"的值为0%。

在时间"0:00:01:23"位置，设置"Position"的值为（640，240，0），"Opacity"的值为100%。

在时间"0:00:01:23"位置，设置"Position"的值为（0，240，0），"Opacity"的值为100%。

在时间"0:00:03:24"的位置，设置"Opacity"的值为0%。

再为"Comp 2-[Fractal Noise]"层进行设置：

在时间"0:00:01:12"位置，设置"Opacity"的值为0%。

在时间"0:00:01:23"位置，设置"Anchor Point"的值为（0.240，0），"Position"的值为（640,240,0），"Orientation"的值为（0°，90°，0°），"Opacity"的值为100%。

在时间"0:00:01:23"位置，设置"Position"的值为（0，240，0），"Opacity"的值为100%。

在时间"0:00:03:24"位置，设置"Opacity"的值为0%。

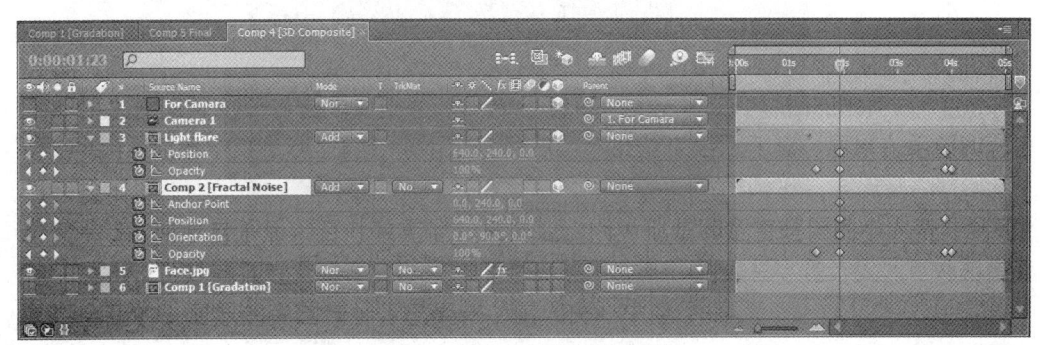

如图 8-2-41 所示。

图 8-2-41 光效关键帧设置

(2)预览。

设置完毕后进行预览,彩色光芒和光线已经很好地融入到动画中了,效果如图 8-2-42 所示。

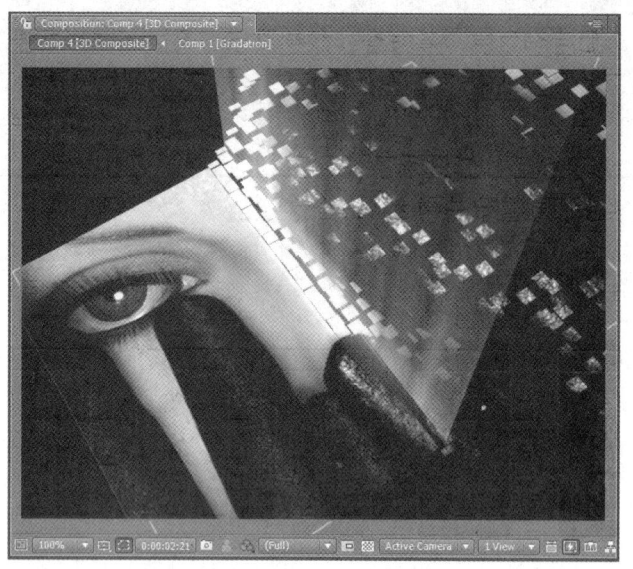

图 8-2-42　彩色光芒和光线的融合

8.2.10　创建底板关键帧动画

(1)新建固态层。

在当前的合成"Comp 4-[3D Composite]"中,再增加一个"Solid(固态层)",取名为"Paper",设置如图 8-2-43 所示。

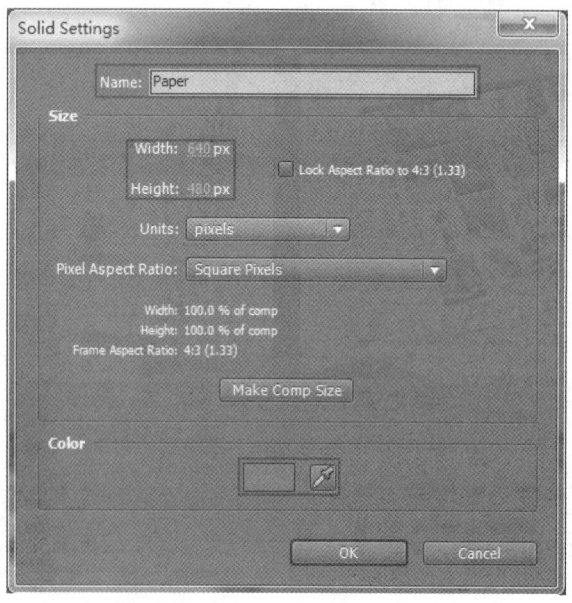

图 8-2-43　"Paper"的 Solid 设置

（2）为新建固态层设置关键帧动画。

选择创建的"Paper"图层，打开它的三维开关，然后设置它的关键帧动画。

在时间"0:00:03:24"位置，设置"Position"的值为（320，240，0），"Opacity"的值为50%。然后选择"Position"关键帧，右击，在弹出的菜单中选择"Keyframe Assistant > Easy Ease Out"命令。选择"Opacity"关键帧，右击，在弹出的菜单中选择"Keyframe Assistant > Easy Ease"命令。

在时间"0:00:03:24"位置，设置"Position"的值为（-550，240，0），"Opacity"的值为0%。然后选择"Position"关键帧，右击，在弹出的菜单中选择"Keyframe Assistant > Easy Ease Out"命令。选择"Opacity"关键帧，右击，在弹出的菜单中选择"Keyframe Assistant > Easy Ease"命令。

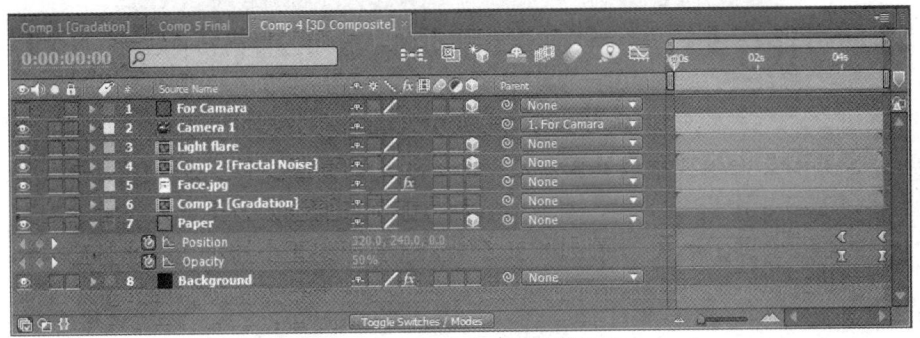

设置如图 8-2-44 所示。

图 8-2-44　底板动画关键帧设置

8.2.11　为动画添加背景

（1）为动画添加背景。

再次新增加一个"Solid（固态层）"，取名为"Background"，然后为它添加"Effect > Generate > Ramp（渐变）"特效，并设置渐变参数，如图 8-2-45 所示。

图 8-2-45　背景渐变的参数设置

（2）预览。

设置完后进行预览的图像效果如图 8-2-46 所示。

181

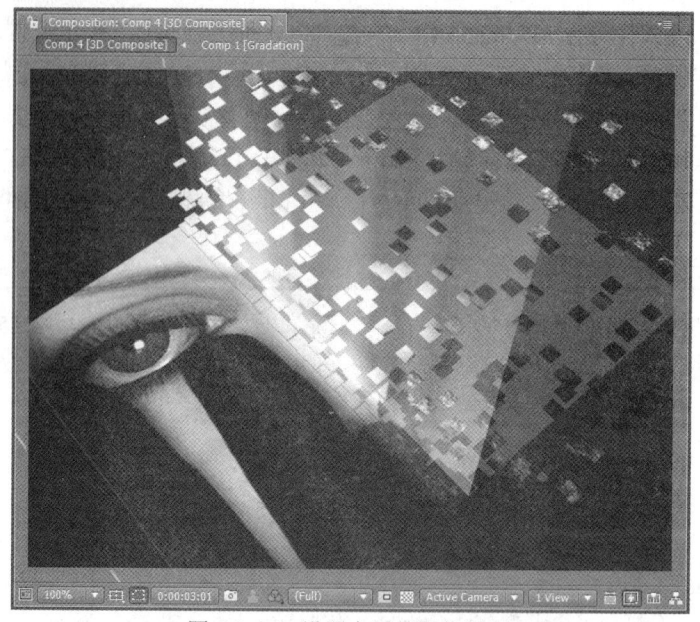

图 8-2-46　设置完后的图像效果

8.2.12　设置粒子打印效果

（1）新建合成。

播放目前状态下的动画，发现图片被粒子所粉碎。需要的效果是粒子打印图片的效果，反过来，要让粒子汇聚成图片。为了达到这个目的，需要将当前的动画设置反向。

新创建一个合成"Comp 5-Final"，如图 8-2-47 所示。

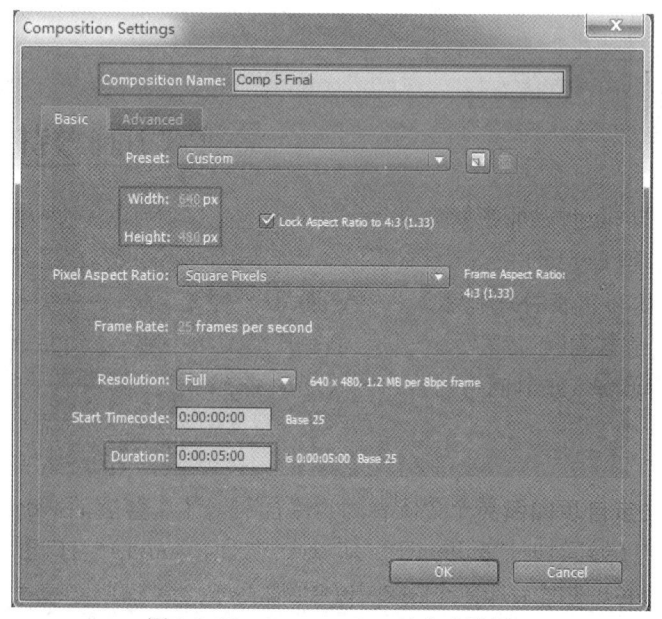

图 8-2-47　Comp 5-Final 的合成设置

（2）设置 Time Remap（时间重映）。

将合成"Comp 4-[3D Composite]"导入到合成"Comp 5-Final"中，选择"Comp 4-[3D Composite]"图层，为它添加一个"Time Remap（时间重映）"特效。"Time Remap（时间重映）"特效可以实现动画的倒放。选择菜单"Layer > Time > Enable Time Remapping"命令，如图 8-2-48 所示。

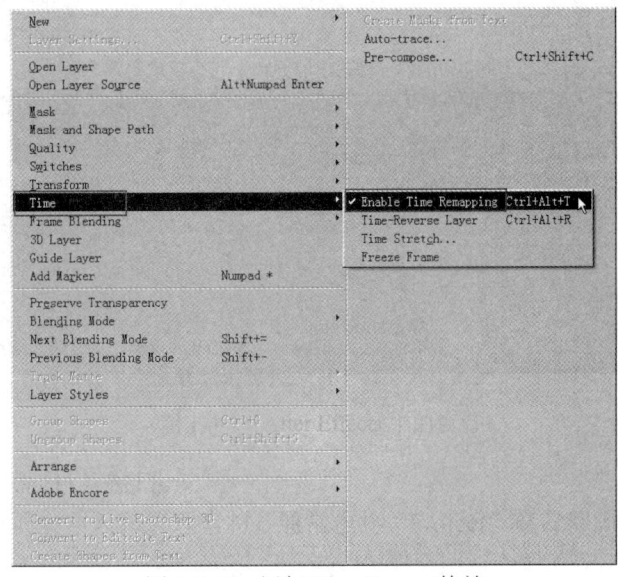

图 8-2-48　添加 Time Remap 特效

（3）添加星光特效。

继续为"Comp 4-[3D Composite]"层添加"Effect > Trapcode > Starglow（星光）"特效，设置如图 8-2-49 所示。

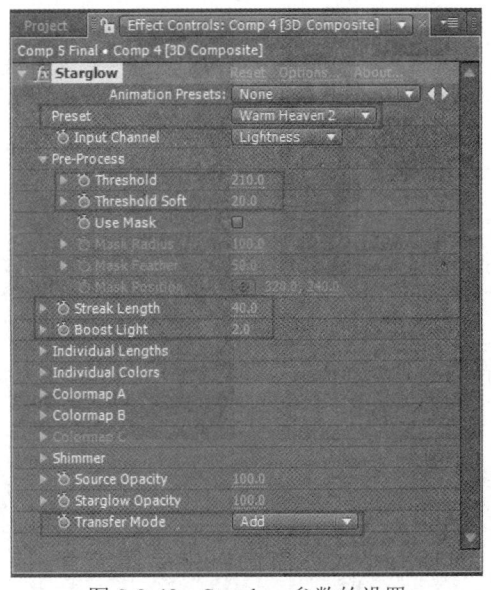

图 8-2-49　Starglow 参数的设置

（4）为"Time Remap"特效和"Starglow"特效设置关键帧。

在时间为 0 秒位置，设置"Time Remap"的值为（0:00:04:29），"Starglow"特效的"Threshold（临界值）"的值为 160。在时间为"0:00:04:29"位置，设置"Time Remap"的值为"0:00:00:00"，"Starglow"特效的"Threshold（临界值）"的值为 480。

然后选择"Threshold（临界值）"的两个关键帧，右击，在弹出的菜单中选择"Keyframe Assistant > Easy Ease In"命令。

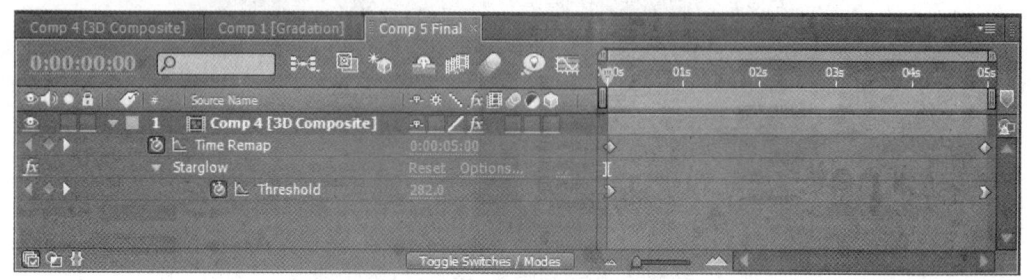

设置如图 8-2-50 所示。

图 8-2-50　粒子打印关键帧动画设置

（5）动画反向播放。

完成上面的关键帧设置之后进行播放，发现动画倒放了。这样，所需要的光芒粒子打印效果就完成了。从整个制作过程看主要还是"Shatter（粉碎）"特效举一反三的灵活引用。

空间碎片扫光制作步骤小结：

（1）使用"Ramp（渐变）"特效制作渐变效果，用于后面"Shatter（粉碎）"特效的渐变层。

（2）使用"Fractal Noise（分形噪波）"制作噪波动画并调色。

（3）使用"Shatter（粉碎）"特效制作图片的碎片效果。

（4）制作摄像机动画以及光芒照射动画。

（5）使用"Time Remapping（时间重映）"功能实现动画的反向播放，同时利用"Starglow（星光）"特效制作星光效果完成最终的动画。

【重点难点】

Shatter（粉碎）、Colorama（彩色光）、Fractal Noise（分形噪波）、Ramp（渐变）、Starglow（星光）、Strobe Light（闪光）等特效参数的设置与协调应用。

【相关知识】

Colorama 特效选项具体说明如下：

Colorama（彩色光）特效可以将选区转进色彩的转换，模拟彩光、彩虹、霓虹灯等效果。

Input Phase：选择色彩的相位。

Get Phase From：选择以图像通道的数值来产生彩色部分。

Add Phase：选择素材层与原图合成。

Add Phase From：选择需要添加色彩的通道类型。

Add Mode：选择色彩的添加模式。

Output Cycle：设置色彩输出的风格化类型，包括 33 种预设风格。通过 Output Cycle 色彩调节盘可以对色彩区域进行精细地调整。底部的渐变矩形可以调节亮度。

Cycle Repetitions：设置颜色的循环次数，数值越高，杂点越多。

Interpolate：设置是否按 256 色模式来选取色彩范围。

Modify：针对各个通道来调整色彩。

Pixel Selection：（像素取舍）像素参数的选择和取舍涉及对原图像的影响程度。

Matching Color：属性是选择匹配色彩的像素颜色。

Matching Tolerance：属性是设置匹配像素的容差值。

Matching Softness：属性是设置受特效影响的像素与未受特效影响的像素间过渡的柔和程度。

Matching Mode：属性是选择色彩所用的模式。

Masking：选择一个遮罩层。

Masking Mode：属性是选择遮罩模式，来设置色彩的影响范围。

Blend With Original：设置效果图与原图的融合程度。

Starglow 特效选项具体说明如下：

Starglow：（星光闪耀）依据图像高光部分建立的一个星光闪耀特效。星光外型包括 8 个方向，每个方向都能被单独的赋予颜色贴图和强度。

Preset：预设，在预设列表内，第一组是红、绿、兰。第二组是一组白色星光，它们的星形是不同的。第三组是一组五彩星光，每个星光具有不同的星形。最后一组是不同色调的星光，有暖色和冷色及其他一些色调。

Input Channel：选择特效基于的通道为 Lightness（亮度）、Luminance（照度）、Red（红）、Green（绿）、Blue（蓝）、Alpha 类型（alpha）、Pre-Process（预处理）。

Threshold：定义产生星光特效的最小亮度值。Threshold 的值越小，画面上产生的星光闪耀特效就越多。反之，值越大，产生星光闪耀的区域亮度要求就越高。

Threshold Soft：用来柔和高亮区域和低亮区域之间的边缘。

Use Mask：选择这个选项可以使用一个内置的圆形 Mask。

Mask Radius：设置内置遮罩圆的半径。

Mask Feather：设置内置遮罩圆的边缘羽化。

Mask Position：设置内置遮罩圆的具体位置。

Streak Length：调整整个星光的散射长度。

Boost Light：调整星光的强度（亮度）。

Individual Lengths：调整每个方向的 Glow 大小。

Individual Colors：设置每个方向的颜色贴图，最多有 A，B，C 三种颜色贴图选择。

Color map：颜色映射。

Type/Preset：可以从预置选项内选择一个颜色组合。有单色、三色过渡、五色过渡可以选择，另外还能选择内置的一些组合方式。

Shimmer：微光。

Amount：设置微光的数量。

Detail：设置微光的细节。

Phase：设置微光的当前相位，加关键帧就可以用到动画的微光。

Use Loop：选择这个选项可以强迫微光产生一个无缝的循环。

Revolutions in Loop：循环情况下相位旋转的总体数目。

Source Opacity：设置源素材的透明度。

Starglow Opacity：设置 Starglow 的透明度。

Transfer Mode：设置星光闪耀特效和源素材的画面叠加方式。

Strobe Light 特效选项具体说明如下：

Strobe Light 称为"闪光灯效果"，它是一个随时间变化的效果，在一些画面中间不断地加入一帧闪白、其他颜色或应用一帧层模式，然后立刻恢复，使连续画面产生闪烁的效果，可以用来模拟电脑屏幕的闪烁或在音乐的配合下产生有节奏的闪烁，增强感染力。

Strobe Color：选择闪烁的颜色。

Blend With Original：设置闪光灯的颜色和原图像的混合程度。

Strobe Duration：设置闪烁持续周期，以秒为单位。

Strobe Period：设置每次闪烁之间间隔时间，以秒为单位。

Random Strobe Probability：闪烁随机性。

Strobe：闪烁方式，可以选择 Operates On Color Only 在彩色图像上进行；Mask Layer Transparent 在遮罩上进行。

Strobe Operator：选择闪烁的叠加模式。

综合实训：叶子气泡制作

【实训要求】

在"叶子气泡"制作中，主要学习 Simulation（仿真）特效下的 Foam（气泡）特效的设置方法，了解它的各项属性设置，在实现叶子气泡上升过程的制作中，掌握 Light Factory EZ（光工厂）特效的调节技巧，在完成叶子气泡的实践中，熟练掌握叶子气泡的操作技能，提高制作仿真物体的应用水平。

【实训案例提示】

"叶子气泡"制作主要利用"Simulation（仿真）"特效下的"Foam（泡沫）"特效。通过对它各项属性的详细设置来实现惟妙惟肖、透明晶莹的叶子气泡上升动画。

【操作步骤提示】

（1）建立新的合成 1 并导入树叶图片。

（2）建立新的合成 2，使用"Ramp（渐变）"特效制作渐变背景效果。

（3）使用"Foam（泡沫）"特效制作包含叶子的气泡上升动画。

（4）使用"Light Factory EZ（光工厂插件）"特效添加光效完成最终的叶子气泡上升动画。

实训案例叶子气泡完成效果如图 8-2-51 所示。

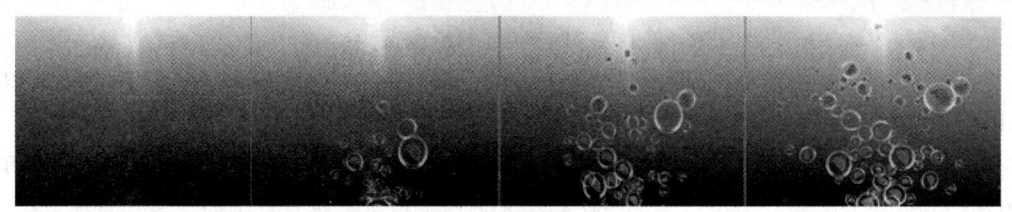

图 8-2-51　叶子气泡完成效果

【重点难点】

Foam（泡沫）、Ramp（渐变）、Light Factory EZ（光工厂插件）等特效参数的设置与协调应用。

习题八

一、选择题

1. 以下哪些特效可以用于创建飘落的叶子（　　）。
   A．Shatter（粉碎）　　　　　　　B．Fractal Noise（分形噪波）
   C．Tint（色彩）　　　　　　　　D．Glow（发光）
2. 以下哪些特效可以用于创建空间碎片扫光效果（　　）。
   A．Shatter（粉碎）　　　　　　　B．Colorama（彩色光）
   C．Ramp（渐变）　　　　　　　　D．Strobe Light（闪光）
3. 以下哪些特效可以用于创建叶子气泡（　　）。
   A．Foam（泡沫）　　　　　　　　B．Ramp（渐变）
   C．Light Factory EZ（光工厂插件）　D．Strobe Light（闪光）
4. 以下（　　）特效包括在 Simulation（仿真）特效系统中。
   A．Card Dance（卡片舞蹈）　　　B．Caustics（焦散）
   C．Foam（泡沫）　　　　　　　　D．Shatter（粉碎）

二、填空题

1. "飘落的叶子"视频制作，主要利用（　　）特效与（　　）特效和（　　）特效的搭配使用。
2. "空间碎片扫光"视频制作，主要利用（　　）特效与（　　）特效和（　　）特效的搭配使用。
3. "叶子气泡"视频制作，主要利用（　　）特效与（　　）特效和（　　）特效的搭配使用。
4. 通过仿真特效实践应用，能了解（　　）知识，熟悉（　　）流程，掌握（　　）设置技术，提高（　　）能力。

三、判断题

1. "飘落的叶子"视频制作，是通过"Simulation（仿真）"下的"Shatter（粉碎）"特效的灵活运用，详细设置"Shatter（粉碎）"特效的各项属性来最终实现叶子飘落的动画。（　　）
2. "空间碎片扫光"视频，是运用 Shatter（粉碎）特效，结合 Ramp（渐变）特效、Time Remapping（时

间重映）特效和 Starglow（星光闪耀）特效的共同参与才得以完成。　　　　　　（　　）

3．"叶子气泡"视频制作，主要通过"Simulation（仿真）"特效下的"Foam（泡沫）"特效的详细设置来实现。　　　　　　　　　　　　　　　　　　　　　　　　　　　　　　　　（　　）

4．利用仿真特效与其他特效的配合使用，能完成成群的蝴蝶、飞舞的花瓣、璀璨的烟花、闪亮的星光的制作。　　　　　　　　　　　　　　　　　　　　　　　　　　　　　　　　　　（　　）

四、问答题

1．仿真特效的特点是什么？

2．仿真特效的作用是什么？

3．仿真特效的应用范围是什么？

4．仿真特效拓展应用的关键点在哪里？

五、操作题

1．请结合运用 Shatter（粉碎）特效，完成成群的蝴蝶制作。

2．请结合运用 Shatter（粉碎）特效、Colorama（彩色光）特效、Fractal Noise（分形噪波）特效、Ramp（渐变）特效、Starglow（星光）特效、Strobe Light（闪光）特效完成流动的彩带制作。

3．请结合运用 Foam（泡沫）特效、Ramp（渐变）特效、Light Factory EZ（光工厂插件）特效完成闪光的露珠的制作。

4．请将完成的飘落的叶子画面改成春天飞舞的花瓣画面。

9 插件和其他特效应用

数字影视特效的插件丰富多样，仅 Boris 公司出品的 Boris FX 和 Boris Continuum 就包括了模糊、颜色处理、扭曲、抠像与剪影、灯光、粒子系统、染色、风格化、三维文字、流动的云、彗星、火花、下雨、下雪、星星、闪电、火焰等 100 多种特效。这些功能强大的插件与其他特效协同作战，能完成天空、海洋、山脉、溪流、湖泊、宇宙、粒子、流体、幻影等许多自然景观的制作，常常在电视包装中见到的绚烂新颖的视觉效果都是插件和其他特效综合应用的结果。

本章通过完成水下透光、水墨过渡、流动光效三个案例的制作，引导学生了解 3D 粒子、体积光、星光、空间描边、灯光雾化、重复空间、梦幻火焰、3d 背景、光效等插件的基本特性、参数设置和调节方法，了解插件的一般应用领域，提升插件和其他特效的综合应用水准。

【知识能力目标】

（1）了解 Trapcode 光效、Particular3D 粒子、Shine 体积光插件、Starglow 星光插件、3D Stroke 空间描边、Sound Keys 音频插件、Lux 灯光雾化、Echospace 重复空间、Form 梦幻火焰插件、Horizon 3D 背景插件、Knoll Light Factory 光的工厂等插件特效的基本特性和它们的参数设置方法。

（2）能利用插件和其他特效的协同作战，完成水下透光、水墨过渡、流动光效三个案例制作。

（3）能拓展应用插件特效，完成天空、海洋、山脉、溪流、湖泊、宇宙、粒子、流体、幻影等自然景物的制作。

（4）了解基本插件的基本特性、参数设置和调节方法。

9.1 水下透光制作

如果在影视制作中需要一个水下透光效果的话，请水下摄影师去拍摄完成这些画面，其中的难度大家可想而知。但如果通过插件和其他插件特效的配合应用，完成"水下透光"的特效制作，可想而知，这是一件多么惬意的工作。

【学习要求】

在"水下透光"制作中，主要了解外挂插件 Psunami 完成天空和大海的制作，掌握 Psunami 的属性设置、参数调节并改变该层的叠加模式等，了解 Levels（色阶）特效和 Shine（发光）特效在大海透光效果中的设置技巧，通过水下透光的调整和制作过程，熟练掌握水下透光的操作技能，提高插件和其他特效综合应用水平。

【案例分析】

Psunami 插件是一个真实三维光线跟踪插件，在电影《泰坦尼克》和《未来水世界》中的应用就有极佳的表现。本案例通过调节 Psunami 的参数可以建立真实的三维环境，使用位移映射，三维动画摄像机以及带有反射的移动光源，准确控制大海表面波浪的涌动以及巨浪翻滚，同时模仿大气中的薄雾和彩虹。还可以使用多达三个静态或者动态的图像映射来表现大海表面的反射，让人能够在三维的海洋世界中遨游，甚至可以进入到旭日照耀下的海水深处。本案例"水下透光"的制作是模拟水下摄影师在阳光照射下拍摄的效果。水下透光效果可按如下步骤进行制作：

（1）安装 Psunami 插件。
（2）创建"水下透光"图层。
（3）为"水下透光"图层添加 Psunami 特效。
（4）移动摄像机的取景框。
（5）让海水变得更湛蓝。
（6）改变阳光的照射位置。
（7）修改海水的波纹。
（8）让海水更加深邃。
（9）设置"水下透光"效果。

【制作步骤】

9.1.1 安装 Psunami 插件

首先将插件安装到 After Effects 的 Plug-in 文件夹下，插件 Psunami 的安装初始画面，如图 9-1-1 所示。

9.1.2 创建"水下透光"图层

（1）新建合成。

首先创建一个新的合成"水下透光"，大小为"640×480"，时间长度为 5 秒，设置如图 9-1-2 所示。

图 9-1-1　安装插件

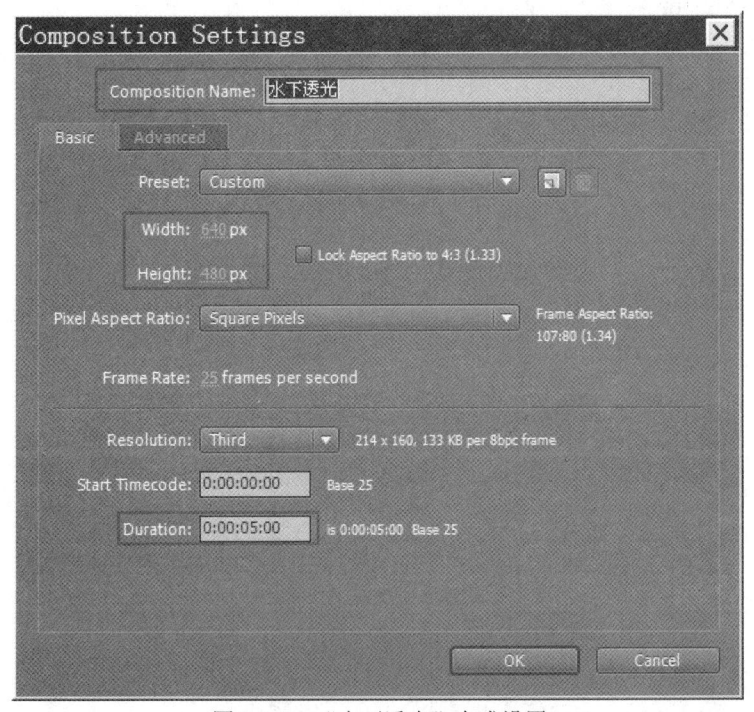

图 9-1-2　"水下透光"合成设置

（2）新建固态层。

新增加一个 Solid 层，如图 9-1-3 所示。

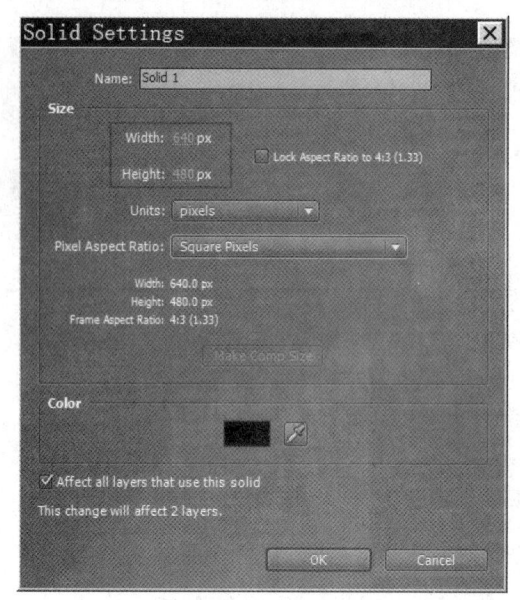

图 9-1-3　Solid 设置

9.1.3　添加 Psunami 特效

（1）添加 Psunami 特效。

为新增的水下透光图层 Solid 添加 "Effect > Atomic Power > Psunami"，如图 9-1-4 所示。

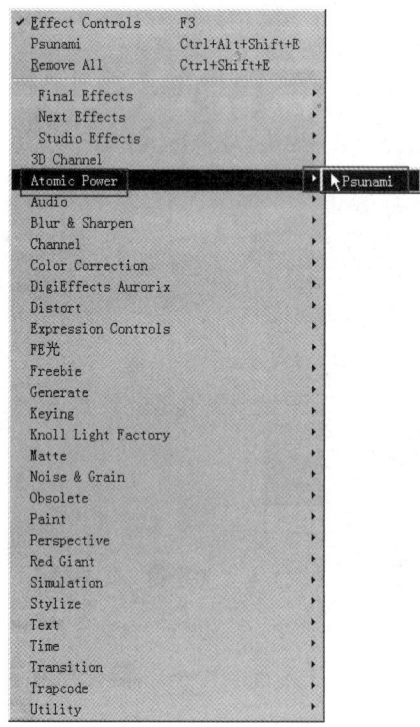

图 9-1-4　为"水下透光"图层添加 Psunami 特效

（2）预设海的效果。

在特效面板中选择"Presets > Underwater（水下）> Carribbean（蓝绿色的海）（RCOL）"预置效果，如图 9-1-5 所示。

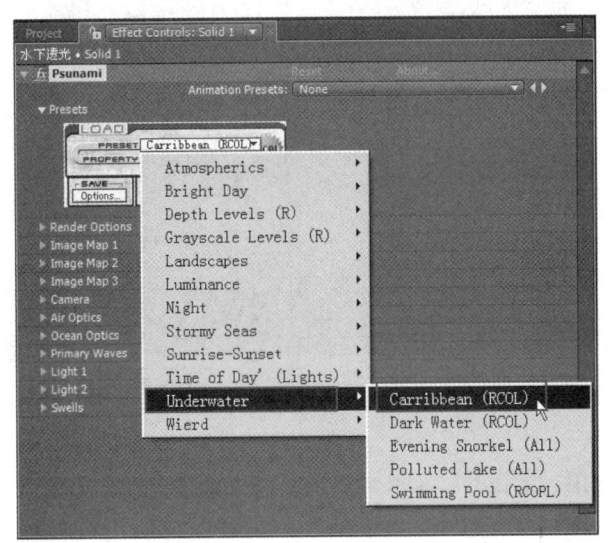

图 9-1-5　选择预置效果

（3）海的效果。

然后单击预置选项右边的按钮"GO！"，点击后的图像变成了海平面以下的效果，如图 9-1-6 所示。

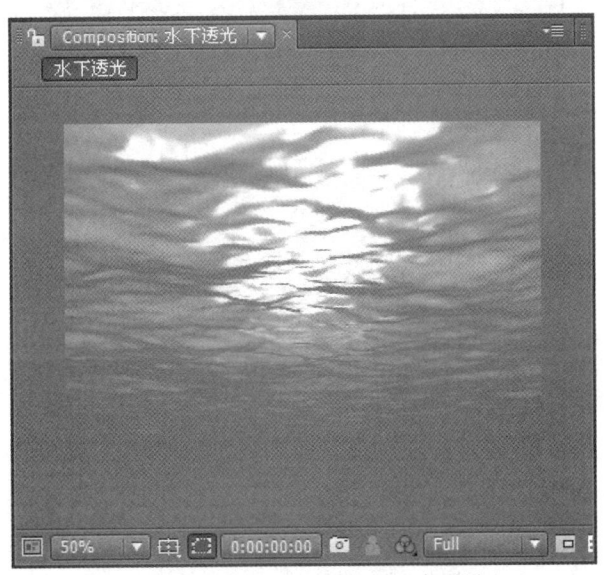

图 9-1-6　海平面以下的效果（高质量）

（4）海的低质量显示。

由于这个插件预览速度比较缓慢，在制作的时候最好降低画面的显示质量来得到更快的预览速度，我这里将它设置到了 Quarter 的质量显示，如图 9-1-7 所示。

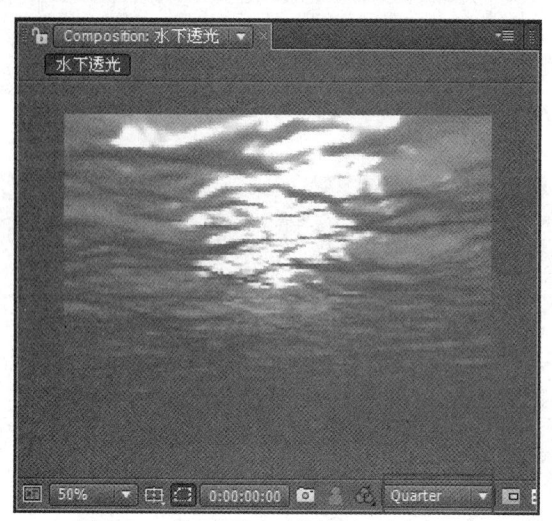

图 9-1-7　海平面以下的效果（低质量）

9.1.4　移动摄像机的取景框

（1）控制摄像机的角度。

在特效面板中展开 Psunami 特效的 Camera（摄像机）属性，调节 Tilt 和 Pan 两个参数的值，Tilt 和 Pan 用于控制摄像机的角度，如图 9-1-8 所示。

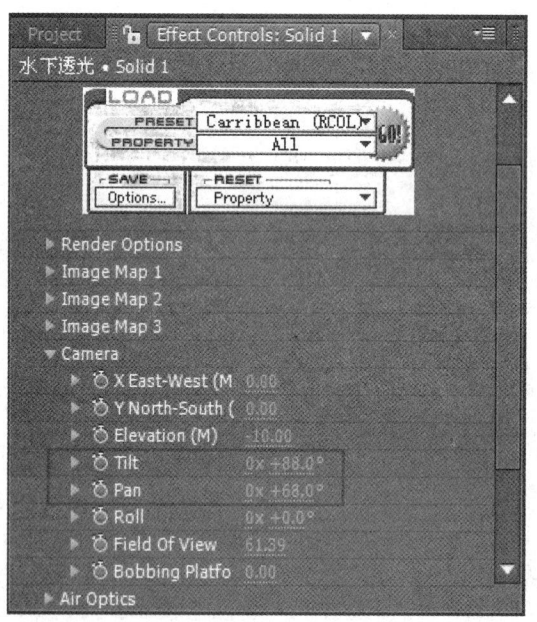

图 9-1-8　调节 Tilt 和 Pan 的值

（2）移动摄像机的取景框。

此外，参数 Elevation 为摄像机的取景情况，正值表示处于海平面以上，负值则表示处于海平面以下。设置 Elevation 参数为"-10"让摄像机的取景框处于海平面以下，如图 9-1-9 所示。

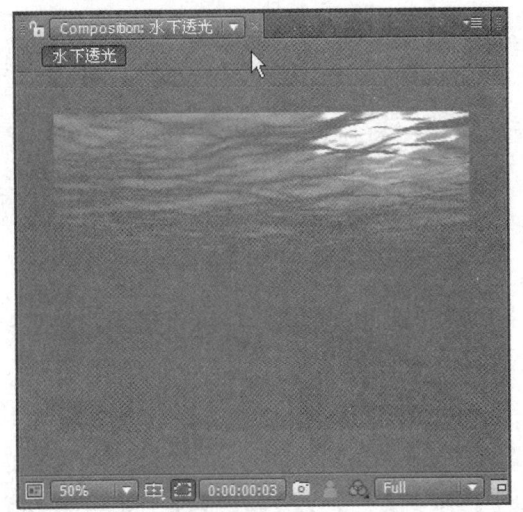

图 9-1-9　改变摄像机取景框后的海平面以下的效果

9.1.5　让海水更加湛蓝

展开 Psunami 特效的 Ocean Optics（海洋光学）属性，将 Water Color Scale（变色比例）的值设置为 1.50，调节后会发现海水变得更加湛蓝，如图 9-1-10 所示。

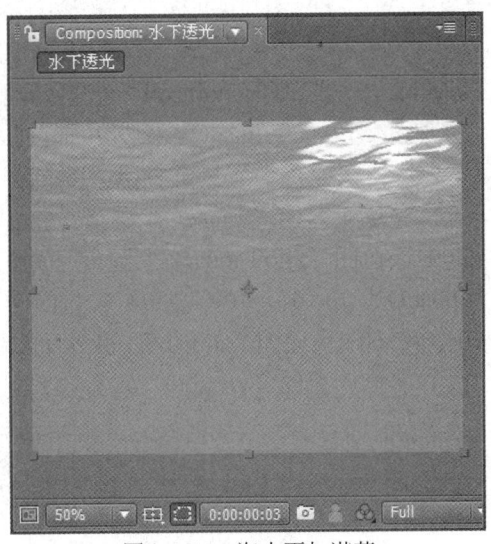

图 9-1-10　海水更加湛蓝

9.1.6　改变阳光的照射位置

（1）修改太阳的位置。

修改太阳的位置，让其产生的光线发生相应的变化。继续展开 Psunami 特效的 Light 1 属性，修改 Light Elevation 的值为"0×+69.0°"，如图 9-1-11 所示。

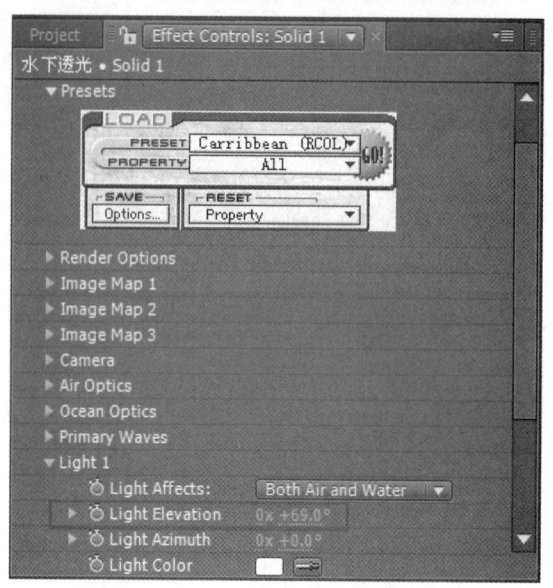

图 9-1-11 修改 Light Elevation 的值

（2）让太阳升高。

调节后太阳的位置，让太阳升高高，从而使水下的颜色对比更为强烈，如图 9-1-12 所示。

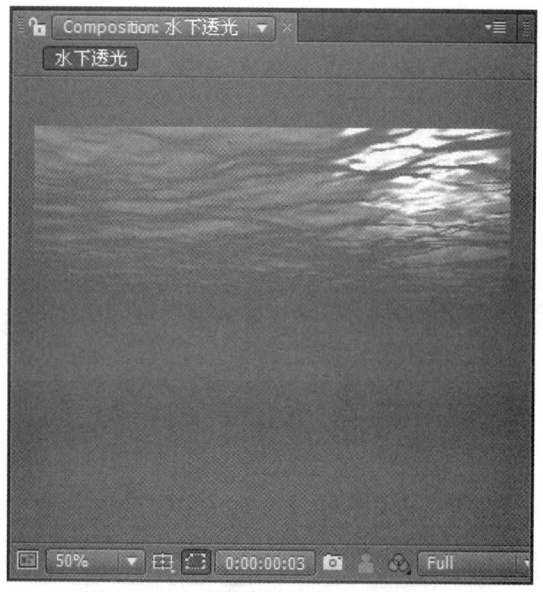

图 9-1-12 调节后太阳的位置更高了

9.1.7 修改海水的波纹

（1）修改海水的波纹。

从目前的海面波纹来看不是很细腻，下面再展开 Psunami 特效的 Primary Waves（主波）属性，修改 Coarse Grid Size 的值为 2.00，将 Fine Grid Size 的值调到 0.20，如图 9-1-13 所示。

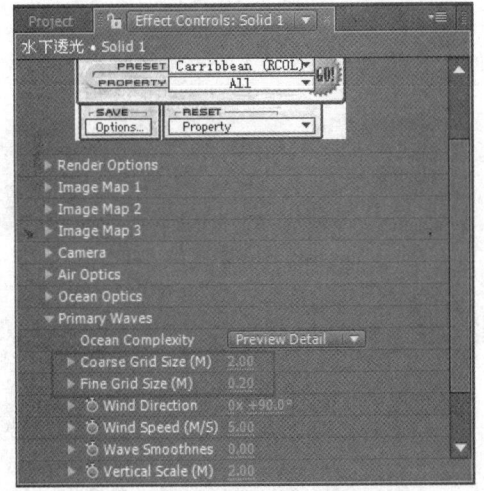

图 9-1-13　Primary Waves 属性的设置

（2）让海水波纹细腻。

修改完 Coarse Grid Size 和 Fine Grid Size 的设置后，发现图像中的海面波纹更加细腻了，如图 9-1-14 所示。

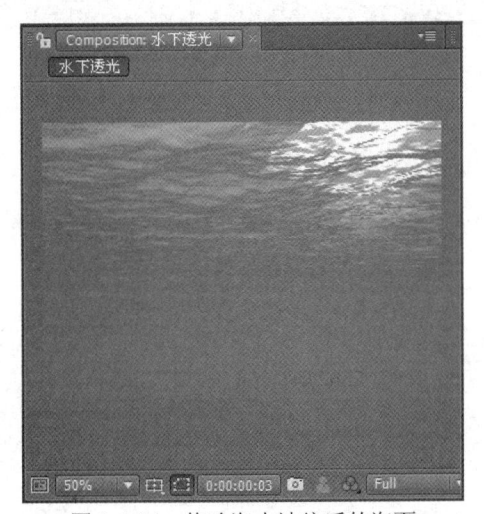

图 9-1-14　修改海水波纹后的海面

（3）复制海水。

按下快捷键 Ctrl+D 复制海水图层，改变复制层的叠加方式为"Overlay（叠加）"，如图 9-1-15 所示。

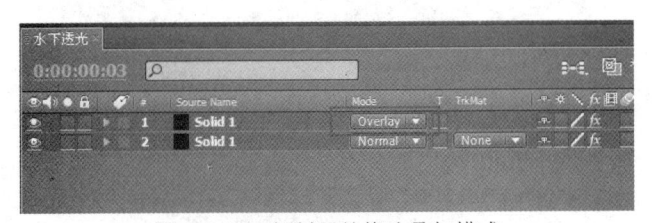

图 9-1-15　复制层并修改叠加模式

（4）海水的色彩更加饱和。

经过上面的设置后，海水的色彩更加饱和，对比度也进一步提高了，如图 9-1-16 所示。

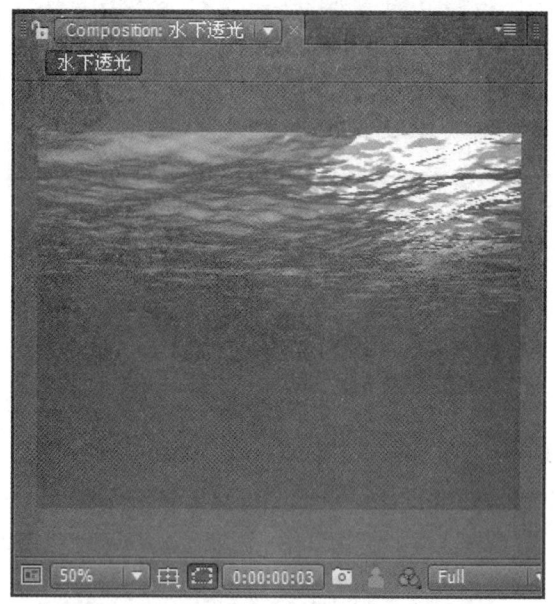

图 9-1-16　提高海水的色彩饱和对比度

9.1.8　让海水更加深邃

（1）选择复制的层，为它添加"Effect > Color Correction > Levels（色阶）"特效，并在特效面板中修改 Input Black 的值为 127.0，如图 9-1-17 所示。

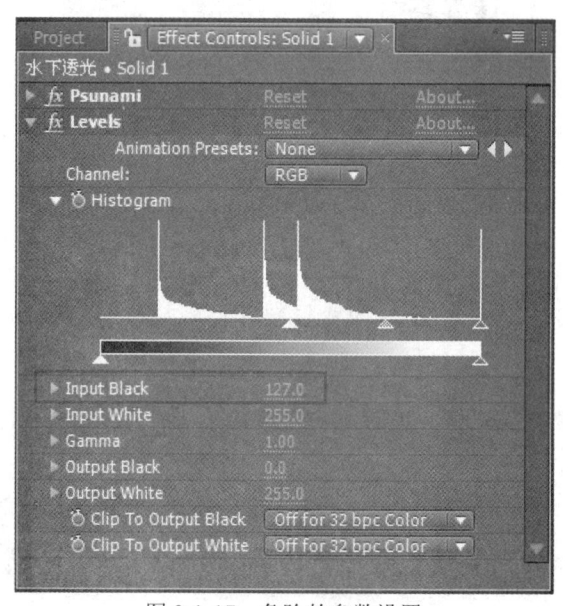

图 9-1-17　色阶的参数设置

（2）调节后的图像海水看上去更加深邃、湛蓝，效果如图 9-1-18 所示。

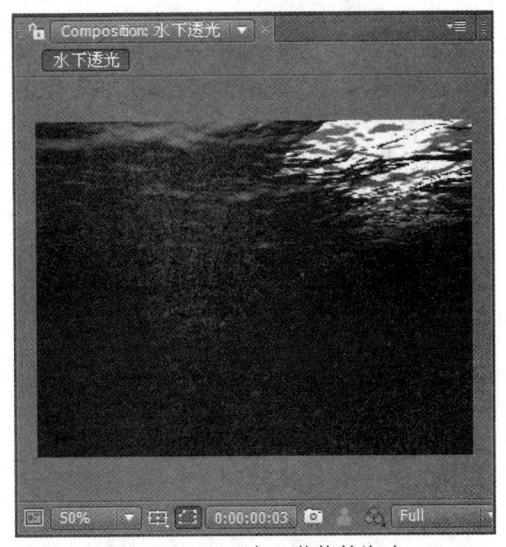

图 9-1-18　深邃、湛蓝的海水

9.1.9　设置水下透光效果

（1）为海水设置发光效果。

继续复制海水，为它添加插件特效，选择"Effect > Trapcode > Shine（发光）"特效。将 Shine 的光源移到了画面的外面，同时增加了 Ray Length 光线的长度，并将 Colorize 色彩调为 None。此处的发光效果只保留了光线的长度，而将光线的强度设置为 0，这样更符合水下透光的实况，如图 9-1-19 所示。

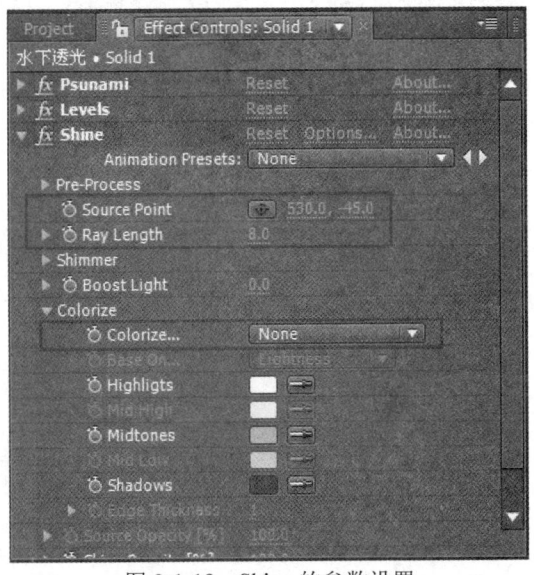

图 9-1-19　Shine 的参数设置

(2)水下透光效果。

设置完成后的水下透光效果，如图 9-1-20 所示。

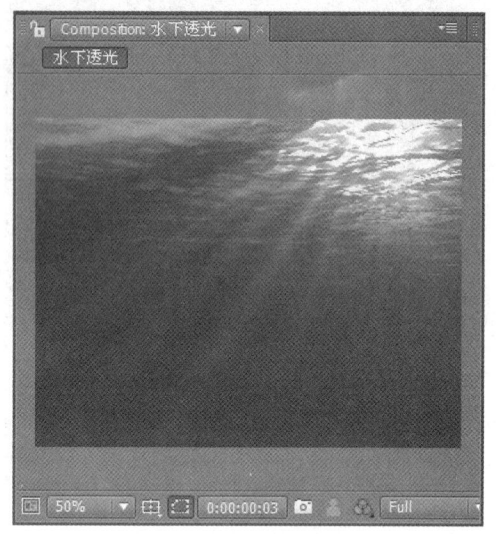

图 9-1-20　水下透光效果

(3)预览。

完成上面的所有工作后，按下小键盘上的数字键"0"对水下透光效果进行预览，一个最终的水下透光效果就完成了，如图 9-1-21 所示。

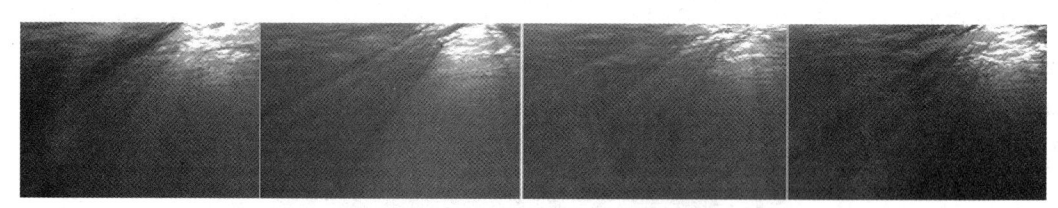

图 9-1-21　水下透光最终效果

水下透光制作步骤小结：

(1)新建 Solid 层。

(2)为 Solid 层添加 Psunami 特效。

(3)调节 Psunami 特效的各项属性设置。

(4)复制海水并改变叠加模式。

(5)使用 Levels 特效调节色阶。

(6)使用 Shine 特效制作透光的效果。

【重点难点】

Psunami（海洋效果）、Levels（色阶）、Shine（发光）等特效参数的设置与协调应用。

【相关知识】

Psunami 特效选项具体说明如下：

Psunami 是一个相当不错的制作海洋效果的插件，主要用于制作海洋等大气环境效果。

Presets（预设）选择预设置的参数。

Atmospheric（选择大气的类型）：

①Atomica Borealis（RCAL）（原子爆炸）

②Aurora Borealis（RCAL）（北极光）

③Moon Smoke（RA）（月亮辖区）

④Rainbow Basic（AC）（基本的彩虹）

⑤Rainbow Haze（RAC）（朦胧的彩虹）

⑥Solarized Bow（RAOL）（弓形曝光）

⑦Under The Rainbow（RAL）（在彩虹之下）

⑧Under The Rainbow II（All）（在彩虹之下 II）

Bright Day（明亮的白天）：

①Apollo Moon（RCL1）（太阳神与月亮）

②Sunny Sunday（All）（阳光充足的星期天）

③Up On High（All）（从高空看）

Depth Levels（R）（选择深度标准）：

①100-10

②10-100

③10-200

④200-10

Grayscale Levels（R）（选择灰度标准）：

①Minus 01 to 01

②Minus 02 to 02

③Minus 03 to 03

④Minus 04 to 04

⑤Minus 05 to 05

⑥Minus 10 to 10

Landscapes（选择海岸）：

①Arctic (All)（北级）

②Sand Dunes (All)（沙滩）

Luminance（选择发光）：

①Blinky's Sea (RAOL)（闪亮的海）

②Glowing Blue (ROAL)（蓝色辉光）

③Glowing Green (ROAL)（绿色辉光）

④Glowing Red (ROAL)（红色辉光）

⑤Hades (All)（地狱）

⑥Lavaland (RAOL1)（熔岩流过的陆地）

Night（选择夜晚）：

①Blue Moon (All)（蓝色月光）

②Martian Moonrise (All)（火星上的月出时分）

③Moonlight (RA)（月光）

Stormy Seas（选择暴风雨的海洋）：

In a Blue Fog (RCAP)（在蓝色的雾中）

Sunrise-Sunset（选择日出、日落）：

①Big Gold Sunset (All)（金黄色的日落）

②Castaway Sunset (RCPL)（落难者的日落）

③Golden Red Sunset (All)（金红色的日落）

④Mystic Red (All)（神秘红余辉）

⑤Yellow (AL)（黄色的）

Time of Day' (Lights)（选择一天的时间）：

（该种类一共有 26 个时间点，分别从早上 5 点 55 分到晚上 18 点。前 10 个是每隔 5 分钟为一个时间间隔，即从早上 5 点 55 分到早上 6 点 40 分。中间也是 10 个，每隔一个小时为 1 个时间间隔，从早上 7 点到下午 17 点。还有一个是 17 点 30 分。最后 5 个，每个间隔 5 分钟，从 17 点 40 到 18 点钟。）

Underwater（选择海面之下的类型）：

①Carribbean (RCOL)（蓝绿色的海）

②Dark Water (RCOL)（黑暗的海）

③Evening Snorkel (All)（傍晚的海）

④Polluted Lake (All)（被污染的海）

⑤Swimming Pool (RCOPL)（游泳池）

Weird（神秘参数）：

①Golden Explosion (All)（金色爆炸）

②Lucy in the Sky (All)（中午的天空）

③Neptune's Moon (All)（海王星看月亮）

④Reflections of Fire (RCP)（火的反射）

⑤Sun Over Mordor (All)（穿越太阳）

⑥Sunrise Bloom (All)（绽开的太阳）

⑦The Big Egg(RL)（大太阳）

⑧World in Red (All)（红色的世界）

9.2 水墨过渡制作

视频片段间的剪切通常有两种方式：一种是"硬切"，就是将两段视频直接连接起来，从上一个镜头画面直接切到下一个镜头画面；另一种方式是"过渡"，就是在两段视频之间采用淡入淡出、光圈划变、旋转缩放、映射翻页等一些特定的过渡方式，这种过渡方式，也叫"转场"，既保证两段视频的相互独立，又不失去情节的连续。利用插件特效和其他特效的配合应用制作的水墨过渡，就像非线性编辑软件中的内置过渡效果一样，也能较好地进行两段视频之间的自然过渡，但艺术效果却非常新颖。

【学习要求】

在"水墨过渡"制作中,主要学习运用 Fractal Noise(分形噪波)特效完成动画的过程,了解 Compound Blur(混合模糊)特效、Displacement Map(置换贴图)特效的参数设置、调节方法,通过水墨过渡的制作,掌握水墨过渡的操作技巧,提高插件和其他特效的综合应用水平。

【案例分析】

影视特效的过渡插件有探照灯过渡、光线扫过过渡、燃烧效果过渡、玻璃圆钮过渡、网格过渡、锯齿过渡、强光过渡、水银变形过渡、光线映射过渡、方格过渡、亮度过渡、翻页过渡、圆孔过渡、拉动过渡、散发过渡等,在这里,主要综合利用插件和"Fractal Noise(分形噪波)"、"Fast Blur(快速模糊)"、"Compound Blur(混合模糊)"、"Displacement Map(置换贴图)"等特效的配合应用,按照如下步骤完成水墨过渡的制作。

(1)创建噪波动画。
(2)再创建新的噪波动画。
(3)创建两个新的图片合成。
(4)水墨过渡制作。

【制作步骤】

9.2.1 创建噪波动画

(1)新建合成。

创建一个新的合成"Blur 1",大小为"640×480",时间长度为 2 秒 10 帧,设置如图 9-2-1 所示。

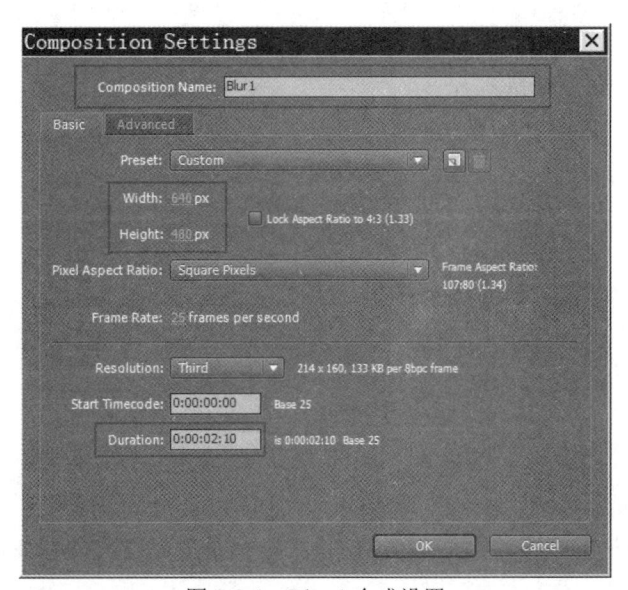

图 9-2-1 Blur 1 合成设置

（2）新建固态层。

新建一个 Solid（固态层），如图 9-2-2 所示。

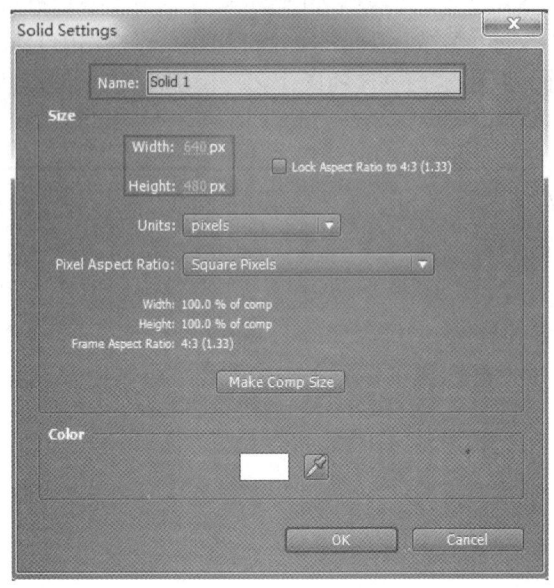

图 9-2-2　Solid 设置

（3）添加噪波特效。

选择新增的 Solid 固态层，为它添加"Effect > Noise & Grain > Fractal Noise（分形噪波）"特效，在特效面板中设置"Noise Type（噪波类型）"为"Linear（线性）"，"Contrast（对比度）"的值为 180.0，如图 9-2-3 所示。

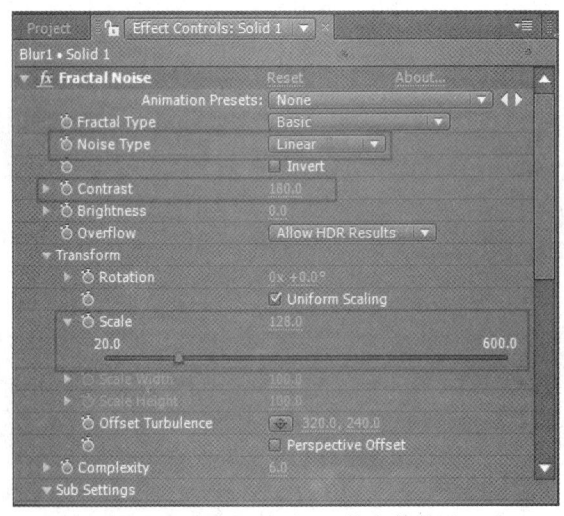

图 9-2-3　Fractal Noise 的参数设置

（4）为噪波设置关键帧。

在时间为 0 秒的位置，设置"Fractal Noise（分形噪波）"特效的"Evolution（变化度）"为"0×+0.0°"。

在时间"0:00:02:09"的位置，设置"Fractal Noise（分形噪波）"特效的"Evolution（变化度）"为"0×-175.0°"，如图 9-2-4 所示。

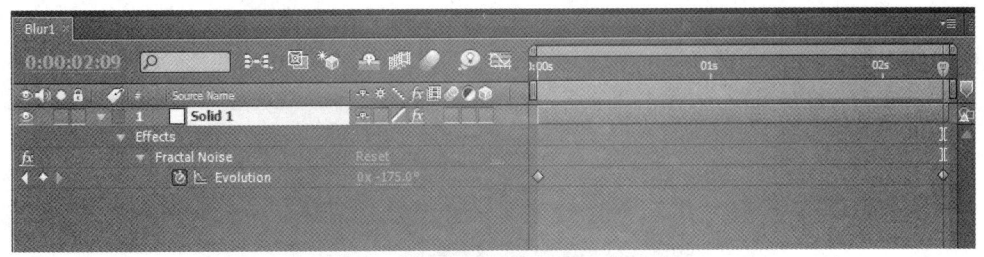

图 9-2-4　Evolution 的关键帧设置

（5）添加模糊特效。

完成噪波动画后，为这个噪波层添加"Effect > Blur & Sharpen > Fast Blur（快速模糊）"特效,设置模糊值为 30.0，同时勾选"Repeat Edge Pixels（重复边缘像素）"选项，勾选 Repeat Edge Pixels 的目的是为了消除因模糊产生的画面边缘的黑色部分，如图 9-2-5 所示。

图 9-2-5　快速模糊的参数设置

（6）噪波图像效果。

设置完成后的噪波图像效果，如图 9-2-6 所示。

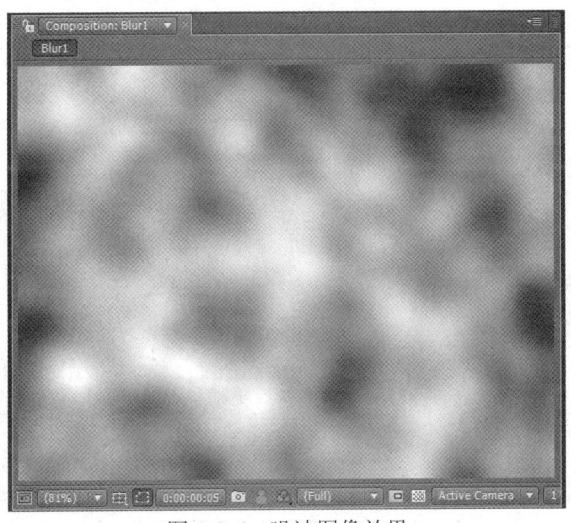

图 9-2-6　噪波图像效果

205

9.2.2 再创建新的噪波动画

（1）复制合成。

在项目面板中选择合成"Blur 1"，按快捷键 Ctrl+D 将其复制创建出一个新的合成，同时修改合成名称为"Blur 2"，如图 9-2-7 所示。

图 9-2-7　复制 Blur 2 合成

（2）修改参数。

选择合成"Blur 2"中的"Solid（固态层）"，在特效面板中修改"Fractal Noise（分形噪波）"特效的"Transform（转换属性）"选项下的"Offset Turbulence（平移纹理）"值为（573.3，30.0），如图 9-2-8 所示。

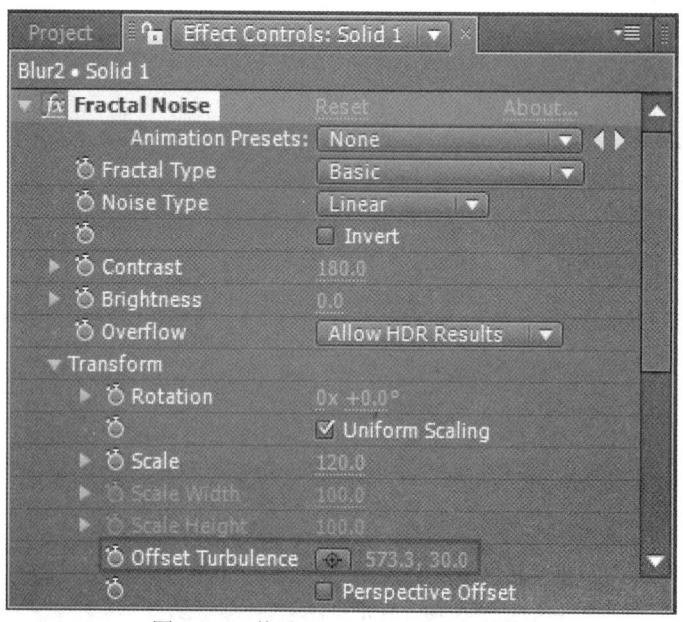

图 9-2-8　修改 Offset Turbulence 的值

8.2.3 创建两个新的图片合成

（1）导入图片素材。

在项目面板中双击，导入需要的三张图片素材，如图 9-2-9 所示。

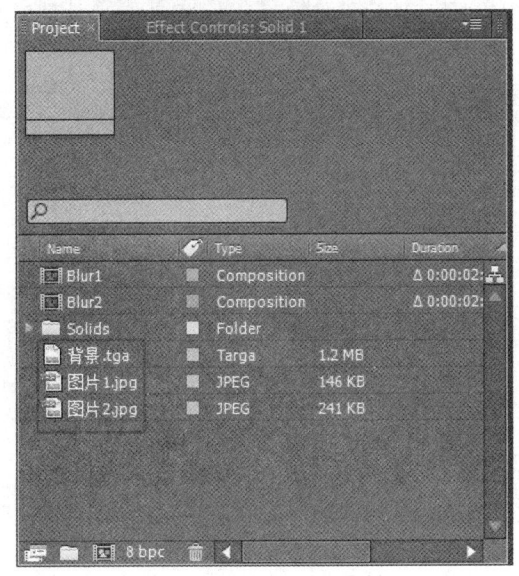

图 9-2-9　导入图片素材

（2）新建合成 1。

继续创建第一个新的合成"图片 1"，大小为"640×480"，时间长度为 5 秒，设置如图 9-2-10 所示。

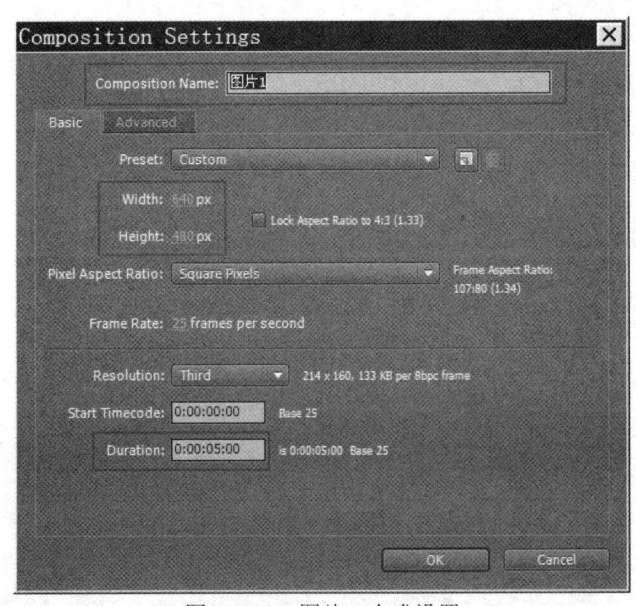

图 9-2-10　图片 1 合成设置

(3) 调整图片位置。

将图片 1 拖入到新建的合成中，调整图片在画面中的位置，如图 9-2-11 所示。

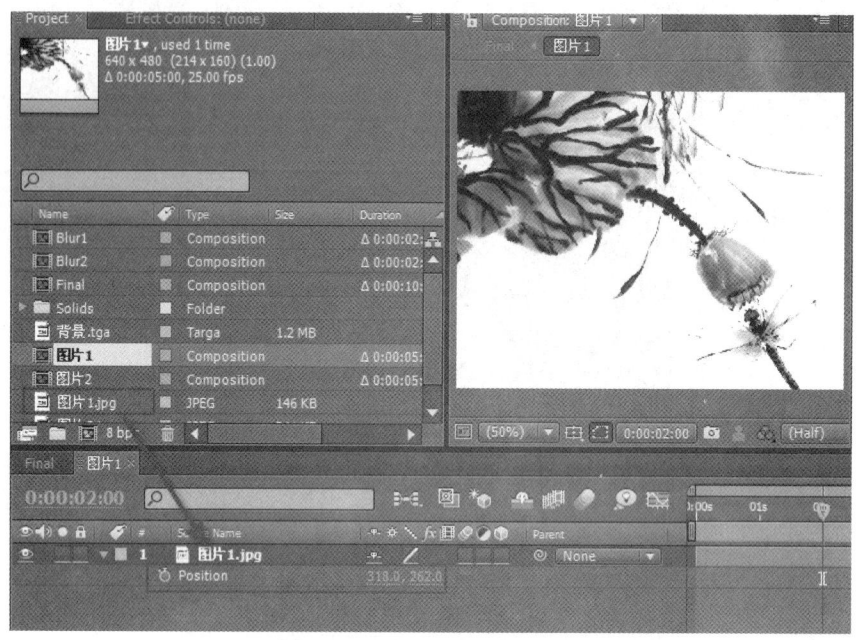

图 9-2-11　图片 1 载入为图层

(4) 新建合成 2。

继续创建第二个新的合成"图片 2"，设置同合成"图片 1"一样，按照同样的方法将"图片 2"拖入到当前的合成"图片 2"，并调整图片在画面中的位置，如图 9-2-12 所示。

图 9-2-12　图片 2 载入为图层

9.2.4 水墨过渡制作

（1）新建合成。

创建一个新的合成"Final"，大小为"640×480"，时间长度为10秒，设置如图9-2-13所示。

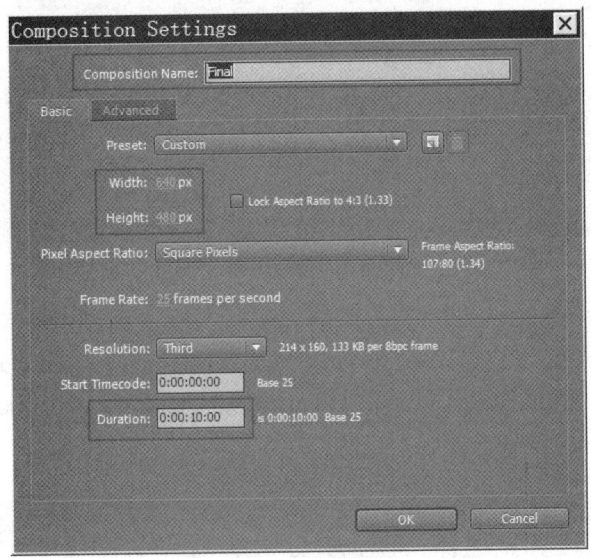

图 9-2-13　Final 合成设置

（2）绘制蒙版。

将背景图片素材拖入到新建合成"Final"中，利用工具箱中的矩形 Mask 工具，为背景层绘制 Mask 蒙版，同时将 Mask 反转，如图9-2-14所示。

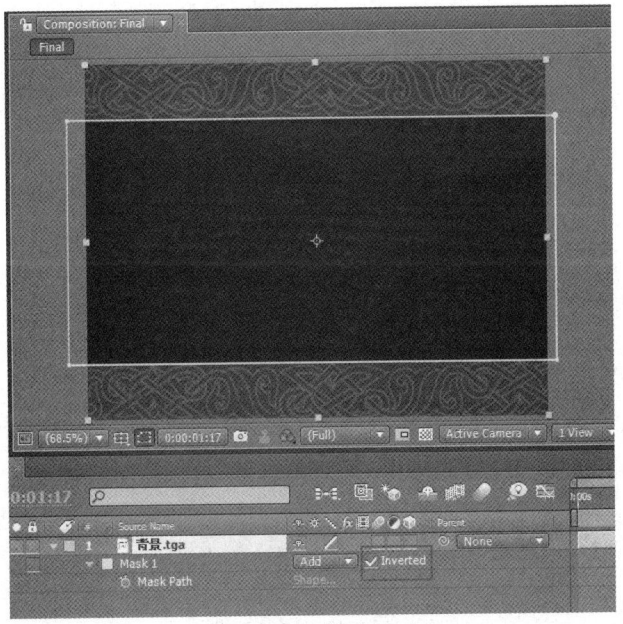

图 9-2-14　绘制 Mask

(3) 添加图层。

将合成"Blur 1"和"图片 1"拖入到当前合成"Final"中，关闭"Blur 1"图层的显示按钮，如图 9-2-15 所示。

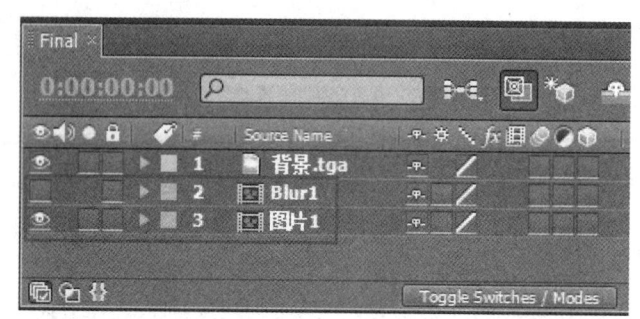

图 9-2-15　在 Final 中添加 Blur1 和图片 1 两个图层

(4) 添加模糊特效。

选择"图片 1"图层，为它添加"Effect > Blur & Sharpen > Compound Blur（混合模糊）"特效。在特效面板中进行设置，选择 Blur Layer 设置为"2.Blur 1"，也就是将前面制作的噪波作为模糊的图层，如图 9-2-16 所示。

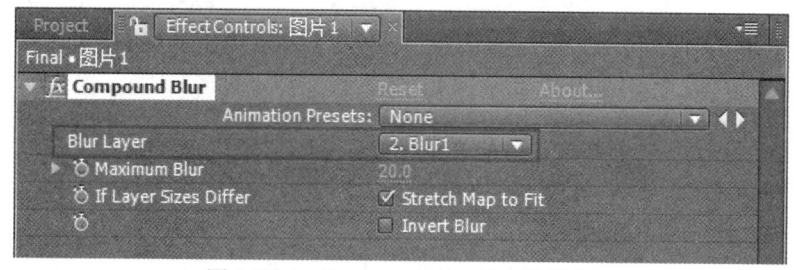

图 9-2-16　Compound Blur 的参数设置

(5) 图像效果。

设置后的图像效果如图 9-2-17 所示。

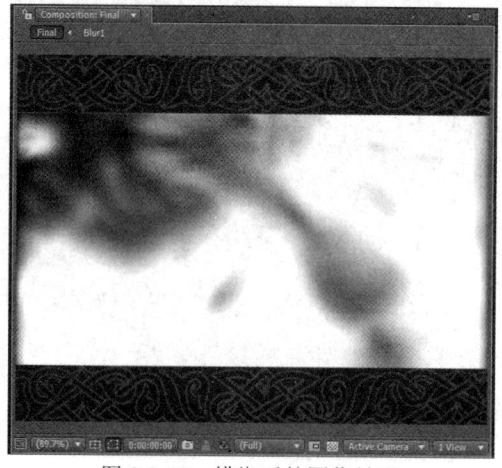

图 9-2-17　模糊后的图像效果

(6) 添加贴图置换特效。

继续为"图片1"图层添加"Effect > Distort > Displacement Map（置换贴图）"特效。

在特效面板中进行设置，选择"Displacement Map Layer（置换贴图层）"为"2.Blur 1"。"2.Blur 1"层作为当前的置换贴图层，其本身制作好的噪波动画将对此时的画面产生影响，如图9-2-18所示。

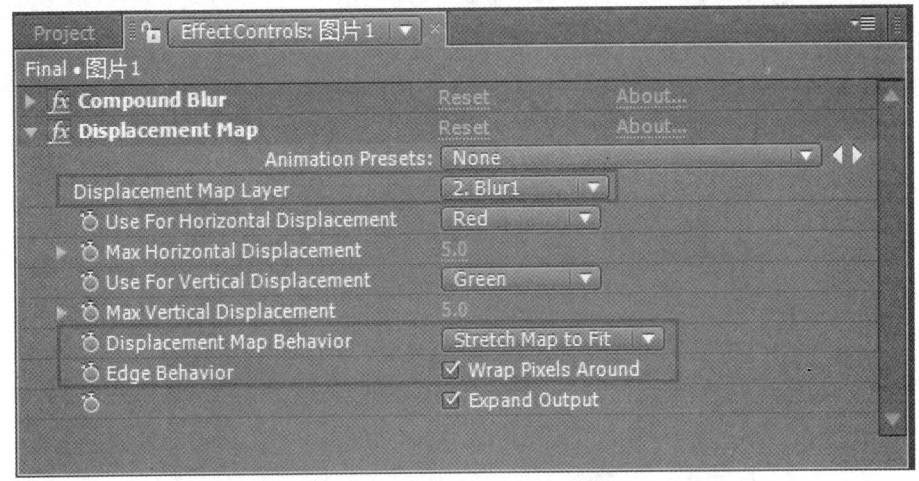

图9-2-18　Displacement Map 的参数设置

(7) 调整图层的入点和出点。

在"0:00:03:00"的位置，设置"Blur 1"为入点时间，如图9-2-19所示。

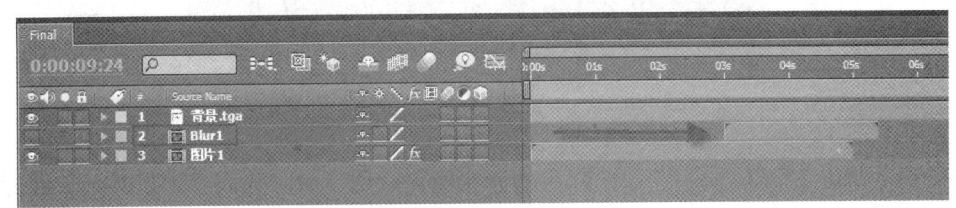

图9-2-19　调整图层的入点和出点

(8) 设置关键帧。

下面为"图片1"图层的"Compound Blur（混合模糊）"和"Displacement Map（置换贴图）"两个特效的参数设置关键帧。

在时间为0秒的位置，设置 Compound Blur 下的"Maximum Blur（最大模糊）"值为0.0，"Displacement Map（置换贴图）"下的"Max Horizontal Displacement（水平置换）"的值为0.0，"Max Vertical Displacement（垂直置换）"的值为0.0。

在时间"0:00:04:24"的位置，设置"Compound Blur（混合模糊）"下的"Maximum Blur（最大模糊）"的值为100.0，"Displacement Map（置换贴图）"下的"Max Horizontal Displacement（水平置换）"的值为180.0，"Max Vertical Displacement（垂直置换）"的值为10.0，如图9-2-20所示。

(9) 预览。

设置完毕后可以预览动画，看到经过置换贴图后的图像效果，如图9-2-21所示。

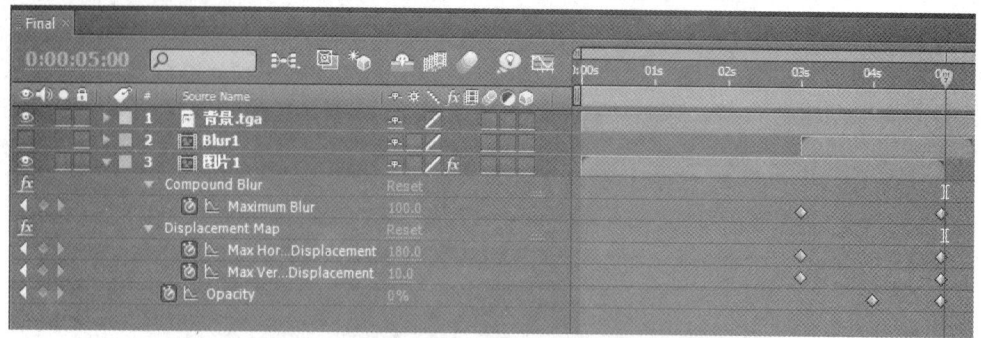

图 9-2-20 关键帧的设置

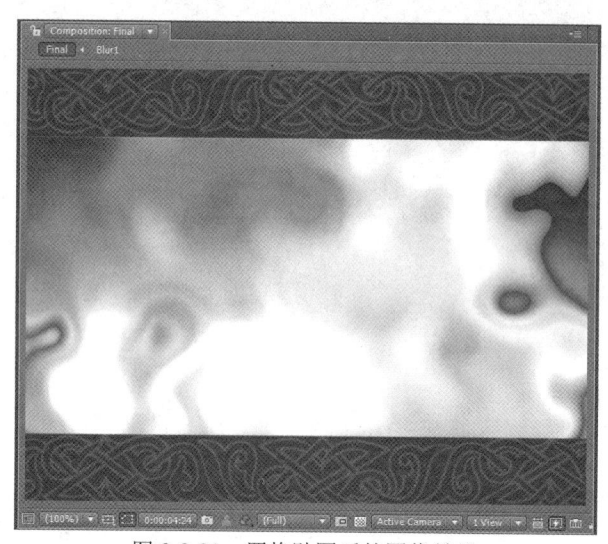

图 9-2-21 置换贴图后的图像效果

（10）入点时间调整。

将合成"Blur 2"和"图片 2"拖入到当前合成"Final"中，关闭"Blur 2"图层的显示按钮。同时调整"Blur 2"和"图片 2"两个图层的入点时间为"0:00:04:00"的位置，如图 9-2-22 所示。

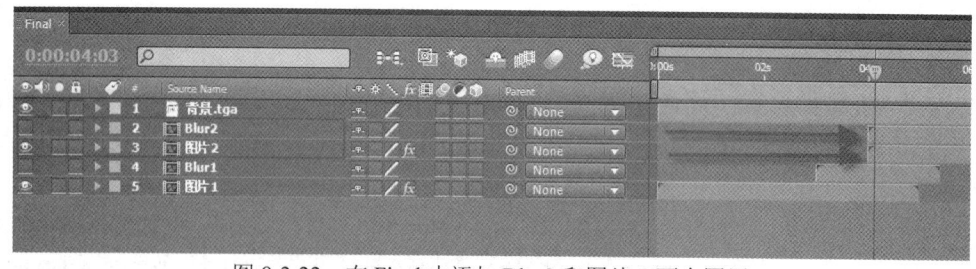

图 9-2-22 在 Final 中添加 Blur2 和图片 2 两个图层

（11）复制特效。

选择"图片 1"图层，在特效面板中选择"Compound Blur（混合模糊）"，按快捷键 Ctrl+C 复制，然后选择"图片 2"图层粘贴特效。

按照同样的方法，复制粘贴"Displacement Map（置换贴图）"给"图片2"图层。然后修改"图片2"图层的"Compound Blur（混合模糊）"特效的"Blur Layer（模糊层）"为"2.Blur 2"，修改"Displacement Map（置换贴图）"特效的"Displacement Map Layer（置换贴图层）"为"2.Blur 2"，如图9-2-23所示。

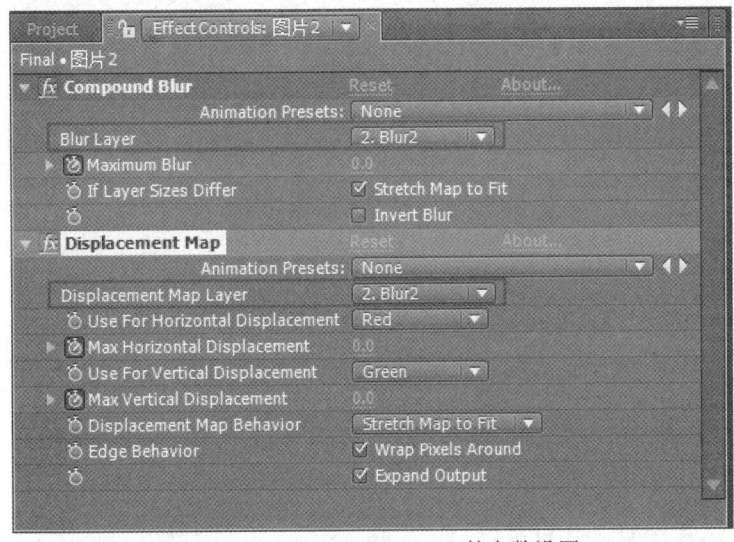

图 9-2-23　Displacement Map 的参数设置

（12）设置关键帧。

下面来为"图片2"图层的"Compound Blur（混合模糊）"和"Displacement Map（置换贴图）"两个特效设置关键帧动画。

在时间"0:00:04:00"的位置，设置"Compound Blur（混合模糊）"下的"Maximum Blur（最大模糊）"的值为100.0，"Displacement Map（置换贴图）"下的"Max Horizontal Displacement（水平置换）"的值为180.0，"Max Vertical Displacement（垂直置换）"的值为10.0。

在时间"0:00:06:00"的位置，设置"Compound Blur（混合模糊）"下的"Maximum Blur（最大模糊）"的值为0.0，"Displacement Map（置换贴图）"下的"Max Horizontal Displacement（水平置换）"的值为0.0，"Max Vertical Displacement（垂直置换）"的值为0.0，如图9-2-24所示。

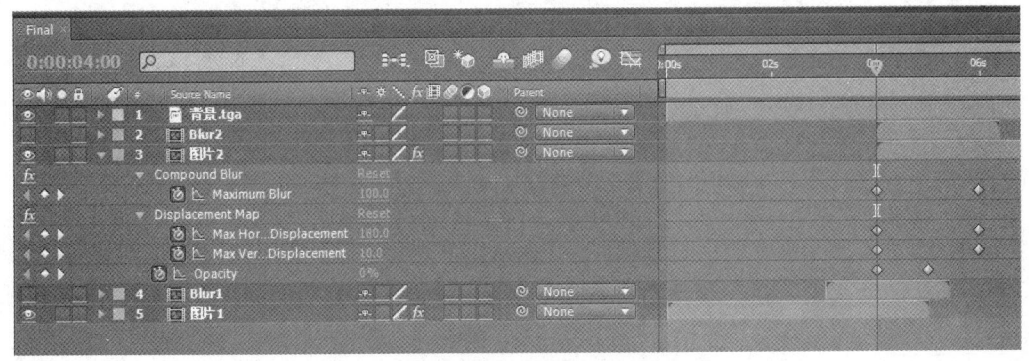

图 9-2-24　关键帧的设置

213

(13) 预览。

设置完成后预览动画可以看到，目前状态下"图片2"图层经过置换贴图后的图像效果，如图9-2-25所示。

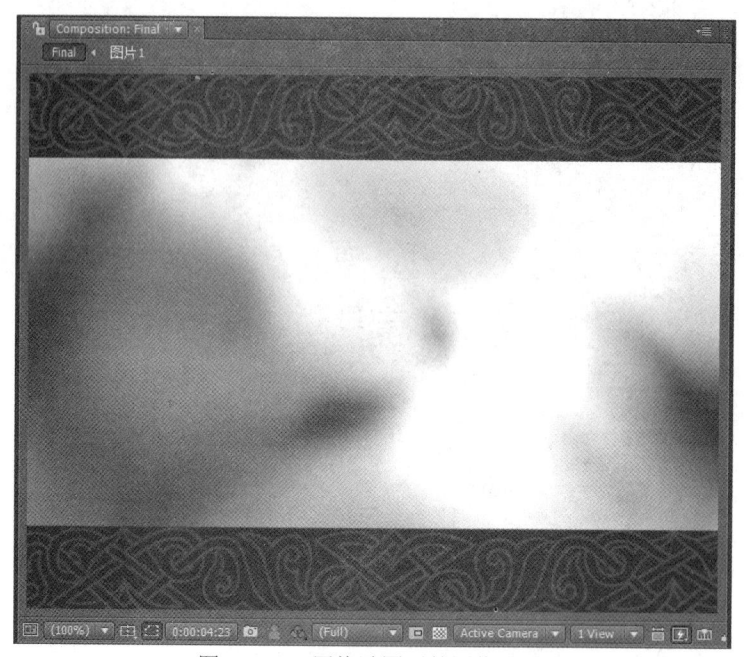

图9-2-25　置换贴图后的图像效果

(14) 设置不透明度。

接着设置"图片1"和"图片2"两个图层透明度的动画属性，让画面过渡更为自然。

在时间"0:00:04:00"的位置，设置"图片1"图层的"Opacity（不透明度）"的值为100%，"图片2"图层的"Opacity（不透明度）"的值为0%。

在时间"0:00:04:24"的位置，设置"图片1"图层的"Opacity（不透明度）"的值为0%，"图片2"图层的"Opacity（不透明度）"的值为100%，如图9-2-26所示。

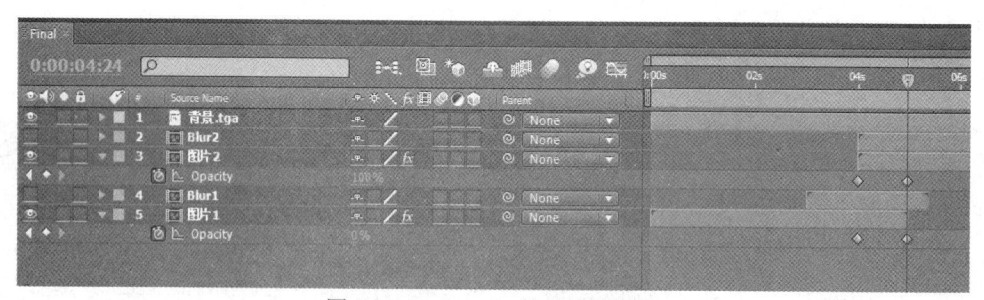

图9-2-26　Opacity的关键帧设置

(15) 预览。

完成上面的所有设置后，按下小键盘上的数字键"0"对整个动画进行预览，可以看到，"图片1"经过过渡转场转到了"图片2"，一个水墨过渡的动画效果就完成了，如图9-2-27所示。

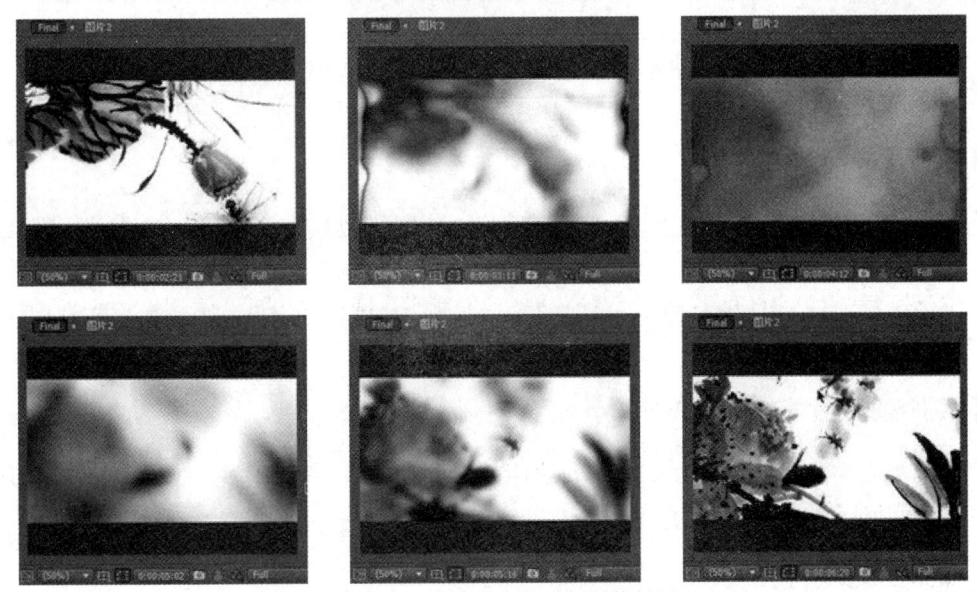

图 9-2-27　水墨过渡的动画最终效果

水墨过渡制作步骤小结：

（1）使用 Fractal Noise 特效制作噪波动画。
（2）导入图片素材并建立图片合成。
（3）使用 Compound Blur 特效制作混合模糊的动画效果。
（4）使用 Displacement Map 特效制作置换贴图的动画效果。
（5）设置透明度动画实现自然过渡并完成最终的动画。

【重点难点】

Fractal Noise（分形噪波）、Fast Blur（快速模糊）、Compound Blur（混合模糊）、Displacement Map（置换贴图）等特效参数的设置与协调应用。

【相关知识】

Displacement Map（置换贴图）特效选项具体说明如下：

Displacement Map 特效是通过一张作为映射层的图像的像素来置换原图像像素，从而达到变形的目的。

Displacement Map Layer：选择映射层的图像。

Use For Horizontal / Vertical Displacement：调节水平（Horizontal）或垂直（Vertical）方向的通道。

Max Horizontal/Vertical Displacement：调节映射层的水平（Horizontal）或垂直（Vertical）位置。

Displacement Map Behavior：选择映射方式。Center Map 映射居中，Stretch Map to Fit 伸缩自适应，Tile Map 置换平铺。

Edge Behavior：设置边缘行为。

Expand Output：设置特效效果伸展到原图像边缘外。

综合实训：流动光效的制作

【实训要求】

在"流动光效"制作中，主要学习 3D Stroke（空间描边）特效和 Shine（发光）特效的调节技术和设置方法，了解 3D Stroke（空间描边）特效制作流光的过程，熟悉 Shine（发光）特效为最终动画添光加彩的方法。通过对流动光效的学习、调整和实践，掌握流动光效的操作技能，提高插件的综合应用水平。

【实训案例提示】

"流动光效"主要利用插件 3D Stroke 特效来完成制作。Shine 发光特效对于整段动画的气氛烘托也起到了重要的作用。

【操作步骤提示】

（1）使用 Photoshop 制作文字路径。
（2）复制路径粘贴到 After Effects 中。
（3）使用 3D Stroke 特效制作流动光效。
（4）使用 Shine 特效制作发光效果并完成最终的动画。

【重点难点】

3D Stroke（三维描边）、Shine（发光）、Glow（光晕）等特效参数的设置与协调应用。实训案例流动光效的效果如图 9-2-28 所示。

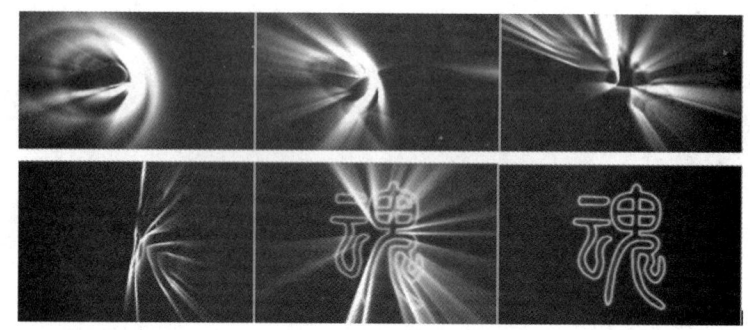

图 9-2-28　流动光效的效果提示

习题九

一、选择题

1．以下哪些特效可以用于创建水下透光的制作（　　）。
　　A．Psunami（三维光线跟踪）　　　　B．Levels（色阶）

C．Shine（发光） D．Glow（发光）
2．以下哪些特效可以用于水墨过渡的制作（ ）。
A．Fractal Noise（分形噪波） B．Fast Blur（快速模糊）
C．Compound Blur（混合模糊） D．Displacement Map（置换贴图）
3．以下哪些特效可以用于流动光效的制作（ ）。
A．3D Stroke（三维描边） B．Shine（发光）
C．Glow（光晕） D．Glow（发光）
4．以下哪些特效是常用的插件特效（ ）。
A．Particular（3D 粒子系统） B．Shin（体积光插件）
C．Starglow（星光效果） D．3D Stroke（空间描边）

二、填空题

1．"水下透光"视频制作，主要利用（ ）特效与（ ）特效和（ ）特效的搭配使用。
2．"水墨过渡"视频制作，主要利用（ ）特效与（ ）特效和（ ）特效的搭配使用。
3．"流动光效"视频制作，主要利用（ ）特效与（ ）特效和（ ）特效的搭配使用。
4．通过插件特效实践应用，能了解（ ）知识，熟悉（ ）流程，掌握（ ）设置技术，提高（ ）能力。

三、判断题

1．"水下透光"视频制作，主要学习外挂插件 Psunami 完成天空和大海的制作，掌握 Psunami 的属性设置、参数调节并改变该图层的叠加模式的技术方法。（ ）
2．"水墨过渡"视频制作，主要学习运用 Fractal Noise（分形噪波）特效完成噪波动画的过程，了解 Compound Blur（混合模糊）特效、Displacement Map（置换贴图）特效的参数设置技巧。（ ）
3．"流动光效"视频制作，主要学习 3D Stroke（空间描边）特效和 Shine（发光）特效的调节技术和设置方法，了解 3D Stroke（空间描边）特效制作流光的过程，熟悉 Shine（发光）特效为最终动画添光加彩的方法。（ ）
4．利用插件特效与其他特效的配合使用，能使画面产生较强的视觉冲击，给人以美的享受。（ ）

四、问答题

1．插件特效的特点是什么？
2．插件特效的作用是什么？
3．插件特效的应用范围是什么？
4．插件特效拓展应用的关键点在哪里？

五、操作题

1．请用 Psunami 三维光线跟踪软件，制作模仿大气中的薄雾和彩虹。
2．请在两张水墨山水画动态视频中，完成水墨过渡的制作。
3．请利用 3D Stroke 特效和 Shine 发光特效，完成"大峡谷"动态字幕的制作。
4．综合利用 Knoll Light Factory（光工厂插件）和其他特效协同作战，创建一个影视片头。

10

文字特效综合应用

文字在影视画面中出现的形态各式各样，如手写文字、穿梭文字、飞舞文字、打字文字、缩放文字、旋转文字、绕行文字、滚动文字、闪光文字、跳动文字、眩光文字、碎片文字、粉末文字、水波文字、魔方文字、金属文字、射线文字等，琳琅满目、应有尽有。特别是那些端庄秀丽、深沉厚重、格调高雅、华丽富贵、坚固挺拔、生机盎然、苍劲古朴、简洁明快、造型奇妙的文字，扩展了画面的信息，给人以数不尽的美的视觉享受。

本章结合文字特效的综合应用，赋予文字组合飞舞、虚幻缥缈、随机跳动的效果，是第 4 章的高级拓展应用。通过完成随机运动的色块、烟飘文字、飞舞组合文字三个案例，引导学生了解穿梭、飞舞、旋转、滚动、跳跃等运动文字的特性，掌握眩光、射线、闪光、烟飘、燃烧文字的制作技巧，提高设计与应用特效文字的能力。

【知识能力目标】

（1）了解 Fractal Noise 噪波、Compound Blur 混合模糊、Displacement Map 置换、文字的动画控制器等特效的基本功能和它们的参数设置方法。

（2）运用文字特效，完成随机运动色块、烟飘文字、飞舞组合文字三个案例的制作。

（3）掌握穿梭、飞舞、旋转、滚动、跳跃、眩光、射线、闪光、烟飘等特效文字制作方法。

（4）提高设计与应用特效文字的能力。

10.1 随机运动的色块

在影视节目中看到的视频画面，一般都摄制于演员表演，而本案例用文字特效制作的运动色块，随着音乐在翩翩起舞，充满了快乐和戏剧性。

【学习要求】

在"随机运动的色块"制作中，主要学习色块的制作技巧；了解如何利用文字工具创建特效文字并对其位置、大小、透明度、颜色进行随机调节；通过对文字添加随机位移、随机大小、随机透明度和颜色等一系列的操作和调整,掌握随机运动色块的制作方法,提高文字特效的综合应用水平。

【案例分析】

在电视中,经常可以看到以展示圆、立方体或以方块为核心元素的片头,传递给观众的视觉感受是造型奇妙,突出空间;同时也经常看到以特效文字为核心元素的片头,从最初的"文字流"到文字大量的呈现并形成空间的移动、翻转和穿插,配合光效模拟镜头的空间穿梭运动,形成夺目的文字主题。本案例是两者强势的有效结合。

"随机运动的色块"制作可按如下步骤进行:

(1) 在合成窗口输入 6 个大写的英文字母"I"。
(2) 放大 6 个大写的英文字母"I"。
(3) 让大写的英文字母"I"随机动起来。
(4) 调节英文字母"I"随机抖动的快慢。
(5) 调节英文字母"I"的粗细。
(6) 调节英文字母"I"随机透明度。
(7) 调节英文字母"I"随机颜色。
(8) 英文字母"I"随机抖动的替换。

【制作步骤】

10.1.1　输入 6 个大写的英文字母"I"

首先创建一个新的合成,大小为"320×240"。然后在工具箱中选择文字工具,在 Comp 预览面板中输入若干个大写的英文字母"I",并选择字体为 Arial Black,字体大小为 80 像素,如图 10-1-1 所示。

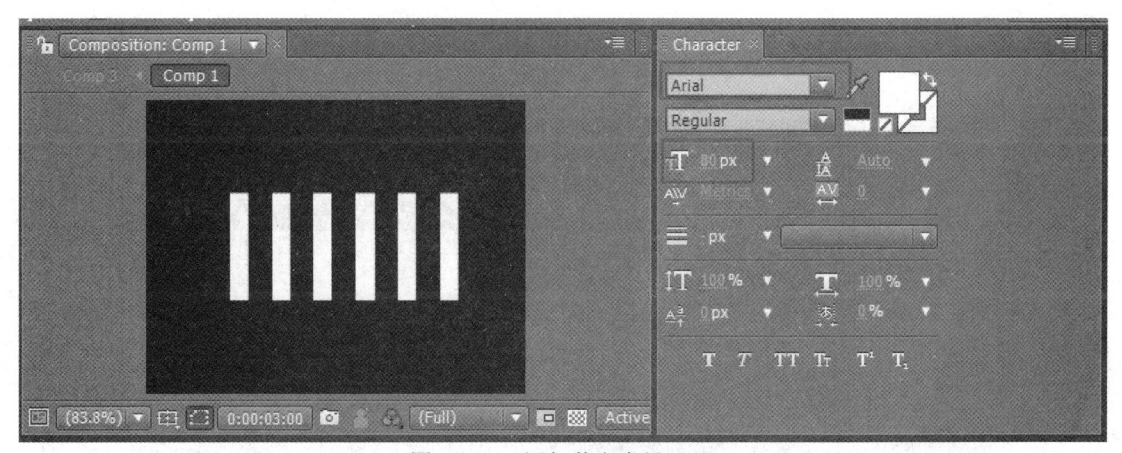

图 10-1-1　添加英文字母"I"

10.1.2　放大 6 个大写的英文字母 "I"

由于文字层是矢量图层，所以无论放大或者是缩小都不会影响它的像素质量。下面选择文字图层，按快捷键 Ctrl+Alt+F，使字符放大扩充到与 Comp 预览面板中的图像屏幕一样大小。这时候的文字变成了竖条，如图 10-1-2 所示。

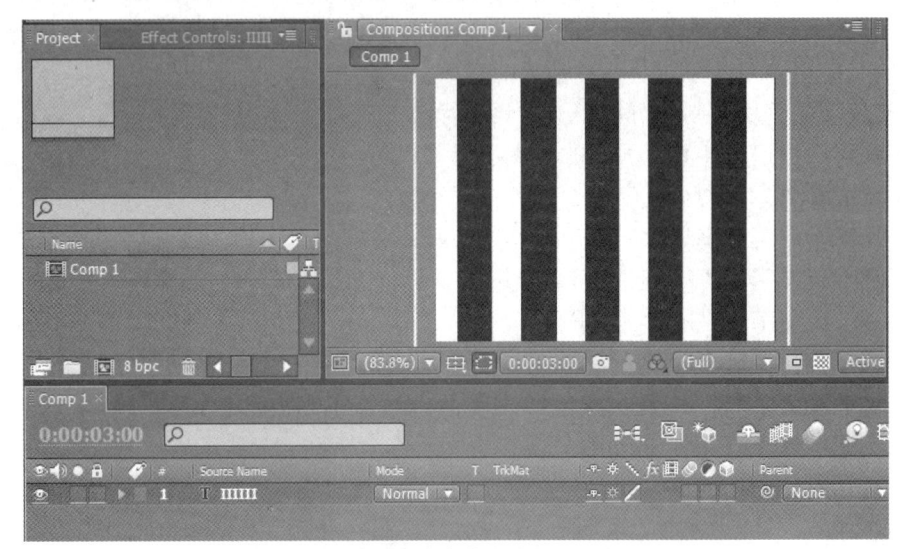

图 10-1-2　放大英文字母 "I"

10.1.3　让英文字母 "I" 随机运动起来

（1）色块的运动设置。

现在已经巧妙地利用文字工具，将英文文字变成了竖立的白色色块，下面要它们随机动起来。选择文字图层，然后用鼠标单击旁边的小三角展开文字图层属性。在展开的属性中会发现 Text 右边有一个 "Animate（动画）" 的参数，单击其旁边的小三角按钮，在弹出的下拉菜单中选择 "Position（位置）" 命令，如图 10-1-3 所示。

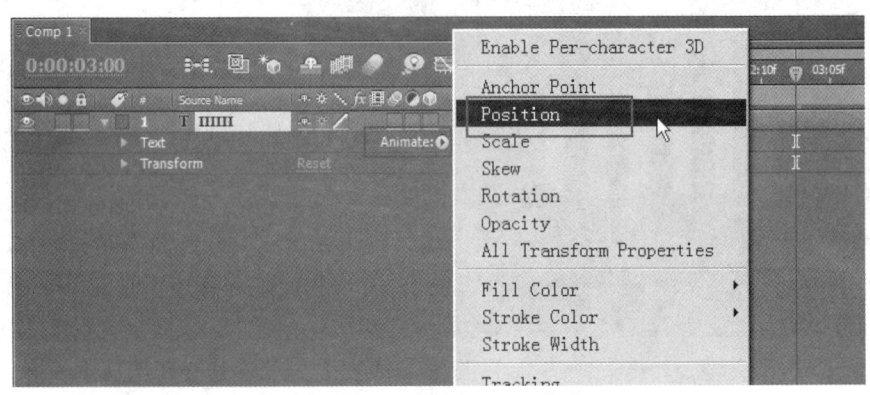

图 10-1-3　选择 Position 命令

（2）色块运动开始和结束时间。

在文件效果属性编辑栏中设置"Animator1/Range Selector 1"的参数，Start 为 0%，End 为 100%，Offset 为 0%，如图 10-1-4 所示。

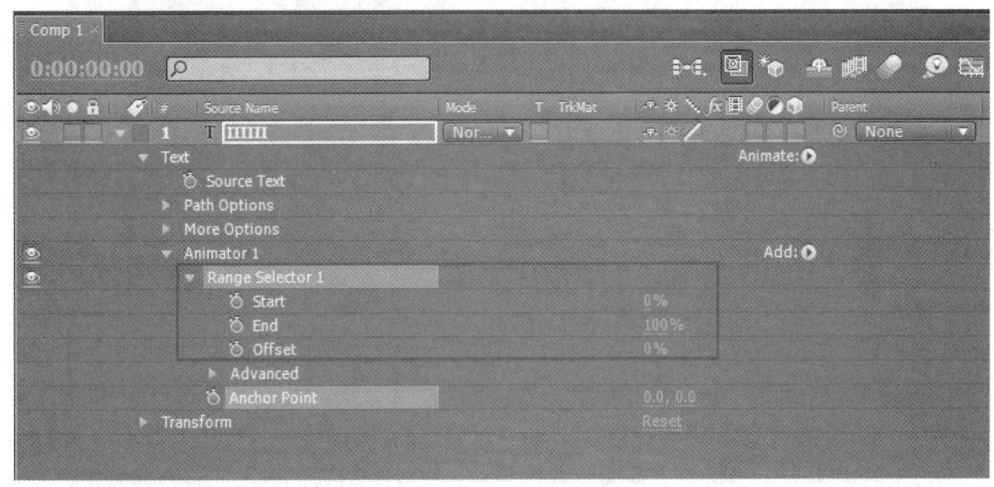

图 10-1-4　设置 Animator 1/Range Selector 1 参数

（3）设置色块抖动效果。

单击 Animator 1 右边的 Add 小三角按钮，在弹出的下拉菜单中选择"Selector/ Wiggly（抖动）"命令，如图 10-1-5 所示。

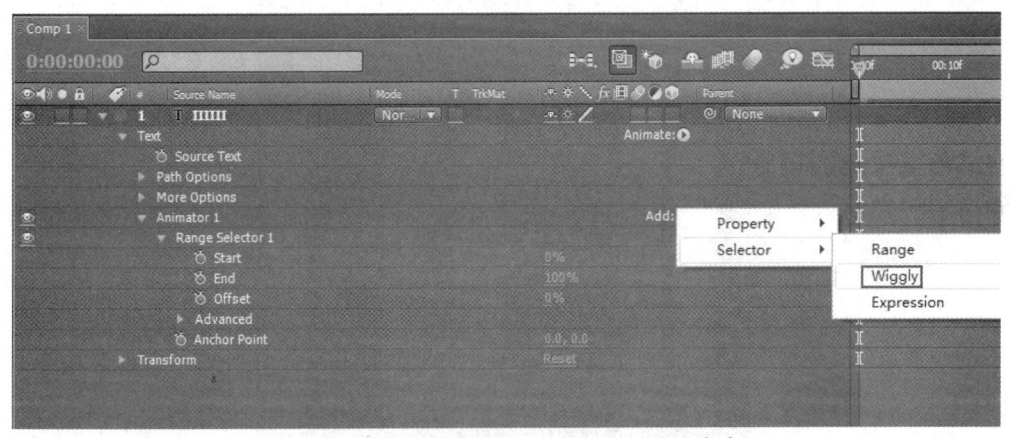

图 10-1-5　选择 Selector / Wiggly（抖动）命令

10.1.4　调节英文字母"I"随机抖动的快慢

（1）设置色块抖动频率。

然后设置"Animator 1/Wiggly Selector 1"参数，随机的频率快慢可以用 Wiggles/Second 抖动调节，设置的数值偏离 0 越大，则运动的频率就越快。在这里需要的是水平方向上的运动，所以将 Position 的值设置为垂直方向为 0，而水平方向为 150，如图 10-1-6 所示。

221

图 10-1-6　设置 Animator 1/Wiggly Selector 1 参数

（2）色块的水平运动。

设置完成后进行预览，就可以看到色块发生了随机的水平运动，如图 10-1-7 所示。

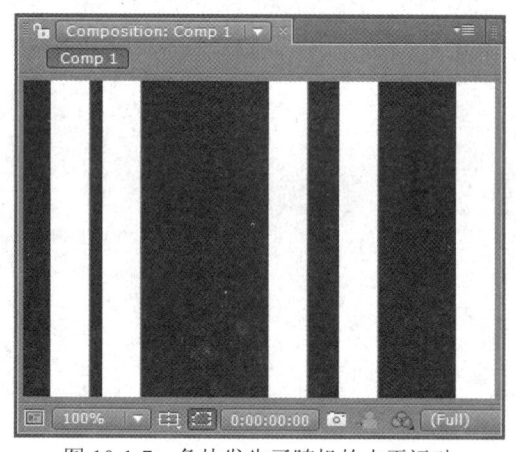

图 10-1-7　色块发生了随机的水平运动

10.1.5　调节英文字母"I"的粗细

（1）调节色块的粗细。

下面改变色块的粗细即英文字母"I"的粗细，并让其随机变化。单击 Animate 右边的小三角按钮，在弹出的下拉菜单中选择 Scale 命令，如图 10-1-8 所示。

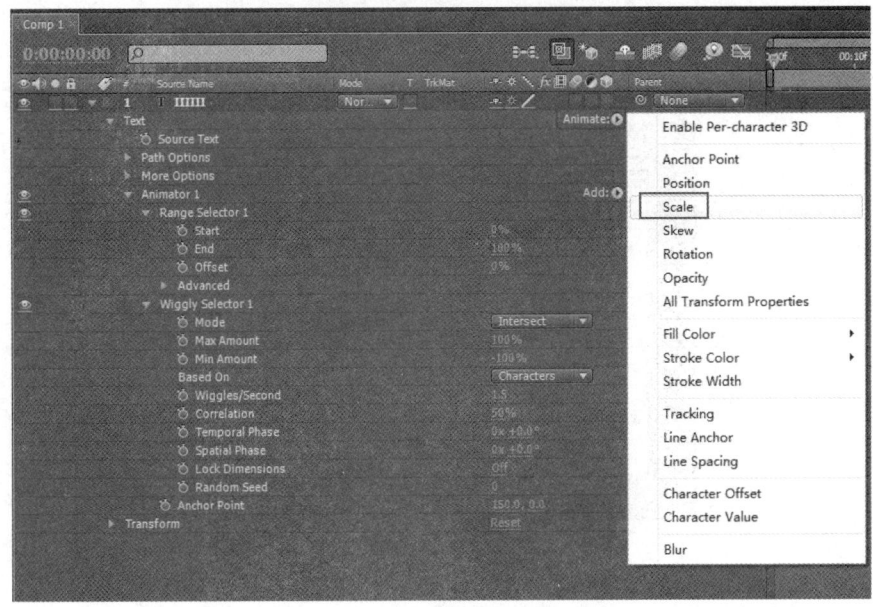

图 10-1-8　选择 Scale 命令

（2）色块的抖动设置。

然后再单击 Animator 2 右边的 Add 小三角按钮，在弹出的下拉菜单中选择"Selector/Wiggly（抖动）"命令。同样的道理，只需要线条在水平方向上的运动。所以继续将 Scale 的水平数值设置为 200，垂直数值设置为 0，如图 10-1-9 所示。

图 10-1-9　选择 Selector/Wiggly 命令并设置

223

(3)色块粗细的随机变化。

预览发现色块现在有了粗细的随机变化，如图 10-1-10 所示。

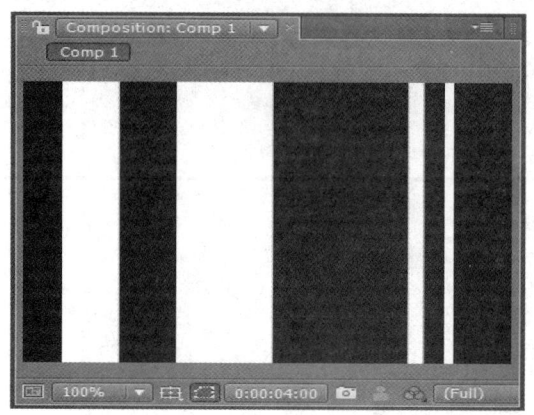

图 10-1-10 色块发生了粗细的随机变化

10.1.6 调节英文字母"I"随机透明度

(1)色块的透明度设置。

下面再给色块改变花样，让它更好看一些。首先为其加上透明度的随机变化。同样的道理，还是选择单击 Animate 右边的小三角按钮，在弹出的下拉菜单中选择 Opacity 命令，如图 10-1-11 所示。

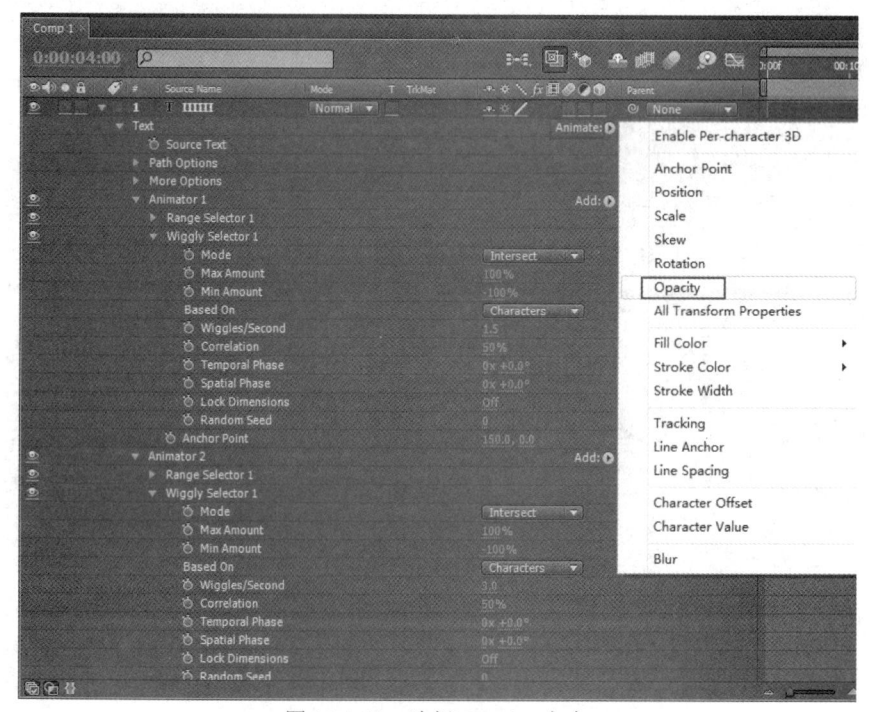

图 10-1-11 选择 Opacity 命令

（2）色块的抖动时透明度变化。

单击 Animator 3 右边的 Add 小三角按钮，在弹出的下拉菜单中选择"Selector/Wiggly"命令。然后设置 Animator 3/Wiggly Selector 1 的参数，设置 Opacity 的数值为 0，如图 10-1-12 所示。

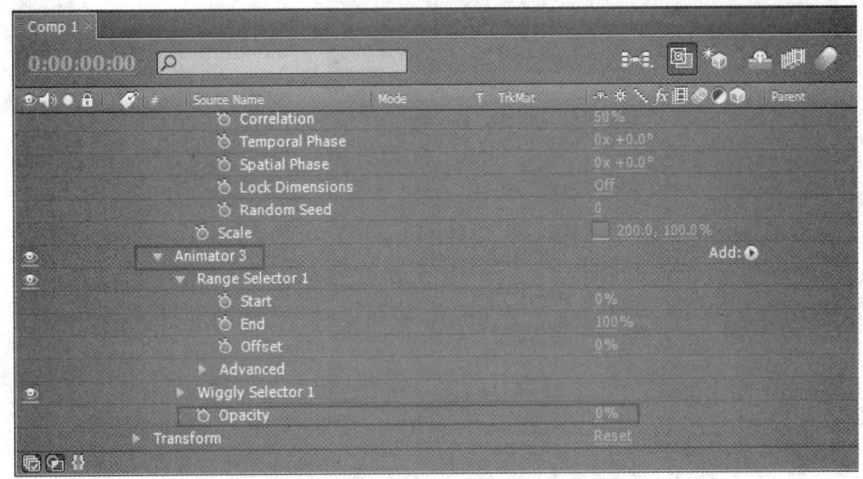

图 10-1-12　设置 Opacity 的数值为 0

（3）色块的随机透明度变化。

完成设置后再次按下小键盘上的数字键"0"进行预览，发现这时候的色块已经具有了随机透明的状态，如图 10-1-13 所示。

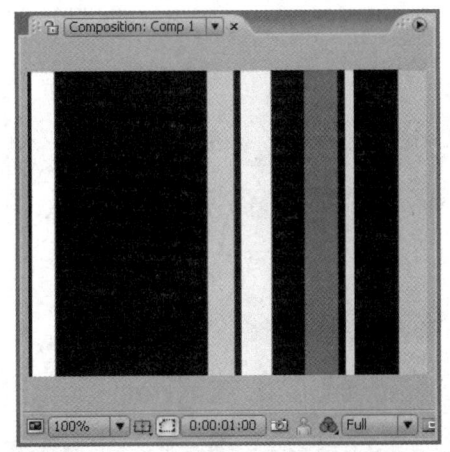

图 10-1-13　色块已经具有了随机透明的状态

10.1.7　调节英文字母"I"随机颜色

（1）色块变色。

接着按照同样的方法设置颜色随机的效果，也就是说将把白色的随机运动色块变成彩色的随机状态。单击 Animate 右边的小三角按钮，在弹出的下拉菜单中选择"Fill Color/RGB"命令，如图 10-1-14 所示。

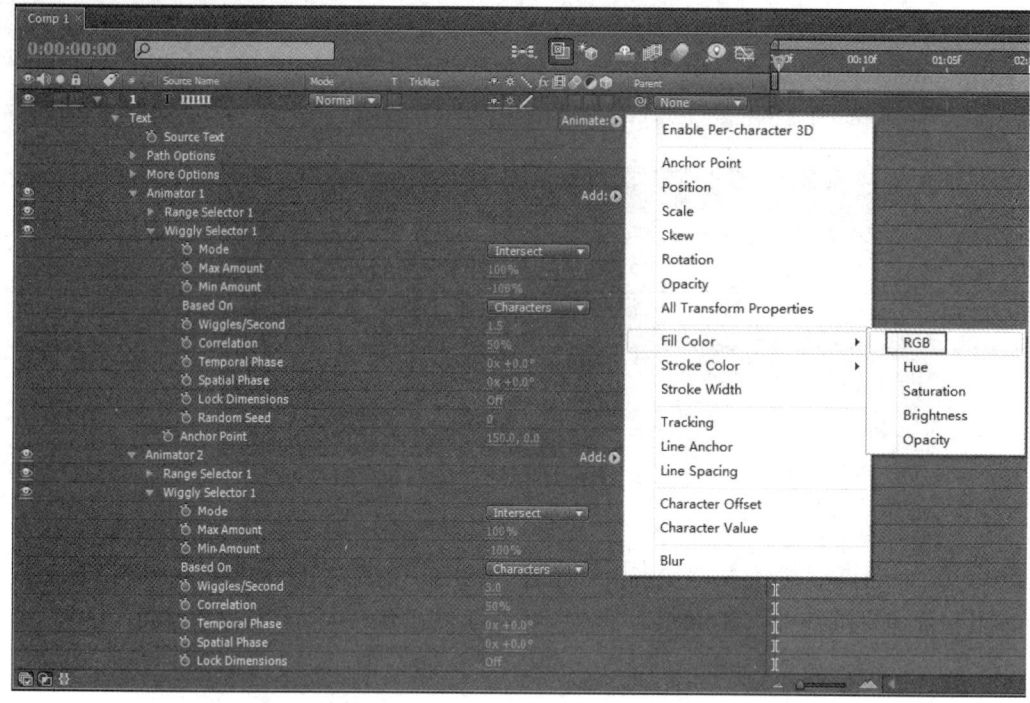

图 10-1-14 选择 Fill Color/RGB 命令

（2）色块的颜色随机变化。

按照同样的方法再单击 Animator 4 右边的 Add 小三角按钮，在弹出的下拉菜单中选择"Selector/Wiggly"命令。关于 Fill Color 颜色的选择，可以根据实际需要来进行设置，而最终的颜色始终是随机的，如图 10-1-15 所示。

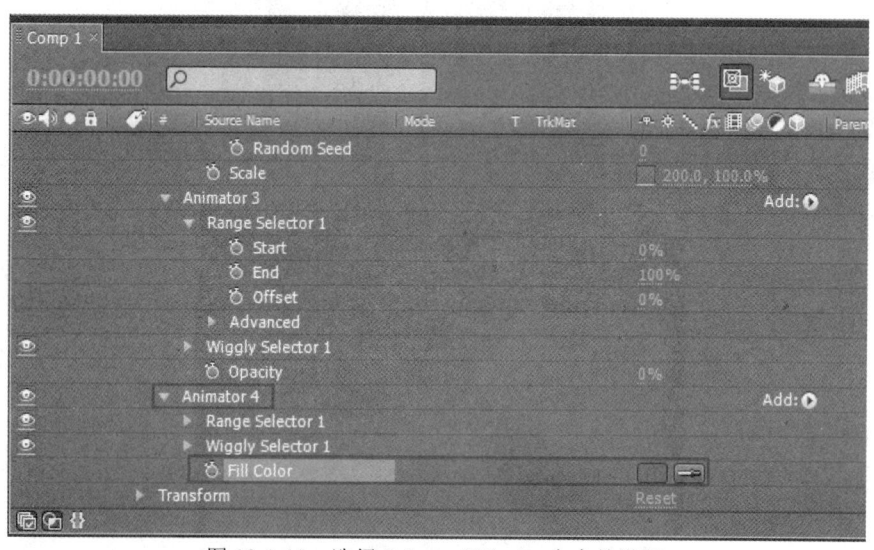

图 10-1-15 选择 Selector/Wiggly 命令并设置

（3）白色块变彩色块。

完成设置后的色块就变成了彩色的色块形态，如图 10-1-16 所示。

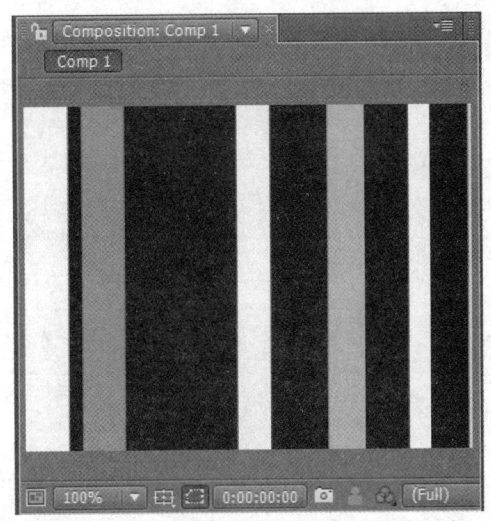

图 10-1-16　色块就变成了彩色的色块形态

（4）使色块颜色丰富。

如果发现颜色不是很丰富，还可以调节如下的参数来达到目的，如图 10-1-17 所示。

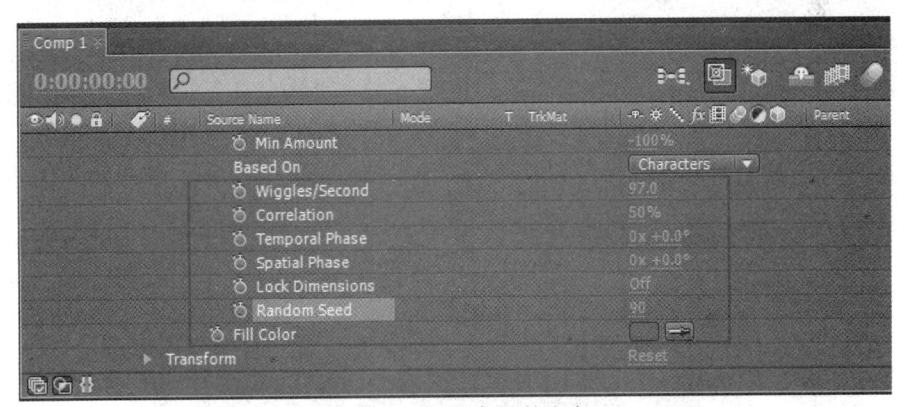

图 10-1-17　颜色调整丰富

10.1.8　英文字母"I"随机抖动的替换

（1）把随机运动的色块来当蒙版使用。

影视制作中经常会把随机运动的色块来当蒙版使用。下面导入一张背景图片，也可以导入动态素材。将导入的背景图片载入为图层，并将背景图片放在色块图层的下方。将图片图层的遮罩方式设置为 Alpha Matte，这样图片就会随着色块的随机运动而运动了，如图 10-1-18 所示。

（2）将英文字母"I"替换为星星。

可以发挥想象：既然字母"I"能做出随机运动的色块，那么图形符号替换字母"I"时，比如输入符号"★"，按照上面介绍的方法，利用文字特效的位置、大小、颜色等也可做出五颜六色的星星。拓展上面的思路，还会做出更为有趣的效果，如图 10-1-19 所示。

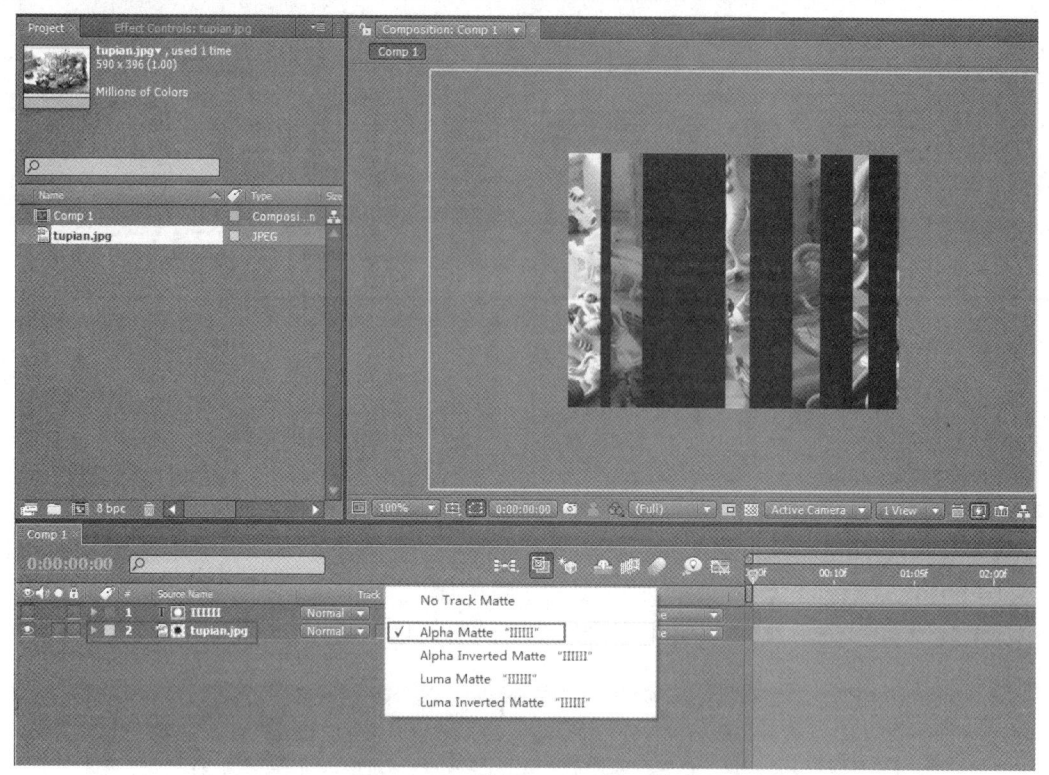

图 10-1-18　设置 Alpha Matte 模式

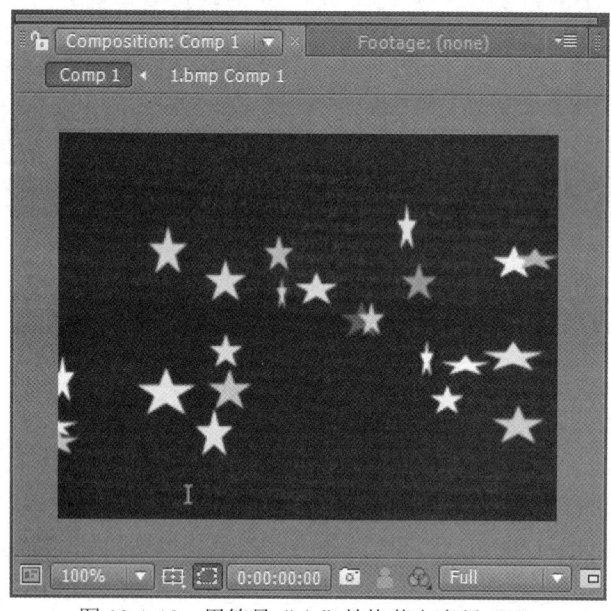

图 10-1-19　用符号"★"替换英文字母"I"

随机运动的色块制作步骤小结：

（1）建立合成、输入文字。

（2）添加位移随机效果。

（3）添加大小随机效果。
（4）添加透明度和颜色随机效果。
（5）把随机运动的色块来当蒙版使用。
（6）拓展思维，做出精彩的特效。

【重点难点】

文字动画"Animate（动画）"等特效参数的设置与协调应用。

10.2 烟飘文字制作

在 MTV 音乐电视中，能观赏到造型奇妙、千姿百态的动态特效文字。本案例制作的烟飘文字，就是文字百花园中的一朵奇葩，生机盎然、充满活力。

【学习要求】

在"烟飘文字"制作中，主要学习 Fractal Noise（噪波）特效、Compound Blur（混合模糊）特效以及 Displacement Map（置换）特效的设置方法，熟练掌握烟飘文字的操作技能，提高特效文字的综合应用水平。

【案例分析】

"烟飘文字"看上去神秘莫测，像在云雾缭绕中形成，非常适用于探险、考古的影视片头制作。烟飘特效文字与苍劲古朴特效文字相比，更能引起观众的遐想，如果再在表现形式上出彩，更能获得新奇的效果。"烟飘文字"是噪波、混合模糊、置换特效的综合应用结果，其制作步骤如下：

（1）新建烟雾固态层。
（2）输入文字。
（3）创建噪波层。
（4）创建 Mask 噪波动画。
（5）创建一个新的 Mask 噪波动画。
（6）准备创建烟飘文字。
（7）创建烟飘文字背景。
（8）创建烟飘文字动画。
（9）改变烟飘文字的形状。

【制作步骤】

10.2.1 新建 YW 1 合成

首先创建一个新的合成"YW 1"，大小为"720×576"。然后在时间线面板中新增一个 Solid（固态层），大小与 Comp 大小一致，如图 10-2-1 所示。

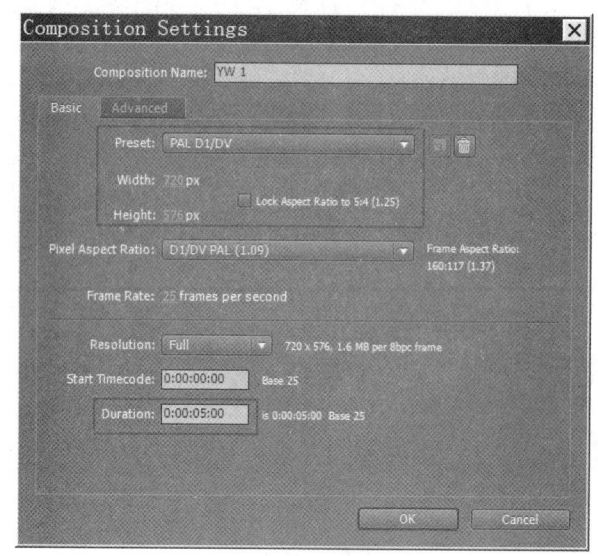

图 10-2-1　创建烟雾合成

10.2.2　输入文字

（1）选择烟雾 Solid（固态层），添加"Effect > Text > Basic Text（文字）"特效，输入文字，如图 10-2-2 所示。

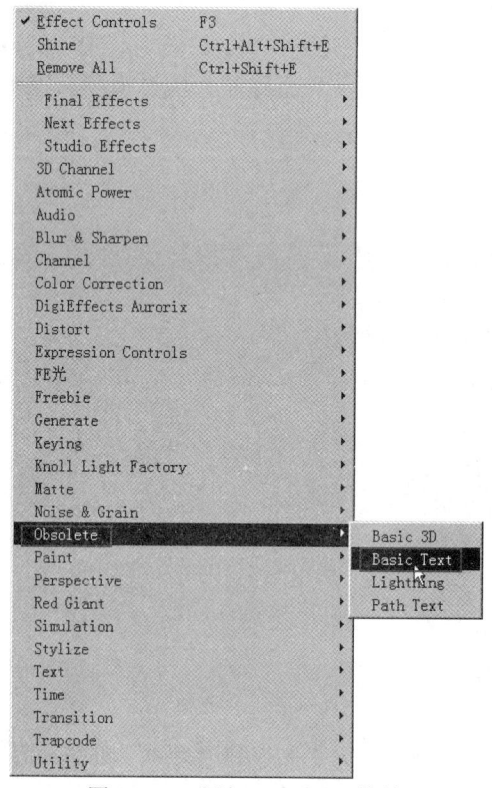

图 10-2-2　添加 Basic Text 特效

230

（2）编辑文字。

在特效面板中单击 Edit Text（文字编辑），打开新的文字编辑窗口并输入文字，同时选择字体"SimHei"。"Horizontal"表示文字在画面中横向排列，"Vertical"为纵向排列，如图 10-2-3 所示。

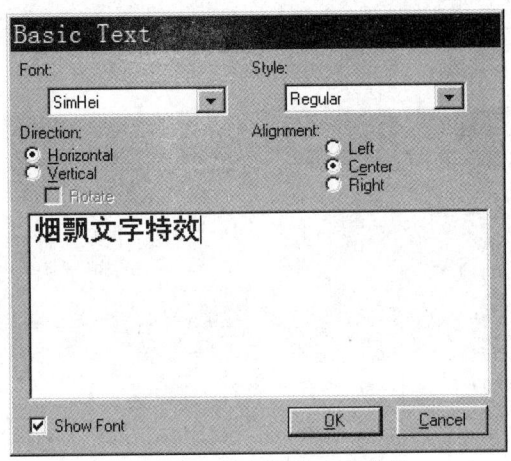

图 10-2-3　输入烟飘文字特效

（3）确定文字。

输入完毕后单击"OK"按钮确定。然后在特效面板中设置文字的大小、颜色以及字间距等参数。"Fill Color"确定文字颜色，"Size"控制文字大小，"Tracking"控制文字间距，如图 10-2-4 所示。

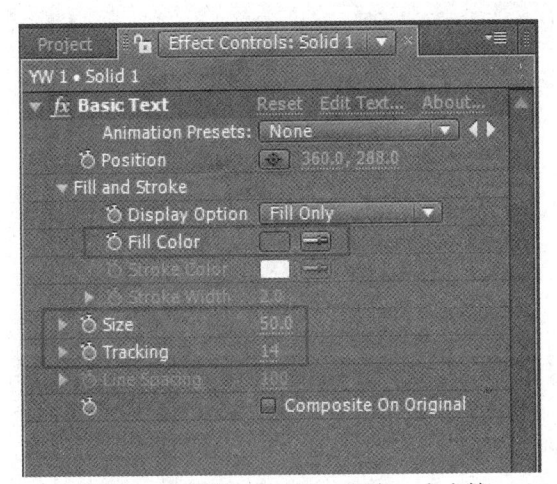

图 10-2-4　设置 Basic Text 颜色、大小等

10.2.3　新建 YW 2 合成

（1）新建噪波层。

再创建一个新的合成"YW 2"，大小为"720×576"。增加一个新的灰色"Solid（固态层）"，

并为这个"Solid（固态层）"添加"Fractal Noise（噪波）"特效，如图 10-2-5 所示。

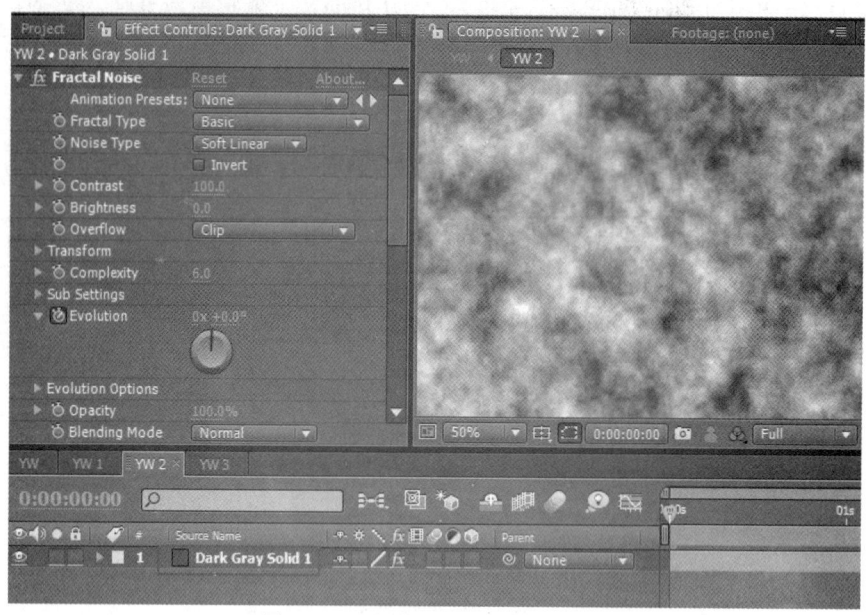

图 10-2-5　添加 Fractal Noise 特效

（2）设置噪波关键帧。

设置"Fractal Noise（噪波）"特效的"Evolution（演变）"参数的关键帧动画，在 0 秒的位置设置为 0，在 3 秒的位置设置 3，如图 10-2-6 所示。

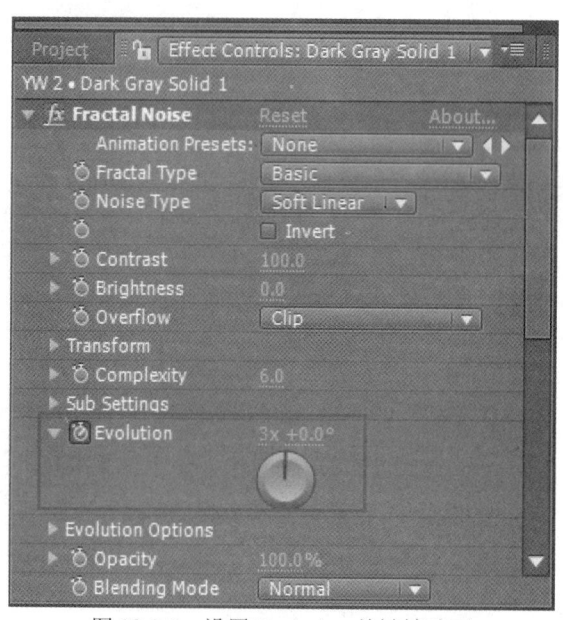

图 10-2-6　设置 Evolution 关键帧动画

（3）添加色阶特效。

为噪波层添加"Effect > Color Correction > Levels（色阶）"，为图层加上色阶调节效果，

选择 Blue 蓝色通道调整其参数，也可以选择 Channel（颜色通道）来单独对某种颜色进行调节，如图 10-2-7 所示。

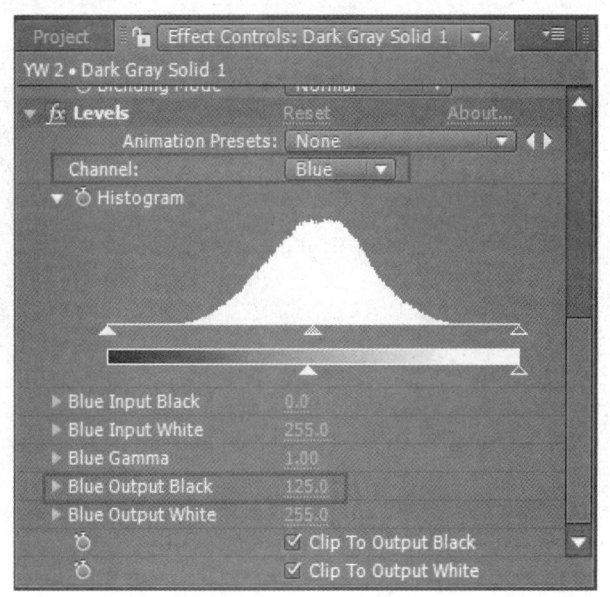

图 10-2-7　添加 Levels 特效并设置

（4）噪波显示。

调整后的噪波层如图 10-2-8 所示。

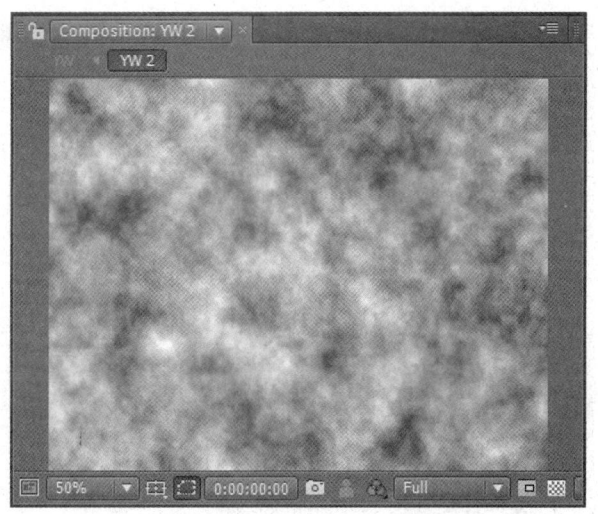

图 10-2-8　调节后的噪波图像

10.2.4　创建 Mask 噪波动画

（1）绘制 Mask。

在工具箱中选择矩形 Mask 工具，为噪波绘制 Mask，如图 10-2-9 所示。

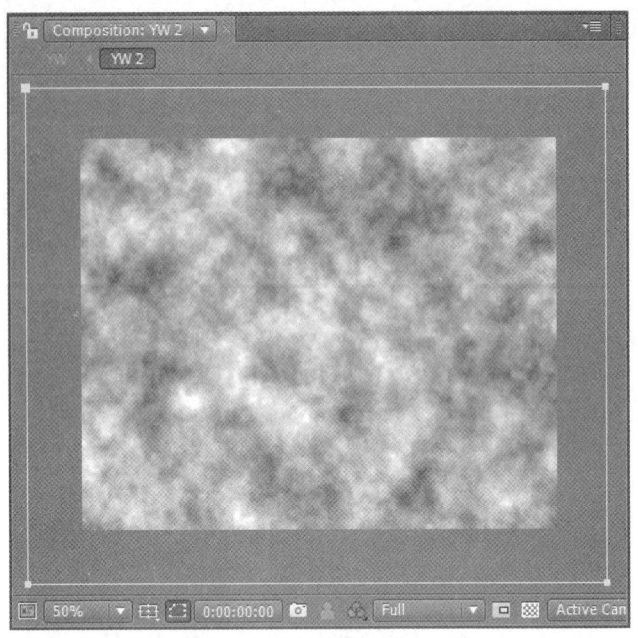

图 10-2-9　为噪波绘制 Mask

（2）设置 Mask 关键帧。

选择图层按下快捷键"M"，展开 Mask 属性，设置 Mask 动画。在 0 秒的位置记录下一个 Mask 形状关键帧。然后把时间标签移动到 5 秒的位置，在 Comp 预览面板中选择 Mask 左边的两个控制点，将 Mask 向右拖动到如图 10-2-10 所示的位置。

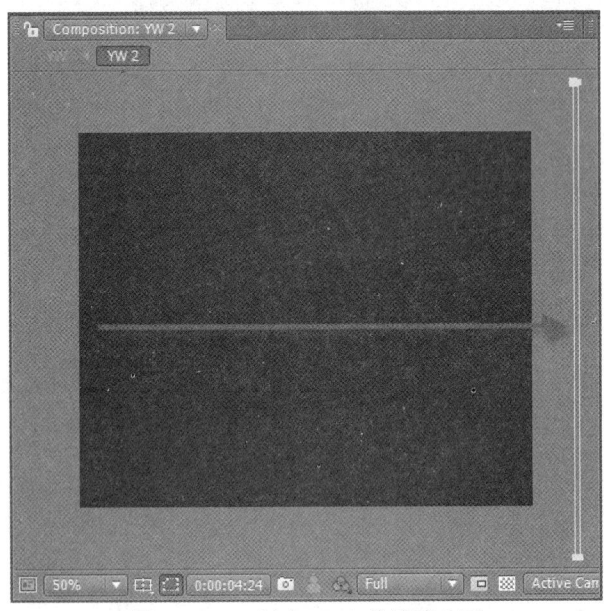

图 10-2-10　创建 Mask 关键帧动画

（3）再次设置 Mask 关键帧。

在 5 秒位置再次记录一个 Mask 关键帧，如图 10-2-11 所示。

图 10-2-11 Mask 在 5 秒位置关键帧。

（4）完成 Mask 噪波动画。

播放动画看到一个 Mask 的简单动画已经完成。噪波由全部显示变为全部遮住，如图 10-2-12 所示。

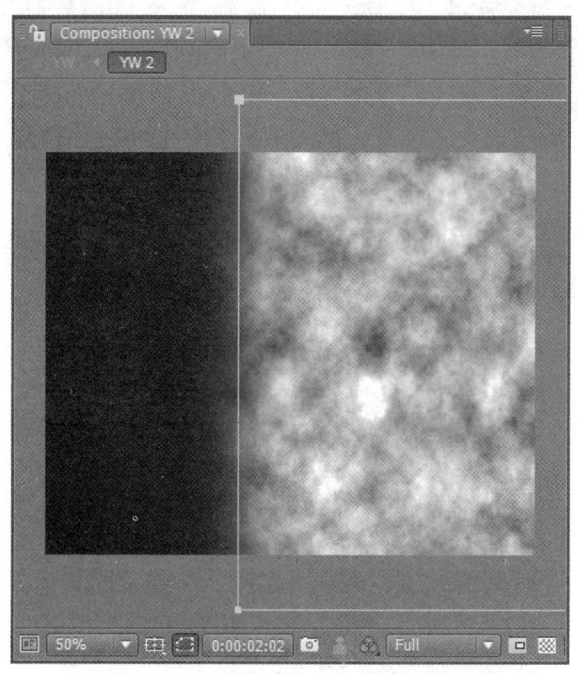

图 10-2-12 创建的 Mask 噪波动画

10.2.5 新建 YW 3 合成

（1）新建模糊层。

完成了上面的噪波动画，下面还需要制作一个同样的噪波动画用于后面的混合模糊的模糊层。再创建一个新的合成"YW 3"，大小为"720×576"。增加一个新的灰色 Solid 层，与前面制作噪波的步骤一样，为这个 Solid 层添加"Fractal Noise（噪波）"和"Levels（色阶）"特效，不同的是在前面的基础上加了一个"Curves（弯曲）"特效，曲线调节如图 10-2-13 所示。

（2）效果显示。

添加噪波、色阶和弯曲后的效果显示，如图 10-2-14 所示。

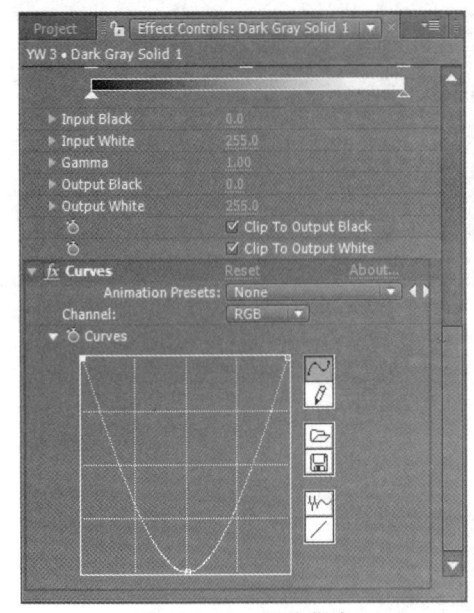

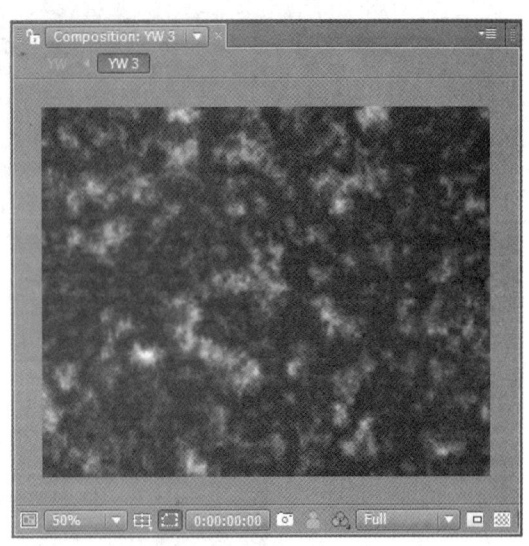

图 10-2-13　调节曲线　　　　　　　　图 10-2-14　调节后的图像显示

（3）绘制 Mask。

同样为这个噪波绘制 Mask，并设置与上一个噪波一样的 Mask 关键帧动画，如图 10-2-15 所示是 Mask 动画的中间状态。

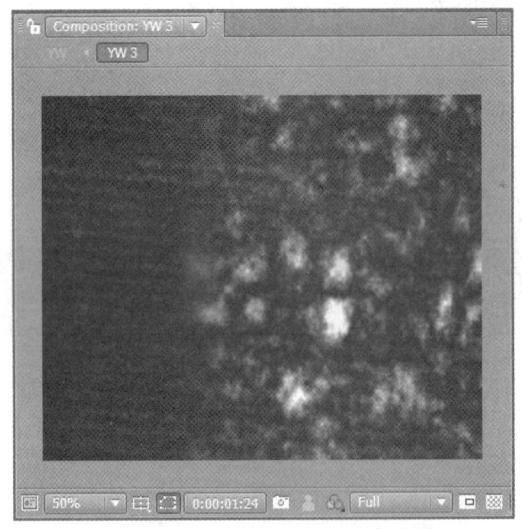

图 10-2-15　新的 Mask 噪波动画

10.2.6　准备创建烟飘文字

准备好前面两个噪波的 Mask 动画，下面就利用它们来制作最后的烟飘文字了。再次创建一个新的合成"YW"，大小为"720×576"。长度为 5 秒。将"YW 1"、"YW 2"、"YW 3"这三个合成都拖入其中，如图 10-2-16 所示。

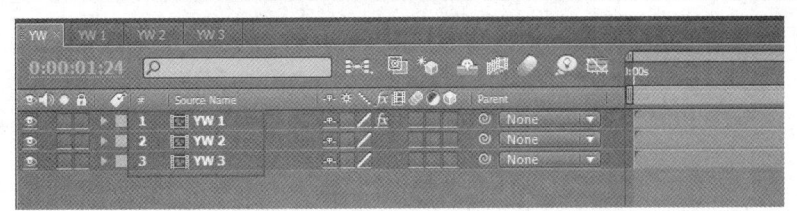

图 10-2-16　"YW 1"、"YW 2"、"YW 3"排列

10.2.7　为烟飘文字创建背景

（1）创建背景。

先来为烟飘文字创建一个背景。在当前合成"YW"中建立一个新的 Solid 层，为它添加"Effect > Generate > Ramp（渐变）"特效，在特效面板中设置放射性渐变形状，如图 10-2-17 所示。

（2）完成后的背景。

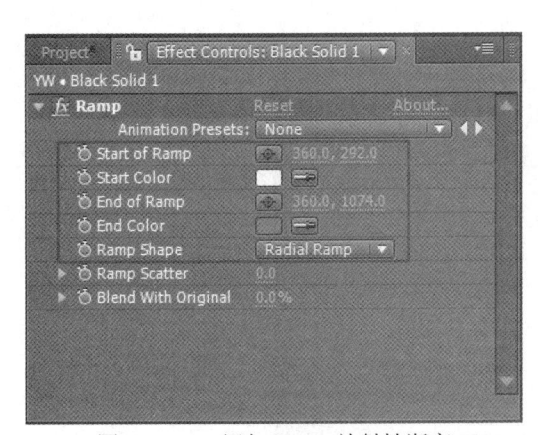

完成后的背景，如图 10-2-18 所示。

图 10-2-17　添加 Ramp 放射性渐变　　　　图 10-2-18　完成后的背景

10.2.8　创建烟飘文字动画

（1）关闭图层。

关闭"YW 2"和"YW 3"图层的显示，如图 10-2-19 所示。

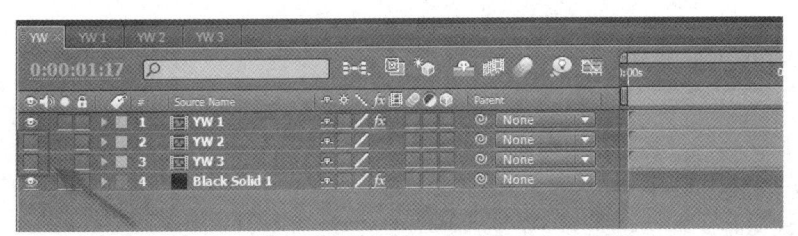

图 10-2-19　关闭"YW 2"和"YW 3"图层

（2）为"YW 1"添加混合模糊特效。

为图层"YW 1"添加"Effect > Blur&Sharpen > Compound Blur（混合模糊）"特效。注意：在特效面板中，单击 Blur Layer 右边的按钮，在下拉菜单中选择"YW 3"，也就是前面所制作的噪波动画的一个合成，如图 10-2-20 所示。

图 10-2-20 选择混合模糊特效的 Blur Layer 图层

（3）预览。

设置完毕后预览动画，看到开始创建的文字不再是静止的了，而是以混合模糊的方式逐渐呈现出来。而前面的 Mask 将噪波遮住了，这样就实现了文字从模糊到最终的全部显示，如图 10-2-21 所示。

图 10-2-21 开始所创建的文字不再静止

10.2.9 改变烟飘文字的飘动弧度

（1）调整飘动弧度。

从预览中感到烟雾的飘动弧度还要加大。选择"YW 1"图层，为它添加"Effect > Distort > Displacement Map（置换贴图）"特效，如图 10-2-22 所示。

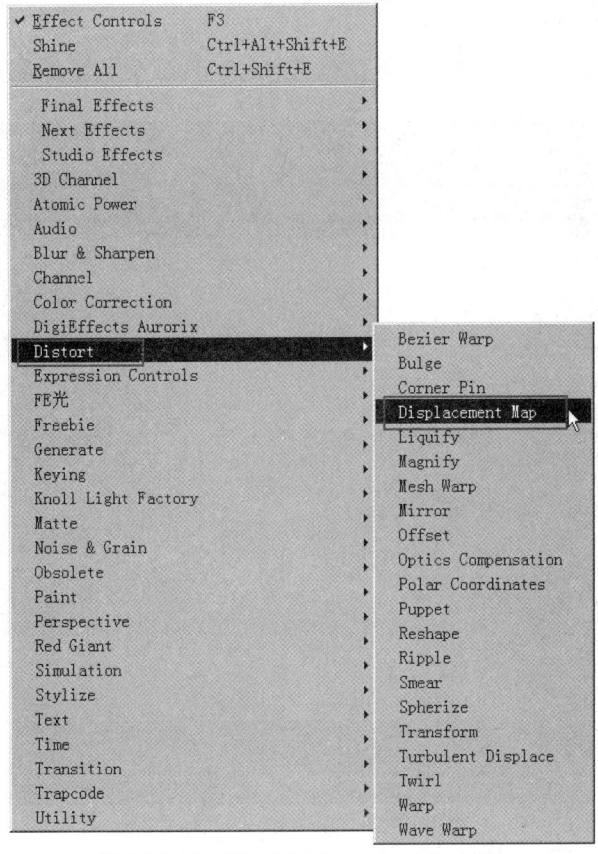

图 10-2-22　添加 Displacement Map 特效

（2）在特效面板中把置换贴图的图层设置成"YW 2"。将横向置换设置成为"Blur（蓝色）"。注意：Displacement Map Layer（置换帖图层）是该特效设置的重点，直接关系到最后画面中的置换效果，如图 10-2-23 所示。

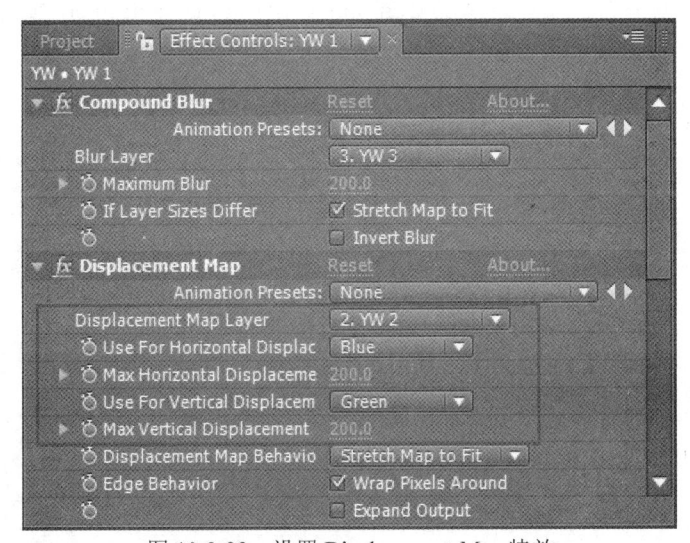

图 10-2-23　设置 Displacement Map 特效

（3）最终的烟飘文字。

完成上面一系列步骤后，最终的特效动画文字——烟飘文字就完成了，如图 10-2-24 所示。

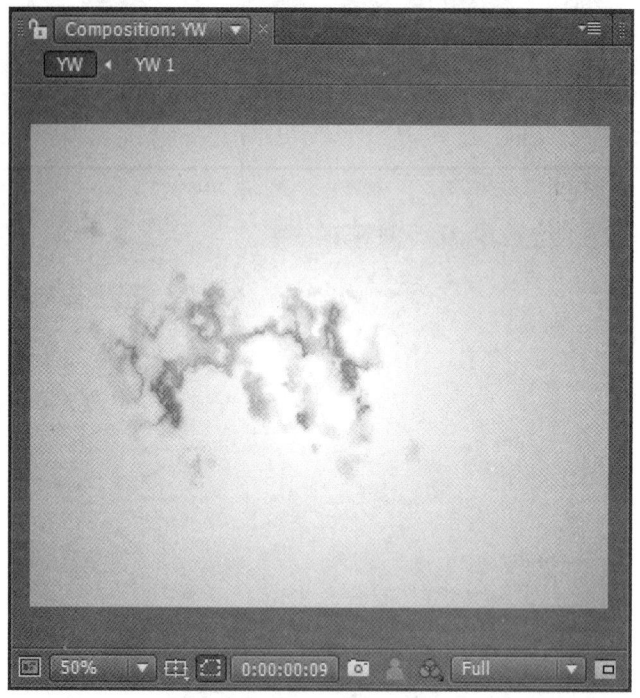

图 10-2-24　最终完成的烟飘文字

烟飘文字制作步骤小结：

（1）新建"YW 1"合成，大小为"720×576"。并新建 Solid 层制作文字。

（2）新建"YW 2"合成，制作噪波动画。

（3）新建"YW 3"合成，制作新的噪波动画。

（4）新建"YW"合成，通过添加 Compound Blur 和 Displacement Map 特效完成最终的动画效果，如图 10-2-25 所示。

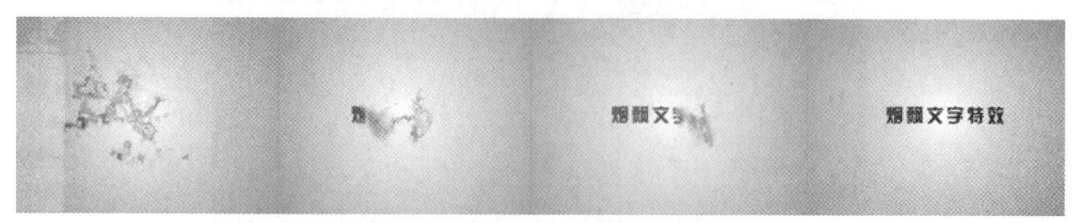

图 10-2-25　最终的效果画面展示

【重点难点】

Basic Text（基本文字）、Fractal Noise（分形噪波）、Displacement Map（置换帖图层）、Compound Blur（混合模糊）、Levels（色阶）、Curves（弯曲）等特效参数的设置与协调应用。

综合实训：飞舞组合文字制作

【实训要求】

在"飞舞组合文字"制作中，主要学习如何利用文字的动画控制器设置关键帧，达到文字飞舞和组合的效果，实现丰富多彩的文字特效动画的制作过程，通过飞舞组合文字的制作、调整和实践过程，熟练掌握飞舞组合文字的操作技能，提高综合应用文字的水平。

【实训案例提示】

"飞舞组合文字"主要利用文字的动画控制器来实现丰富多彩的文字特效动画。从整个例子来看，主要还是一个文字的动画控制器的灵活运用，前面所提到的随机运动的色块和跳动的音阶也是类似的运用方法，只不过本例稍显复杂而已，利用这一功能可以充分发挥想象，还可以制作出更精彩的文字特效动画。

【操作步骤提示】

（1）新建合成 Comp 1，大小为"640×480"。
（2）新建 Solid 固态层，添加渐变背景。
（3）为文字添加动画控制器，同时设置关键帧达到文字飞舞并最终组合的效果。
（4）为文字添加 Bevel Alpha（倒角 Alpha）、Drop Shadow（阴影）立体效果，完成最终的飞舞组合文字制作。

实训案例飞舞组合文字制作完成效果如图 10-2-26 所示。

图 10-2-26　飞舞组合文字制作完成效果

【重点难点】

Bevel Alpha（倒角 Alpha）、Drop Shadow（阴影）、Ramp（渐变）等特效参数的设置与协调应用。

11 发光特效的综合应用

当点、线、面、方、圆、角、横、竖、弯和其他视觉传达元素，携带着镜头光、闪光、扫光、飞光、射光、点光、流动光，闪亮登场在栏目片头、宣传广告上的时候，不能不为光效呈现的辉煌灿烂、闪亮主题赞叹不已。

本章是第六章的高级拓展运用，通过完成另类光效、描边光效、游动光效三个案例制作，引导学生掌握单元图案、描边、发光、运动轨迹、湍动位移等特效的形成原理、设置方法和调节技巧，掌握光效的制作技能，提高发光特效的综合应用水准。

【知识能力目标】

（1）了解 Cell Pattern 单元图案、Vegas 描边、Glow 发光、Motion Sketch 运动轨迹动画、Turbulent Displace 湍动位移等特效的基本功能和它们的参数设置方法。

（2）综合运用发光特效，完成另类光效、描边光效、游动光效等案例的制作。

（3）掌握常用光效的形成原理、设置方法和调节技巧。

（4）掌握光效的制作技能，提高发光特效的综合应用水准。

11.1 另类光束的制作

在电视栏目包装中，经常看到流动的金色光线和耀眼的亮点，对画面起到了很好地装饰和烘托作用，这就是另类光束。

【学习要求】

在"另类光束"制作中，主要学习 Cell Pattern（细胞图案）特效完成黑白方格的制作方法，了解 Brightness & contrast（亮度与对比度）特效、Fast Blur（快速模糊）特效创建光束的过程，掌握 Glow（发光）特效制作光束的调节技巧，通过另类光束的制作，提高发光特效的综合应用水平。

【案例分析】

另类光束能够将流动光、飞光和扫光完美地结合起来，通过缩放光线的长短来控制光效动画，将细胞图案、亮度与对比度、快速模糊、发光特效的综合应用集中体现出来，形成一种焕然一新的感觉。"另类光束"可按如下步骤进行制作：

（1）创建单元图案层。
（2）为单元图案层施加单元图案特效。
（3）单元图案层特效属性调节。
（4）为单元图案层设置亮度和对比度。
（5）为单元图案层设置关键帧动画。
（6）为单元图案层施加快速模糊效果。
（7）为单元图案层施加光效。

【制作步骤】

11.1.1　创建单元图案层

首先创建一个新的合成"Comp 1"，大小为"640×480"，时间长度为 4 秒。在合成"Comp 1"中添加一个"Solid（固态层）"，取名为"Cell Pattern（单元图案）"，如图 11-1-1 所示。

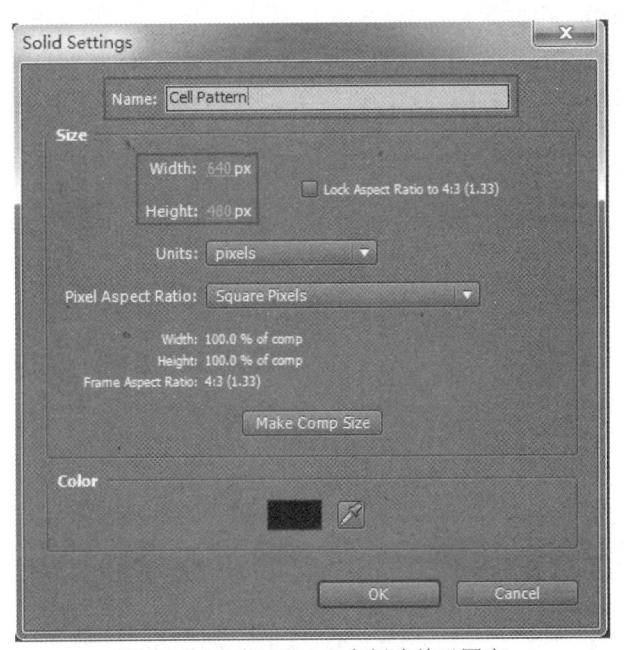

图 11-1-1　在 Comp 1 中创建单元图案

11.1.2　为单元图案层施加单元图案特效

（1）施加单元图案特效。

为"Cell Pattern 单元图案层"添加一个"Effect > Generate > Cell Pattern（单元图案）"特效，如图 11-1-2 所示。

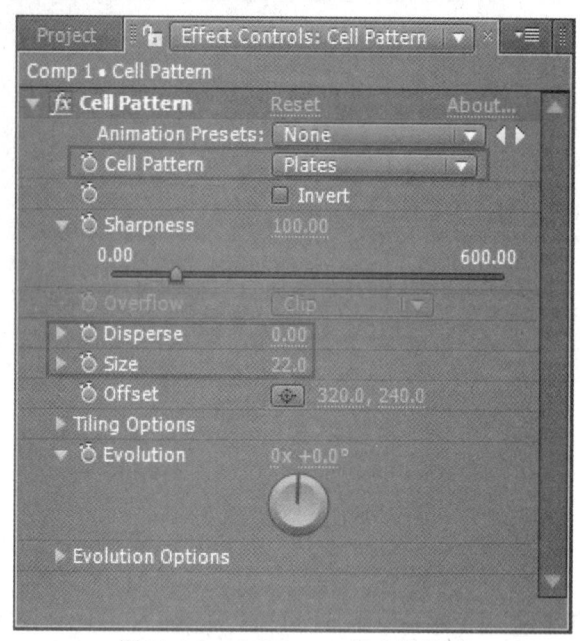

图 11-1-2　Cell Pattern 的参数设置

（2）施加单元图案细胞。

"Cell Pattern（单元图案）"用于选择细胞的类型，"Disperse（分散）"表示细胞间的分散程度，Size 为细胞大小。调节参数后的图像效果如图 11-1-3 所示。

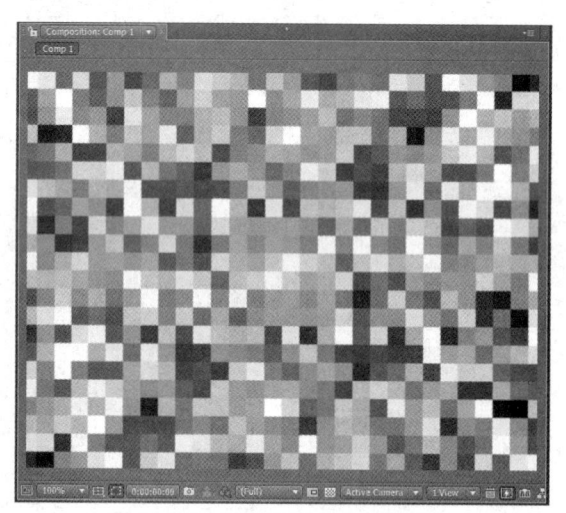

图 11-1-3　调节参数后的图像效果

11.1.3　调节单元图案层属性

（1）调节大小和旋转属性。

在时间线面板中打开"Cell Pattern（单元图层）"的三维开关，并调节该图层的大小和旋转属性，如图 11-1-4 所示。

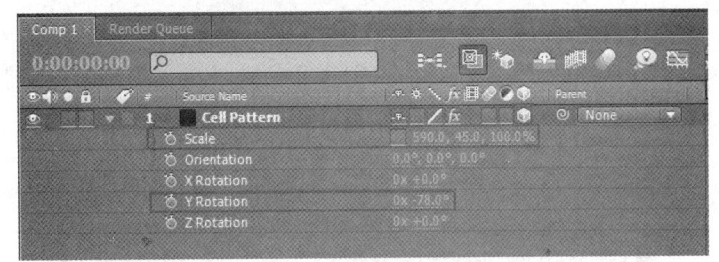

图 11-1-4　调节"单元图层"大小和旋转属性

（2）调节属性后的图像效果。

调节属性后的图像效果如图 11-1-5 所示。

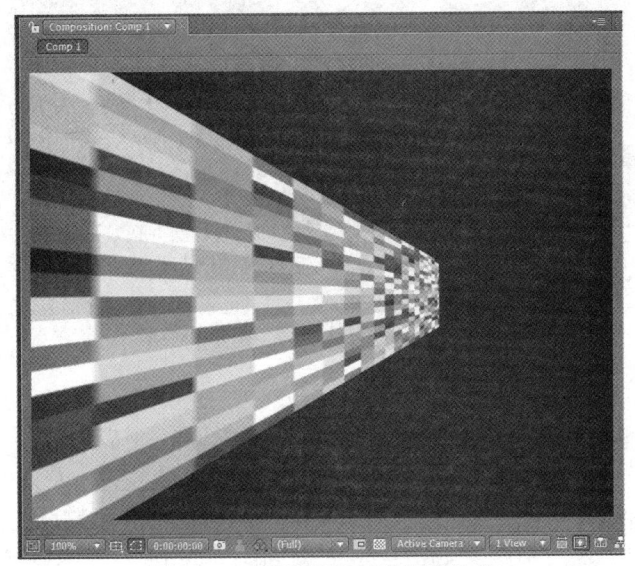

图 11-1-5　调节属性后的图像效果

11.1.4　为单元图案层设置亮度和对比度

（1）设置亮度和对比度。

再为"Cell Pattern（单元图案）"层添加"Effect > Color Correction > Brightness & Contrast（亮度和对比度）"特效，如图 11-1-6 所示。

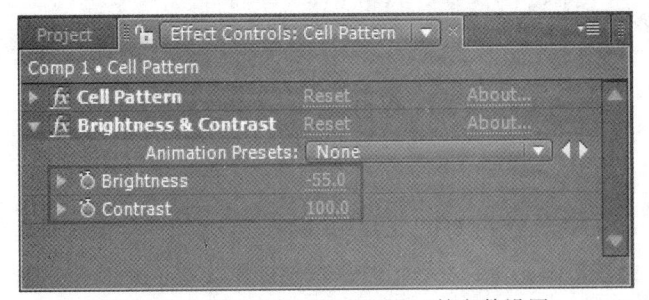

图 11-1-6　Brightness & Contrast 的参数设置

（2）黑白方格变成白色长条。

设置亮度和对比度后可以发现，开始由"Cell Pattern（单元图案）"成像的各黑白方格图案，在经过对比度的调节后变成了一些白色长条，如图 11-1-7 所示。

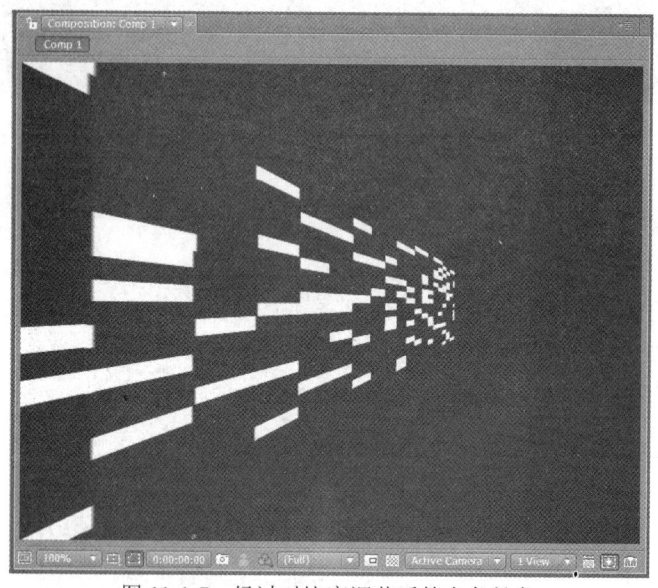

图 11-1-7　经过对比度调节后的白色长条

11.1.5　为单元图案层设置关键帧动画

下面为"Cell Pattern（单元图案）"的"Evolution（演变）"参数设置关键帧动画。

在时间为 0 秒的位置，在特效面板中按下"Cell Pattern（单元图案）"特效的"Evolution（演变）"左边的码表，设置值为 0，设置第一个关键帧。

在时间为"0:00:03:29"的无位置，设置"Evolution（演变）"的值为"3×+100°"，如图 11-1-8 所示。

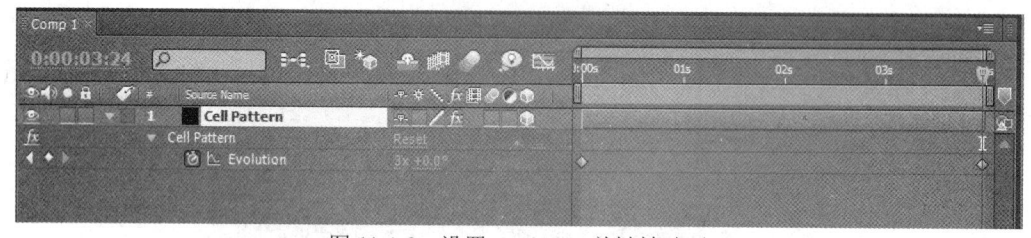

图 11-1-8　设置 Evolution 关键帧动画

11.1.6　为单元图案层施加快速模糊特效

（1）施加快速模糊特效。

继续选择"Cell Pattern（单元图案）"层，为它添加"Effect > Blur & Sharpen > Fast Blur

（快速模糊）"特效，将模糊方向设置为横向，模糊值设置为 50。在这里，Blur Dimensions 为模糊方向，此处的 Horizontal 代表横向，如图 11-1-9 所示。

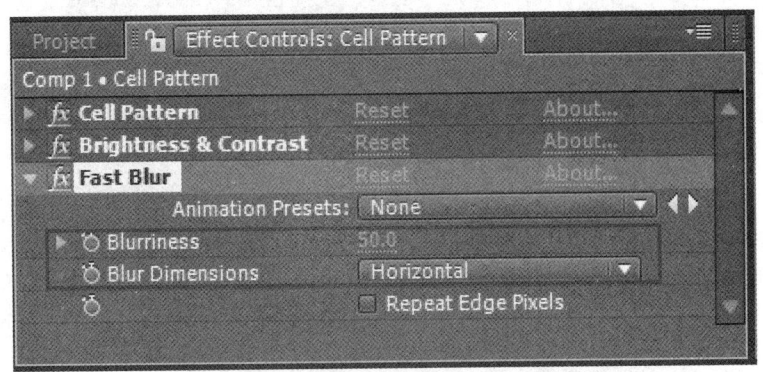

图 11-1-9　横向快速模糊的参数设置

（2）快速模糊后的图像效果。

为单元图案层施加快速模糊后的图像效果，如图 11-1-10 所示。

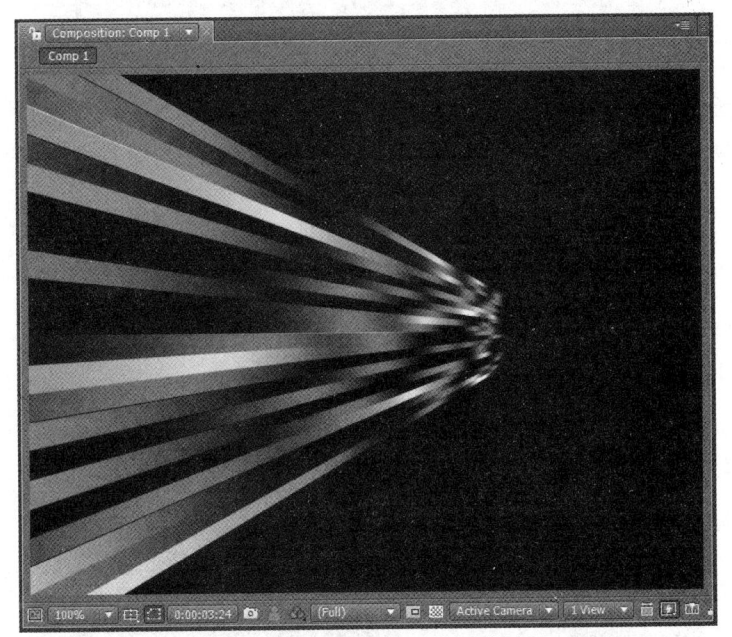

图 11-1-10　设置完毕后的图像效果

11.1.7　为单元图案层施加光效

（1）施加光效。

播放动画可以发现，光束的一个动画已经模拟完成了，下面再为它添加一个光效来丰富光束的颜色。选择"Cell Pattern（单元图案）"层，为它添加"Effect > Stylize > Glow（发光）"特效，设置光晕的明度、半径、强度和光晕的颜色及其颜色使用方式，如图 11-1-11 所示。

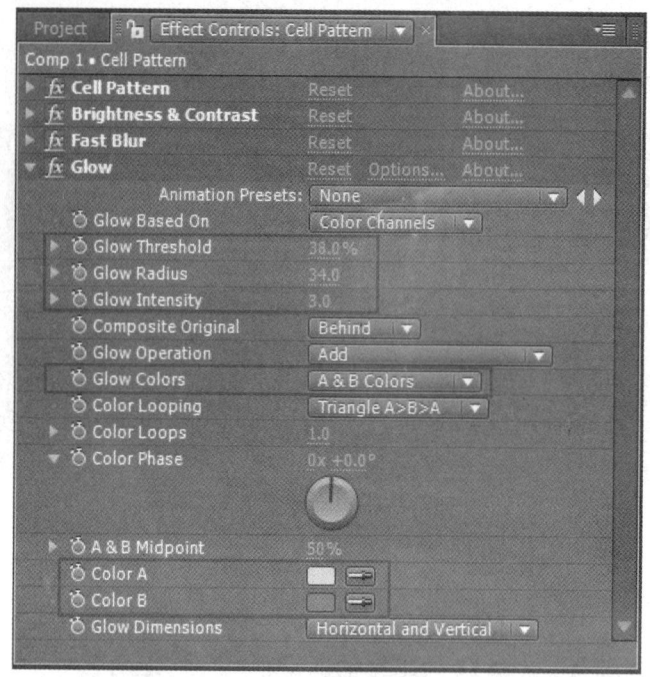

图 11-1-11　发光的参数设置

（2）光效效果。

为单元图案层施加光效，并进行适度调整后的图像效果，如图 11-1-12 所示。

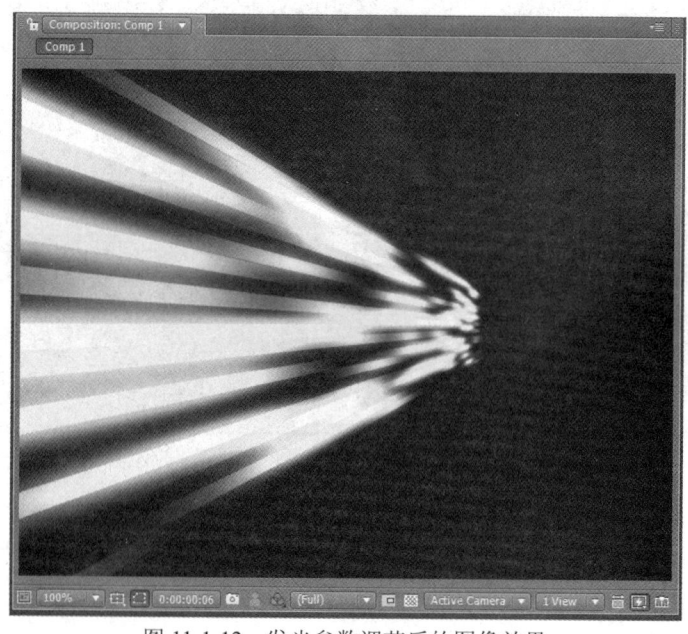

图 11-1-12　发光参数调节后的图像效果

（3）最后的预览。

为单元图案层施加光效后，进行最后的预览看到，一个黄色光束流动的动画就完成了，当然还可以复制多个，并改变它们的方位来达到需要的效果，如图 11-1-13 所示。

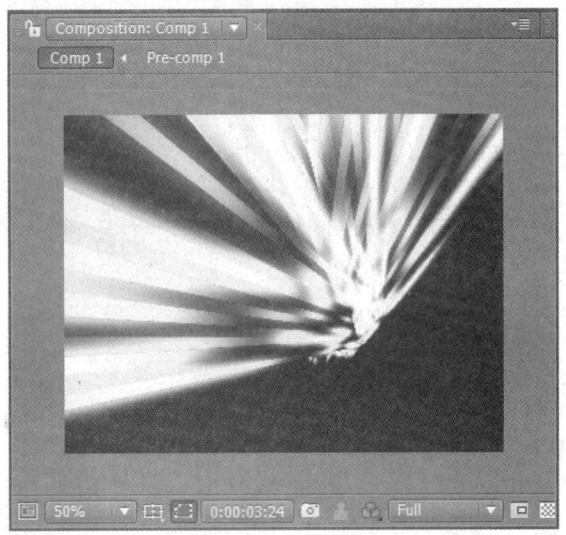

图 11-1-13　黄色光束

最终效果画面展示如图 11-1-14 所示。

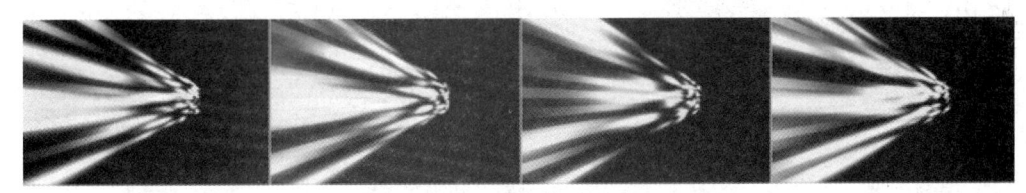

图 11-1-14　最终效果画面展示

另类光束的制作步骤小结

（1）使用 Cell Pattern 特效制作黑白方格。
（2）利用三维方式调整黑白方格的位置和形状。
（3）使用 Brightness & contrast、Fast Blur 特效制作光束效果。
（4）使用 Glow 特效制作光束的发光效果并完成最终的动画。

【重点难点】

Cell Pattern（单元图案）、Brightness & contrast（亮度与对比度）、Fast Blur（快速模糊）、Glow（发光）等特效参数的设置与协调应用。

11.2　描边光效制作

在光线的烘托下，描边光效传递给观众深刻的信息，留下挥之不去的记忆。本案例制作的描边光效，使最终的文字在光效的映衬下更加绚烂多彩。

【学习要求】

在"描边光效"制作中，主要学习 Vegas（勾画）特效的勾边技巧；了解 Fractal Noise（噪波）特效、Basic Text（文字）特效、Tint（染色）特效、Vegas（勾画）特效和 Glow（发光）特效的配合应用；在描边光效制作中，掌握描边光效的制作技能，提高发光特效的综合应用水平。

【案例分析】

"描边光效"综合运用勾画、噪波、文字、染色、发光等特效进行制作，使光效的表现更加细腻、更为宽广。在光线的烘托下采用虚实结合的表现方式，留给观众强烈的印象。"描边光效"可按如下步骤进行制作：

（1）创建噪波特效。
（2）创建噪波背景。
（3）输入 THE 文字。
（4）对 THE 文字进行更改。
（5）为背景层绘制遮罩。
（6）为背景层进行染色。
（7）创建 Vegas 特效。
（8）让文字边沿发光。
（9）对文字边沿发光参数进行更改。
（10）对文字边沿发光设置动画。

【制作步骤】

11.2.1 创建噪波特效

（1）新建合成。

首先创建一个新的合成"background（背景）"，大小为"640×480"，时间长度为 3 秒，设置如图 11-2-1 所示。

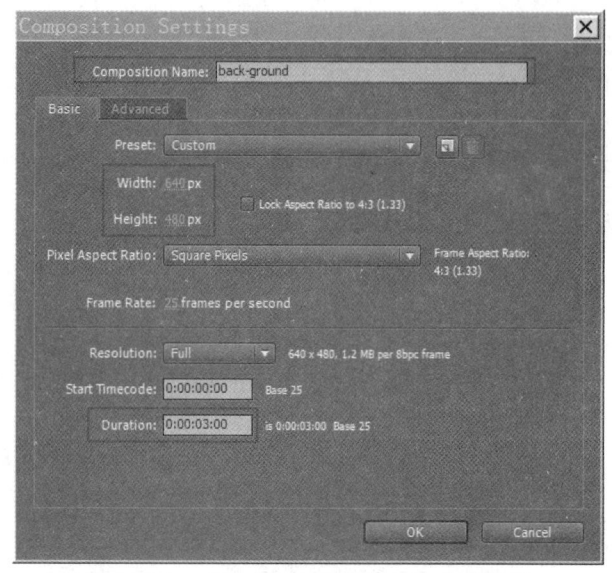

图 11-2-1 "background（背景）"合成设置

（2）新建背景层。

在合成"background（背景）"中添加一个 Solid（固态层），取名为"背景"，如图 11-2-2 所示。

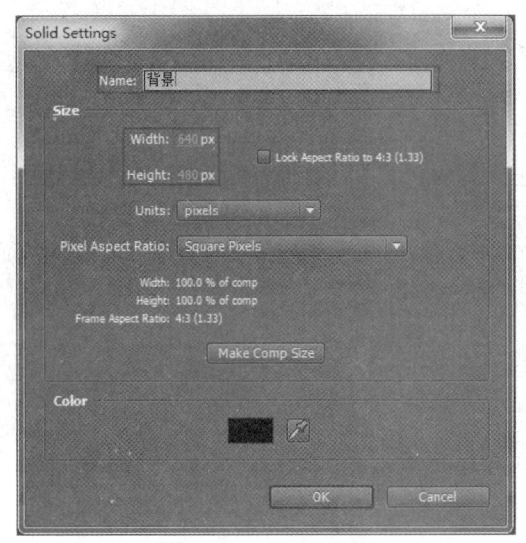

图 11-2-2　背景层设置

（3）为背景层添加噪波。

为"背景"层添加一个"Effect > Noise & Grain > Fractal Noise（噪波）"特效，调节其中的具体参数，如图 11-2-3 所示。

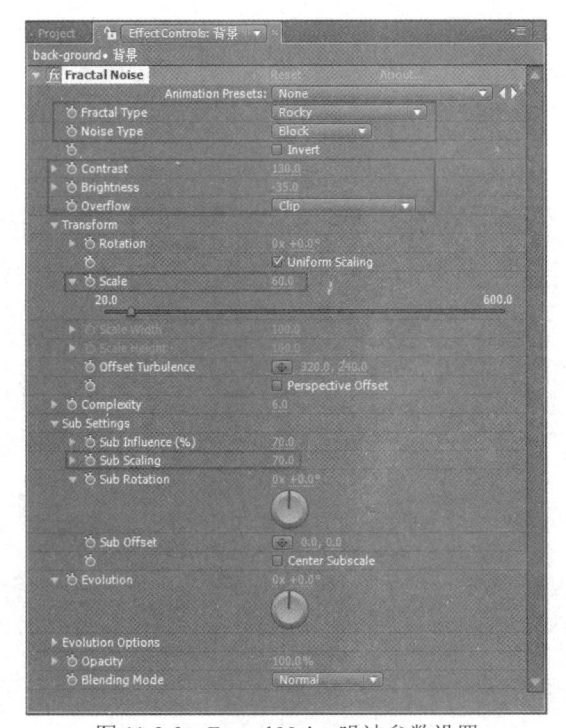

图 11-2-3　Fractal Noise 噪波参数设置

（4）噪波的背景效果。

为背景层添加噪波后的效果，如图 11-2-4 所示。

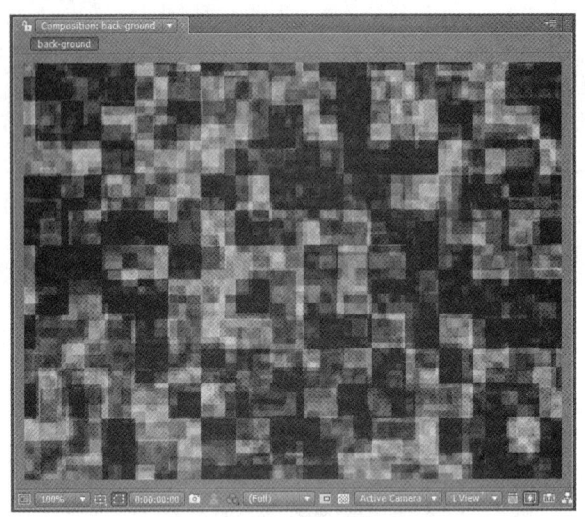

图 11-2-4　调节完后的背景效果

11.2.2　创建噪波活动背景

（1）创建活动背景。

下面来设置 Fractal Noise 的参数关键帧动画，让背景动起来。

在时间为 0 秒的位置，在特效面板中展开"Fractal Noise（噪波）"特效下的"Transform（转换）"，按下"Scale（缩放）"属性左边的码表，同时再按下"Evolution（演变）"属性左边的码表，为这两个属性设置关键帧。设置"Scale（缩放）"值为 60，"Evolution（演变）"值为"0×+0°"，如图 11-2-5 所示。

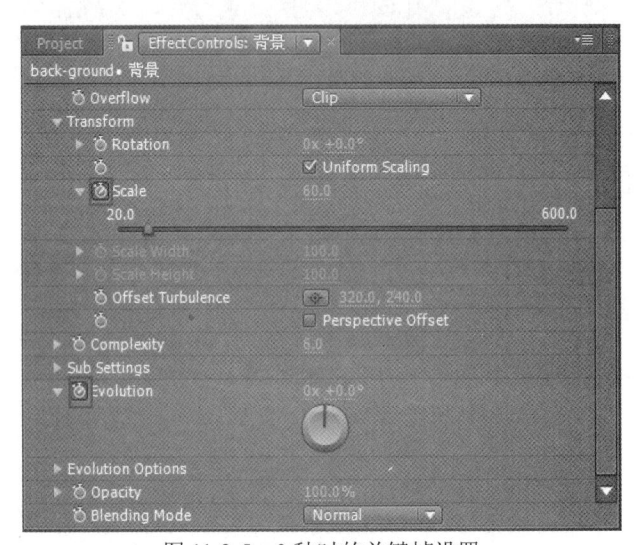

图 11-2-5　0 秒时的关键帧设置

（2）继续设置关键帧参数。

在时间"0:00:02:29"的位置，继续设置"Scale（缩放）"值为 57，"Evolution（演变）"值为"0×+60°"，如图 11-2-6 所示。

图 11-2-6　关键帧的设置参数

11.2.3　输入 THE 文字

（1）新建 Text01 合成。

为了实现光线游动的效果。下面将制作一些文字，并让这些文字的边成为最终光线勾勒的载体。继续新建一个合成"Text01"，大小为"640×480"，时间长度为 3 秒，如图 11-2-7 所示。

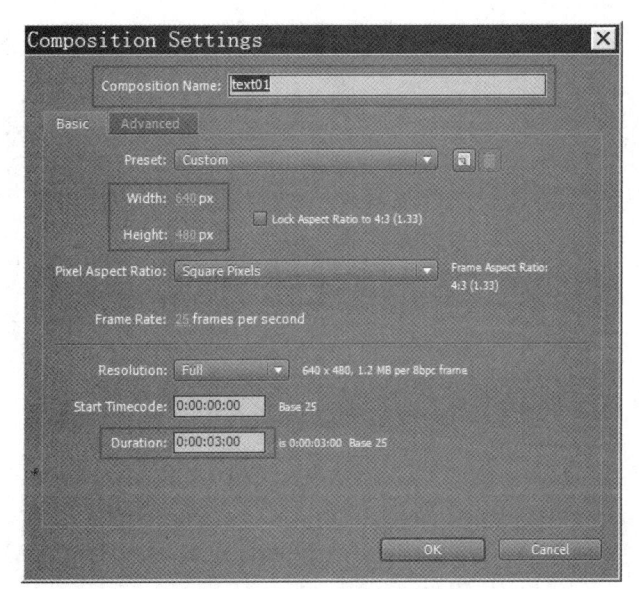

图 11-2-7　Text01 合成设置

（2）新建"line"固态层。

在合成"Text01"中添加一个"Solid（固态层）"，取名为"line"，如图 11-2-8 所示。

（3）为"line"层输入文字。

为"line"层添加一个"Effect > Text > Basic Text（基础文字）"特效，在特效面板中单击"Basic Text（基础文字）"特效的"Edit Text"文字编辑按钮，在弹出的新窗口中输入文字，如图 11-2-9 所示。

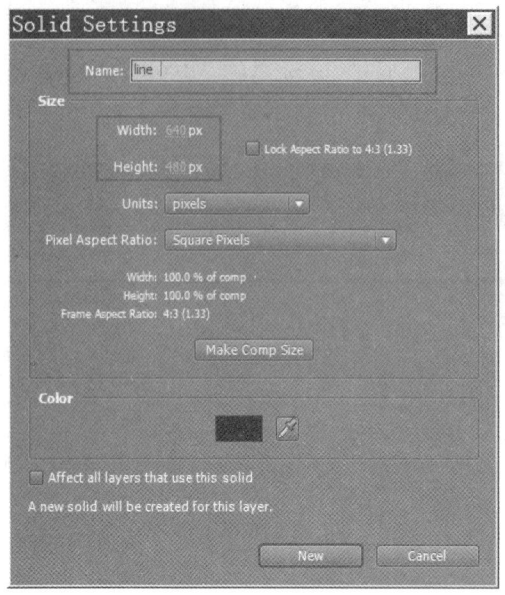

图 11-2-8　line 层设置　　　　　　　　图 11-2-9　输入 THE 文字

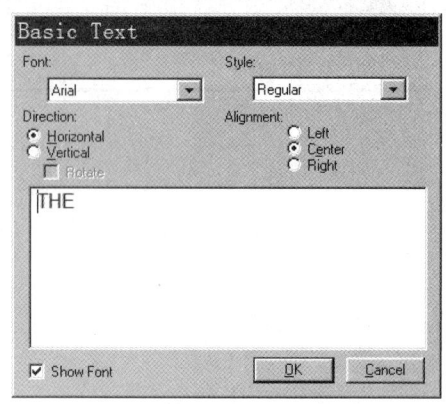

（4）设置文字参数。

然后设置文字的位置、颜色和大小，如图 11-2-10 所示。

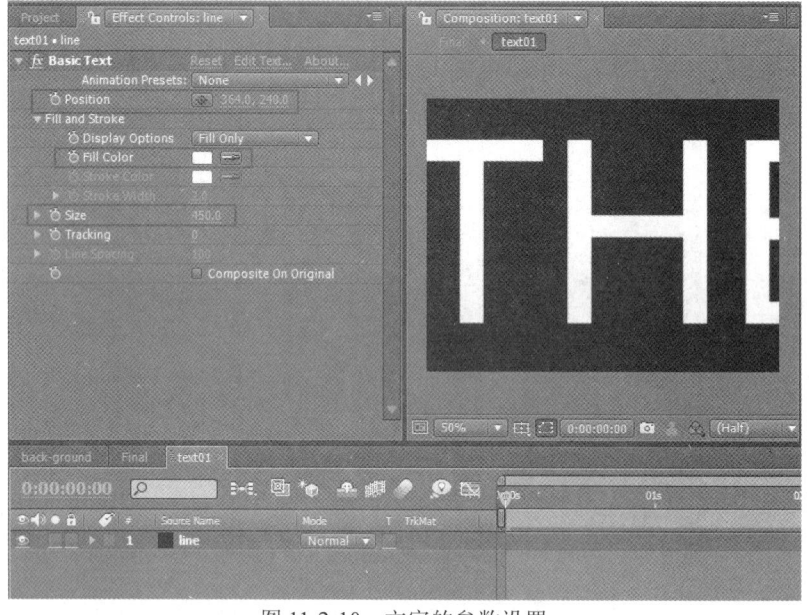

图 11-2-10　文字的参数设置

11.2.4　对 THE 文字进行更改

（1）复制"Text01"合成。

在项目面板中选择合成"Text01"，按快捷键 Ctrl+D 复制 3 个合成，分别改名为"Text02"、

"Text03"、"Text04",如图 11-2-11 所示。

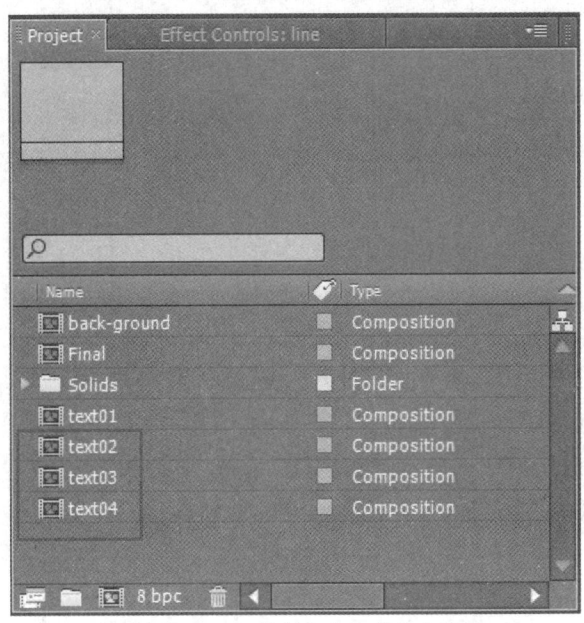

图 11-2-11　复制 3 个合成的文字

（2）更改"Text02"合成。

分别对"Text02"、"Text03"、"Text04"三个合成的文字特效参数进行更改设置。为合成"Text02"中的文字参数进行更改,如图 11-2-12 所示。

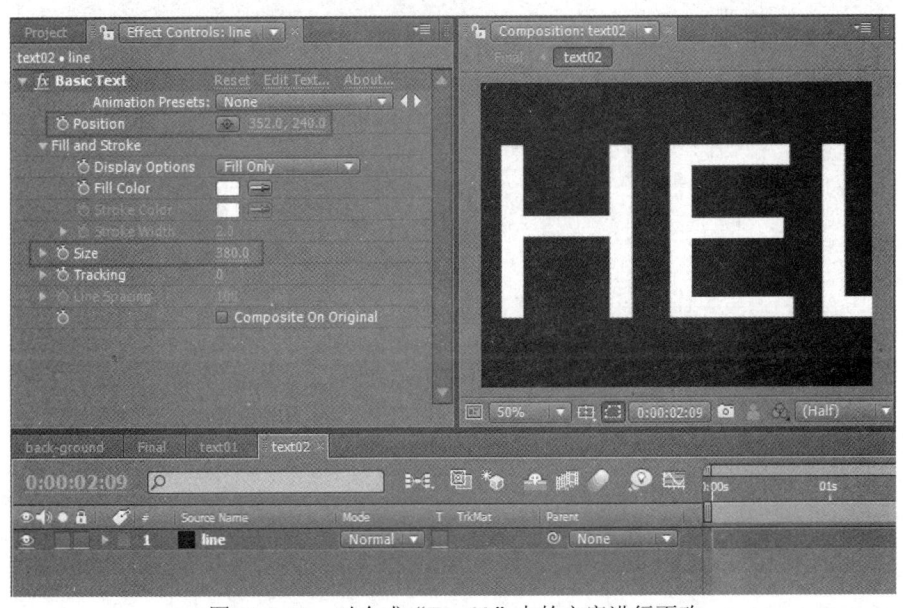

图 11-2-12　对合成"Text02"中的文字进行更改

（3）更改"Text03"合成。

对合成"Text03"中的文字参数进行更改设置,如图 11-2-13 所示。

图 11-2-13　对合成"Text03"中的文字进行更改

（4）更改"Text04"合成。

对合成"Text04"中的文字参数进行更改设置，如图 11-2-14 所示。

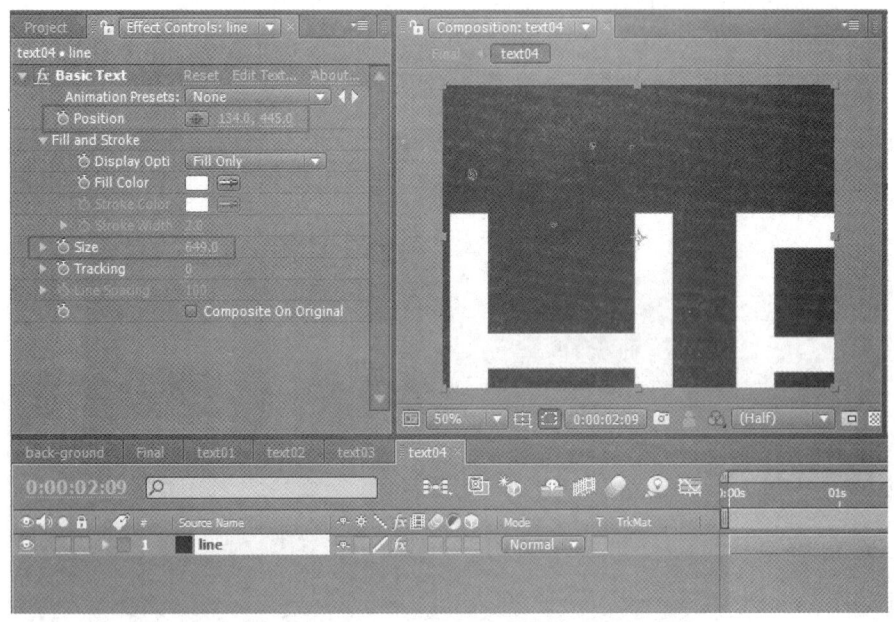

图 11-2-14　对合成"Text04"中的文字进行更改

11.2.5　为背景层绘制遮罩

（1）新建合成。

继续新建一个合成"final"，大小为"640×480"，时间长度为 3 秒，设置如图 11-2-15 所示。

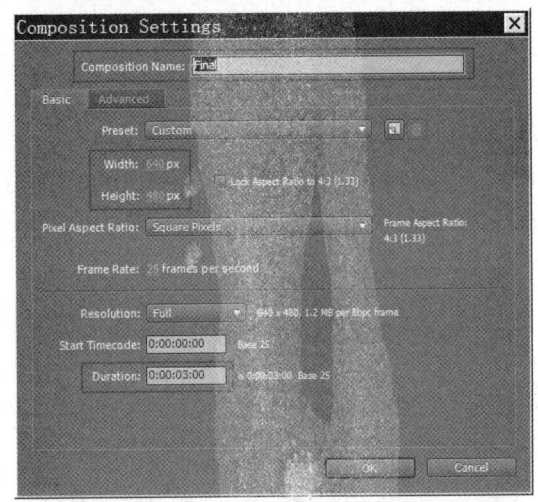

图 11-2-15 "final"合成设置

（2）为背景层绘制蒙版。

将合成"Text01"、"Text02"、"Text03"、"Text04"以及合成"background（背景）"拖入到新建合成"final"中，同时关闭四个文字合成的图层显示按钮。

然后利用圆形 Mask 工具为背景层"background（背景）"绘制一个圆形蒙版，如图 11-2-16 所示。

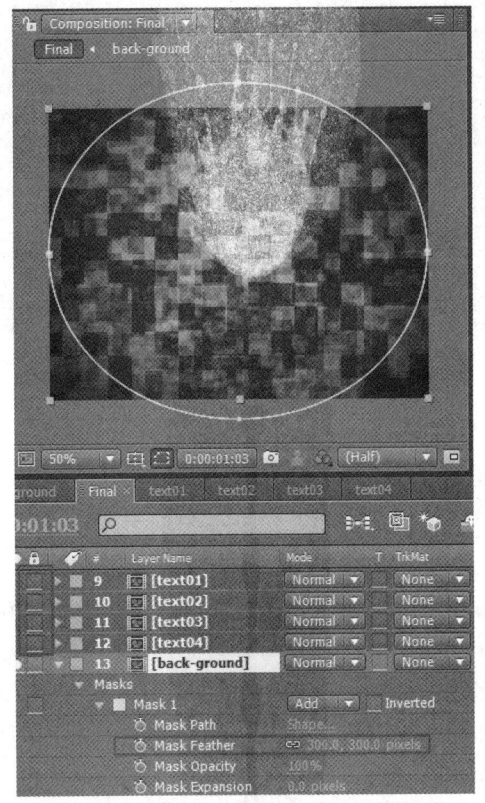

图 11-2-16 关闭文字层并为背景层绘制 Mask

11.2.6 为背景层进行染色

（1）为背景层增加绿色。

再为"background（背景）"添加"Effect > Color Correction > Tint（染色）"特效，为画面中增加绿色的染色效果，"Amount to Tint"表示染色的程度，如图 11-2-17 所示。

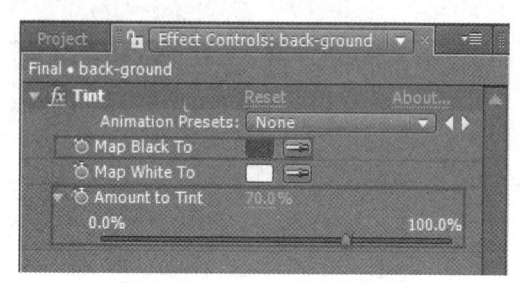

图 11-2-17　Tint 的参数设置

（2）背景层染色后的效果。

为背景层染色后增加的绿色效果，如图 11-2-18 所示。

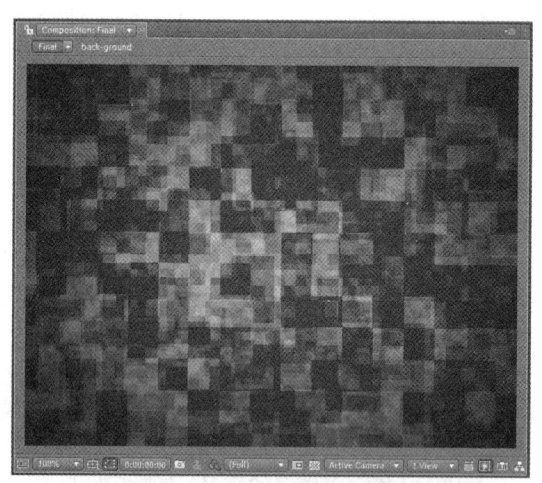

图 11-2-18　染色后的图像效果

11.2.7 创建 Vegas 特效

（1）新建固态层。

在合成"final"中添加一个 Solid（固态层），取名为"animation"，如图 11-2-19 所示。

（2）添加勾边特效。

将"animation"层改名为"animation01"，为它添加一个"Effect > Generate > Vegas（勾边）"特效，在特效面板中对其参数进行设置，注意将 Input Layer 设置为"2.text01"。Input Layer 为需要描边的图层。Segments（分段）为描边线条的段数，Length（长度）为线条长度，如图 11-2-20 所示。

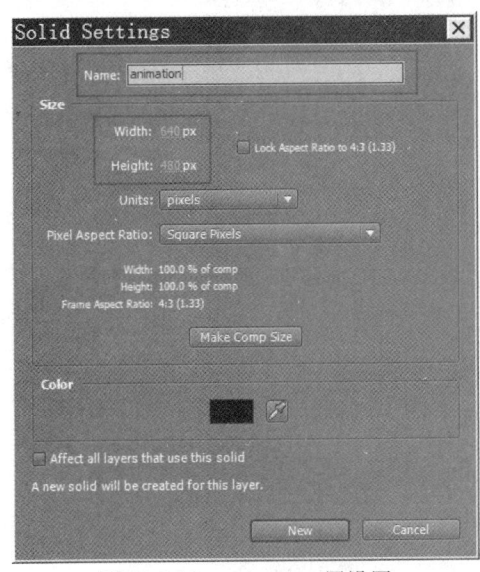

图 11-2-19　animation 层设置 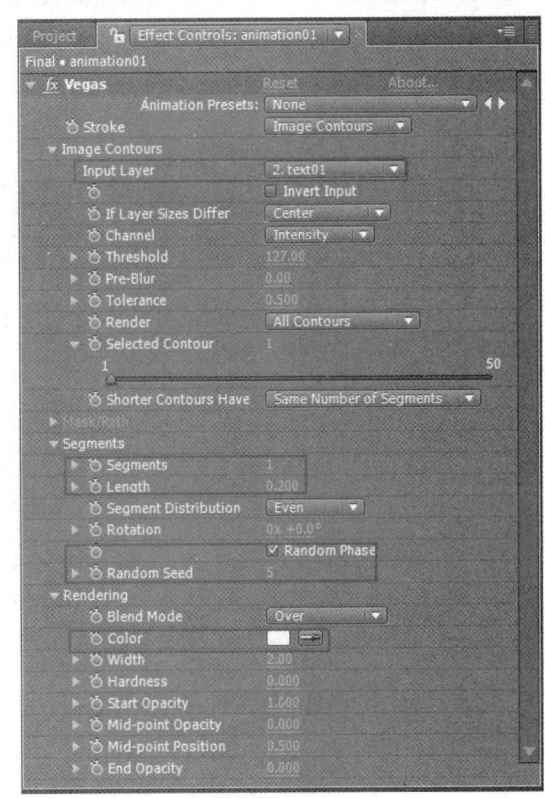　　　　图 11-2-20　Vegas 的参数设置

（3）设置关键帧。

然后在时间为 0 秒的位置，设置 Vegas 特效的 Segments（分段）下的"Rotation（旋转）"属性值为"0×+0°"。

在时间为"0:00:02:29"的位置，设置"Rotation（旋转）"值为"0×-195.0°"，如图 11-2-21 所示。

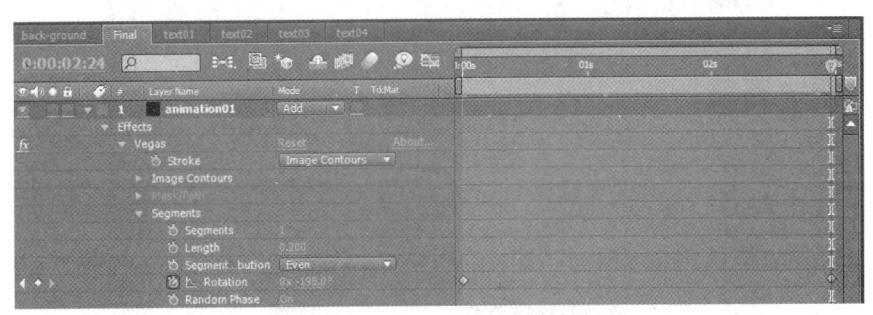

图 11-2-21　Vegas 特效关键帧设置

11.2.8　让文字边沿发光

（1）为"animation01"层添加光晕特效。

设置完毕后对当前状态下的动画进行预览，已经有光线沿着文字的边沿进行游动的效果了。为了增强光线效果，为"animation01"层添加"Effect > Stylize > Glow（光晕）"特效，设置光晕的明度、半径、强度和光晕的颜色及其颜色使用方式，如图 11-2-22 所示。

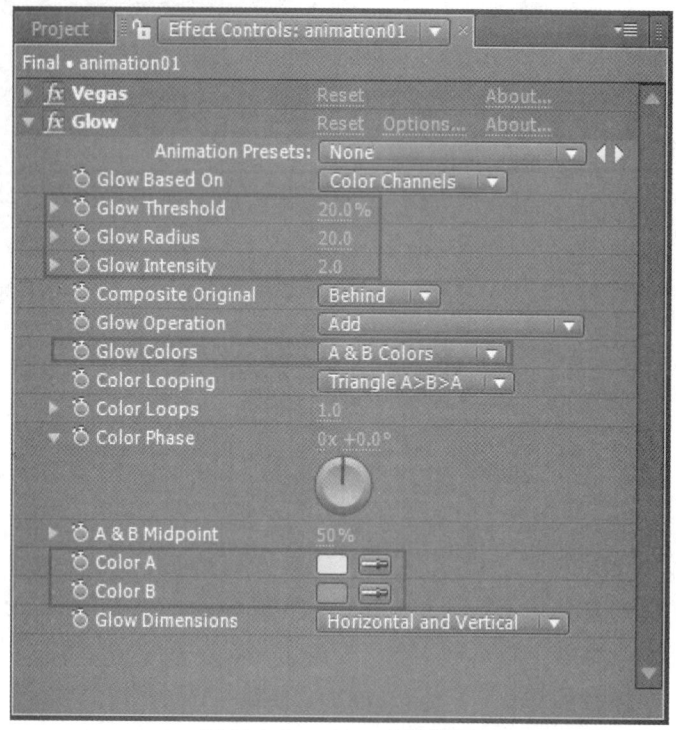

图 11-2-22　Glow 参数设置

（2）改变"animation01"层的叠加方式。

设置完毕后将"animation01"层的叠加方式改为"Add"，可见文字边沿发光效果，如图 11-2-23 所示。

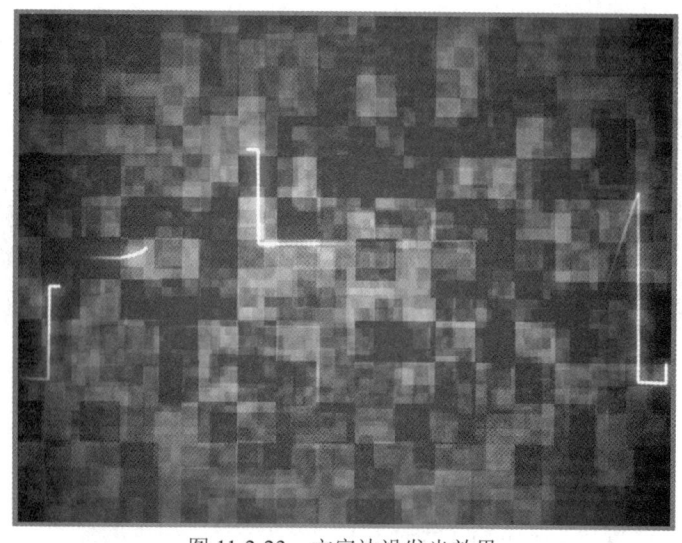

图 11-2-23　文字边沿发光效果

11.2.9 对文字边沿的发光参数进行更改

（1）复制"animation01"层。

选择"animation01"图层，按快捷键Ctrl+D复制3个图层，分别将图层名改为"animation02"、"animation03"、"animation04"，如图11-2-24所示。

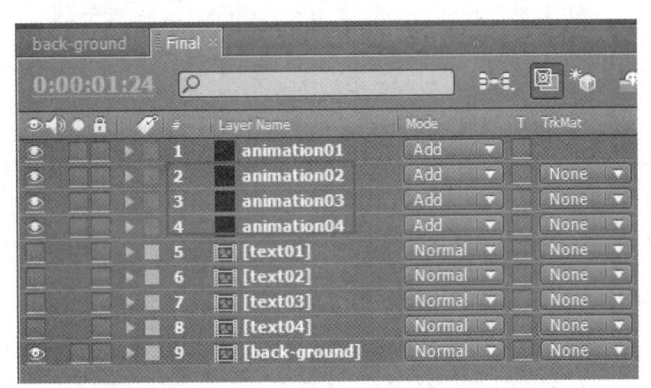

图 11-2-24　复制 3 个文字边沿发光

（2）修改"animation02"层的勾边特效参数。

选择"animation02"图层，修改它的 Vegas（勾边）特效参数，如图 11-2-25 所示。

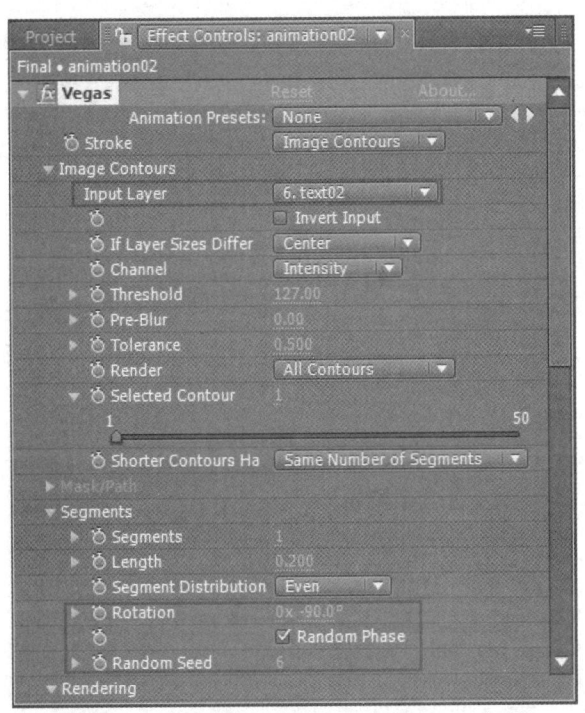

图 11-2-25　修改 animation 02 的 Vegas 参数

（3）修改"animation 02"层的 Glow 发光颜色。

修改"animation 02"层的 Glow 特效的发光颜色，如图 11-2-26 所示。

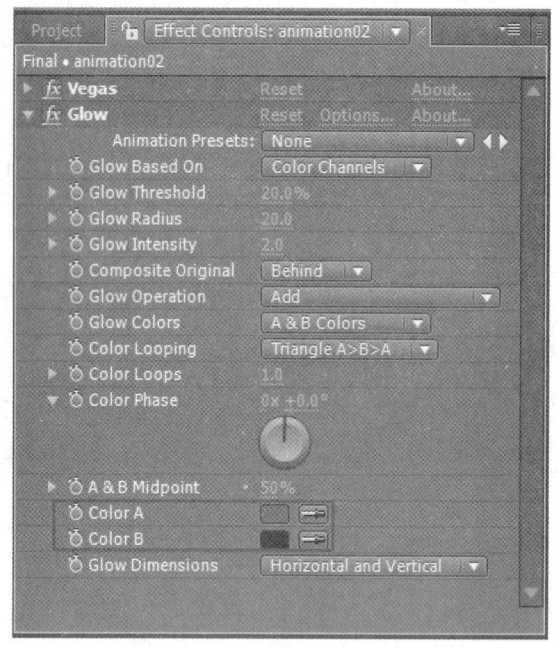

图 11-2-26　修改 animation 02 的 Glow 发光颜色

（4）修改"animation03"层的 Vegas 特效参数。

选择"animation03"层，修改它的 Vegas 特效参数，如图 11-2-27 所示。

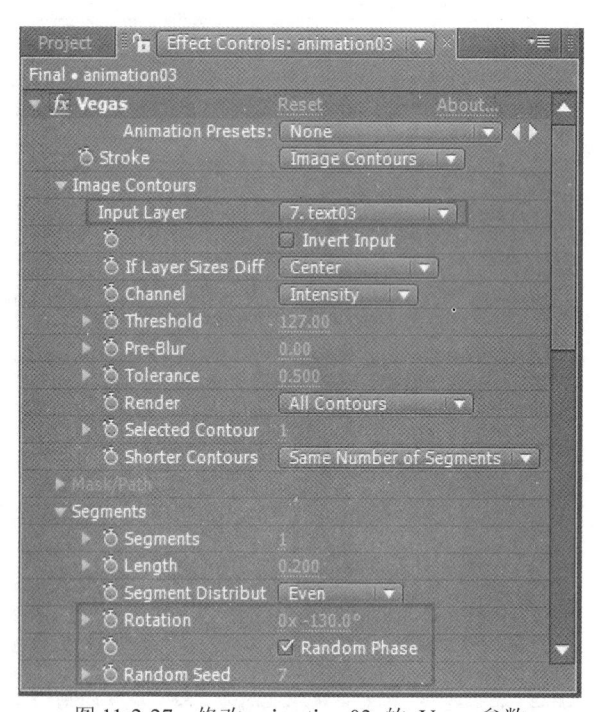

图 11-2-27　修改 animation 03 的 Vegas 参数

（5）修改"animation03"层的 Glow 发光颜色。

然后修改"animation03"层的 Glow 特效的发光颜色，如图 11-2-28 所示。

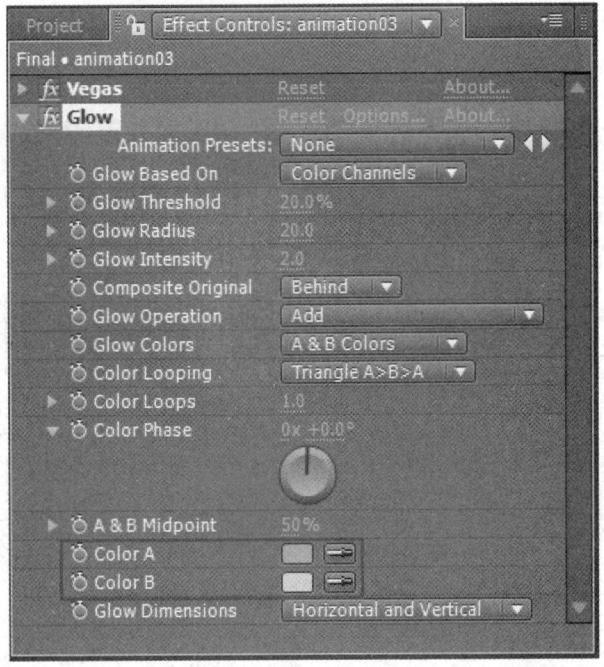

图 11-2-28　修改 animation 03 的 Glow 发光颜色

（6）修改"animation04"层的 Vegas 特效参数。

选择"animation04"层，修改它的 Vegas 特效参数，如图 11-2-29 所示。

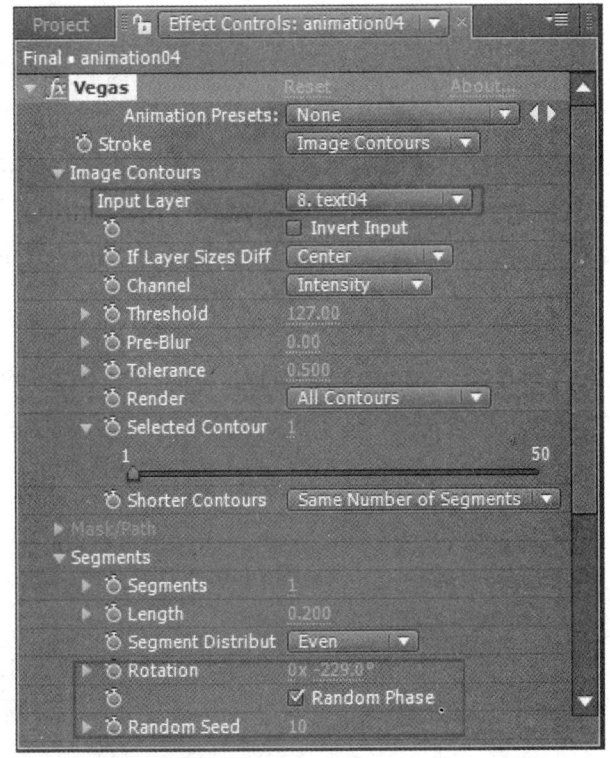

图 11-2-29　修改 animation 04 的 Vegas 参数

263

(7)修改"animation 04"层的 Glow 发光颜色。

然后修改"animation 04"层的 Glow 特效的发光颜色，如图 11-2-30 所示。

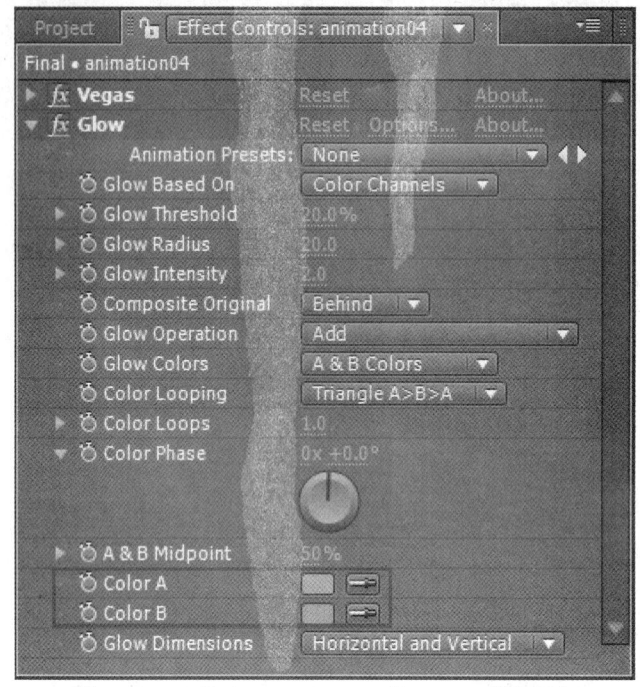

图 11-2-30　修改 animation 04 的 Glow 发光颜色

11.2.10　对文字边沿的发光参数设置动画

(1)为"animation02"、"animation03"、"animation04"设置关键帧动画。

在时间为 0 秒的位置，分别设置三个图层的 Vegas 特效的 Segments（分段）下的 Rotation（旋转）属性值。Vegas 特效中 Rotation 参数用于控制线条的游动描边动画。

"animation 02"的 Rotation 值为"0×-90.0°"；"animation 03"的 Rotation 值为"0×-130.0°"；"animation 04"的 Rotation 值为"0×-229.0°"。

在时间为"0:00:02:29"的时候："animation02"的 Rotation 值为"0×-300.0°"；"animation03"的 Rotation 值为"-1×-40.0°"；"animation04"的 Rotation 值为"-1×-139.0°"，如图 11-2-31 所示。

(2)预览。

设置完关键帧动画后进行动画预览，可以看到，光线沿着前面创建的四个文字的边缘产生了游动的动画，如图 11-2-32 所示。

(3)复制并调整图层的位置。

为了增强光效的光感表现，选择"animation01"、"animation02"、"animation03"、"animation04"四个图层，然后按快捷键 Ctrl+D 复制出 4 个图层，并调整图层的位置，如图 11-2-33 所示。

发光特效的综合应用　第 11 章

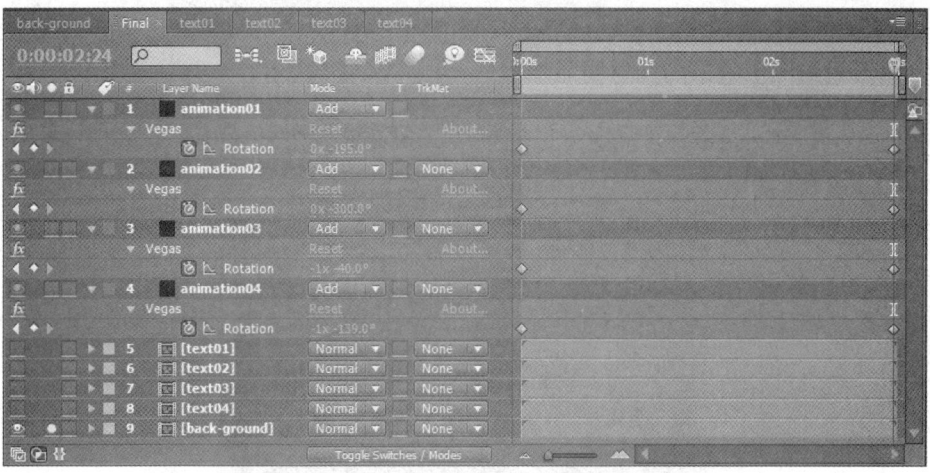

图 11-2-31　文字边沿发光进行设置动画关键帧

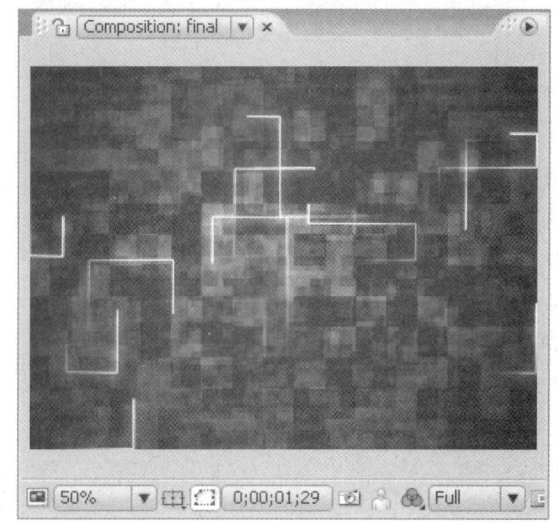

图 11-2-32　文字的边缘产生了游动的动画

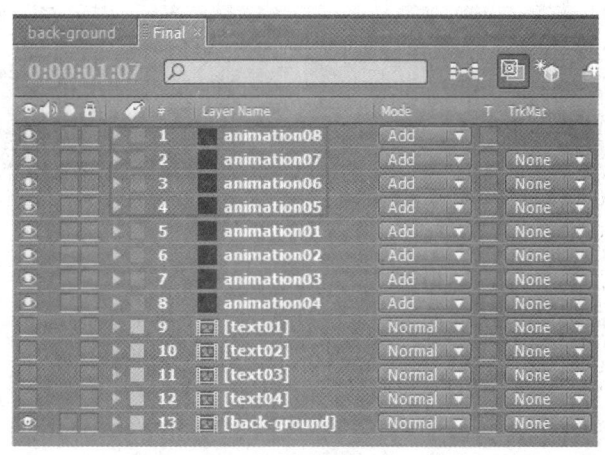

图 11-2-33　复制并调整图层的位置

265

（4）增强光感。

复制图层后的图像效果的光感明显增强，如图 11-2-34 所示。

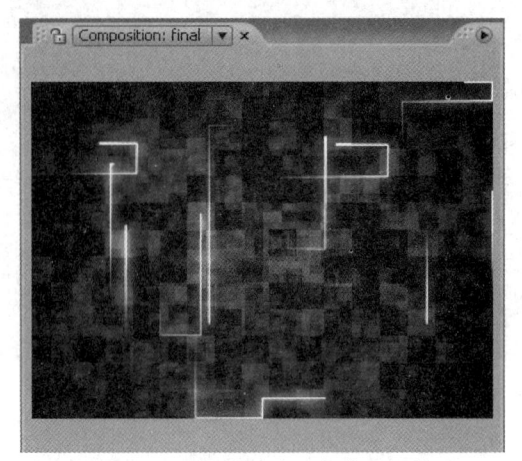

图 11-2-34　复制图层后光感明显增强

（5）再次预览。

完成上面的设置后再次预览，看到了最终的描边光效。

描边光效制作步骤小结：

（1）使用 Fractal Noise（噪波）特效制作背景。

（2）使用 Basic Text（基本文字）特效制作文字。

（3）使用 Vegas（勾边）特效实现光效的描边效果。

（4）使用 Glow（光晕）特效丰富光效，复制层增强效果。

【重点难点】

Fractal Noise（噪波）、Basic Text（基本文字）、Tint（染色）、Vegas（勾边）、Glow（发光）等特效参数的设置与协调应用。

最终效果画面展示如图 11-2-35 所示。

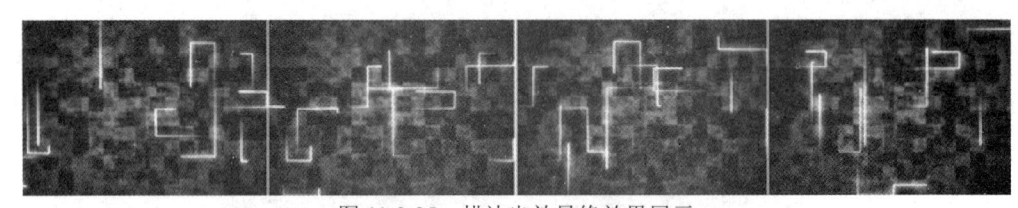

图 11-2-35　描边光效最终效果展示

综合实训：游动光效制作

【实训要求】

在"游动光效"制作中，继续学习 Vegas（勾画）特效制作光效的游动；了解 Motion Sketch

运动轨迹特效、Turbulent Displace（置换）特效对图像进行扭曲变形的调整过程，熟练掌握游动光效的操作技能，提高综合应用光效的水平。

【实训案例提示】

"游动光效"制作先利用 Motion Sketch 制作轨迹动画，再利用 Vegas 特效制作光的游动效果，经过 Glow（发光）特效对光的丰富，最后使用 Turbulent Displace（湍动位移）特效扭曲变形完成最终的动画。

【操作步骤提示】

（1）使用 Motion Sketch 功能制作轨迹动画。
（2）使用 Vegas 特效实现光效的游动效果。
（3）使用 Glow 特效丰富光效。
（4）使用 Turbulent Displace 特效扭曲变形光效，并完成最终的动画。

【重点难点】

Vegas（勾画）、Glow（发光）、Turbulent Displace（湍动位移）等特效参数的设置与协调应用。

实训案例游动光效制作完成效果提示如图 11-2-36 所示。

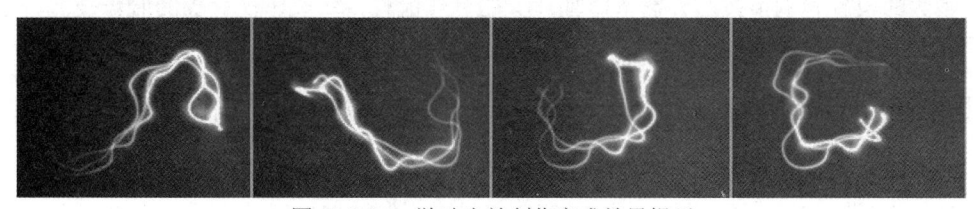

图 11-2-36　游动光效制作完成效果提示

12

特效在影视片头中的综合应用

在一些公益广告和影视科普影片中，经常会看到这样的场面：在浩瀚的宇宙之中人类居住的星球由远及近飞入我们的视野。本章以完成影视片头"地球——我们生活的家园"为项目载体，通过完成地球自转、激光撞击、浩瀚星空，使学生掌握把平面的地球图片旋转起来的制作方法、星云的制作方法以及随机跳动的文字制作方法。引导学生掌握运动拼贴、凸出、渐变、图层叠加、渐变、回声、方向模糊、镜像、光工厂、分形噪波、染色、阴影等特效的综合应用方法，参数的设置和调节技巧，熟悉影视片头的制作流程，掌握影视片头的制作技能，提高特效在影视片头制作中的综合应用水平。

【知识能力目标】

（1）了解 Motion Tile 运动拼贴、Bulge 凸出、Ramp 渐变、Mode 图层叠加模式、Ramp 渐变、Echo 回声、Directional Blur 方向模糊、Mirror 镜像、Light Factory LE 光工厂、Fractal Noise 分形噪波、Tint 染色、Drop Shadow 阴影等特效的基本特性、设置方法和调节技巧。

（2）综合运用上述特效，完成"地球——我们生活的家园"影视片头制作。

（3）掌握特效在影视片头中的制作流程和制作技巧。

（4）提高特效在影视片头中的综合应用水平。

（5）感受和体验真实的工作情境，提高学习能力、应用能力、创新能力和影视制作可持续发展能力。

地球——我们生活的家园制作

地球在旋转，天光在生辉、星云在闪烁，在浩瀚的宇宙中随着星球的由远及近，在科普影视片头中看到了地球——们生活的家园。

【学习要求】

在"地球——我们生活的家园"制作中，主要学习 Motion Tile（运动拼贴）、Bulge（凸出）、Ramp（渐变）、Echo（回声）、Directional Blur（方向模糊）、Mirror（镜像）、Light Factory LE

（光工厂）、Animate（动画）、Fractal Noise（噪波）等特效的基本功能和它们的参数设置方法，让学生感受和体验真实的工作情境。

【案例分析】

本案例主要通过地球自转、激光撞击、浩瀚星空、最后的合成等制作步骤，完成"地球——我们生活的家园"的制作。其中，地球自转是运用运动拼贴、凸出特效和 Mask 遮罩的渐变合成，实现平面地图的表面变形；激光撞击是为制作的小球添加回声、方向模糊、镜像效果，实现小球的撞击；浩瀚星空是结合天空序列图片通过播放的延长效果与 Fractal Noise 特效的结合完成星云制作；最后的合成是将地球自转的效果、激光撞击的效果、浩瀚星空的效果进行有序合成。通过本案例的制作，学生将全面提高对运动拼贴、凸出、渐变、回声、方向模糊、镜像、光工厂、动画、噪波等特效的设置方法、调节技巧和综合运用能力。"地球——我们生活的家园"制作可按以下步骤进行：

（1）制作地球自转的效果。
（2）制作激光撞击的效果。
（3）创建光工厂的效果。
（4）制作浩瀚星空的效果。
（5）最终的合成。

【制作步骤】

12.1 制作地球自转的效果

（1）新建合成。

创建一个新的合成，大小为"360×240"，时间长度为 8 秒，并将其命名为 earth，单击"OK"按钮保存设置，如图 12-1-1 所示。

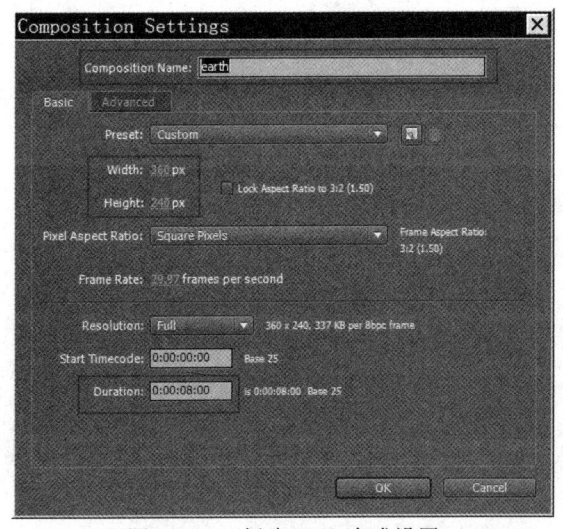

图 12-1-1　新建 earth 合成设置

（2）导入地图素材。

选择"File > Import > File"命令，打开"Import File（输入文件）"对话框，选中地图图片素材"qiu.jpg"将它导入，将导入的图片素材拖入到"Timeline（时间线）"窗口中。展开"Transform（转换）"属性，设置"Scale（缩放）"选项的数值为 18%，如图 12-1-2 所示。

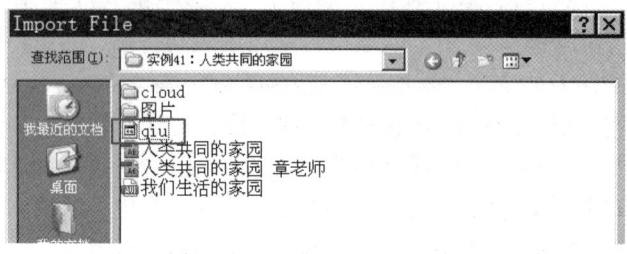

图 12-1-2 Import File 对话框

（3）地图循环位移。

选中需要导入的素材，执行"Effect > Stylize > Motion Tile"命令，接下来给 Tile Center 设上关键帧动画，将时间移动到 0 帧的位置，设置 Tile Center 选项的数值为（960，600）；将时间移到 8 秒的位置，设置 Tile Center 选项的数值为（4000，600），如图 12-1-3 所示。

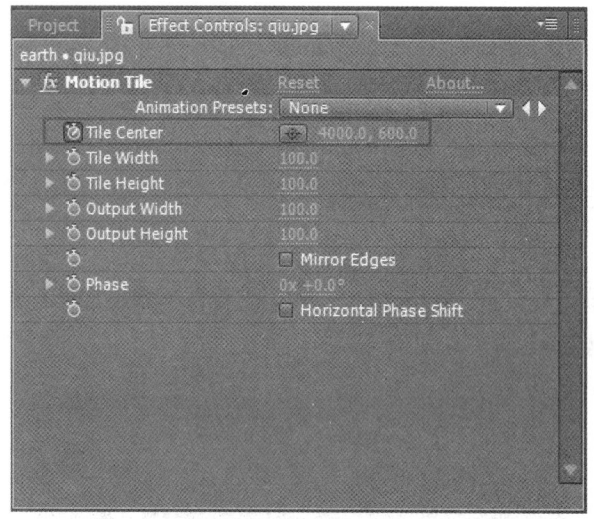

图 12-1-3 8 秒位置上 Tile Center 的数值

（4）地图循环位移效果。

经过上面的设置，完成图片循环位移的动画效果，如图 12-1-4 所示。

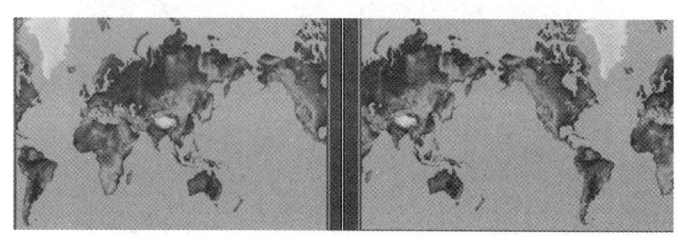

图 12-1-4 应用 Motion Tile 特效后的效果

（5）制作球面变形效果。

执行"Effect > Distort > Bulge（凸出）"命令，制作一个球面变形的效果。"Horizontal Radius"和"Vertical Radius"两项用于设置变形的半径大小，本实例中将这两项的数值都设置为550，"Bulge Height（凸出高度）"选项用于设置球面变形的强度，在此设置为2，如图12-1-5所示。

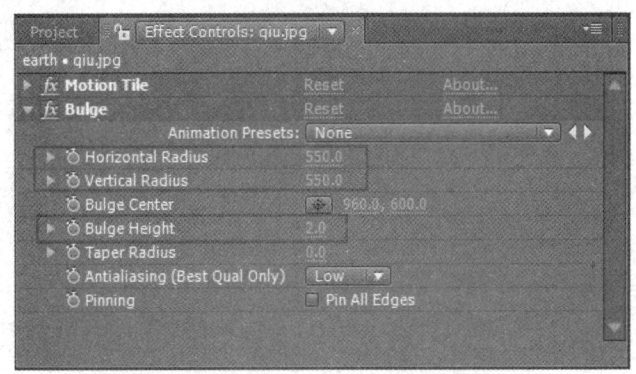

图 12-1-5 设置 Bulge 特效的数值

（6）球面变形效果。

通过 Bulge（凸出）球面变形效果的制作，可以发现圆形区域内的地图发生了球面变形效果，如图12-1-6所示。

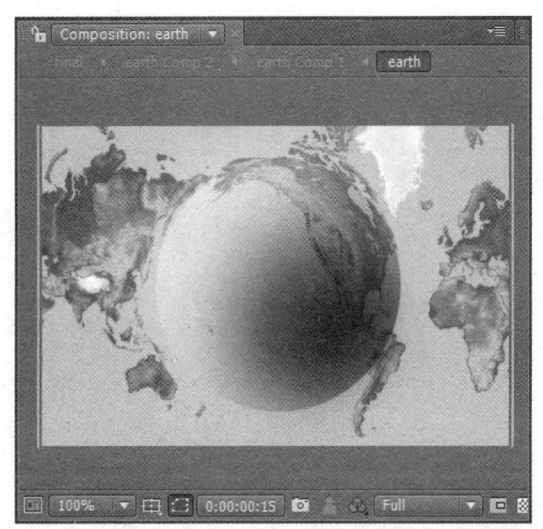

图 12-1-6 应用 Bulge 特效后的效果

（7）新建 Mask。

在"Timeline（时间线）"窗口中单击鼠标右键，在弹出的菜单中选择"New > Solid"命令，新建一层，将其命名为 Mask。在工具箱中单击"椭圆形工具"按钮，按住 Shift 键的同时在中心位置绘制一个正圆形 Mask，大小与地图层中凸起部分相当就可以了，注意 Mask 不能超出凸起部分，比凸起部分略小一点即可。然后在"qiu.jpg"层的"Track Matter"下拉列表框中选择 Alpha Inverted Matte "Mask"。这样经过中间圆形的部分就会发生变形效果，如图12-1-7所示。

图 12-1-7 应用 Alpha Inverted Matte "Mask" 选项后的效果

（8）复制 Mask。

按快捷键 Ctrl+D 将 Mask 层复制一层，然后在此层上按 Enter 键将其更名为 Shadow，选择"Effect > Generate > Ramp（渐变）"命令，应用渐变特效。在特效控制面板中的"Ramp Shape（渐变形状）"下拉表框中选择"Radial Ramp（半径渐变）"选项，特效控制面板和设置后的效果，如图 12-1-8 所示。

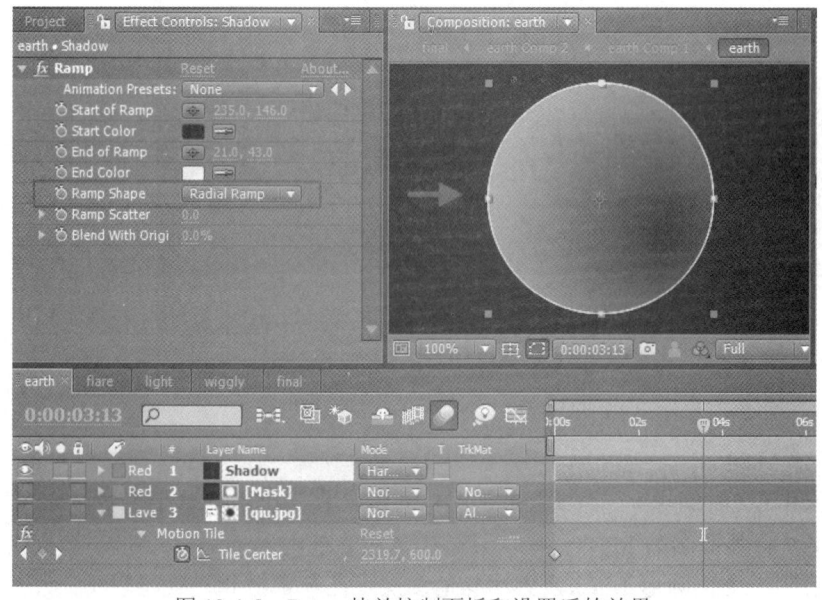

图 12-1-8　Ramp 特效控制面板和设置后的效果

（9）选择叠加模式。

在 Mode（图层模式）下拉列表框中选择"Hard Light"选项，然后展开"Transform"属性，设置"Opacity"选项的数值为80%，相关设置和效果，如图12-1-9所示。

图 12-1-9　应用 Hard Light 叠加模式

（10）继续复制 Mask 并调整羽化效果。

按快捷键 Ctrl+D 将"Mask"层复制一层，然后在此层上按 Enter 键将其更名为"Shadow 2"，设置"Mask Feather"选项的数值为70%，设置"Mask Expansion"选项的数值为-5，设置后地球自转的效果，如图12-1-10所示。

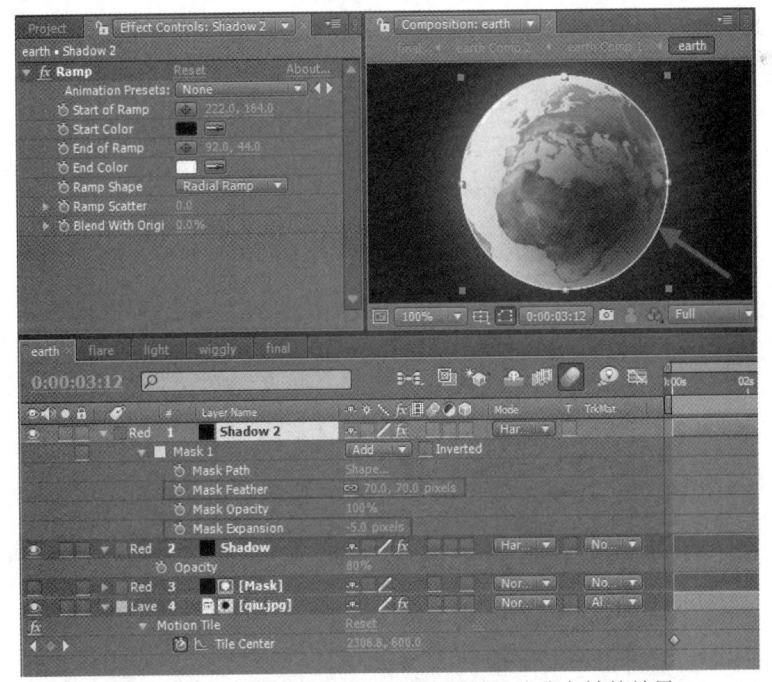

图 12-1-10　应用 Mask Feather 的设置后地球自转的效果

12.2　制作激光撞击的效果

（1）新建"flare"合成。

新建合成，大小为"360×240"，时间长度为 6 秒，并将其命名为"flare"，单击"OK"按钮保存设置，如图 12-2-1 所示。

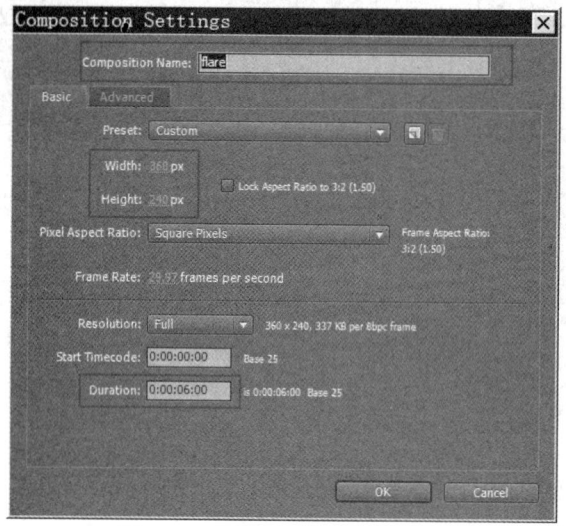

图 12-2-1　新建 flare"合成设置

（2）新建固态层。

在"Timeline（时间线）"窗口中右击，在弹出的菜单中选择"New > Solid"命令，设置"Width"和"Height"选项的数值为 20，如图 12-2-2 所示。

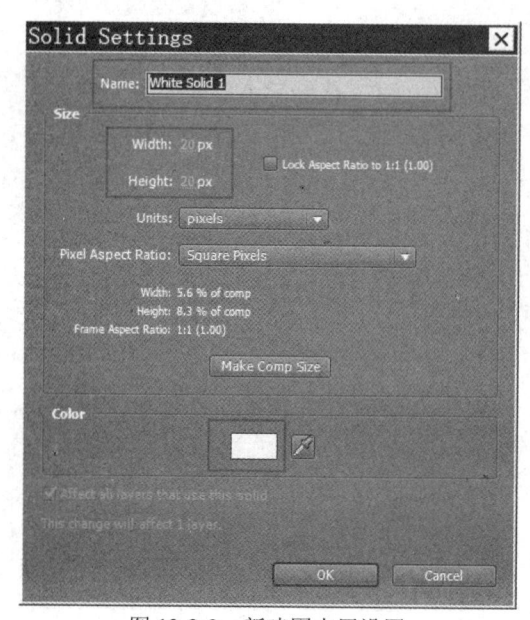

图 12-2-2　新建固态层设置

（3）应用渐变特效。

选择"Effect > Generate > Ramp"命令，应用渐变特效。在特效控制面板中的"Ramp Shape"下拉列表框中选择"Radial Ramp"选项，设置"Start Color"选项的颜色为"蓝绿色"（R：4，G：252，B：249），设置 End Color 选项的颜色为"深蓝色"（R：3，G：67，B：250），如图 12-2-3 所示。

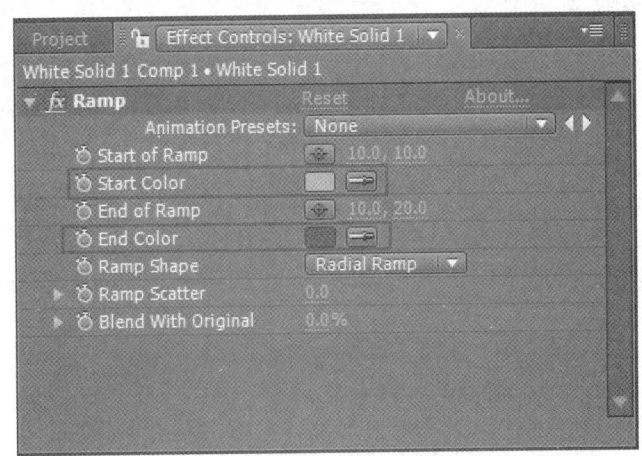

图 12-2-3　在 Ramp 特效控制面板中进行设置

（4）绘制一个圆形遮罩。

为此固态层绘制一个圆形遮罩使之变成小球，然后在"Transform"卷展栏中为"Position"选项设置位移动画，将时间指示器移动到 0 秒的位置，将小球移至画面的左侧；然后将时间指示器移动到 6 秒的位置，将小球移动到画面的右侧，并为此项设置关键帧，如图 12-2-4 所示。

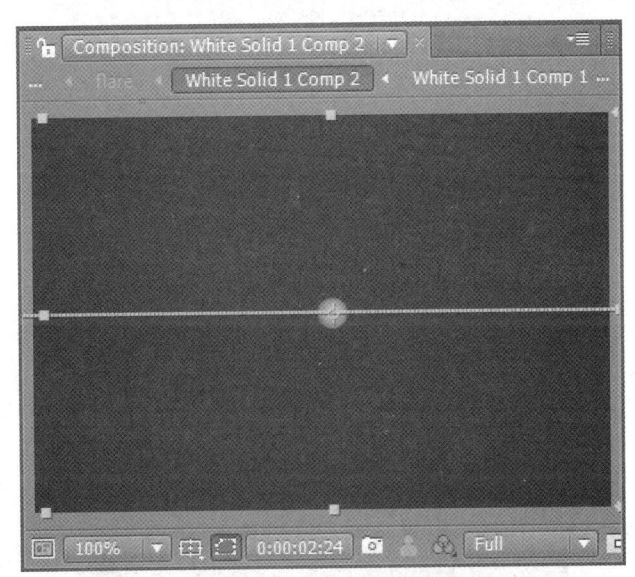

图 12-2-4　为小球设置位移动画

（5）移动当前时间坐标。

将当前时间坐标移动到 2 秒 25 帧的位置，如图 12-2-5 所示。

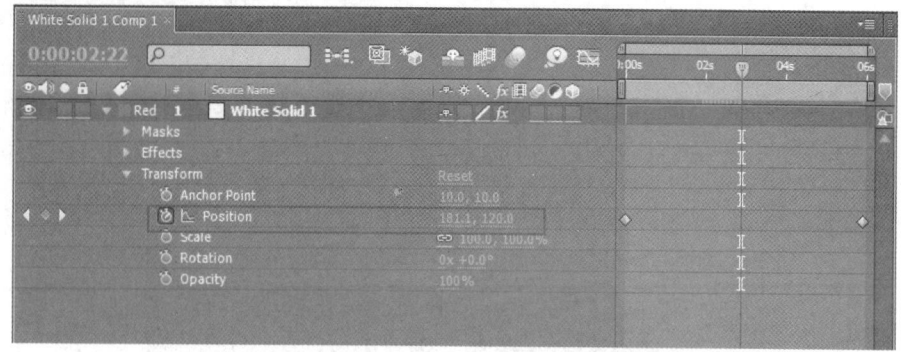

图 12-2-5 时间坐标移动到 2 秒 25 帧的位置

（6）合并图层。

选择此固态层，然后按住快捷键 Ctrl+Shift+C 合并图层，在弹出的 Pre-compose 对话框中选中"Move all attributes into the new composition"单选按钮，如图 12-2-6 所示。

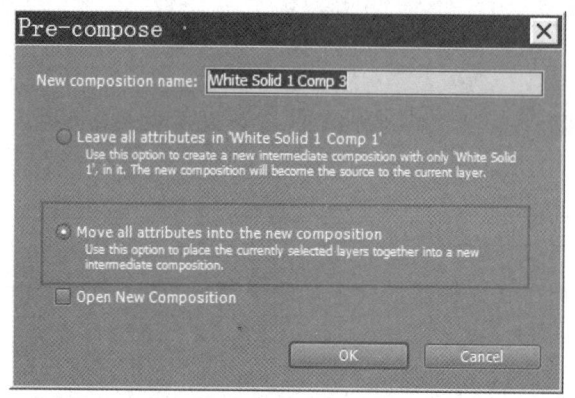

图 12-2-6 在 Pre-compose 对话框中选择合并选项

（7）添加"Echo"特效。

选择"Effect> Time > Echo（回声）"命令，设置"Echo Time"选项的数值为-0.05，设置"Number Of Echoes"选项的数值为 30，设置"Starting Intensity（强度）"选项的数值为 1，设置"Decay（衰减）"选项的数值为 0.9，如图 12-2-7 所示。

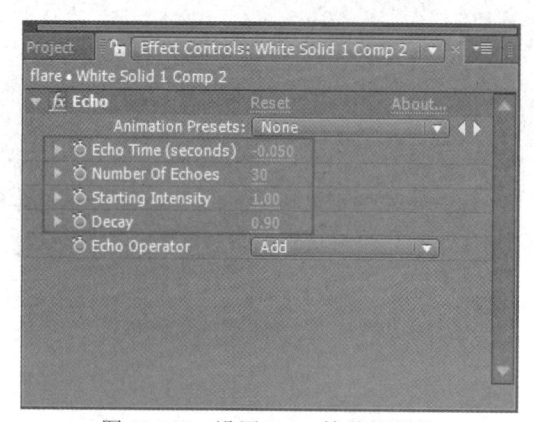

图 12-2-7 设置 Echo 特效的数值

（8）添加"Echo"回声特效后的效果。

设置调整完"Echo"回声特效后的效果如图 12-2-8 所示。

（9）设置方向模糊。

选择"Effect> Blur & Sharpen > Directional Blur"命令，添加"Directional Blur"特效，设置"Direction"选项的数值为-90°，设置"Blur Length"选项的数值为 10，如图 12-2-9 所示。

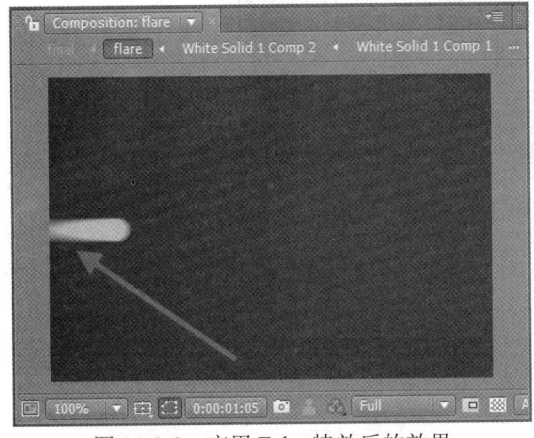

图 12-2-8　应用 Echo 特效后的效果

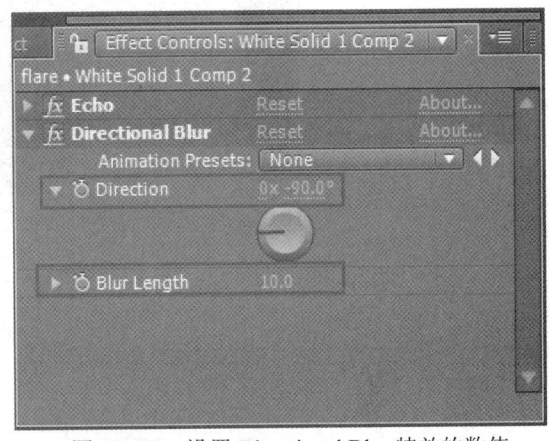

图 12-2-9　设置 Directional Blur 特效的数值

（10）设置方向模糊后的小球效果。

设置方向模糊后完成的小球效果如图 12-2-10 所示。

（11）设置镜像。

选项"Effect > Distort > Mirror（镜像）"命令，添加"Mirror（镜像）"特效，如图 12-2-11 所示。

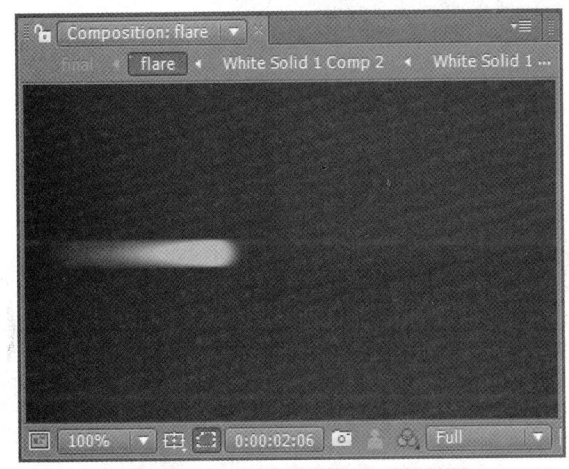

图 12-2-10　方向模糊完成后的效果

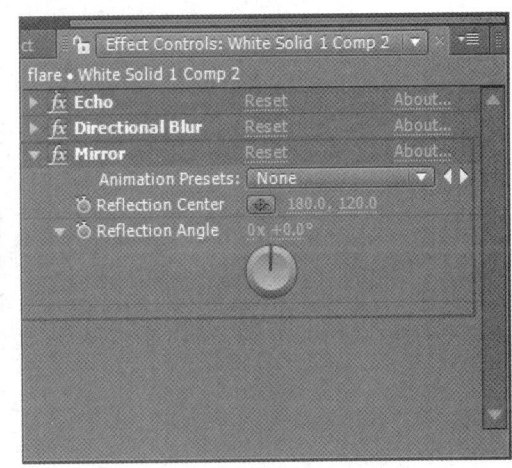

图 12-2-11　设置 Mirror 数值

（12）设置镜像后的效果。

设置镜像完成后的激光撞击的效果如图 12-2-12 所示。

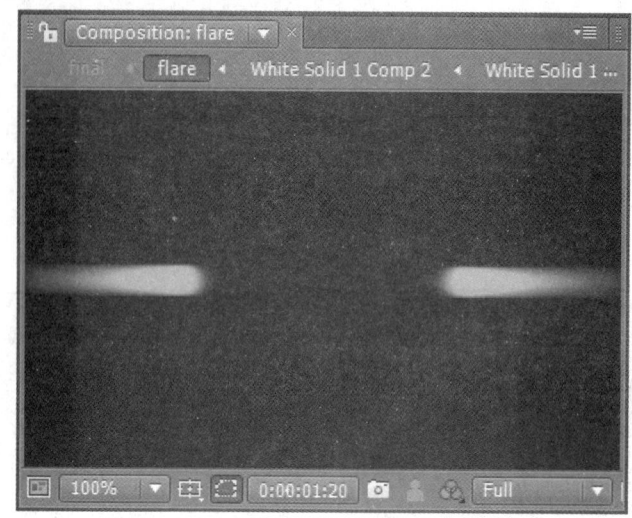

图 12-2-12　应用 Mirror 后激光撞击的效果

12.3　创建光工厂的效果

（1）新建合成。

新建合成，大小为"360×240"，时间长度为 3 秒，并将其命名为"light"，单击"OK"按钮保存设置，如图 12-3-1 所示。

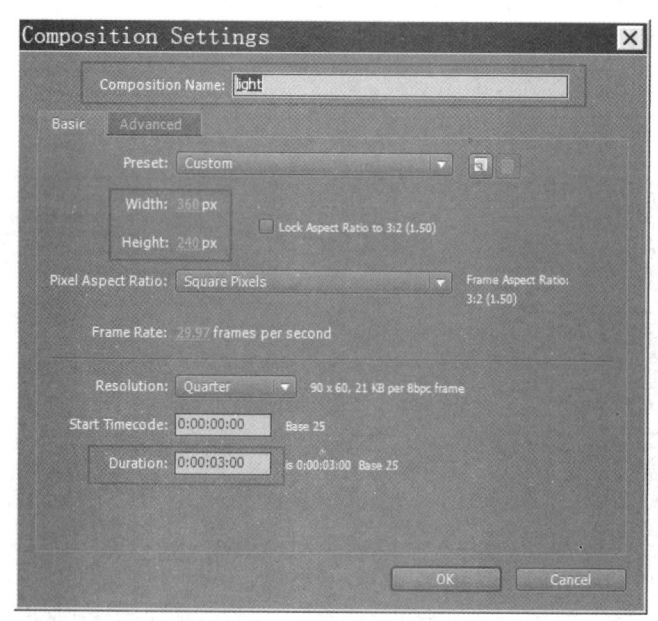

图 12-3-1　"light"的合成设置

（2）新建固态层添加光效。

新建一个固态层，选择"Effect > Knoll Light Factory > Light Factory LE"命令，对这个固态层添加"Light Factory LE（光工厂）"特效，如图 12-3-2 所示。

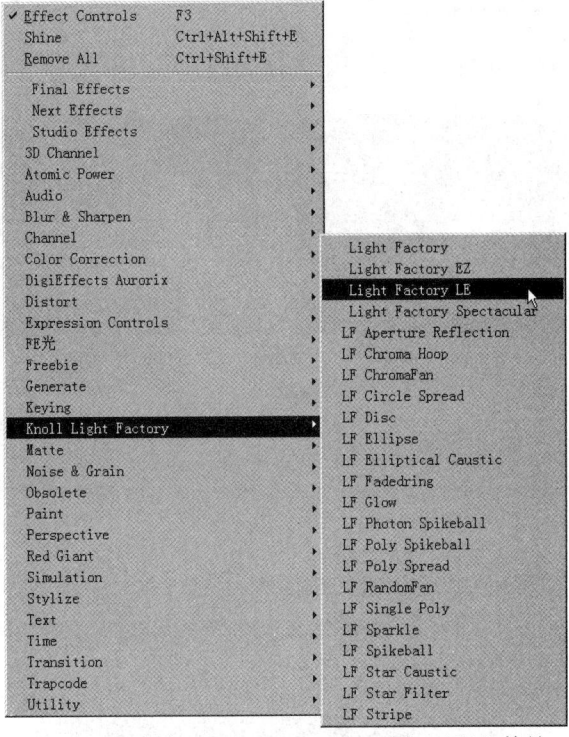

图 12-3-2　添加"Light Factory LE（光工厂）"特效

（3）创建光工厂的效果。

将当前时间坐标移到 0 秒位置，设置"Color"选项为"蓝绿色"（R：4，G：252，B：249）；在"Flare Type（光耀形状）"下拉列表框中选择"Basic Lens"选项；在"Location layer"下拉列表框中选择"Black Solid 4"选项；在"Obscuration Type"下拉列表框中选择"Alpha"选项；设置"Source size"选项的数值为 2；然后设置"Brightness"选项的数值为 0，并为此项设置关键帧；然后将当前时间坐标移到 1 秒 20 帧位置，设置"Brightness"选项的数值为 130；将当前时间坐标移到 2 秒 29 帧位置，设置"Brightness"选项的数值为 1，同样为这些项设置关键帧，如图 12-3-3 所示。

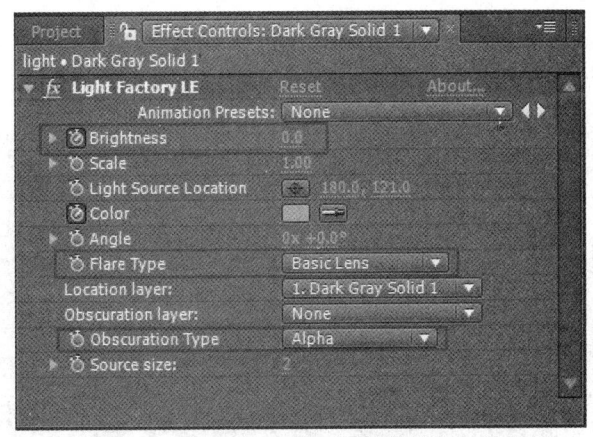

图 12-3-3　设置"Brightness"的数值为 0 秒位置

（4）创建光工厂的效果预览。

创建光工厂的效果设置完成后，按下小键盘上的"0"键预览，如图 12-3-4 所示。

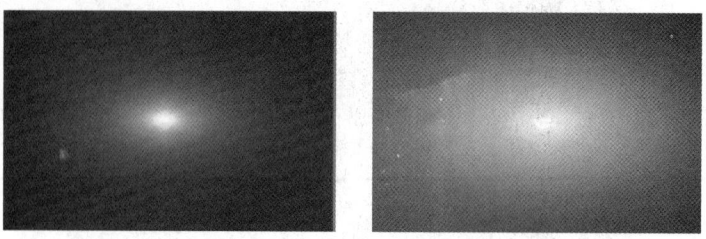

图 12-3-4　预览光工厂效果

12.4　制作浩瀚星空的效果

（1）新建合成。

新建合成，大小为"360×240"，时间长度为 3 秒，并将其命名为"wiggly（抖动）"。在工具箱中单击"文本工具"按钮，然后输入"womendejiayuan"，在"Character"面板中设置各项数值，设置如图 12-4-1 所示。

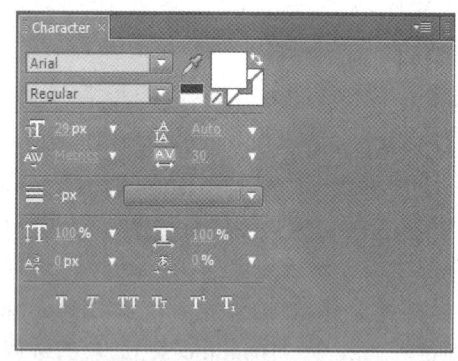

图 12-4-1　设置 Character 面板

（2）选择文字抖动。

单击 text 层右边 Animate 旁的小三角，展开快捷菜单并在此菜单中选择 Position 选项。然后选择"Add > Selector > Wiggly"命令，如图 12-4-2 所示。

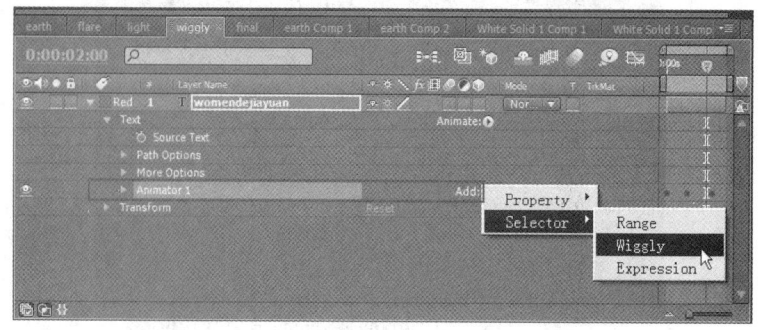

图 12-4-2　选择 Add>Selector>Wiggly 命令

（3）设置"wiggles/Second"选项。

设置"wiggles/Second"选项的数值为 0.5，然后将当前时间坐标移到 0 秒位置，设置"Position"选项的数值为-200，并为此项设置关键帧；将当前时间坐标移到 1 秒位置，设置"Position"选项的数值为 200，并为此项设置关键帧；将当前时间坐标移到 2 秒位置，设置"Position"选项的数值为 0，并为此项设置关键帧，如图 12-4-3 所示。

图 12-4-3　为 position 选项设置关键帧

（4）新建"final"合成。

新建合成，大小为"360×240"，时间长度为 8 秒，并将其命名为"final"，如图 12-4-4 所示。

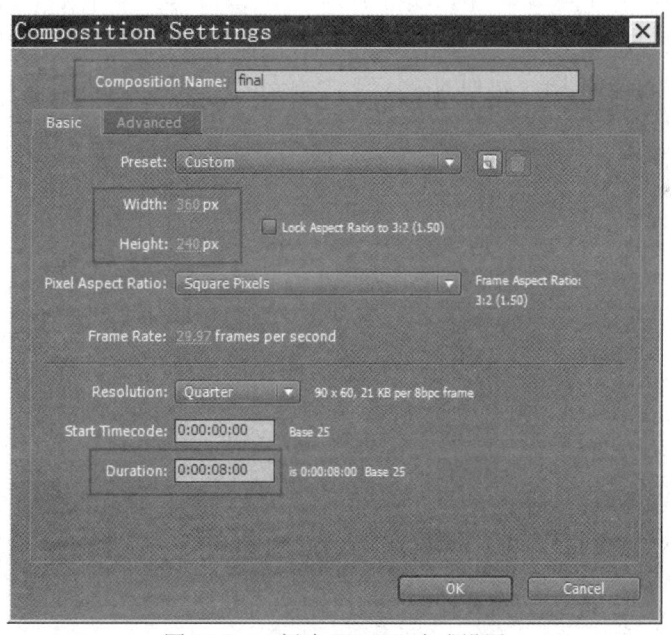

图 12-4-4　新建"final"合成设置

（5）导入天空序列图片。

选择"File > Import > File"命令，打开"Import File"对话框，打开 cloud 文件夹，选中第一张图片素材"SKY0000.jpg"，勾选"JPEG Sequence"复选框，然后单击"打开"按钮，将天空素材导入，如图 12-4-5 所示。

281

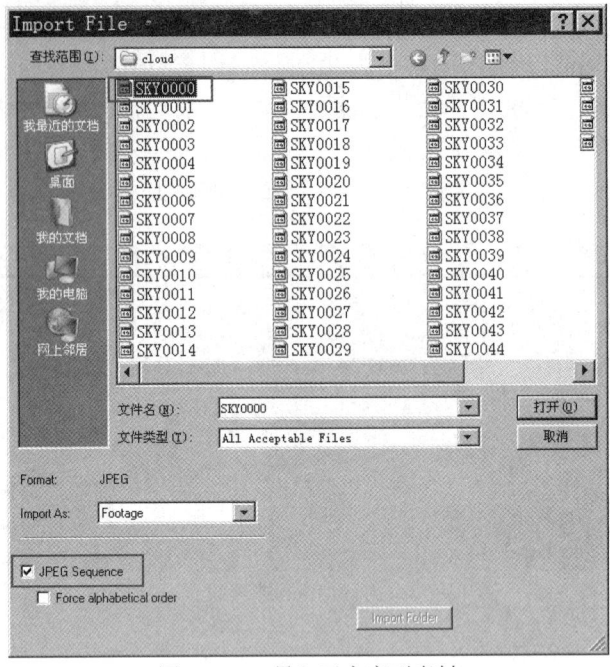

图 12-4-5　导入天空序列素材

（6）延长播放时间。

将导入的图片序列拖入到"Timeline（时间线）"窗口中，在导入的素材上右击，在弹出的快捷菜单中选择"Time > Time Stretch"命令，在"Time Stretch"对话框中设置"Stretch Factor"选项的数值为500%，这样图片序列的播放时间就延长到8秒5帧，如图12-4-6所示。

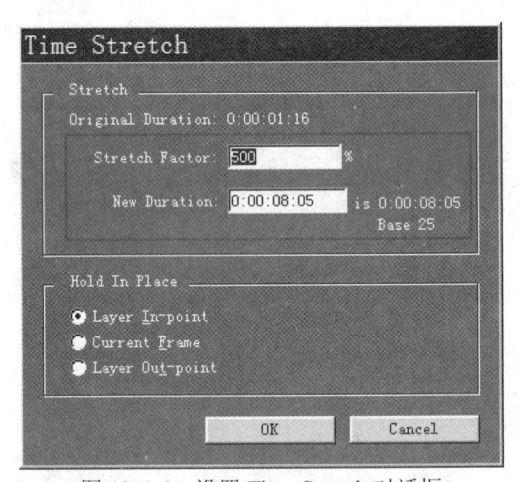

图 12-4-6　设置 Time Stretch 对话框

（7）在新建固态层上创建噪波。

新建一个固态层。选择"Effect > Noise & Grain > Fractal Noise"命令，在"Fractal Type"下拉列表框中选择"Cloudy"选项；在"Noise Type"下拉列表框中选择"Spline"选项；设置"Brightness"选项的数值为-4；设置"Complexity"选项的数值为6；然后设置"Evolution"选项的数值为0°；并为此设置关键帧，如图12-4-7所示。

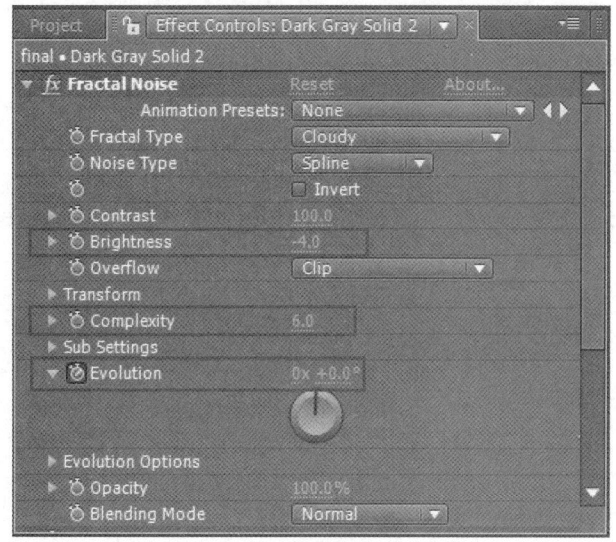

图 12-4-7　设置 Fractal Noise 特效

（8）设置噪波参数。

将时间指示器移动到 5 秒钟的位置，设置"Evolution（演变）"选项的数值为 140°，并为此项设置关键帧，如图 12-4-8 所示。

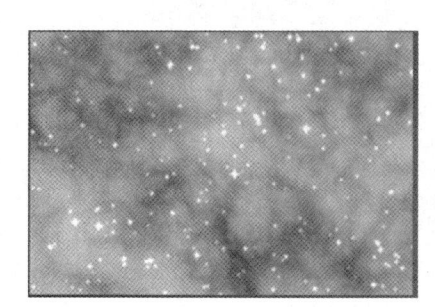

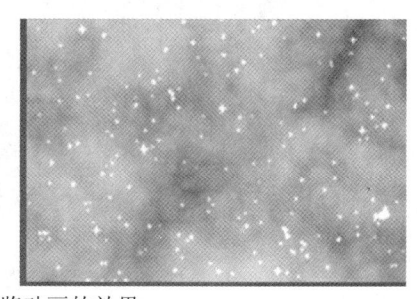

图 12-4-8　预览动画的效果

（9）设置对比度。

选择"Effect > Color Correction > Brightness & Contrast"命令，设置"Contrast"选项的数值为 27，如图 12-4-9 所示。

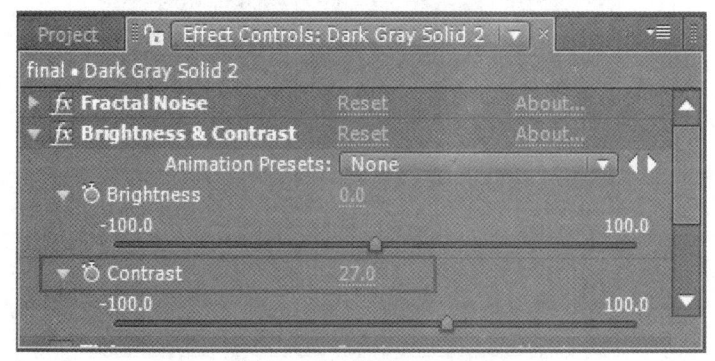

图 12-4-9　设置 Contrast

（10）应用对比度后的效果。

应用对比度后的效果如图 12-4-10 所示。

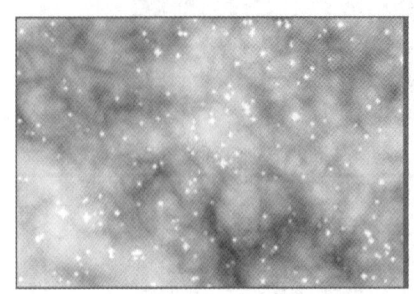

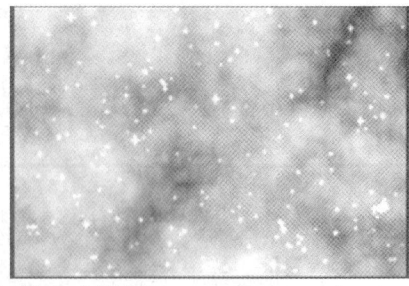

图 12-4-10　应用对比度后的效果

（11）染色。

选择"Effect > Color Correction > Tint"命令，设置"Map Black To"选项的颜色为"紫色"（R：143，G：17，B：158），设置"Map White To"选项的颜色为"深蓝色"（R：2，G：36，B：79），如图 12-4-11 所示。

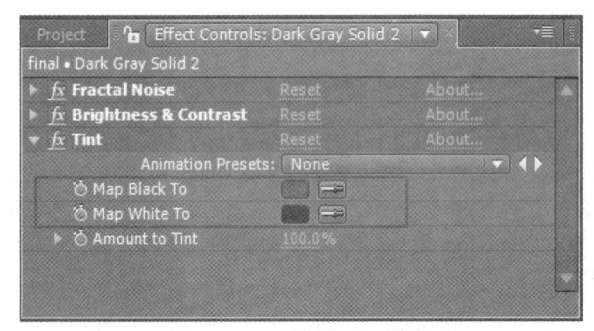

图 12-4-11　设置 Tint 特效

（12）染色后的效果。

染色后浩瀚星空的效果如图 12-4-12 所示。

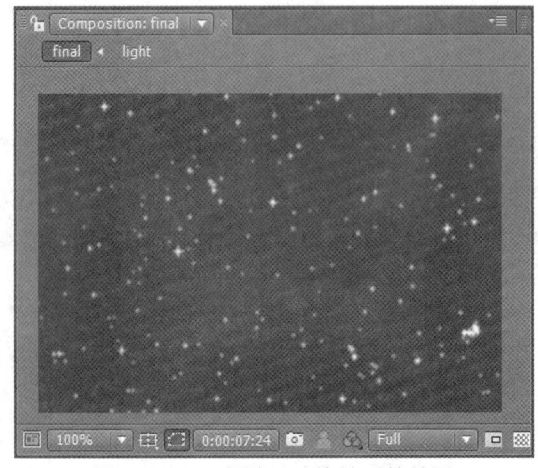

图 12-4-12　应用 Tint 特效后的效果

12.5 最终的合成

（1）合成地球。

将"earth"合成拖入到时间线窗口中，并且打开此层的三维开关，将当前时间坐标移到 3 秒位置，设置"Position"选项的数值为（-1446，-990，5550）；将当前时间坐标移到 5 秒 5 帧位置，设置"Position"选项的数值为（176，107，127），并设置关键帧，然后为球体添加一个"Mask"，打开图层的模糊开关，使球体运动更具真实感，如图 12-5-1 所示。

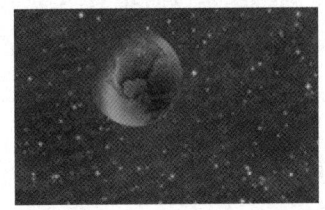

图 12-5-1　合成球体后的效果

（2）合成激光撞击效果。

将"flare"合成拖入到时间线窗口中，设置其起始位置为 3 秒，按下小键盘上的"0"键预览动画，如图 12-5-2 所示。

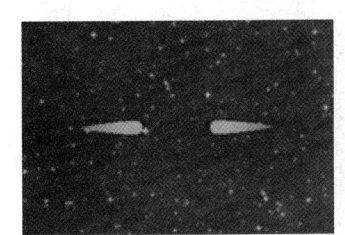

图 12-5-2　合成激光撞击后的效果

（3）合成光工厂效果。

将"light"合成拖入到时间线窗口中，设置其起始位置为 4 秒 26 帧的位置，按下小键盘上的"0"键预览动画，如图 12-5-3 所示。

图 12-5-3　合成光工厂特效后的效果

（4）合成浩瀚星空效果。

将"wiggle"合成拖入到时间线窗口中，设置其起始位置为 5 秒的位置。然后在工具箱中单击"钢笔工具"按钮，输入文本"我们生活的家园"，在"Character"面板中设置数值，如图 12-5-4 所示。

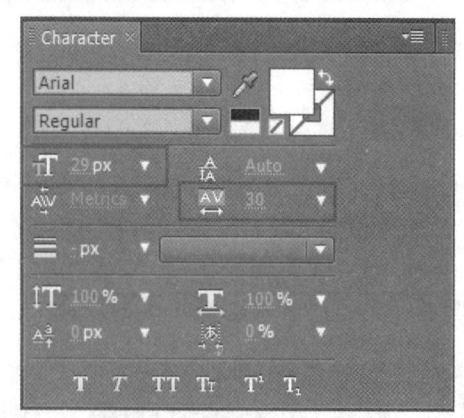

图 12-5-4　设置 Character 面板参数

（5）输入文字后的效果。

输入文本后的效果如图 12-5-5 所示。

图 12-5-5　输入文字后的效果

（6）为文字添加阴影。

为文字添加阴影，选择"Effect > Perspective > Drop Shadow"命令，设置"Opacity"选项的数值为 65%，设置"Direction"选项的数值为 135°，设置"Distance"选项的数值为 5，如图 12-5-6 所示。

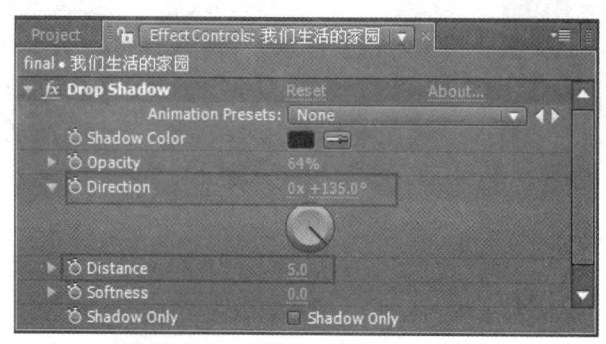

图 12-5-6　设置 Drop Shadow 的参数

（7）为文字添加阴影后的效果。

为文字添加阴影后的效果如图 12-5-7 所示。

图 12-5-7　为文字添加阴影后的效果

（8）设置文字动画。

为文字添加动态效果。选择"Effect > Blur & Sharpen > Radial Blur"命令，将时间指示器移动到 0 秒的位置，设置 Amount 选项的数值为 100，在"Type"下拉列表框中选择"Zoom"选项，在"Antialiasing"下拉列表框中选择"High"选项，如图 12-5-8 所示。

（9）继续设置文字动画。

然后将当前时间坐标移到 6 秒位置，设置"Amount"选项的数值为 0。再将当前时间坐标移到 7 秒 5 帧位置，设置"Amount"选项的数值为 0，如图 12-5-9 所示。

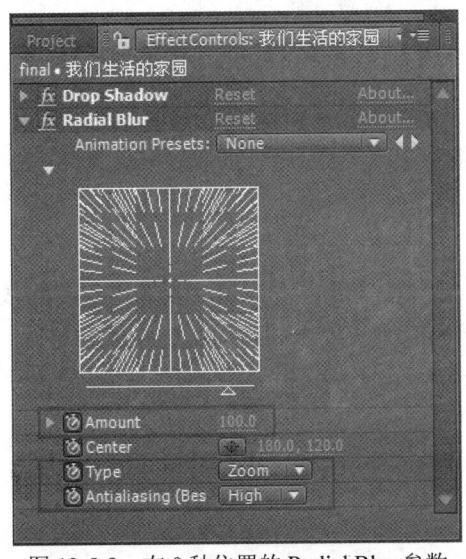

图 12-5-8　在 0 秒位置的 Radial Blur 参数　　图 12-5-9　在 7 秒 5 帧位置的 Radial Blur 参数

（10）最终的合成效果预览。

最终的合成效果预览如图 12-5-10 所示。

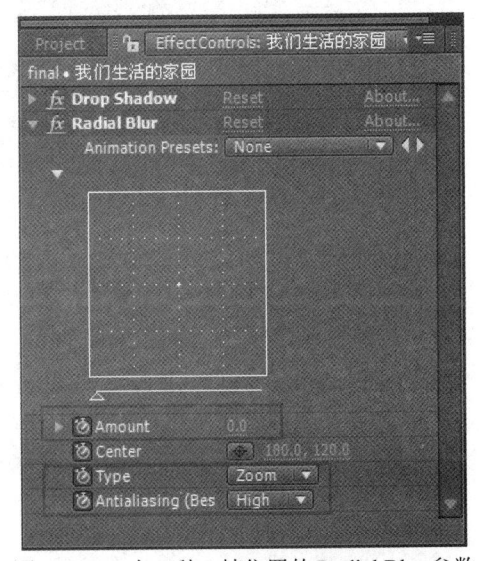

图 12-5-10　最终的合成效果预览

（11）最终的播放效果设置。

展开"我们生活的家园"文字层的"Transform"属性，将当前时间坐标移到 5 秒位置，然后设置"Opacity"选项的数值为 0，并为此项设置关键帧；将时间指示器移动到 6 秒的位置，然后设置"Opacity"选项的数值为 100。设置"Position"选项的数值为（227，154）；设置"Scale"选项的数值为（158，158）；并为此两项设置关键帧；最后将当前时间坐标移到 7 秒 6 帧位置，设置"Position"选项的数值为（56，123）；设置"Scale"选项的数值为（100，100），在时间线上设置的最终播放效果，如图 12-5-11 所示。

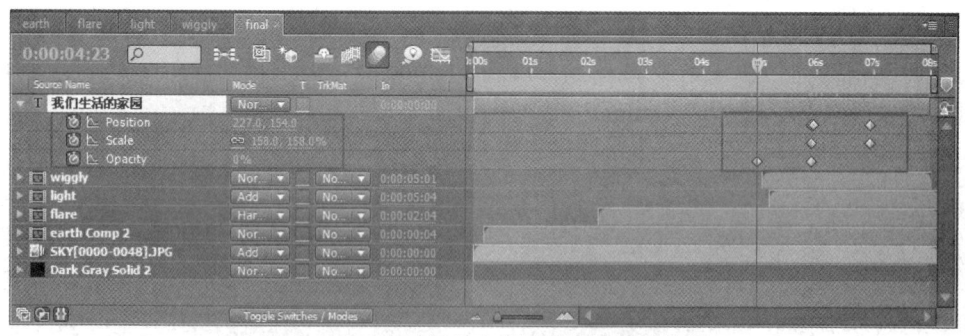

图 12-5-11　在时间线上设置的最终播放效果

我们生活的家园制作步骤小结：

（1）结合 Motion Tile 特效、Bulge 特效、Ramp 特效和 Mask 遮罩绘制地球自转的效果。

（2）结合 Echo 特效、Directional Blur 特效和 Mirror 特效来制作光斑撞击的效果。

（3）使用 Light Factory LE 特效来实现瞬间撞击的闪光效果。

（4）使用 Animate 命令来制作文本的随机移动效果。

（5）结合序列图片与 Fractal Noise 特效制作出星云的效果。

【重点难点】

Motion Tile（运动拼贴）、Bulge（凸出）、Ramp（渐变）、Echo（回声）、Directional Blur（方向模糊）、Mirror（镜像）、Light Factory LE（光工厂）、Animate（动画）、Fractal Noise（噪波）等特效参数的设置与协调应用。

13 特效在电视节目包装中的综合应用

电视节目包装是对电视节目整体形象进行一种外在形式要素的明确规范。外在形式要素包括声音（语言、音乐、音响等）、镜头画面（静态画面、动态影像、二维三维动画）、颜色等诸多要素。本章主要按照解说词的要求，为《红色人文记录》电视系列节目包装完成镜头画面的制作，学生通过这些镜头画面的制作，充分掌握画面的调色技巧，熟悉电视节目包装创意与制作流程，提高影视制作的应用能力、创新能力，在电视节目包装制作中积累一定的影视知识和实战经验。

【知识能力目标】

（1）了解 Sharpen 锐化、Digital Film Lab 2 数字胶片、55mm Silver Reflector 荧光反射、Hue/Saturation 色相/饱和度、4-Color Gradient 四色渐变、Light Factory EZ 光工厂、LF Stripe 光线、Glow 发光等特效的基本功能和它们的参数设置方法。

（2）综合应用上述特效，完成《红色人文记录》电视系列节目包装制作。

（3）通过电视节目包装制作，熟悉电视节目的前期创意、收集素材、处理素材、场景设计、视频创建、编辑与渲染合成等电视节目包装的制作流程。

（4）提高特效在电视节目包装制作中的综合应用水平。

《红色人文记录》电视系列节目包装制作

电视节目包装制作除了必要的前期创意、制作思考、收集素材之外，最主要的还是设计与制作镜头画面。

【学习要求】

在设计与制作各场景的镜头画面中，主要学习锐化、数字胶片、荧光反射、色相/饱和度、四色渐变、光工厂、光线、发光等特效的基本功能和它们的参数设置方法。从制作技术上来看，在充分理解宣传词的主题思想后，把握好镜头画面的运动，调整好镜头画面的色调，用好自带的调色特效和其他外挂插件，充分掌握好颜色叠加、色度调整、文字与光效搭配、装饰性文字修饰，点缀画面的技术方法，进一步熟悉调色、文字、粒子、发光、抠像、跟踪、仿真等特效的参数设置和调节技巧。

【案例分析】

在《红色人文记录》电视系列包装制作中，要根据解说词的要求，完成模拟脚步的跟镜头、人物行走的背影镜头、寻访历史深处镜头、心灵浪花镜头、街边风景镜头、巷角传奇镜头、模拟岁月斑驳镜头、丰碑依旧镜头、古巷子镜头、人物讲诉镜头等镜头画面，并把这些镜头有序地合成起来，以此缅怀革命前辈们曾经历过的那些艰难困苦的战斗岁月。

《红色人文记录》电视系列节目包装制作可按以下步骤进行：

（1）前期创意。
（2）制作思考。
（3）收集画面素材。
（4）各场景制作。
（5）最终合成和渲染输出。

13.1 前期创意

《红色人文纪录》电视系列节目的前期创意：紧紧围绕探寻革命前辈们留下的战斗足迹，缅怀和纪念革命先烈，让我们永远记住他们曾经历过的浴血奋战，永远记住那些艰难困苦的战斗岁月，激励我们为实现中国梦而不断地学习。

13.2 制作思考

在充分理解《红色人文记录》所呈现的主旋律思想之后，接着要精读解说词，精选能表现关键词的画面，如"心灵留下行走的烙印"、"寻访历史的深处"、"不能忘却的巷角传奇"等，在这些宣传词散发的历史气息中，让我们怀着炽热的心，在历史的"巷角"、老街的"深处"去寻访主题，从整体解说词中去寻访历史。

13.3 收集画面素材

根据解说词内容收集相关的画面素材，如老街的路面、古巷子、破旧的木门、人物行走的背影、古巷的一角，总之，需要精心收集一张张最能展现主题，最具历史浓郁气息的画面素材。

（1）收集画面素材。

画面素材一般来自三个方面，一是运用摄像机的推、拉、摇、移去拍摄真实存在的画面或人工搭建的场景；二是将早期胶片、电视磁带、磁盘等介质中的原存画面，对它们进行数字视频格式转换后再加以利用；三是减少制作成本，利用计算机数字图形图像技术去加工画面。依据《红色人文记录》电视系列节目解说词的需要，我们走过一些年代久远的古城巷子、石板路，采访一些革命的人文古迹，力求还原历史的原貌。

下面是收集的部分原始素材。可以看出，这些素材画幅有大有小，颜色参差不齐，需要对这些素材进行统一的着色处理，如图13-3-1所示。

图 13-3-1　收集的部分原始素材

（2）对收集的素材进行统一的着色处理。

将符合历史原貌的素材收集之后，还要对收集的素材进行统一的着色处理，即将原有画面的颜色进行改变和调整。下面是将部分原始素材通过着色处理后的展示效果。可以看出，通过处理后的这些素材，画面颜色基本上得到了统一，在这些像似断墙残壁、岁月沧桑的画面中，却能从另一角度突出了红色人文独有的色彩和风格，营造了红色人文特殊的气氛和意境，如图 13-3-2 所示。

图 13-3-2　通过着色处理后的展现效果

13.4 制作场景

在影视剧中,场景是指在一定的时间、空间内因人物关系所构成的具体生活画面。收集的画面素材通过整理后,就可以结合宣传词进行场景制作了。

13.4.1 场景1的制作(制作模拟脚步的跟镜头)

(1)新建"1-1"的合成。

新建一个"1-1"的合成,大小"720×576",持续时间6秒1帧,设置如图13-4-1所示。

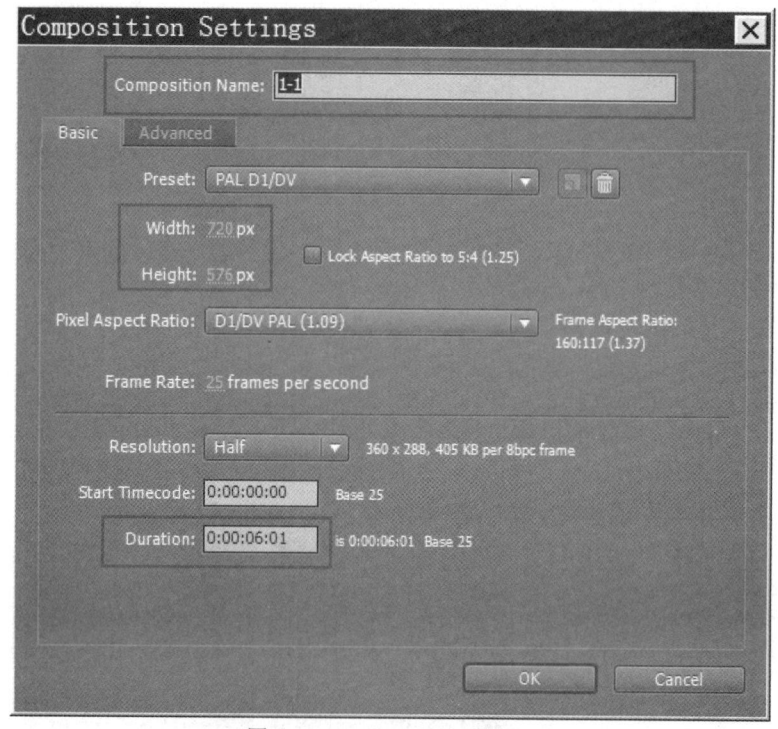

图 13-4-1 "1-1"合成设置

(2)为选择的画面添加锐化特效。

将所选择好的画面 1(也就是第一句宣传词所对应的画面)导入"1-1"的合成,为该图层绘制 Mask 去掉图片的白色边框,然后为该图层添加"Effect > Blur & Sharpen > Sharpen"锐化特效,如图 13-4-2 所示。

(3)为选择的画面添加胶片效果。

继续为该图层添加"Effect > Digital Film Lab 2"效果。在特效参数面板中选择 Presets 下拉菜单中的 Load,然后在弹出的窗口中选择 Color Looks 预置文件夹下的 Photocopy.dfl 即可,如图 13-4-3 所示。

(4)添加胶片效果后的画面。

添加 Photocopy.dfl 效果后,画面的色调发生了变化,如图 13-4-4 所示。

图 13-4-2 为图片添加锐化特效

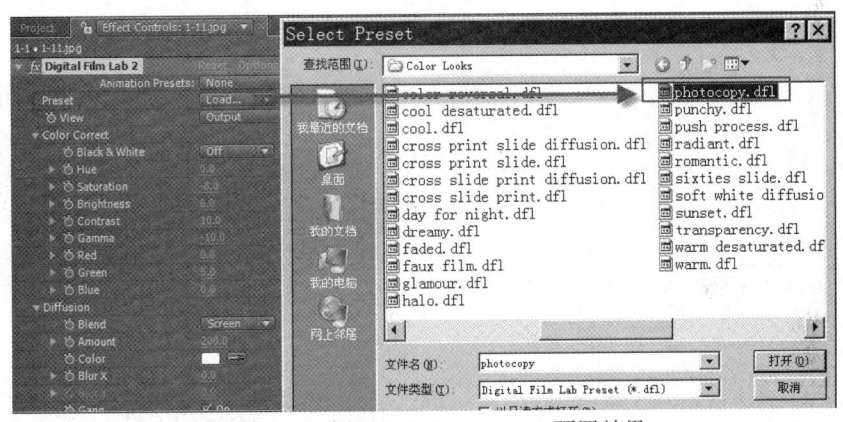

图 13-4-3 选择 Digital Film Lab 2 预置效果

图 13-4-4 添加 Photocopy.dfl 效果后的画面

（5）为选择的画面添加反射光。

再为图片图层添加"Effect >55mm Silver Reflector"特效，将亮度值设置为 20。选择的画面会适当提高亮度，如图 13-4-5 所示。

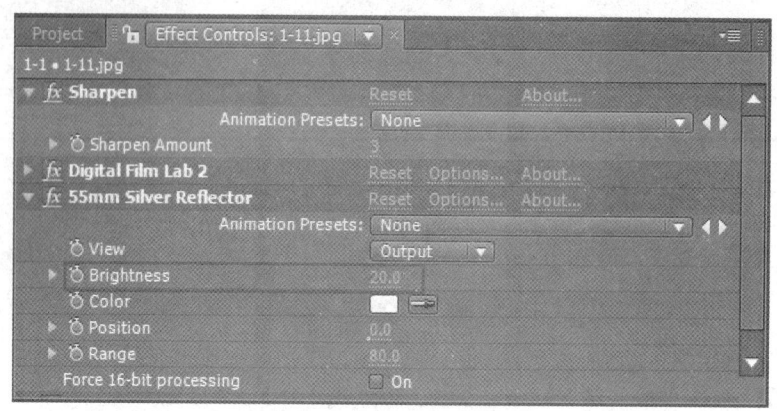

图 13-4-5　将亮度值设置为 20

（6）为选择的画面降低颜色饱和度

最后为该图层添加"Effect > Color Correction > Hue/Saturation"特效，修改 Master Saturation 的值为-100，降低图片素材的颜色饱和度，如图 13-4-6 所示。

图 13-4-6　为选择的画面降低颜色饱和度

（7）添加四色渐变特效。

添加四色渐变特效。在特效面板中设置四个颜色控制点的颜色和位置，如图 13-4-7 所示。

（8）改变叠加模式。

完成色彩的渐变效果后，只要修改颜色渐变层的叠加方式即可，这里设置为 Overlay，修改后可以观察到它对图片层的颜色影响，如图 13-4-8 所示。

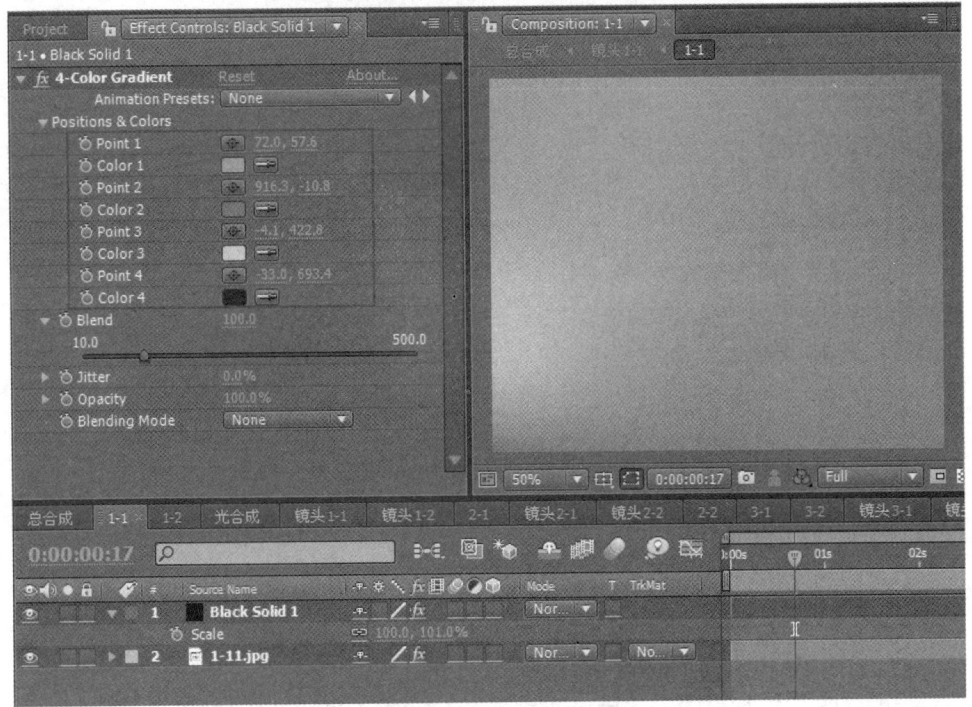

图 13-4-7　添加四色渐变特效

图 13-4-8　设置层叠加方式

（9）制作"场景 1"的画面运动。

再新建"镜头 1-1"合成，大小"720×576"，时间长度为 2 秒 10 帧，如图 13-4-9 所示。

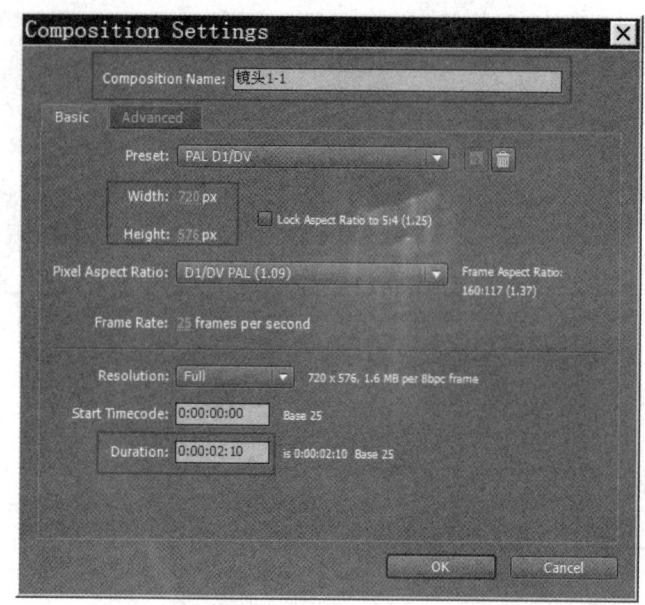

图 13-4-9 "镜头 1-1"合成设置

（10）为新建"1-1"的合成设置关键帧。

将合成"1-1"拖入到新建合成中，为它的位移和大小设置关键帧动画，以此模拟脚步缓缓向前走的感觉。

在时间为 0 秒位置，设置 Position 的值为（360.0，288.0），Scale 的值为（100.0，100.0%）；在时间 0:00:00:19 位置，设置 Position 的值为（360.0，280.0），Scale 值为（103.5，103.5%）；在时间 0:00:01:13 位置，设置 Position 的值为（360.0，292.0），Scale 的值为（107.1，107.1%）；在时间 0:00:02:09 的位置，设置 Position 的值为（360.0，280.0），Scale 的值为（111.0，111.0%）。如图 13-4-10 所示。

图 13-4-10 为新建"1-1"的合成设置位移和缩放关键帧

(11) 虚化画面。

观察目前的画面，感到太实。下面绘制 Mask 遮罩，以此来虚化画面。

在工具箱中选择圆形 Mask 工具，为图层 1-1 绘制 Mask，然后调整其控制点的位置，并设置羽化值为 140，如图 13-4-11 所示。

图 13-4-11　绘制 Mask 遮罩后的画面虚化效果

(12) 添加文字。

利用工具箱中的文字工具创建文字，第一句宣传词是"穿越土地的表层"，动画由两部分完成；"穿越"二字由小到大，逐渐淡入画面，"为土地的表层"六字由右向左的小幅度位移，配合"穿越"二字的运动，如图 13-4-12 所示。

图 13-4-12　添加文字

(13) 添加光效。

新建 Solid 层，为它添加"Effect > Knoll Light Factory > Light Factory EZ"特效。在光效参数设置中，选择了 New Blue Lens 的光斑类型。设置的光斑亮度、大小和发光点的位置以及光斑的颜色，如图 13-4-13 所示。

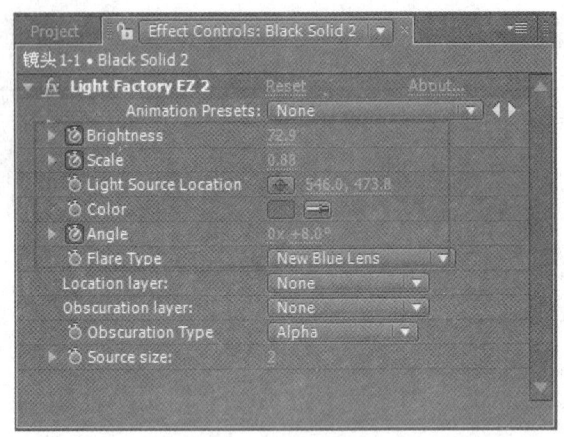

图 13-4-13　添加光效

(14) 设置光效层的第一组关键帧。

在时间为 0:00:00:09 的位置，为光效参数设置关键帧动画，同时制作光效层的位移和透明度动画，设置光效层的第一组关键帧，如图 13-4-14 所示。

图 13-4-14　设置光效层的第一组关键帧

(15) 设置光效层的第二组关键帧。

将当前时间坐标移到 0:00:00:15 的位置，修改光效层的相关参数，增大发光强度和大小，设置光效层的第二组关键帧，如图 13-4-15 所示。

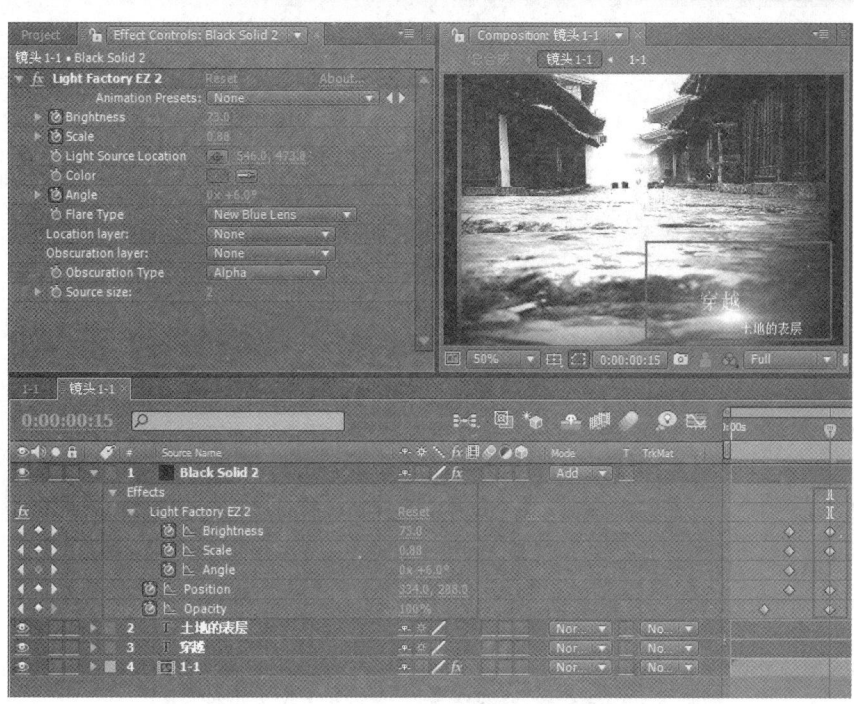

图 13-4-15　设置光效层的第二组关键帧

（16）设置光效层的第三组关键帧。

再将当前时间坐标移到 0:00:02:09 的位置，继续修改光效层的相关参数，设置光效层的第三组关键帧，如图 13-4-16 所示。

图 13-4-16　设置光效层的第三组关键帧

299

（17）添加光线效果。

新建一个 Solid 层，为它添加"Effect > Knoll Light Factory > LF Stripe"光线效果。设置光线的亮度、大小和发光点的位置以及光斑的颜色，如图 13-4-17 所示。

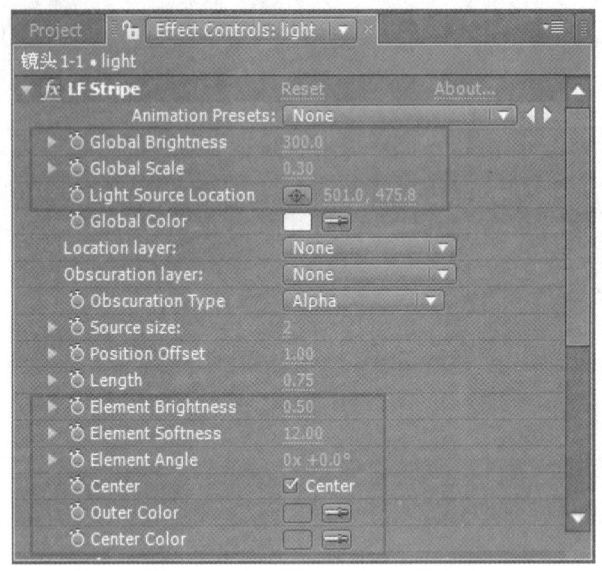

图 13-4-17　添加 LF Stripe 特效

（18）设置图层叠加方式。

调节参数完毕后，设置图层的叠加方式为 Add，这样才能使光效叠加到画面上。红色的光斑构成了该场景中的整个光效，如图 13-4-18 所示。

图 13-4-18　设置图层的叠加方式

（19）为光线层设置关键帧。

下面来为光线层设置关键帧，配合光斑的运动效果。

在时间为 0:00:00:05 的位置，设置光线层的透明度值为 0；在时间为 0:00:00:09 的位置，设置光线层的 Position 值为（220.0，288.0）；在时间为 0:00:00:15 的位置，设置光线层的 Position 值为（334.0，288.0），透明度值为 100；在时间为 0:00:02:09 的位置，设置光线层的 Position 值为（386.0，288.0）。如图 13-4-19 所示。

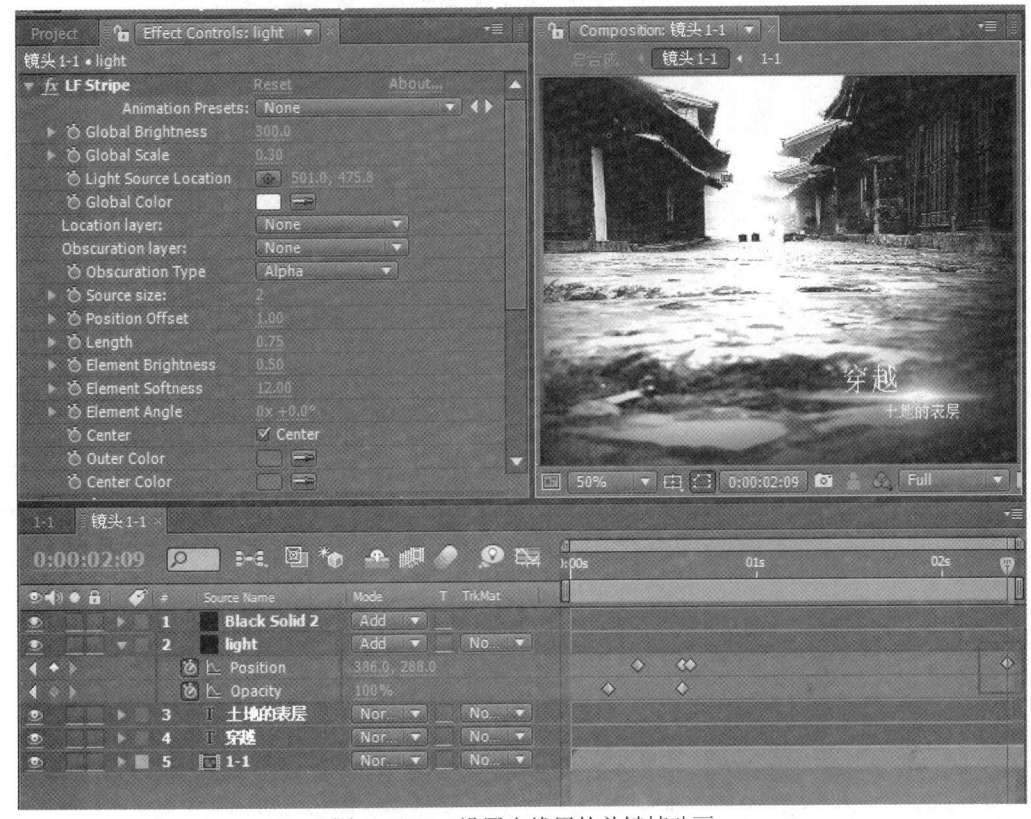

图 13-4-19　设置光线层的关键帧动画

（20）完成"场景 1"的制作。

通过上述步骤，完成了"场景 1"的画面搭建，以及制作模拟脚步跟镜头效果的制作。

13.4.2　场景 2 的制作（制作人物行走的背影镜头）

（1）新建"1-2"的合成。

新建一个"1-2"合成，大小"720×576"，时间长度为 6 秒 1 帧，设置如图 13-4-20 所示。

（2）为导入的画面添加胶片特效

第二句宣传词是"心灵留下行走的烙印"，所以选择了一张大人牵着小孩手的背影图导入到时间线窗口，象征着行走的烙印。

图 13-4-20 "1-2"合成设置

添加"Effect > DFT Digital.Film.Lab 2 > Digital.Film.Lab 2"胶片特效。与前面场景 1 的图片色调调整一样，同样选择一个 Photocopy 预置效果，然后展开 Color Correct 选项，修改 Contrast（对比度）的值为 20，如图 13-4-21 所示。

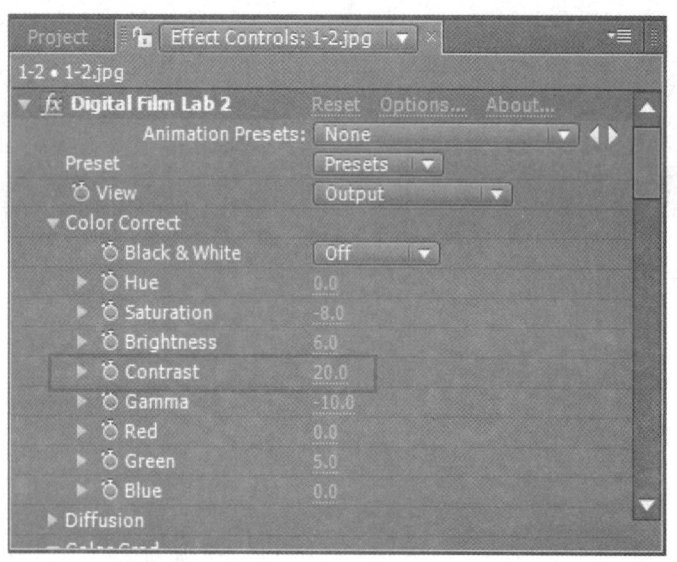

图 13-4-21 添加 Digital Film Lab 2 胶片特效

（3）添加反射光效果。

继续添加"Effect > DFT 55mm v5 > 55mm Silver Reflector"特效，在特效面板中修改亮度值为 20，适当提高画面的亮度，如图 13-4-22 所示。

图 13-4-22　添加反光效果后画面亮度适度提高

（4）应用四色渐变效果。

新建 Solid 层，并应用四色渐变效果为画面染色，如图 13-4-23 所示。

图 13-4-23　添加四色渐变效果

（5）设置画面运动。

新建一个"镜头 1-2"的合成，大小"720×576"，时间长度为 3 秒 5 帧，设置如图 13-4-24 所示。

（6）虚化画面。

将合成"1-2"拖入到新建合成中，为该层绘制一个 Mask 控制区域，将 Mask 的羽化值设置为 100。注意：这里绘制 Mask 的意义与场景 1 一样，主要还是虚化画面，如图 13-4-25 所示。

图 13-4-24 "镜头 1-2"合成设置

图 13-4-25 绘制 Mask 虚化画面

(7) 为新建 "1-2" 的合成设置关键帧。

在 0 秒的位置,设置该层的 Position 值为(356.0,306.0), Scale 的值为(112.0,112.0%);在 0:00:02:19 的位置,设置该层的 Position 值为(360.0,288.0), Scale 的值为(97.0,97.0%)。如图 13-4-26 所示。

图 13-4-26　为"1-2"的合成设置位移和缩放关键帧

（8）添加文字。

下面为画面中添加第二句宣传词的文字，并制作与"场景1"相似的动画效果，如图 13-4-27 所示。

图 13-4-27　添加文字并制作动画

（9）为场景添加光效。

接下来为该场景添加光效，由于制作方法与前面的"场景1"是一样的。在这里就不重复制作了。下面来看看怎么解决这个再次利用的问题。

305

在"镜头 1-1"的合成时间线中，选择光效的两个图层，按下快捷键 Ctrl+Shift+C，弹出一个新窗口。在 New composition name 右边的白色框中输入即将合成的名字，然后选择 Move all attributes into the new composition 所在选项，如图 13-4-28 所示。

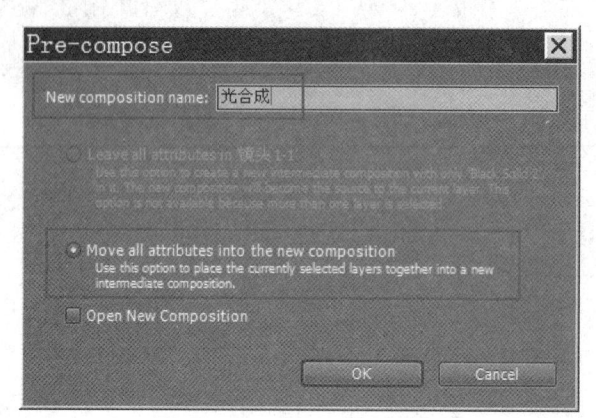

图 13-4-28　图层预合成设置

（10）为场景添加光效。

下面就把将该合成拖入到"镜头 1-2"的合成中，改变层的叠加方式为 Add，然后将该合成放到画面中合适的位置，完成"场景 2"人物行走的背影镜头制作，如图 13-4-29 所示。

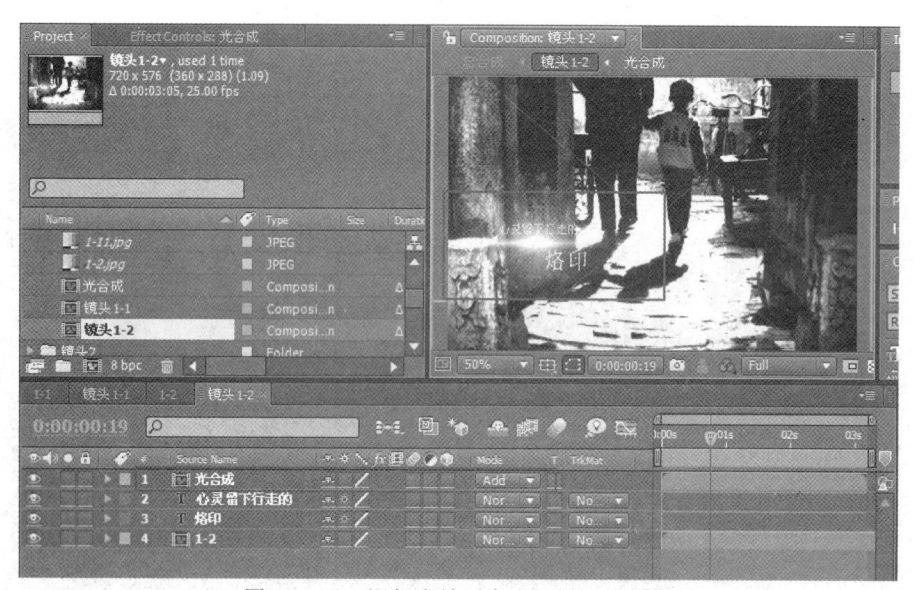

图 13-4-29　添加光效后完成场景 2 的制作

13.4.3　场景 3 的制作（制作寻访历史深处镜头）

（1）新建"2-1"的合成。

新建一个"2-1 的"合成，大小为"720×576"，时间长度为 6 秒 1 帧，设置如图 13-4-30 所示。

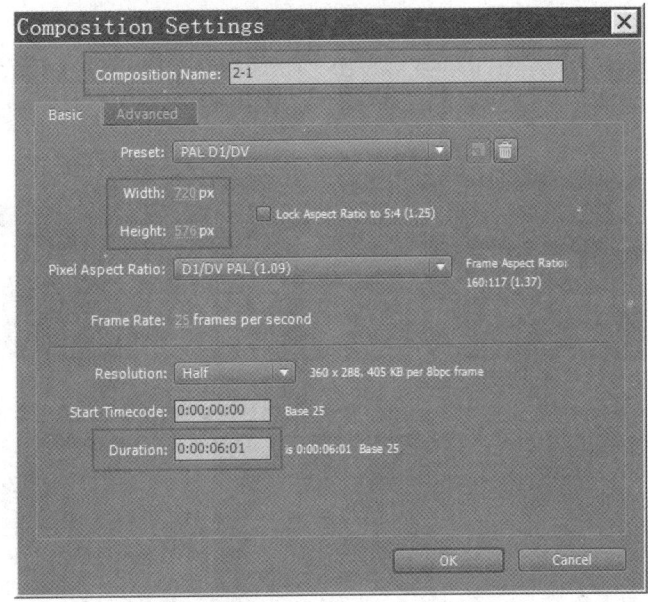

图 13-4-30 "2-1" 合成设置

（2）为导入的素材降低饱和度、增加对比度。

继续导入的画面素材，观其颜色发黄，所以需将其去色后染上所要颜色，以便统一整片的色调。

为画面素材添加"Effect / Color Correction / Hue/Saturation"特效，然后在特效面板中调整 Master Saturation 的值为-94，将色彩饱和度降低到几乎黑白的状态。

再添加"Effect / Color Correction / Brightness & Contrast（亮度和对比度）"特效，设置对比度的值为 46.0，如图 13-4-31 所示。

图 13-4-31 调整素材画面色调

（3）制作渐变效果。

再次新建一个固态层，并在固态层上添加"Effect > Generate > 4-Color Gradient（四色渐变）"特效。完成后的四色渐变 Solid 层叠加在画面上，设置四个颜色控制点的颜色和位置，如图 13-4-32 所示。

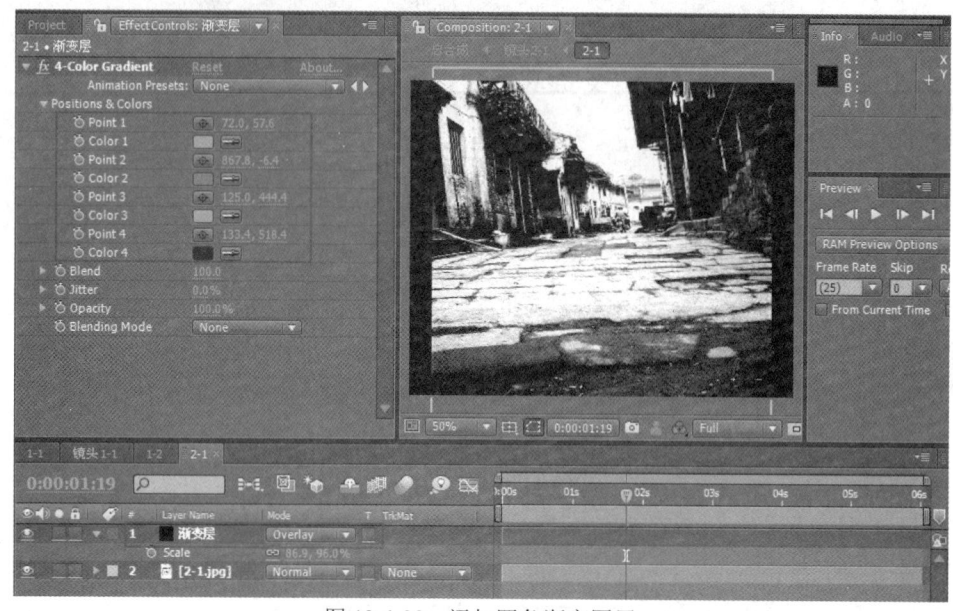

图 13-4-32　添加四色渐变图层

（4）新建"镜头 2-1"的合成。

继续新建一个"镜头 2-1"的合成，大小为"720×576"，时间长度为 2 秒 10 帧，设置如图 13-4-33 所示。

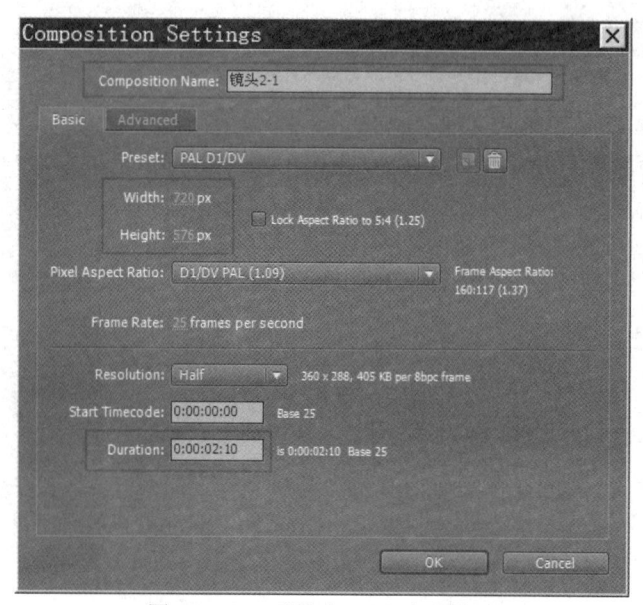

图 13-4-33　"镜头 2-1"合成设置

(5) 虚化画面、设置动画。

将合成"2-1"拖入到新建合成中，为图层绘制一个 Mask 控制区域，将 Mask 的羽化值设置为 150，虚化画面。

然后为该层设置位移、缩放和旋转动画。

在时间为 0 秒的位置，设置层的 Position 值为（360.0，288.0），Scale 的值为（100.0，100.0%），Rotation 的值为 0×-3.0°；在 0:00:02:09 的位置，设置光线层的 Position 值为（342.0，288.0），Scale 的值为（115.0，115.0%），Rotation 的值为 0×+2.0°；如图 13-4-34 所示。

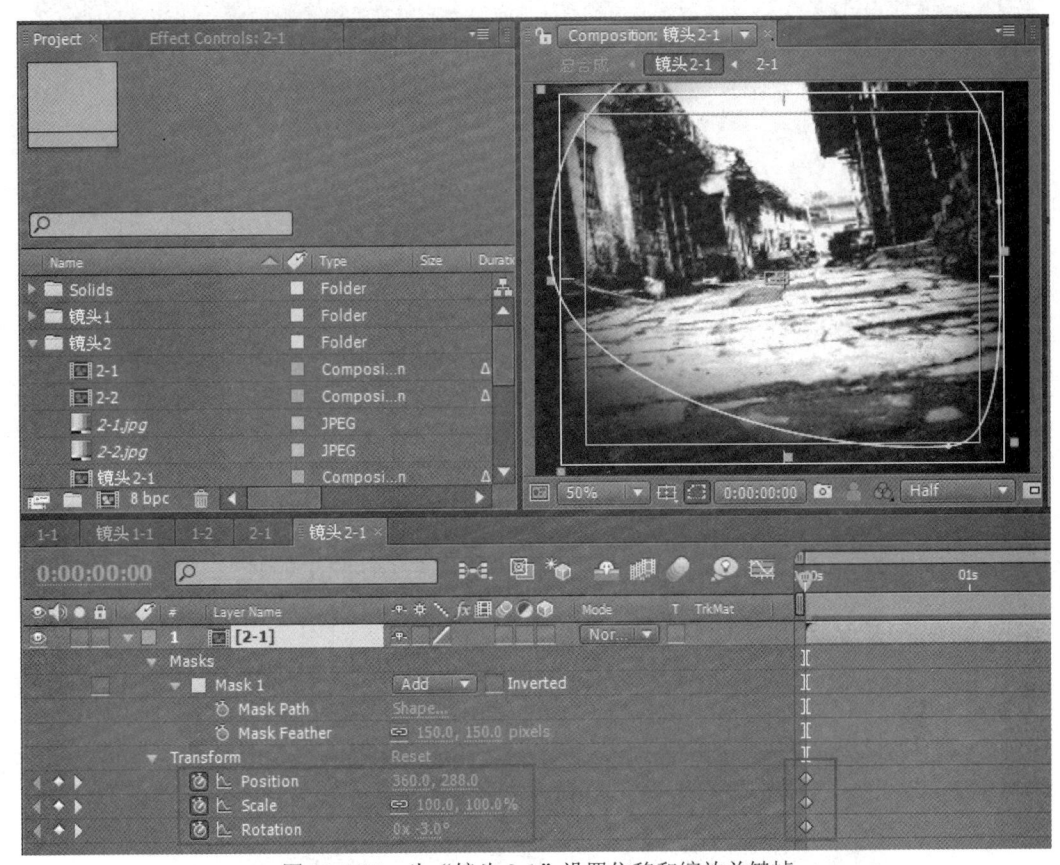

图 13-4-34 为"镜头 2-1"设置位移和缩放关键帧

(6) 添加文字和光效。

最后再为该场景添加文字和光效动画即可，完成"场景 3"寻访历史深处镜头的制作，方法与前面相似，就不再赘述了，如图 13-4-35 所示。

13.4.4 场景 4 的制作（制作心灵浪花镜头）

(1) 新建"2-2"的合成。

新建立一个"2-2"的合成，大小设置为"720×576"，时间长度为 6 秒 1 帧，设置如图 13-4-36 所示。

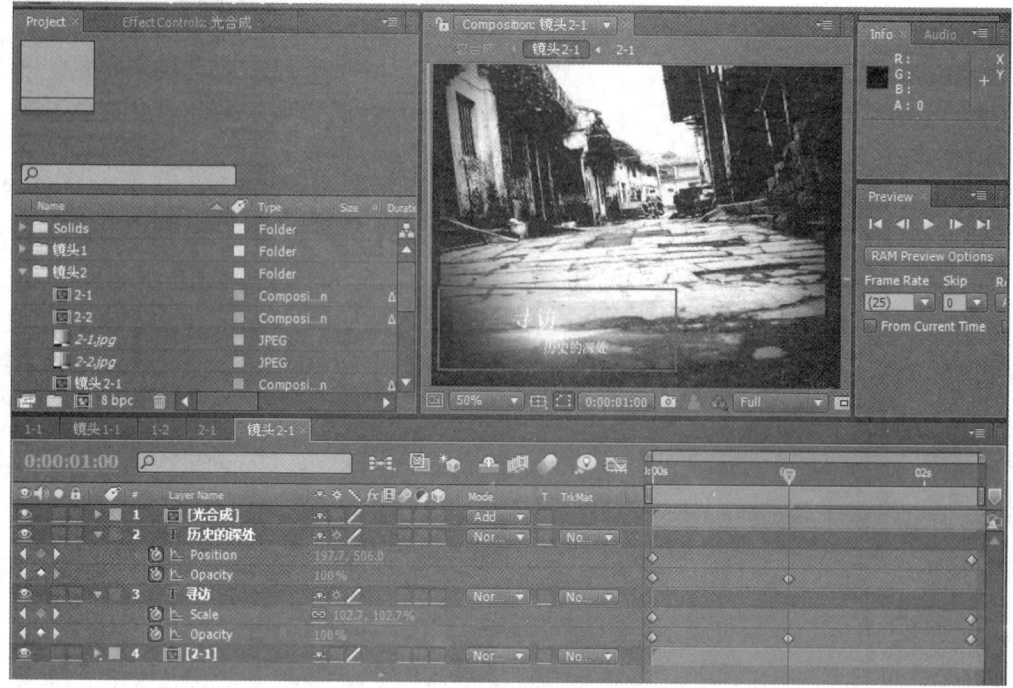

图 13-4-35　添加文字和光效后完成场景 3 的制作

图 13-4-36　"2-2" 合成设置

（2）导入素材并添加胶片效果和反射光效果。

这次导入素材进行调色，方法与前面差不多，这里添加的特效是 Digital Film Lab 2 特效和 55mm Silver Reflecto 特效，如图 13-4-37 所示。

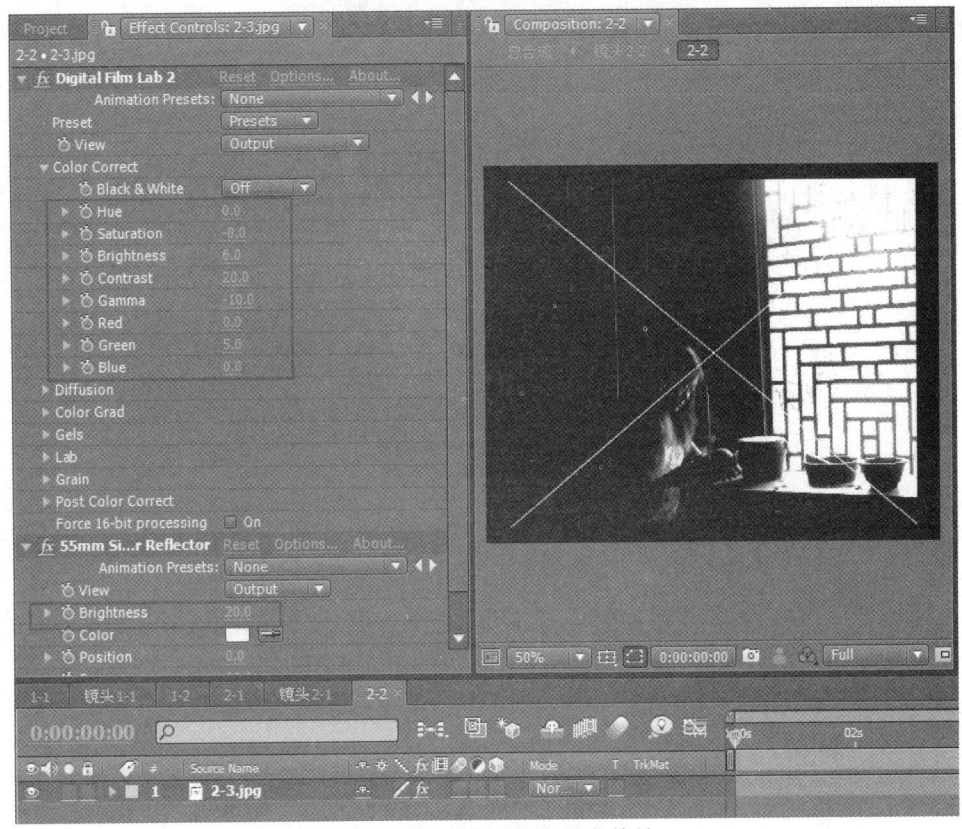

图 13-4-37　为图片添加调色特效

（3）添加四色渐变效果。

新建固态层，在新建固态层上添加四色渐变特效，然后叠加在素材上的画面上，制作方法和流程与前面制作过的场景相同，也不再赘述了，如图 13-4-38 所示。

图 13-4-38　添加四色颜色渐变层

（4）新建"镜头 2-2"合成，大小设置为"720×576"，时间长度为 3 秒 10 帧，设置如图 13-4-39 所示。

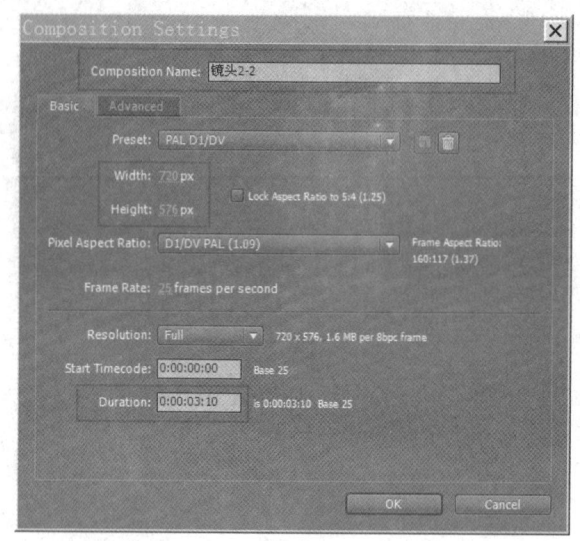

图 13-4-39 "镜头 2-2"合成设置

（5）虚化画面并添加锐化特效。

将合成"2-2"拖入到新建合成中，为图层绘制一个 Mask 控制区域，将 Mask 的羽化值设置为 100，然后为该图层添加"Effect > Blur&Sharpen > Sharpen"锐化特效，设置锐化值为 30，如图 13-4-40 所示。

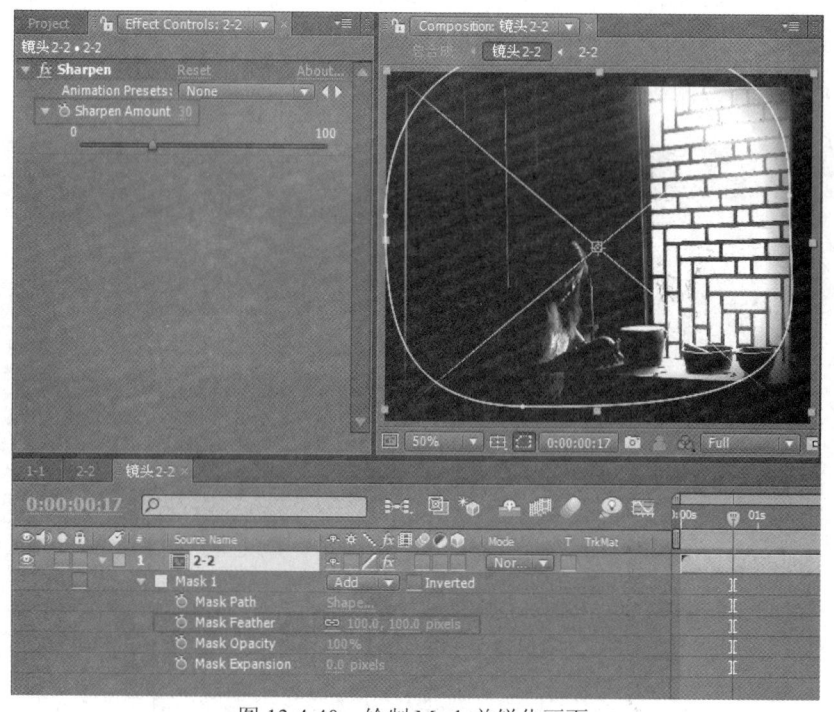

图 13-4-40 绘制 Mask 并锐化画面

(6)设置缩放关键帧。

在时间为 0 秒的位置,设置图层 Scale 的值为(97.0,97.0%);在时间为 0:00:03:09 的位置,设置图层 Scale 的值为(114.0,114.0%);这些缓慢放大的关键帧设置,表现出镜头推进的效果,更能表现出人物坐在窗前的一种思绪,也与当前画面的宣传词"记忆奔涌沸腾的浪花"相贴切。然后为该场景添加文字和光效,完成"场景 4"心灵浪花镜头的制作,如图 13-4-41 所示。

图 13-4-41　添加文字和光效后完成场景 4 的制作

13.4.5　场景 5 的制作(制作街边风景镜头)

(1)新建"3-1"的合成。

新建一个"3-1"的合成,大小设置为"720×576",时间长度为 6 秒 1 帧,设置如图 13-4-42 所示。

(2)对导入图片进行去色。

调入该场景的图片进行调色工作,同样是添加 Digital.Film.Lab 2 特效和 55mm Silver Reflecto 特效。注意:这两个特效可以从前一场景直接复制粘贴到该合成的图片层中,不必要重复添加。此外,还添加了 Hue/Saturation 特效为图片进行去色,如图 13-4-43 所示。

图 13-4-42 "3-1"合成设置

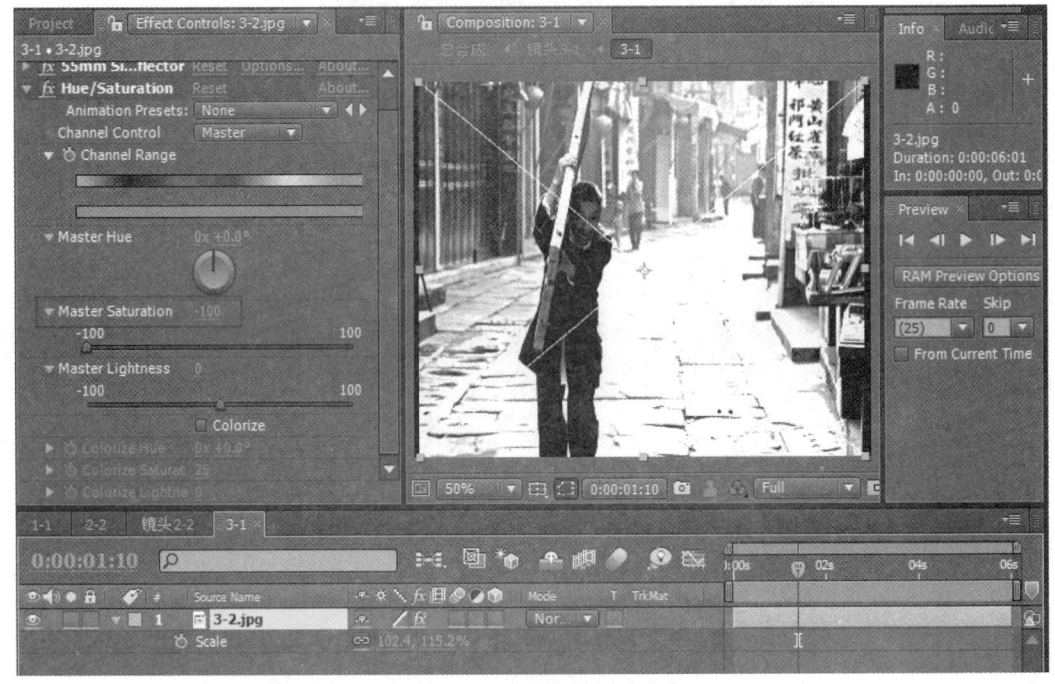

图 13-4-43 为导入的图片去色

（3）添加四色渐变特效。

接下来为新建固态层添加四色渐变特效，完成色彩的渐变效果后，修改颜色渐变层的叠加方式，这里设置"Overlay"叠加模式，修改后可以观察到它对图片层的颜色影响，如图 13-4-44 所示。

图 13-4-44　设置四色渐变效果后为图片上色

（4）新建"镜头 3-1"的合成。

再新建一个"镜头 3-1"的合成，大小设置为"720×576"，时间长度为 3 秒 1 帧，设置如图 13-4-45 所示。

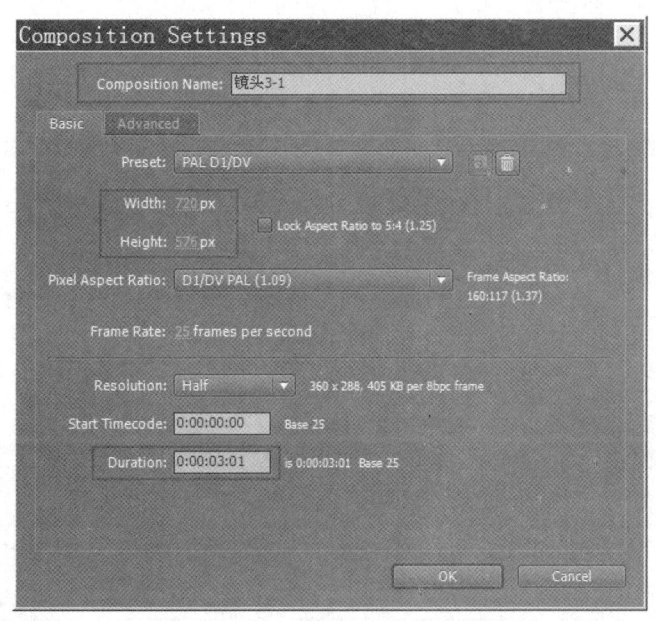

图 13-4-45　"镜头 3-1"合成设置

（5）虚化画面添加锐化特效。

将合成"3-1"拖入到新建合成中，为图层绘制一个 Mask 控制区域，将 Mask 的羽化值设置为 150，然后再为该图层也添加"Effect > Blur&Sharpen > Sharpen"锐化特效，设置锐化值为 40，如图 13-4-46 所示。

图 13-4-46　绘制 Mask 并锐化画面

（6）设置图层关键帧。

在时间为 0 秒的位置，设置图层的 Position 值为（284.0，288.0），Scale 的值为（105.0，105.0%）；在时间为 0:00:03:00 的位置，设置图层的 Position 值为（376.0，288.0），Scale 的值为（100.0，100.0%）。然后为该场景添加文字以及光效元素动画。完成"场景 5"街边风景镜头的制作，如图 13-4-47 所示。

图 13-4-47　添加文字和光效后完成场景 5 的制作

13.4.6 场景6的制作（制作巷角传奇镜头）

（1）新建"3-2"的合成。

新建一个"3-2"的合成，大小设置为"720×576"，时间长度为6秒1帧，设置如图13-4-48所示。

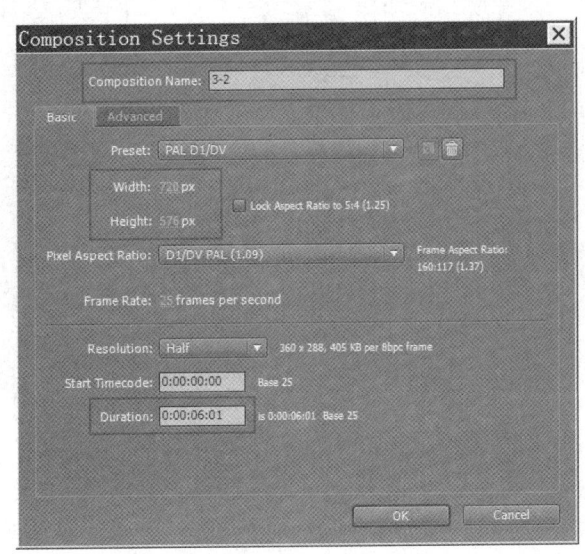

图 13-4-48 "3-2"合成设置

（2）导入图片进行调色并稍加锐化。

调入该场景的图片进行调色工作，将场景5中的Digital.Film.Lab 2特效和55mm Silver Reflecto特效复制粘贴到该合成的图片层中，另外还添加了Sharp（锐化）特效将图片稍加锐化，如图13-4-49所示。

图 13-4-49 为图片调色并稍加锐化

（3）添加四色渐变特效。

为新建固态层添加四色渐变特效，完成色彩的渐变效果后，修改颜色渐变层的叠加模式为"Overlay"，修改后可以观察到它对图片层的颜色影响，如图13-4-50所示。

图13-4-50 添加四色彩渐变效果后为图片上色

（4）新建"镜头3-2"的合成。

新建一个"镜头3-2"的合成，大小设置为"720×576"，时间长度为3秒1帧，设置如图13-4-51所示。

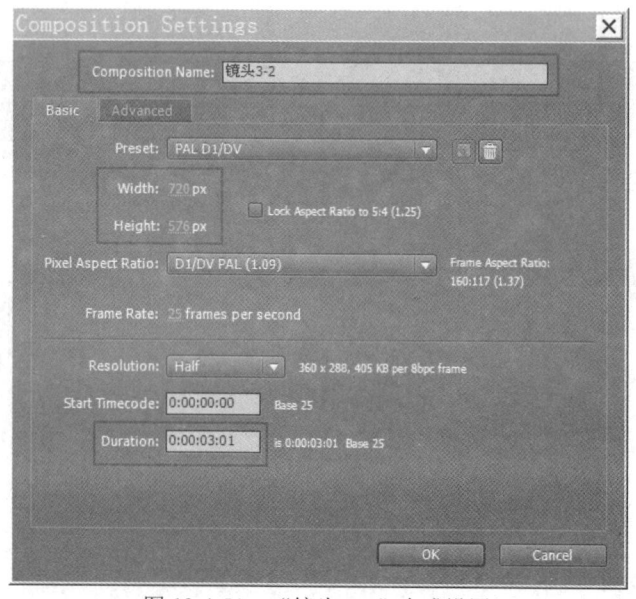

图13-4-51 "镜头3-2"合成设置

（5）为图层降低饱和度并增加锐化。

将合成 3-2 拖入到新建合成中，为图层添加 "Effect/ColorCorrection / Hue/Saturation" 特效和 "Effect > Blur&Sharpen > Sharpen" 锐化特效。在特效面板中适度降低 Master Saturation（饱和度）的值，并增加锐化的值为 20，如图 13-4-52 所示。

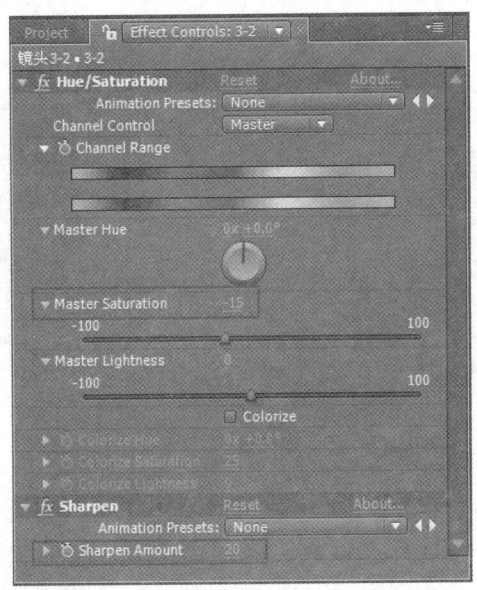

图 13-4-52　降低饱和度并增加锐化度

（6）虚化画面。

为图层绘制一个 Mask 控制区域，将 Mask 的羽化值设置为 100，如图 13-4-53 所示。

图 13-4-53　绘制 Mask 虚化画面

（7）设置图层关键帧。

在时间为 0 秒的位置，设置图层的 Position 值为(312.0,288.0)，Scale 的值为(95.0,95.0%)；在时间为 0:00:03:00 的位置，设置图层的 Position 值为（360.0，290.0），Scale 的值为（108.0，108.0%）；为该场景添加文字和光效，完成"场景 6"巷角传奇镜头的画面制作，如图 13-4-54 所示。

图 13-4-54 添加文字和光效后完成场景 6 的制作

13.4.7 场景 7 的制作（制作模拟岁月斑驳镜头）

（1）新建"4-1"的合成。

新建"4-1"的合成，大小设置为"720×576"，时间长度为 6 秒 1 帧，设置如图 13-4-55 所示。

（2）导入岁月斑驳的图片。

该场景所对应的宣传词是"岁月斑驳"，所以选择了一张比较破烂斑驳的木门，再加上门上那把生锈了的铁锁，体现了岁月斑驳的感觉。

对导入岁月斑驳的图片进行调色，将场景 6 中的 Digital.Film.Lab 2 特效复制粘贴到该合成的图片层中。此外，将该图片层的 Scale 值设置小一些，使图片与"4-1"的合成窗口相适配，如图 13-4-56 所示。

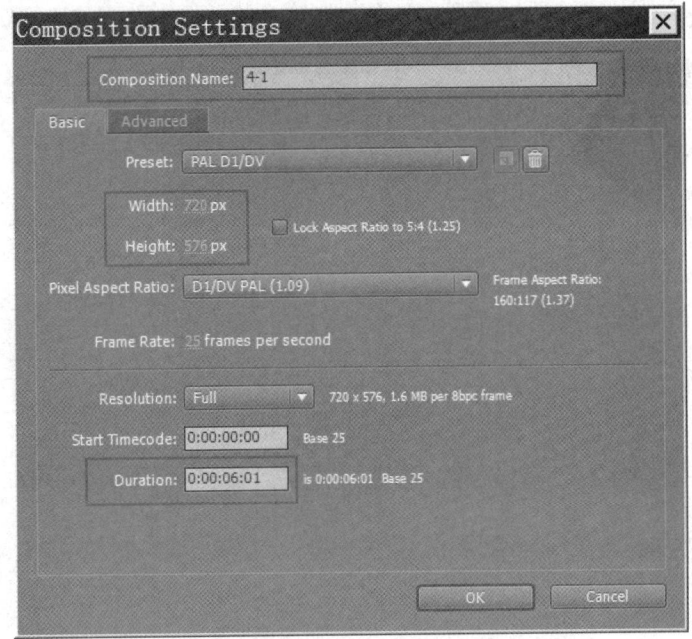

图 13-4-55 "4-1"合成设置

图 13-4-56 岁月斑驳的图片

（3）为岁月斑驳的图片上色。

为新建固态层添加四色渐变特效，完成色彩的渐变效果后，修改颜色渐变层的叠加模式为"Overlay"后，可以观察到在岁月斑驳的图片已经上色，如图 13-4-57 所示。

321

图 13-4-57　添加色彩渐变为斑驳的图片上色

（4）新建"镜头 4-1"的合成。

新建"镜头 4-1"的合成，大小设置为"720×576"，时间长度为 2 秒 1 帧，设置如图 13-4-58 所示。

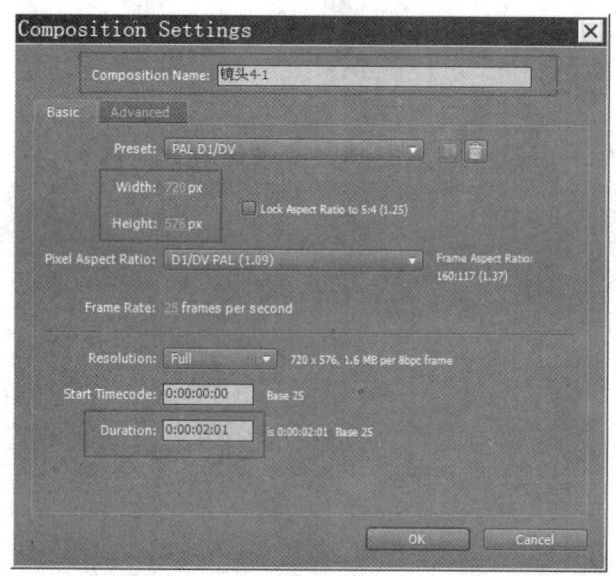

图 13-4-58　"镜头 4-1"合成设置

（5）虚化画面为并锐化画面。

将合成"4-1"拖入到新建合成中，为图层添加"Effect > Blur&Sharpen > Sharpen"锐化特效。在特效面板中增加锐化的值为 20。然后为图层绘制一个 Mask 控制区域，将 Mask 的羽化值设置为 140，如图 13-4-59 所示。

图 13-4-59　绘制 Mask 并锐化画面

（6）设置图层关键帧。

在时间为 0 秒的位置，设置图层的 Position 值为（360.0，288.0），Scale 的值为（95.0，95.0%）；在时间为 0:00:03:00 的位置，设置图层的 Position 值为（396.0，250.0），Scale 的值为（110.0，110.0%）；然后为该场景添加文字和光效，完成"场景 7"模拟岁月斑驳镜头的制作，如图 13-4-60 所示。

图 13-4-60　添加文字和光效后完成场景 7 的制作

323

13.4.8 场景 8 的制作（制作丰碑依旧镜头）

（1）新建"4-2"的合成。

新建一个"4-2"的合成，大小设置为"720×576"，时间长度为 6 秒 1 帧，设置如图 13-4-61 所示。

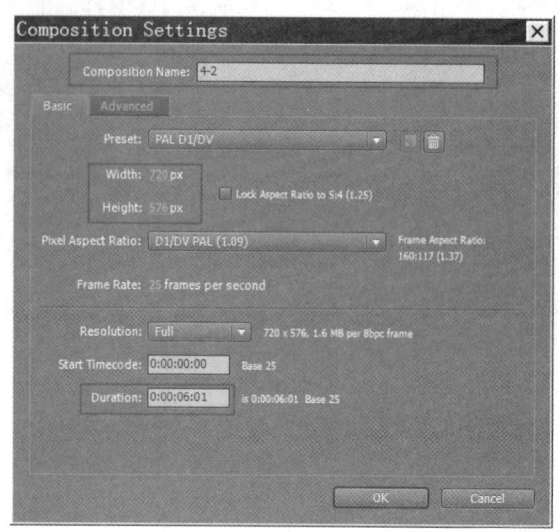

图 13-4-61　新建"4-2"合成设置

（2）导入纪念碑图片。

该场景所对应的宣传词是"看丰碑依旧"，所以选择了一张具有代表性的纪念碑图片。

对导入的纪念碑图片进行调色，将场景 7 中的 Digital.Film.Lab 2 特效复制粘贴到该合成的图片层中。此外，将该图片层的 Scale 值设置小一些，使图片与"4-2"的合成窗口相适配，如图 13-4-62 所示。

图 13-4-62　为导入的纪念碑图片调色

(3）为导入的纪念碑图片上色。

为新建固态层添加四色渐变特效，完成色彩的渐变效果后，修改颜色渐变层的叠加模式为"Overlay"后，可以观察到在纪念碑图片上已经上色，如图 13-4-63 所示。

图 13-4-63　添加色彩渐变后为导入的纪念碑图片上色

（4）新建"镜头 4-2"的合成。

新建"镜头 4-2"的合成，大小设置为"720×576"，时间长度为 2 秒 1 帧，设置如图 13-4-64 所示。

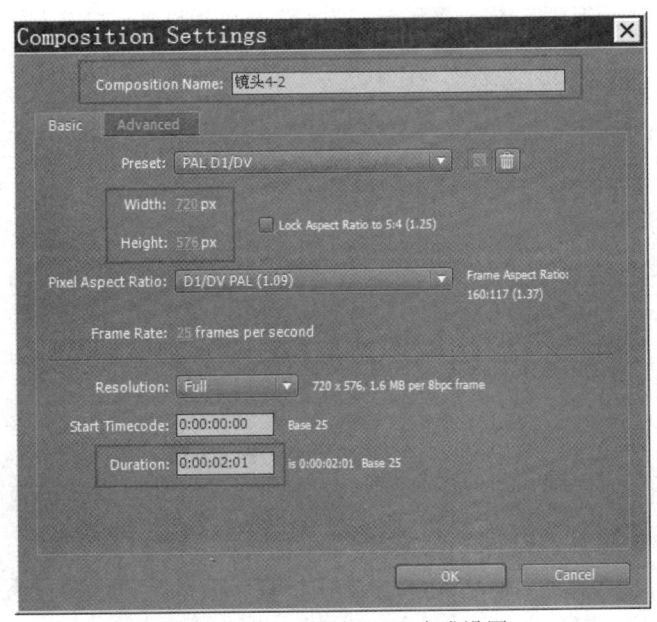

图 13-4-64　"镜头 4-2"合成设置

(5) 为图层降低饱和度并增加锐化度。

将合成"4-2"拖入到新建合成中，为图层添加"Effect/ColorCorrection/Hue/Saturation"特效和"Effect > Blur&Sharpen > Sharpen"锐化特效。在特效面板中适当降低 Master Saturation（饱和度）的值，并增加锐化的值为 100，如图 13-4-65 所示。

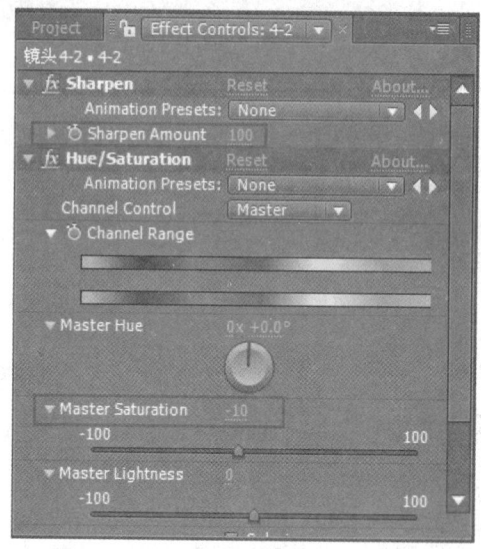

图 13-4-65　降低饱和度并增加锐化度

(6) 虚化画面。

为图层绘制一个 Mask 控制区域，将 Mask 的羽化值设置为 140。

在 0 秒的位置，设置 Mask Expansion 的值为-20；在时间为 0:00:02:00 的位置，设置 Mask Expansion 的值为-4，如图 13-4-66 所示。

图 13-4-66　绘制 Mask

(7) 设置图层关键帧。

在时间为 0 秒的位置，设置图层的 Position 值为（360.0，288.0），Scale 的值为（111.0，111.0%）；在时间为 0:00:03:00 的位置，设置图层的 Position 值为（360.0，348.0），Scale 的值为（130.0，130.0%）。然后为该场景添加文字和光效，完成"场景 8"丰碑依旧镜头的制作，如图 13-4-67 所示。

图 13-4-67　添加文字和光效后完成场景 8 的制作

13.4.9　场景 9 的制作（制作古巷子镜头）

（1）新建"5-1"的合成。

新建一个"5-1"的合成，大小设置为"720×576"，时间长度为 6 秒 1 帧，设置如图 13-4-68 所示。

（2）导入古巷图片素材。

该场景所对应的宣传词是"寻常巷陌"，所以选择了一张古巷的图片素材，在这张图片中，有年代久远的瓦房和石板路。

首先对导入的古巷图片素材进行调色，将场景 8 中的 Digital.Film.Lab 2 特效复制粘贴到该合成的图片层中。此外，可将该图片图层的 Scale 值设置小一些，使导入的古巷图片素材与新建的"5-1"合成窗口相适配，如图 13-4-69 所示。

图 13-4-68 "5-1"合成设置

图 13-4-69 导入的古巷图片素材

（3）为导入的古巷图片上色。

为新建固态层添加四色渐变特效，完成色彩的渐变效果后，修改颜色渐变层的叠加模式为"Overlay"后，可以观察到已经为导入的古巷图片上色了，如图 13-4-70 所示。

（4）新建"镜头 5-1"的合成。

继续新建一个"镜头 5-1"的合成，大小设置为"720×576"，时间长度为 2 秒 1 帧，设置如图 13-4-71 所示。

第 13 章　特效在电视节目包装中的综合应用

图 13-4-70　添加色彩渐变后为导入的古巷图片上色

图 13-4-71　"镜头 5-1"合成设置

（5）为图层降低饱和度并增加亮度。

将合成"5-1"拖入到新建合成中，为图层添加"Effect / Color Correction / Hue/Saturation"特效和"Effect > DFT 55mm v5 > 55mm Silver Reflector "特效。在特效面板中适当降低 Master Saturation（饱和度）的值，修改 55mm Silver Reflector 特效的亮度值为 25，如图 13-4-72 所示。

329

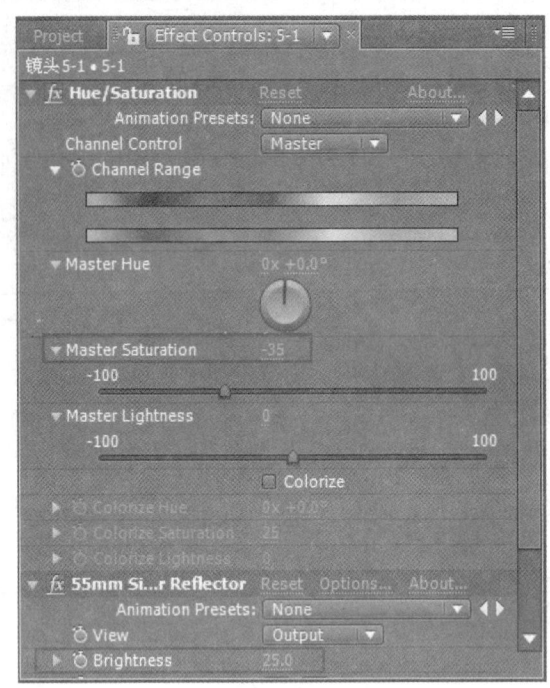

图 13-4-72　为图层降低饱和度并增加亮度

（6）虚化画面。

为图层绘制一个 Mask 控制区域，将 Mask 的羽化值设置为 100。

在 0 秒的位置，设置 Mask Expansion 的值为 0；在时间为 0:00:02:00 的位置，设置 Mask Expansion 的值为-26，如图 13-4-73 所示。

图 13-4-73　绘制 Mask

(7) 设置图层关键帧。

将合成"5-1"拖入到新建合成中，为图层的位移和缩放设置关键帧动画。

在时间为 0 秒的位置，设置图层的 Position 值为(360.0, 288.0)，Scale 的值为(92.0, 97.0%)；在时间 0:00:00:14 的位置，设置图层的 Position 值为（360.0, 282.0）；在时间 0:00:01:02 的位置，设置图层的 Position 值为（360.0, 288.0）；在时间 0:00:01:18 的位置，设置图层的 Position 值为（360.0, 282.0）；在时间为 0 秒的位置，设置图层的 Scale 值为（110.0, 116.0%）。然后再选择全部的位移关键帧，用鼠标左键在选择的任意一个关键帧上单击，使关键帧变成圆圈的形状，这样设置后的位移动画更为平滑一些。这里制作的位移动画只是竖直方向上的上下交错的关键帧动画，其目的在于模拟出脚步向前走的感觉。此外，大小的关键帧动画是为了表现出镜头缓缓向前推进的感觉。如图 13-4-74 所示。

图 13-4-74　制作位移和大小的动画

(8) 添加文字和光效。

添加文字以及光效后，完成"场景 9"古巷子镜头的制作，如图 13-4-75 所示。

13.4.10　场景 10 的制作（制作人物讲诉镜头）

（1）新建"5-2"的合成。

新建"5-2"的合成，大小设置为"720×576"，时间长度为 6 秒 1 帧，设置如图 13-4-76 所示。

图 13-4-75　添加文字和光效后完成场景 9 的制作

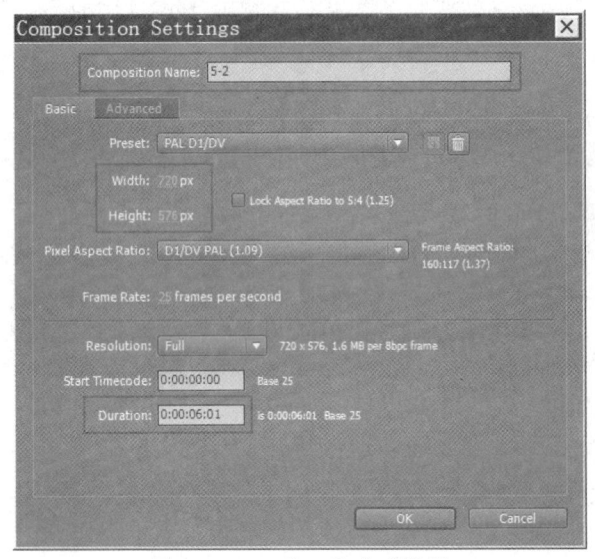

图 13-4-76　"5-2"合成设置

（2）导入一张老人讲述的素材。

该场景所对应的宣传词是"听传说不老"，所以选择了一张历经沧桑的老人讲述的图片素材。

对导入的老人讲述的素材进行调色，将场景 5 中的 Digital.Film.Lab 2 特效和 55mm Silver Reflecto 特效复制粘贴到该合成的图片层中，另外还添加了 Sharp（锐化）特效将图片稍加锐化了一些，相关设置如图 13-4-77 所示。

图 13-4-77　导入一张老人讲述的素材

（3）为导入的老人素材上色。

为新建固态层添加四色渐变特效，完成色彩的渐变效果后，修改颜色渐变层的叠加模式为"Overlay"后，可以观察到已经为导入的一张老人讲述的素材上色了，如图 13-4-78 所示。

图 13-4-78　添加色彩渐变后为导入的老人素材上色

333

(4) 新建"镜头 5-2"的合成。

新建"镜头 5-2"的合成，大小设置为"720×576"，时间长度为 2 秒 15 帧，设置如图 13-4-79 所示。

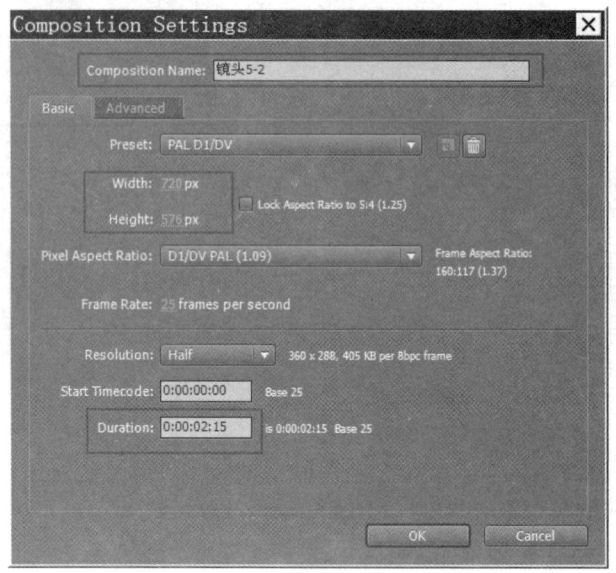

图 13-4-79　"镜头 5-2"合成设置

(5) 为图层降低饱和度并增加锐化。

将合成"5-2 拖入到新建合成中，为图层添加"Effect/ColorCorrection/Hue/Saturation"特效和"Effect > Blur&Sharpen > Sharpen"锐化特效。在特效面板中适当降低 Master Saturation（饱和度）的值，并增加锐化的值为 80，如图 13-4-80 所示。

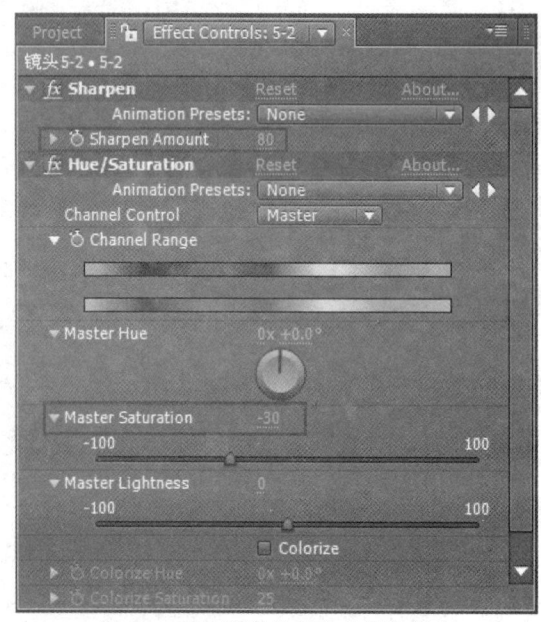

图 13-4-80　降低饱和度并增加锐化

（6）虚化画面。

为图层绘制一个 Mask 控制区域，将 Mask 的羽化值设置为 140。

在 0 秒的位置，设置 Mask Expansion 的值为-62；在时间为 0:00:02:14 的位置，设置 Mask Expansion 的值为 0，如图 13-4-81 所示。

图 13-4-81　绘制 Mask 虚化画面

（7）设置图层关键帧。

在时间为 0 秒的位置，设置图层的 Position 值为（286.0，288.0），Scale 的值为（100.0，100.0%）；在时间为 0:00:03:00 的位置，设置图层的 Position 值为（370.0，288.0），Scale 的值为（109.0，109.0%）。然后为该场景添加文字和光效，完成"场景 10"人物讲诉镜头的制作，如图 13-4-82 所示。

13.4.11　最后场景的制作（制作全片的定版主题画面）

（1）新建"落版"的合成。

新建一个"落版"的合成，大小设置为"720×576"，时间长度为 9 秒 1 帧，设置如图 13-4-83 所示。

图 13-4-82　添加文字和光效后完成场景 10 的制作

图 13-4-83　"落版"合成设置

（2）对导入的背景素材增大对比度。

对导入的背景素材进行调色，将场景 10 中的 Digital.Film.Lab 2 特效复制粘贴到该合成的图片层中，修改 Contrast（对比度）的值为 40，对导入的图片素材适度增大对比度，如图 13-4-84 所示。

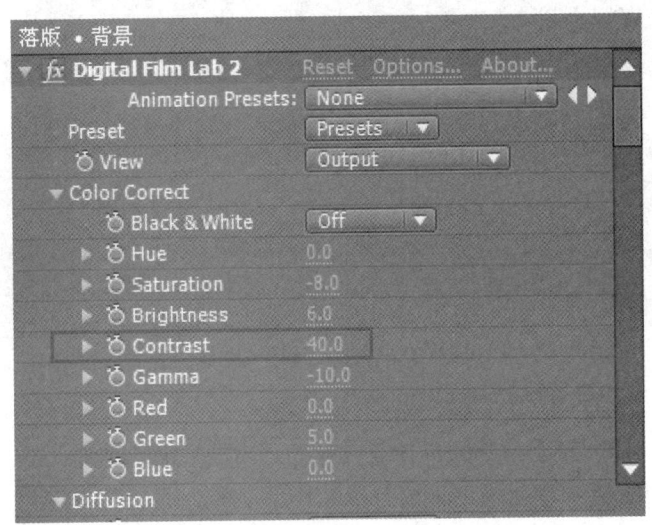

图 13-4-84　对导入的背景素材增大对比度

（3）为导入的背景素材上色。

为导入的背景素材添加"Effect > DFT 55mm v5 >55mm Gold Reflector"特效和"Effect > DFT 55mm v5 > 55mm Silver Reflector"特效，为导入的背景素材上色，如图 13-4-85 所示。

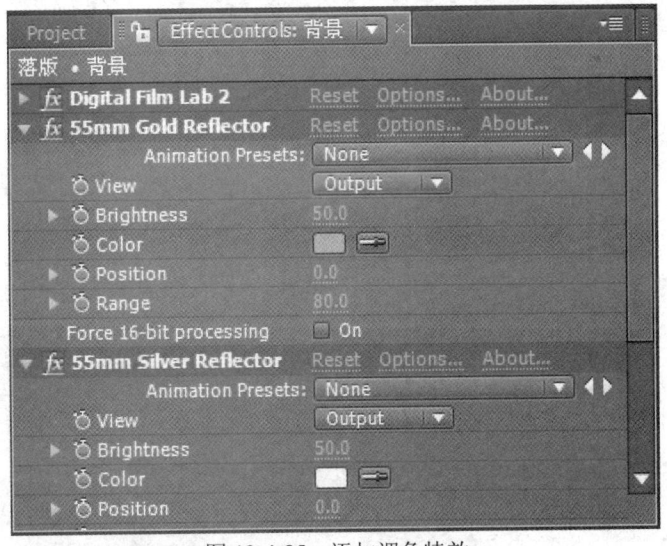

图 13-4-85　添加调色特效

（4）使导入的背景素材发光。

再为图片层添加一个"Effect > DFT 55mm v5 >55mm Glow"发光特效，在特效面板中修改其发光的亮度值为 40，如图 13-4-86 所示。

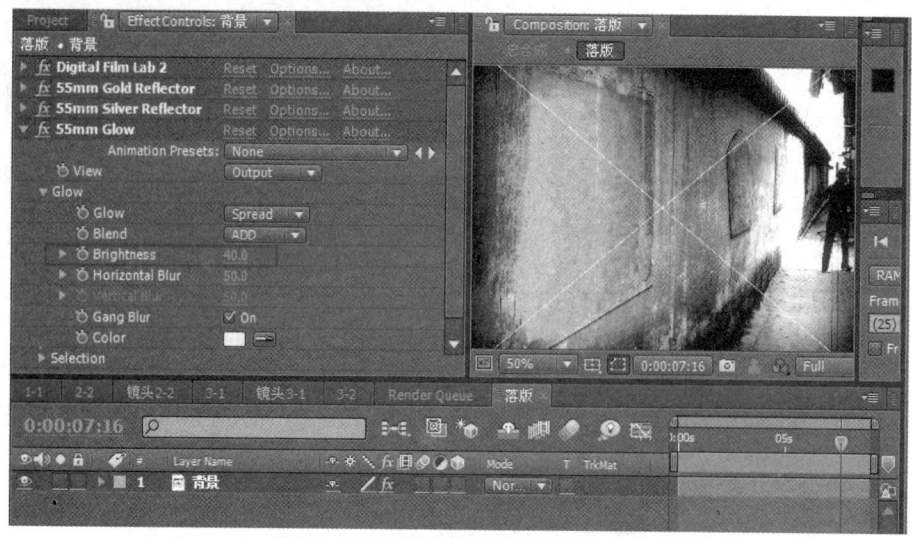

图 13-4-86　添加发光特效完成调色

（5）制作落版文字。

使用文字工具创建主题文字和辅助的英文字母，并为它们各自制作从 0 到 100 的透明度关键帧动画即可。最后将光效合成也添加到落版场景中的合适位置。制作这些辅助性文字的时候，需要反复调试它们在落版画面中出现的时间点，以达到与其他元素的动画协调，如图 13-4-87 所示。

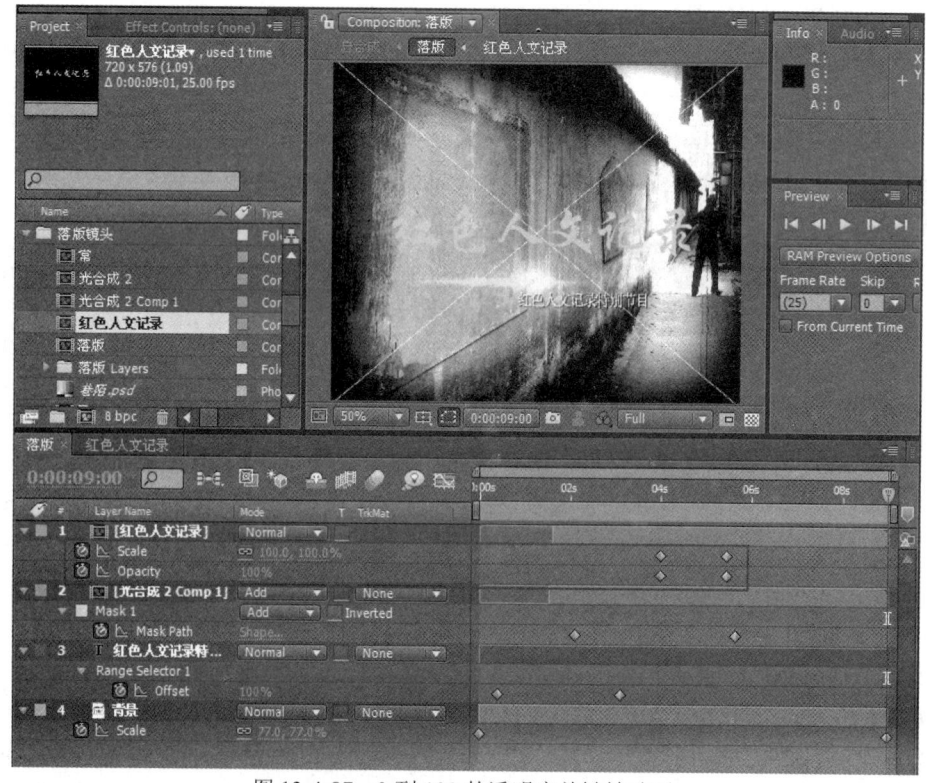

图 13-4-87　0 到 100 的透明度关键帧动画

13.5 最终合成和渲染输出

13.5.1 最终的合成

（1）新建总合成。

新建一个总合成，大小设置为"720×576"，时间长度为37秒1帧，设置如图13-5-1所示。

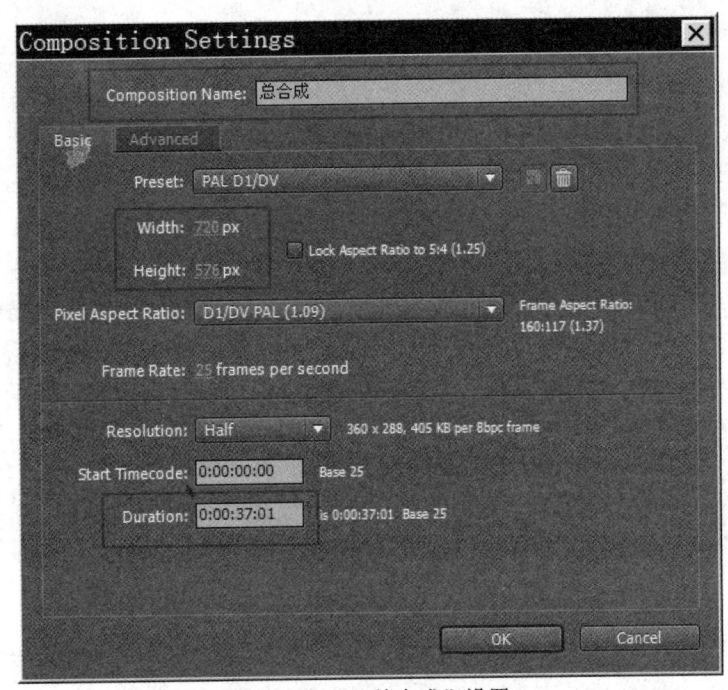

图13-5-1 "总合成"设置

（2）设置淡入淡出转场过渡效果。

将前面 2 个场景的合成导入到当前的合成中，设置两层之间淡入淡出的转场过渡效果，然后为第2场景设置透明度值从 100 到 0 的动画，使画面黑下去，如图13-5-2所示。

（3）最终的合成。

再将剩下的场景3到场景10以及落版的场景合成全部拖入到总合成的时间线中，设置与上面相同的淡入淡出转场过渡效果，完成最终的合成制作，如图13-5-3所示。

13.5.2 渲染输出

完成了上面的所有合成之后，就可以进行最终的渲染了，渲染输出将涉及 AVI→MPEG-1、MPEG-1→AVI、MPEG-1→ASF、ASF→MPEG-1、MOV→MPEG-1、MPEG-4→MPEG-1、DVD(MPEG-2)→VCD(MPEG-1)、VCD(MPEG-1) →MPEG-4 等视频格式的转换，掌握这些视频格式的转换对于职业能力的形成也至关重要。

图 13-5-2 制作画面的转场过渡效果

图 13-5-3 设置场景间的转场过渡效果

（1）输出设置。

选择总合成窗口，按下快捷键 Ctrl+M 打开渲染窗口，单击 Output Module 右边的 Lossless，打开输出设置窗口，我们这里选择了输出序列帧的方式，以便在后面导入编辑软件进行音乐合成，另外，注意将输出尺寸设置为 PAL D1/DV 的模式，设置如图 13-5-4 所示。

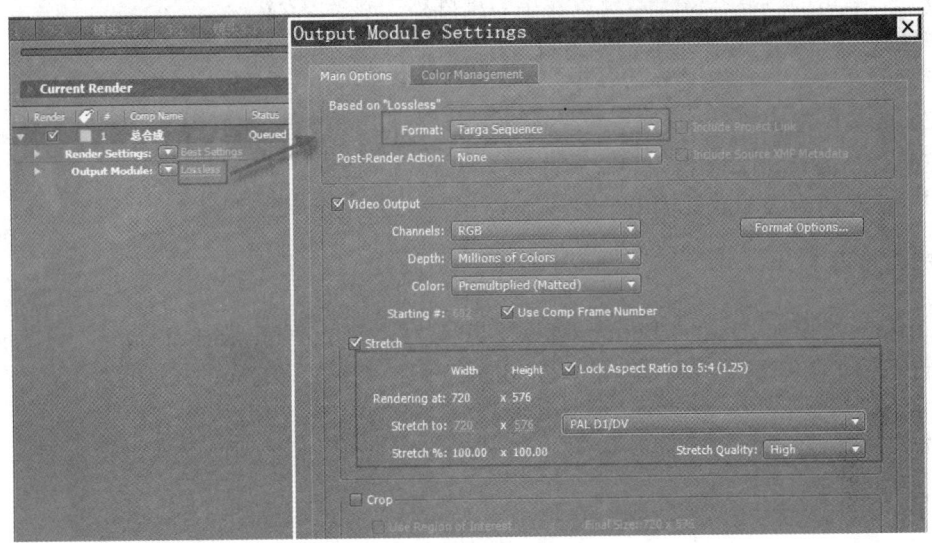

图 13-5-4　渲染输出基本设置

（2）指定输出路径。

最后再单击 Output To 右边文件名，在弹出的窗口中指定输出的文件路径和保存的文件名，完成后按右上方的"Render"按钮就可以进行渲染，最后将渲染得到的序列图片导入到编辑软件中进行音乐的合成完成最终的成片，如图 13-5-5 所示。

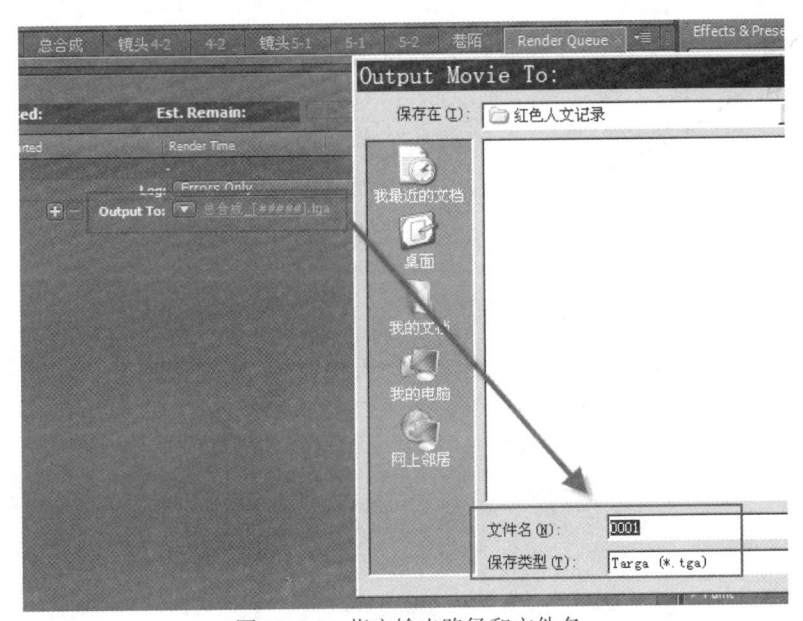

图 13-5-5　指定输出路径和文件名

电视栏目"红色人文纪录"制作步骤小结：

本章主要讲解了电视节目包装的制作过程。对所需的素材进行处理贯穿了场景制作的全过程。从技术上来看，主要还是一个画面的调色过程，用到了自带的调色特效，也用到了其他外挂插件。在充分理解宣传词和宣传主题的基础上把握好画面的镜头运动，更好地体现在历史的"巷角"、老街的"深处"中去寻访先辈的足迹这一表现方法。

"红色人文纪录"基本制作过程如下：

（1）前期创意和制作思考。

（2）收集画面素材。

（3）对各场景进行制作。

（4）最终的合成和渲染输出。

【重点难点】

Sharpen（锐化）、Digital Film Lab（数字胶片）、55mm Silver Reflector（荧光反射）、Hue/Saturation（色相/饱和度）、4-Color Gradient（四色渐变）、Light Factory EZ（光工厂）、LF Stripe（光线）、Glow（发光）等特效参数的设置与协调应用。

参考文献

[1] 徐琦. After Effects 7.0 影视特效与电视包装实例精讲. 北京：人民邮电出版社，2007.
[2] 徐琦. CG 电视包装制作揭秘. 北京：人民邮电出版社，2012.